U0227705

图解 PHP & MySQL
服务器端 Web 开发

[美] 乔恩·达克特(Jon Duckett)　著

卢志超　译

清华大学出版社

北　京

北京市版权局著作权合同登记号 图字：01-2023-4997

Jon Duckett

PHP & MySQL

978-1-119-14922-4

Copyright 2022 by John Wiley & Sons, Inc., Hoboken, New Jersey.

All Rights Reserved. This translation published under license.

Trademarks: Wiley and the Wiley logo are trademarks or registered trademarks of John Wiley & Sons, Inc. and/or its affiliates, in the United States and other countries, and may not be used without written permission. JavaScript and MySQL are registered trademarks of Oracle America, Inc. All other trademarks are the property of their respective owners. John Wiley & Sons, Inc. is not associated with any product or vendor mentioned in this book.

本书中文简体字版由 Wiley Publishing, Inc. 授权清华大学出版社出版。未经出版者书面许可，不得以任何方式复制或抄袭本书内容。

Copies of this book sold without a Wiley sticker on the cover are unauthorized and illegal.

本书封面贴有 Wiley 公司防伪标签，无标签者不得销售。

版权所有，侵权必究。举报：010-62782989，beiqinquan@tup.tsinghua.edu.cn。

图书在版编目 (CIP) 数据

图解 PHP & MySQL 服务器端 Web 开发 /(美) 乔恩•达克特 (Jon Duckett) 著；卢志超译. —北京：清华大学出版社，2024.3

(Web 开发与设计)

书名原文：PHP & MySQL

ISBN 978-7-302-65616-6

Ⅰ.①图… Ⅱ.①乔…②卢… Ⅲ.① PHP 语言—程序设计② SQL 语言—程序设计 Ⅳ.① TP312.8 ② TP311.132.3

中国国家版本馆 CIP 数据核字 (2024) 第 044922 号

责任编辑：王　军
装帧设计：孔祥峰
责任校对：马遥遥
责任印制：杨　艳

出版发行：清华大学出版社
　　　　　网　　　　址：https://www.tup.com.cn，https://www.wqxuetang.com
　　　　　地　　　　址：北京清华大学学研大厦A座　　　　邮　　编：100084
　　　　　社　总　机：010-83470000　　　　　　　　　　邮　　购：010-62786544
　　　　　投稿与读者服务：010-62776969，c-service@tup.tsinghua.edu.cn
　　　　　质　量　反　馈：010-62772015，zhiliang@tup.tsinghua.edu.cn
印　装　者：三河市龙大印装有限公司
经　　销：全国新华书店
开　　本：148mm×210mm　　　印　　张：20.875　　　字　　数：1041千字
版　　次：2024年4月第1版　　　印　　次：2024年4月第1次印刷
定　　价：256.00元

产品编号：073227-01

目录

译者序

每一次的技术革新，都为我们开启了新的可能性。PHP和MySQL用于构建和管理动态网站，已成为Web开发中不可或缺的重要工具。

PHP是一种广泛使用的服务器端脚本语言，简单易学、功能强大，受到全球开发者的广泛欢迎。MySQL则是最流行的开源关系数据库之一，性能卓越、稳定、易用。本书以PHP和MySQL为基础，深入浅出地介绍如何进行服务器端Web开发。本书不仅介绍基本知识，还详细讲解如何使用这两种工具进行实战开发，使得你能在理论和实践之间找到平衡。

首先介绍PHP的基本指令。涵盖PHP的基础语法、数据类型、控制结构、函数等。

然后详述如何使用PHP开发动态网页。具体包括使用PHP处理表单数据、操作cookie和会话、生成动态HTML等，帮你构建出真正具有交互性的网站。

此后，深入讲解如何构建数据库驱动型网站，使得网站可存储大量用户数据。详细介绍如何使用PHP操作MySQL数据库，包括创建数据库和数据表，插入、查询、更新和删除数据，进行事务处理和错误处理等。

最后讲解如何扩展PHP应用，以满足更复杂的业务需求。重构前面创建的应用，并引入开源的第三方工具库来提升开发效率。这些知识将有助于你编写更易于阅读、维护和扩展的代码，在提升性能的同时，降低后续的维护成本。

在翻译本书的过程中，我深刻体验到学习的乐趣和战胜挑战的满足感。每次理解了一个复杂概念，每次解决了一个困扰心头的问题，我都感到无比喜悦。同时，我体验到分享知识的快乐。我希望这份热情和乐趣，能通过这本书传递给你们。

本书面向所有对服务器端Web开发感兴趣的人士，无论你是刚接触PHP和MySQL的初学者，还是有一定经验的开发者，都能在本书中找到有用的信息并受到启发，获得宝贵的经验，从而独立开发一个PHP网站。

在此感谢原书的作者撰写了这本极具实用价值的书籍。感谢我的同事和朋友们，他们在翻译过程中给予了我很大的帮助和支持。最后感谢每位读者，是你们的支持和鼓励让我有动力翻译本书。

再次感谢你选择阅读本书，我期待你在阅读过程中能收获满满乐趣，祝你的学习之路一帆风顺！同时，我期待你的反馈和建议，让我们一起进步，一起开创更美好的未来。

前言

本书将指导你使用PHP这门编程语言来搭建网站,
以及将网站所用的数据保存在MySQL等类型的数
据库中。

PHP 是一门用于在Web服务器上运行的语言,当用户请求服务器上
的网页时,服务器将生成相应的网页并返回给发起请求的用户。这意味
着网页展示的内容可以针对个人进行定制化生成。对于任何支持用户完
成下列行为的网站而言,可定制化都是必须满足的要求:

- **注册或者登录**。因为每个用户的姓名、邮箱和密码都不尽相同。
- **完成购买**。因为每个客户的订单、支付以及收货详情也不尽相同。
- **搜索网站**。因为搜索结果是为不同用户定制的。

PHP语言设计用于与MySQL这类数据库协同工作,MySQL数据库可
保存网站显示的页面内容、网站销售的产品或网站会员的详细信息等。
通过对PHP的学习,你将掌握如何创建不同类型的网站,这些网站将允
许会员更新数据库中的数据。例如:

- 内容管理系统允许网站所有者使用表单更新网站的内容;在不需
  要额外编写任何新代码的情况下,这些更新的内容可直接展示给
  访问者。
- 网店允许店主列出要出售的产品,而客户可以购买这些产品。
- 社交网站允许访问者注册和登录,创建个人信息,上传自己的资
  料,并访问感兴趣的定制化页面。

由于网站上展示的这些数据都保存在数据库中,因此这些网站又称
为数据库驱动型网站(database-driven website)。

这是本书中将出现的不同页面类型。它们分别表示不同类型的信息。

信息页

　　信息页以白色为背景，介绍主题，解释上下文以及相关内容如何使用。

代码页

　　代码页以米黄色为背景，展示一些独立代码片段如何使用。

图表页

　　图表页以黑色为背景，使用图表和信息图来解释概念。

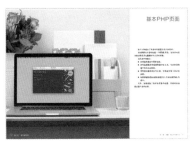

示例页

　　示例页出现在章的开头，呈现该章的主题以及相关应用。

小结页

　　小结页出现在每一章的末尾，对该章所涉及的关键主题进行概括。

静态网站与动态网站

当网站仅使用HTML和CSS进行构建时，所有访问者看到的内容都是相同的，因为网站给他们发送的都是相同的HTML和CSS文件。

(1)当浏览器向网站请求使用HTML和CSS构建的页面时，这个请求就被发送到托管该网站的Web服务器。

(2)Web服务器将找到浏览器所请求的HTML文件，并将其发送回浏览器。Web服务器也将发送回渲染页面样式所需的CSS文件、媒体(如图片)文件、JavaScript文件以及页面使用的其他类型的文件。

因为访问者接收到的HTML文件都是相同的，所以他们看到的内容是相同的。将这类网站称为静态网站。

对静态网站的维护者而言，需要掌握HTML和CSS的相关知识。如果想要更新页面上的文本，则必须手动更新HTML代码并将其上传到Web服务器。

Web浏览器

Web服务器

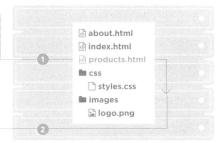

本书假定你已经掌握HTML和CSS的相关知识。如果你尚不了解这些知识，请尝试访问以下网站来了解相关主题：

http://htmlandcssbook.com

当网站采用PHP构建时，每个访问者都能看到不同的内容。这是因为PHP页面动态创建了HTML文件并将其发送给访问者。

像eBay、Facebook和其他类似的新闻网站经常在用户每次访问时显示新的信息。如果去查看浏览器中页面的源代码，用户可看到HTML代码，但其实网站的维护者并没有在用户访问期间手动更新代码。

这种类型的网站被称为动态网站，因为返回给访问者的HTML页面是使用PHP之类的语言编写的指令创建的。

① 如果浏览器请求的网站是使用PHP搭建的，那么该请求将被发送到Web服务器。

② Web服务器找到对应的PHP文件。

③ 文件中的任何PHP代码都是通过名为PHP解释器(interpreter)的软件来运行的。在解释器对代码进行解读后，将为访问者生成相应的HTML页面。

④ Web服务器将创建的HTML页面发送到用户的浏览器(Web服务器不会保留该HTML文件的副本；在下次请求PHP文件时，会为该访问者重新创建一个新的HTML页面)。

Web浏览器　　　　　　　　Web服务器

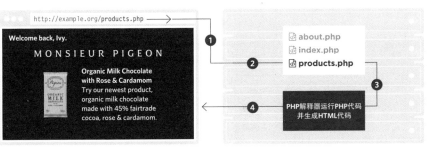

PHP代码不会被发送回浏览器，而是直接用于创建HTML页面，然后由Web服务器将该页面发送回浏览器。因为PHP代码在Web服务器上运行，所以被称为服务器端编程(server-side programming)。

PHP可用于创建为每个访问者量身定制或个性化的HTML页面。这可能包括显示访问者的姓名、他们感兴趣的话题或来自朋友的评论。

PHP：语言与解释器

PHP解释器是一款运行在Web服务器上的软件。你可使用PHP语言编写的代码告诉它要做什么。

通过软件可以让计算机执行特定任务，并且不必深入了解计算机如何完成任务。例如：

- 可使用电子邮件程序发送和接收电子邮件，而不必了解计算机如何保存或发送电子邮件。
- 可以使用Photoshop 来编辑图片而不必知道计算机处理图片的原理。

每当使用软件时，该软件都能执行相同的任务，但它可以用不同的数据执行这些任务：

- 电子邮件程序可以用来创建、发送、接收和保存电子邮件，但每封电子邮件的内容和收件人可以是不同的。
- Photoshop可以执行添加滤镜、调整大小或裁剪图片等任务。也可以对任何其他的图像执行相同的任务。

这两个软件都拥有各自的图形用户界面，你可以通过与用户界面的交互来完成这些任务。

类似地，PHP解释器也是一个软件。它作为Web服务器的一部分运行。但对于开发者而言，并不使用图形用户界面，而是使用PHP编程语言来编写代码，以告诉PHP解释器需要执行什么任务。

当使用PHP创建一个Web页面时，该页面将始终执行相同的任务，但它可以在每次请求页面时使用不同的数据来执行这些任务。例如，使用PHP编写的网站可以具有如下特性：

- 每个用户都使用相同的登录页进行登录，即使每个用户的邮箱地址和密码都不相同。
- 每个用户都可以在个人页面查看详细信息。即使同时有数百个不同的人使用这个页面，他们也只能看到自己的详细信息。

实现以上特性是可能的，这是因为虽然对于每个用户而言，执行这些任务所需遵循的规则或指令都是相同的，但他们所提供或看到的数据却可能不同。

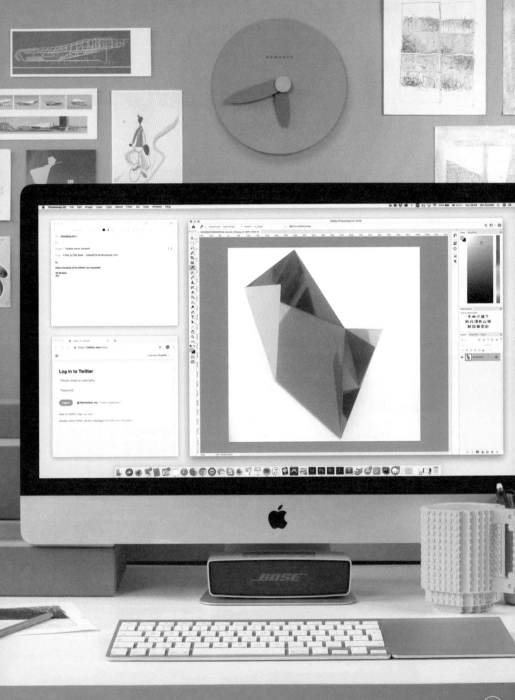

使用不同数据执行同一任务

可使用编程语言创建规则来告诉计算机如何执行任务。每次执行任务时，程序使用的数据可能不同。

当使用任何编程语言时，都必须给计算机提供精确的指令，确切地告诉它需要做什么。这些指令与现实生活中要求某人执行某一任务的用语存在较大差异。

假设你想买5根糖果棒，则需要计算出这些糖的总成本。如果要算出总成本，则要用一根糖果棒的价格乘以想买的糖果棒的数量。可用如下方式表达这个规则：

total = price x quantity

计算糖果的成本时：

- 如果买了5根单价 1 美元的糖果棒，则总价是5美元。
- 如果一根糖果棒的价格是1.5美元，且计算规则一样，那么总价是7.5美元。
- 如果以每个2美元的单价买10根糖果棒，且计算规则一样，那么总共是20美元。

变量的值(而不是变量名称total、price和quantity)可以改变，但用于计算糖果总价的规则不变。

当使用PHP创建一个网页时，首先需要清楚的是：

- 要执行的任务
- 任务执行时每次会变化的数据

然后向PHP解释器提供关于如何完成任务的详细指令，并使用变量名表示可以变化的值。

如果你告诉PHP解释器：

price = 3
quantity = 5

然后使用以下规则：

total = price x quantity

total的计算结果为15。下次运行该页面时，可以给单价或数量赋予不同的值，它可使用相同的规则计算出新的总价。

程序员将表示值的单词称为变量，因为它们表示的值在每次程序运行时都可能发生改变。

total = price x quantity

$9 = 3 x 3

PHP页面简介

PHP页面通常混用HTML代码和PHP代码。可以通过ＰＨＰ解释器将HTML页面发送回浏览器。

在下面，可以看到一个PHP页面，其中混用了HTML和PHP代码。

- 蓝色部分是HTML代码
- 紫色部分则是PHP代码

当PHP解释器打开文件时，它将会：

- 把任何HTML代码直接复制到为访问者创建的临时HTML文件中。
- 解释用PHP代码编写的任何指令(通常为HTML页面生成内容)。

这里显示的PHP代码用于展示当前年份，并在开始标签<p>和结束标签</p>中展示该年份。

PHP代码可以执行基本任务，如计算或获取当前日期；也可以执行更复杂的任务，如使用HTML表单发送的数据来更新保存在数据库中的数据。

当PHP解释器完成PHP文件的处理后，它把为访问者创建的临时HTML页面发送回浏览器，然后删除临时HTML页面。

下面可以看到，在PHP解释器执行PHP代码后，将生成要发送回浏览器的HTML页面。

PHP解释器已经确定了当前年份，并将该年份显示在它生成的HTML页面中。

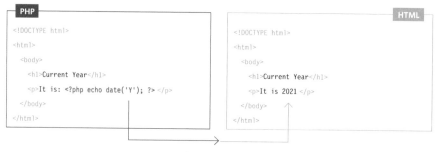

PHP解释器获取当前年份，
并在<p>标签中写出它。

每次请求页面时，页面通常执行相同的任务，但页面也能处理网站上各个访问者的不同信息。

PHP网站由一组PHP页面组成，每个页面执行特定的任务。例如，允许会员登录的网站可能有：

- 登录页 - 允许用户登录网站
- 简介页 - 展示用户资料

每次请求其中某个页面时，都需要能够处理特定于当前会员的不同数据。因此，页面需要：

- 包含指令来完成页面要执行的任务。
- 为每次请求页面时可能更改的每个数据字段指定一个变量名。

在PHP中，使用变量名表示每次请求页面时都可以更改的值。

PHP代码可以告诉PHP解释器：

- 每次请求页面时都可以更改的数据所使用的变量名。
- 本次请求页面时使用什么值。

一旦Web服务器将HTML页面发送给用户，PHP解释器就会舍弃所有保存在变量中的值，这样它就可以为下一个请求该页面的用户执行相同的任务(使用不同的值)。

如果想要将数据保存更长时间，可将变量值放在与MySQL类似的数据库中，可在下一页中看到有关MySQL的介绍。

PHP解释器获取保存在$username变量中的值，并将其写入<p></p>标签中。

MySQL简介

MySQL是数据库类型中的一种。数据库以结构化方式保存数据，因此可以轻易地访问和更新它们所保存的信息。

在Excel这样的电子表格软件中，信息保存在由列和行组成的网格中。然后，它可以直接对这些数据进行计算，或者将其传入公式中。

MySQL保存信息的方式与Excel类似，它将信息保存在同样由列和行组成的表(table)中。可使用PHP访问和更新数据库中保存的信息。

一个数据库可以包含多个表。每个表通常保存网站需要的同类型数据。下面是两个保存以下信息的数据库表示例：

- 网站的会员(或用户)
- 网站中显示的文章

在每个表中，列名描述了表中每一列包含的信息类型：

- member表保存每个会员的名字、姓氏、邮箱地址、密码、注册日期和个人图片。
- article表保存每篇文章的标题、摘要、内容、创建日期，以及下一页中展示的其他一些信息。

每行数据用来表示该表所描述的一个事物：

- member表，每行代表一个会员
- article表，每行代表一篇文章

表名　　　　**列名**　　　　　　　　　　　　　　　　　**列**

member

id	forename	surname	email	password	joined	picture
1	Ivy	Stone	ivy@eg.link	$2y$10$MAdTTCAOMiOw	2021-01-01 20:28:47	ivy.jpg
2	Luke	Wood	luke@eg.link	$2y$10$NN5HEAD3atar	2021-01-02 09:17:21	NULL
3	Emiko	Ito	emi@eg.link	$2y$10$/RpRmiUMStji	2021-01-02 10:42:36	emi.jpg

article

id	title	summary	content	created	category_id	member_id	image_id	published
1	Systemic	Brochure	<p>This	2021-01-01	1	2	1	1
2	Polite	Poster	<p>These	2021-01-02	1	1	2	1
3	Swimming	Architect	<p>This	2021-01-02	4	1	3	1

行

使用PHP，可以做到：

- 从数据库中获取数据，并在网页中显示这些信息。
- 添加新数据行。要创建新文章，需要向article 表添加一行，并提供应该保存在每个列中的数据项。
- 删除数据行。若要删除某篇文章，需要删除代表该文章的整个行。
- 更改现有行中的数据。要更新会员的邮箱地址，需要在会员表中找到代表这些会员的行，然后更新该行的email列中的值。

注意，这两个表的第一列都是名为id的列。表中的每一行在该列中都有一个唯一的值(这里，这些列中的值从1开始，且每一行增加1)。id列中的值可以告诉数据库要处理哪一行数据。例如，可获取id为2的会员或id为1的文章。

MySQL是关系型数据库，因为它可以解释保存在不同表中的数据类型之间的关系。

例如，在下面的表中，文章是由网站的不同会员撰写的。在article表中，member_id列中的值表示是哪个用户写了相应的文章，因为它包含一个数字，与会员表的id列中的某个值相匹配。

第一篇文章是由id值为2的会员(Luke Wood)写的。第二篇和第三篇文章则是由id值为1的会员(Ivy Stone)写的。

通过这些关系可以：

- 对数据进行结构化，确保每个表只保存一种特定类型的数据(会员或文章)。
- 避免数据库在多个表中重复保存相同的数据 (为数据库节省空间)。
- 使数据更容易更新。如果会员想更改自己的姓名，只需要在member表中进行更新，而不需要在所写的每篇文章中更新。

member

id	forename	surname	email	password	joined	picture
1	Ivy	Stone	ivy@eg.link	$2y$10$MAdTTCAOMiOw	2021-01-01 20:28:47	ivy.jpg
2	Luke	Wood	luke@eg.link	$2y$10$NN5HEAD3atar	2021-01-02 09:17:21	NULL
3	Emiko	Ito	emi@eg.link	$2y$10$/RpRmiUMStji	2021-01-02 10:42:36	emi.jpg

article

id	title	summary	content	created	category_id	member_id	image_id	published
1	Systemic	Brochure	<p>This	2021-01-01	1	2	1	1
2	Polite	Poster	<p>These	2021-01-02	1	1	2	1
3	Swimming	Architect	<p>This	2021-01-02	4	1	3	1

PHP的发展历史

与大多数软件一样，PHP和MySQL也有很多版本。新版本增加的新特性能使运行速度比旧版本更快。

PHP是由Rasmus Lerdorf于1994年创建的。后来他于1995年向公众发布了代码，并鼓励用户改进它。当时，PHP这三个字母代表Personal Home Page(个人主页)。现在PHP代表Hypertext Processor(超文本处理器)。

现在，80%的网站在Web服务器上使用的编程语言都是PHP。

像Facebook、Etsy、Flickr和Wikipedia这样的网站最初都是用PHP开发的(尽管现在也使用其他一些技术)。

主流的开源软件，如WordPress、Drupal、Joomla和Magento都是用PHP编写的。学习PHP有助于你使用它们。

每个新版本的PHP都会添加额外特性。本书介绍2020年11月发布的PHP 8的特性。

PHP 1	1995
	1996
	1997
PHP 2	1998
PHP 3	
	1999
	2000
PHP 4	
	2001
	2002
	2003
	2004
PHP 5	
	2005
PHP 5.1	2006
PHP 5.2	2007
	2008
	2009
PHP 5.3	
	2010
	2011
PHP 5.4	2012
	2013
PHP 5.5	
	2014
PHP 5.6	
	2015
PHP 7	2016
PHP 7.1	2017
PHP 7.2	2018
PHP 7.3	2019
PHP 7.4	2020
PHP 8	2021

MySQL的发展历史

1995	**MySQL 1**
1996	
1997	**MySQL 3.2**
1998	
1999	phpMyAdmin
2000	
2001	
2002	
2003	**MySQL 4**
2004	
2005	
2006	**MySQL 5**
2007	
2008	SUN收购MySQL
2009	**MySQL 5.1**
2010	MariaDB · · · Oracle收购Sun
2011	**MySQL 5.5**
2012	
2013	**MySQL 5.6**
2014	
2015	
2016	**MySQL 5.7**
2017	
2018	**MySQL 8**
2019	
2020	
2021	

MySQL于1995年首次发布。字母SQL(发音为ess-queue-el或sequel)代表结构化查询语言。SQL是一种用于在关系数据库中获取信息的语言。

MySQL是由一家名为MySQL AB的瑞典公司开发的。MySQL的创建者之一Michael Widenius以他女儿的名字My命名MySQL。

MySQL AB在2008年1月被卖给Sun Microsystems公司，之后Oracle在2010年收购了Sun。

当MySQL的开发人员得知Oracle将收购Sun(并因此拥有MySQL)时，他们担心Sun可能不再免费，所以创建了一个开源版本的数据库，名为MariaDB(以创始人的小女儿Maria命名)。

Facebook、YouTube、Facebook、YouTube、Twitter、Netflix、Spotify和Wordpress等网站都使用MySQL或MariaDB。

phpMyAdmin是一个可用来管理MySQL和MariaDB数据库的工具。它在1998年发布，是一个帮助管理MySQL数据库的免费工具(也可与MariaDB一起协同工作)。

本书中的代码适用于MySQL 5.5或MariaDB 5.5或更高版本，使用phpMyAdmin可以操作这些数据库。

MySQL的最新版本(撰写本书时)是版本8。MySQL 6从未发布，版本7在本书中未涉猎，因为它运行在集群服务器上，而非个人电脑上。

本书涉及的内容

本书内容共分四部分。以下是各部分中涉及的主题。

第I部分：基本编程指令

第 I 部分将展示如何使用PHP代码编写PHP解释器可解释的指令。你将学习：

- 基本编程指令
- 在不同情况下运行不同的代码(例如，如果用户已经登录，运行一组代码；如果用户没有登录，运行另一组代码)
- 函数如何将执行单个任务需要的所有代码组合在一起
- 通过使用类和对象，组织用于表示世界上的事物的代码

第III部分：数据库驱动型网站

第 III 部分将展示如何从数据库中获取数据并将其显示在网页中，以及如何更新保存在数据库中的数据。你将学习：

- 数据库如何保存数据
- SQL语言如何用于检索或更新数据库中保存的数据
- 数据库中的数据如何显示在PHP页面中
- 通过使用HTML表单，让访问者能够更新保存在数据库中的数据

第II部分：动态网页

本书第 II 部分介绍PHP提供的一组工具，这些工具提供了构建动态网页的能力。你将学习：

- 收集浏览器发送的数据
- 检查用户是否提供了页面所需的数据以及数据格式是否正确
- 处理已发送的任何数据
- 处理用户上传的文件
- 在PHP中展示日期和时间
- 在cookie和session缓存中临时保存数据
- 对代码问题进行故障排除

第IV部分：扩展示例应用程序

第 IV 部分将展示用PHP构建网站和应用程序的实用技术。示例应用程序是一个具有社交特性的基本内容管理系统。你将学习：

- 改进代码的结构
- 合并其他程序员提供的代码
- 使用PHP发送邮件
- 允许会员注册并登录网站
- 创建个性化页面
- 使用对搜索引擎友好的url
- 添加社交功能，如点赞和评论

第I部分

基本编程指令

本书第Ⅰ部分将介绍有关用PHP编写代码
的基础知识。

　　编程涉及创建一系列指令，计算机可以按照这些指令来执行特定的
任务。可以将这些指令与包含制作菜肴所需步骤的菜谱进行比较。PHP
中的每条指令都称为语句。

　　由于PHP的设计目的是构建能够为每个访问者动态创建HTML页面的
网站，所以在本书第Ⅰ部分学习的语句主要关注如何使用PHP创建HTML
页面。

　　一个完整的网站通常由数千行代码组成，所以仔细组织代码是很重
要的。本部分介绍两个将相关语句组合在一起的概念：

- 函数将执行单个任务所需的语句组合在一起。
- 对象将一组表示概念的语句组合在一起，例如，网站上显示的文
  章、网站销售的产品或已在网站注册的会员。

本部分中的主题构成了后续章节中学习的其他所有内容的基础。

在深入研究第1章之前，有一些基础知识需要学习，这些知识对后续学习有很大助益。

安装软件和代码示例

要在台式机或笔记本电脑上使用PHP和MySQL这样的数据库来搭建网站，需要事先安装一些软件。安装完所需的软件后，需要扫描封底二维码，从本书提供的网站下载示例代码文件。

PHP文件中混用HTML和PHP代码

因为PHP用于创建HTML页面，所以PHP页面通常混用HTML和PHP代码。你需要了解PHP解释器如何区分这两种代码。

使用PHP创建HTML

PHP解释器执行的最常见指令之一是向HTML页面添加内容，该页面将返回给访问者。本节中的每个例子都使用了此指令。

在PHP代码中添加注释

PHP解释器不会运行注释代码，但注释能够帮助你和其他人理解代码应该做什么，因此学习如何添加注释是很重要的。注释穿插在本书代码中，以帮助解释示例代码正在做什么。

安装软件和文件

在台式机或笔记本电脑上创建数据库驱动型网站时，可使用下面的工具安装需要的所有软件。

使用本书，需要安装：
- 运行PHP解释器的Web服务器。本书使用 Apache(因为在业界使用最广泛)。
- 作为数据库软件的MySQL 或 MariaDB。
- 用于管理数据库的phpMyAdmin。

稍后介绍的工具将为你下载并安装所有这些程序，你不必逐个下载和安装它们。

推荐使用下面这款代码编辑器：

http://notes.re/php/editors

在Mac上安装

建议Mac用户使用名为MAMP的工具安装所需的软件。下载链接和使用说明可通过如下链接找到：http://notes.re/php/mamp。在Mac上安装MAMP时(使用默认设置)，会自动创建文件夹：/Applications/MAMP。这个文件夹中有个名为htdocs的文件夹，任何使用PHP编写的网页都必须放在这个文件夹中。该文件夹称为文档根目录。

在PC / Linux上安装

建议 P C 和 L i n u x 用户使用名为XAMPP的工具安装所需的软件。下载链接和使用说明可通过如下链接找到：

http://notes.re/php/xampp

在PC上安装完XAMPP时(使用默认设置)，会自动创建文件夹 c:\xampp\。

其中有个名为htdocs的文件夹。使用PHP编写的任何网页都必须放在这个文件夹中。它被称为文档根目录。

下载示例代码

在如下网页中单击下载按钮可下载本书的示例代码(也可扫描封底二维码下载)：http://phpandmysql.com/code

示例代码保存在名为phpbook的文件夹中。该文件夹包含本书每一部分以及每一章的子文件夹。下载完成后需要将phpbook文件夹放入htdocs文件夹中。

要在浏览器中打开PHP文件，必须在地址栏输入对应的URL。如果使用file菜单的open命令打开一个文件，双击它，或将它拖到浏览器中，PHP代码将不会运行。

尝试打开下面所示的URL，将看到测试页面显示在其下方。在计算机上打开文件时，请直接输入 localhost(而非域名)。其后跟着从htdocs文件夹到目标文件的相对路径。

下面所示的路径告诉服务器在 phpbook/section_a /intro 文件夹中找到名为 test.php的文件。

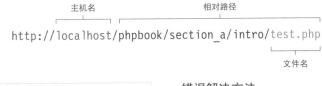

主机名　　　　　相对路径

http://localhost/phpbook/section_a/intro/test.php

文件名

错误解决方法

完成上述步骤后如果没有看到左边的页面，请查看：

　　http://notes.re/php/mamp for MAMP

　　http://notes.re/php/xampp for XAMPP

使用MAMP时，通常需要输入一个端口号。它默认使用8888端口，所以输入http://localhost: 8888/。

端口号有助于安装在一台计算机上的不同程序共享同一连接以访问互联网。这类似于办公室可能只有一个电话号码，却可以办理多个分机号码，以接入不同的个人电话。

PHP页面混用HTML和PHP代码的方式

许多PHP页面混用了HTML和PHP代码。PHP代码在PHP标签之间编写。PHP的开始和结束标签以及它们所包含的任何PHP代码被称为PHP代码块。

开始标签	结束标签
# <?php	# ?>
开始标签指示PHP解释器在将任何内容发送回浏览器之前必须开始处理代码。	结束标签表示PHP解释器可以停止处理该段代码，直至遇到另一个<?php标签。

PHP是一种称为脚本语言的编程语言。脚本语言运行在特定环境中；PHP的创建是为了在Web服务器上使用PHP解释器。一个单独的PHP页面通常称为脚本。

尽管在PHP中有的部分是不区分大小写字母的，但为了避免意想不到的错误，应将所有PHP代码都视为区分字母大小写的代码。

PHP页面是一个文本文件(HTML文件也是如此)。它的文件扩展名是.php，这告诉服务器将该文件发送给PHP解释器，以便它能够解释用PHP编写的指令。

如下所示，在一个PHP页面中包含如下部分：

- 图中紫色部分的PHP代码放在PHP标签内。在运行过程中，PHP解释器将处理这部分代码。
- 图中白色部分是HTML代码。这部分代码会自动添加到发送给浏览器的HTML文件中(因为PHP解释器不需要对它执行任何操作)。

PHP标签中的每条指令都称为语句。大多数语句是单行语句，以分号结束。如下情况中，语句后面的分号可以省略：

- PHP代码块的最后一行
- PHP代码块只包含一条语句

推荐在每个语句的末尾添加分号，这样有助于避免错误。

该页面中计算了糖果的总价，其中糖果每袋3美元，共购买了5袋，最后将总价保存在名为$total的变量中。将在HTML页面中展示出该值。你将在第1章中学习PHP代码如何实现该功能。

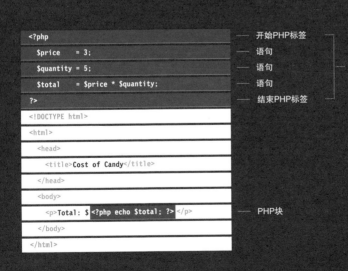

PHP向浏览器发送文本和 HTML 页面的方式

echo命令指示PHP解释器将文本或标签发送到浏览器。

在echo命令后用引号括住的任何文本和/或HTML 代码将发送到浏览器，以便在页面中显示。echo命令后可以使用单引号或双引号，但左引号和右引号必须匹配。

下面语句中的两个引号分别告诉了PHP解释器文本的开始和结束位置。文本又称为字符串字面量。行尾的分号告诉PHP解释器这是语句的结束位置。

```
echo '<b>Hello!</b>';
```
写入浏览器   要显示的文本和标签

要在发送给浏览器的文本中显示引号，需要在引号之前添加一个反斜杠符号(\)。反斜杠告诉PHP解释器不要将\后紧随的引号视为文本内容的结束符号，而应看作文本内容的一部分。程序员称此为对引号进行转义。

下例中的echo命令使用双引号写出HTML链接。href属性中的URL必须在引号中，所以将这些引号进行了转义。下面的代码最终显示为HTML链接 <a href="http://notes.re/php">PHP</a>。

```
echo "<a href=\"http://notes.re/php\">PHP</a>";
```
echo命令的起始引号   用转义后的引号来   echo命令的结束引号
包含URL

也可通过将双引号放入任何想要输出的文本和HTML中，再将这些文本和HTML放入单引号中来展示双引号。

这是可行的，因为PHP解释器会寻找一个匹配的单引号来表示文本的结束。

```
echo '<a href="http://notes.re/php">PHP</a>';
```
echo命令的起始引号   双引号中的HTML属性   echo命令的结束引号

在页面中写入内容

section_a/intro/echo.php

```
<!DOCTYPE html>
<html>
  <head>
    <title>echo Command</title>
    <link rel="stylesheet" href="css/styles.css">
  </head>
  <body>
    <h1>The Candy Store</h1>
①   <h2><?php echo 'Ivy\'s'; ?> page</h2>
②   <?php echo '<p class="offer">Offer: 20% off</p>' ?>
  </body>
</html>
```

结果

The Candy Store

IVY'S PAGE

OFFER: 20% OFF

在左边的代码框中：
- 右上角是该文件在下载的示例代码中的文件路径。
- 图中的编号对应于代码的执行步骤。

① echo命令使用单引号写出访问者名字与其后的's；反斜杠字符用于转义访问者名字和字母s之间的引号'。

② echo命令向页面添加一个段落。<p>元素有一个class属性。

因为写入页面的文本和标签放在单引号中，所以HTML属性可以使用双引号。

虽然在echo命令后使用单引号或双引号都是允许的，但最好选择其中一种并坚持使用。本书主要使用单引号，以便文本内容可以包含这里所示的HTML属性。

试一试：在步骤①中，将Ivy更改为你自己的名字并保存文件。当再次刷新页面时，欢迎语将展示你的名字。

注意：如果在echo命令后使用双引号，PHP解释器将检查文本是否包含变量(在第32~36页中可看到)。如果包含变量，解释器将写出变量保存的值。而在单引号中，PHP解释器会默认将引号中的内容都视为文本。参见第52页中的示例。

注释

添加描述PHP代码的注释是一个很好的习惯。
注释有助于你一段时间后仍能回想起代码所做的事情，
也帮助其他人理解你的代码。

单行注释的开始符有以下两种：
- 两个斜杠 //
- 单个磅(或哈希)符号 #

这些字符告诉PHP解释器忽略该行上的任何后续PHP代码，直至遇到结束标签?>。

```
echo "Welcome";  // Display greeting
echo "Welcome";  #  Display greeting
```

单行注释

多行注释是指在PHP文件中跨越多行的注释。这样就提供了向代码添加更详细描述或注释的能力。

斜杠和星号/*告诉PHP解释器忽略所有内容，直至遇到星号*和斜杠/。

```
echo "Welcome";
/*
After welcome message:
- Add profile image next to member's name
- Make both a link to the member's profile page
*/
```

多行注释

在代码中添加注释

PHP

```php
<?php
  /*
  This page displays the member's name
  and details of a current offer
  */
?>
<!DOCTYPE html>
<html>
  <head>
    <title>Adding Comments to Your Code</title>
    <link rel="stylesheet" href="css/styles.css">
  </head>
  <body>
    <h1>The Candy Store</h1>
    <h2><?php echo 'Welcome Ivy'; // Show name ?></h2>
    <?php echo '<p class="offer">Offer: 20% off</p>' ?>
  </body>
</html>
```

① 对应 `/* ... */` 多行注释部分

② 对应 `<h2>` 那一行

结果

The Candy Store
WELCOME IVY
OFFER: 20% OFF

这个示例与前一个很相似，区别是这里向代码中添加了注释。

① 页面以描述代码功能的多行注释开始。

② 在欢迎消息之后，一条单行注释指示将要显示的内容。

注释部分的内容不会被添加到发送给浏览器的HTML文件中；它们仅在PHP 代码中可见。

试一试：在步骤①中，向注释中添加另一行文本。

试一试：在步骤②中，将双斜杠字符更改为#(磅/哈希符号)。

注意：本书使用了大量注释来帮助描述示例中每行代码的作用。有经验的程序员很少像本书中这样一行一行地使用这么多注释。

第I部分
基本编程指令

1

变量、表达式与操作符
每次PHP页面执行任务时，都可使用不同的值来完成任务，因此学习如何使用变量在代码中表示数据是很重要的。你还将学习如何使用表达式和操作符来处理这些值。

2

流程控制
PHP页面并非总以相同的顺序运行相同的代码行。通过流程控制，能够编写PHP解释器使用的规则，以确定接下来应该运行哪一段代码。

3

函数
使用函数可将执行任务需要的所有单条语句组合在一起。这不仅有助于组织代码，而且如果页面需要多次执行某个相同的任务，还可以避免重复执行相同的指令。

4

类和对象
代码用于表示网站的会员、销售的产品和显示的商品等概念。程序员使用类和对象将表示这些不同概念的代码组合在一起。

第 1 章

变量、表达式与操作符

本章将展示变量如何保存那些每次请求
PHP页面时都发生变化的数据，以及表达
式和操作符如何处理变量中的值

变量使用名称来表示每次PHP页面请求时都可以发生变化的值：

- 变量名描述了变量所保存的数据类型
- 变量值是本次请求该页面时应保存的值

一旦该页面运行完毕，HTML文本信息送往浏览器时，PHP解释器将忘掉该变量(以便下次页面运行时，它可以存入不同的值)。

PHP能够辨别存在于同一变量中的不同数据类型(如文本和数值)；以下是一些常用的数据类型：

- 字符串表示文本
- 整型表示整数
- 浮点型表示小数
- 布尔型仅有两个值，分别是true和false
- 数组可以保存一系列关联的名称和值

了解变量后，你将学习如何在表达式中使用多个值来创建单个值。例如，保存在两个变量中的文本可以拼接在一起形成一个句子，或者保存在一个变量中的数值乘以另一个变量中的数值可得到一个新值。

表达式依赖于操作符创建单个值。例如，+操作符用于将两个值相加，而-操作符用于将一个值减去另一个值。

变量

变量能保存每次请求PHP页面时都可改变的数据。这些变量使用变量名来表示可改变的值。

创建变量并给它赋值，需要遵循以下几条规则：

● 变量名必须以$开头，后跟一个或多个单词，用来描述变量可以保存的数据类型。

● 使用=为变量赋值，因此=也被称为赋值操作符。

● 确定变量值。

如果变量保存的是文本，则这些文本需要写在一对引号中。使用单引号或双引号均可，但它们必须成对出现。(例如，请勿以单引号开始，而以双引号结束)。如果变量保存的是数值或布尔值(true或false)，则不需要将变量值放在引号中。

当创建变量时，程序员们称之为声明变量。当该变量获得1个值时，则称为给变量赋值。

```
     名称        值
    ┌──┴──┐   ┌─┴─┐
    $name  = 'Ivy';
    $price = 5;
            │
          赋值操作符
```

声明变量并为其赋值后，通过变量名就可在PHP代码中访问该变量当前保存的值。

当PHP解释器遇到一个变量名时，它会用该变量保存的值替换变量名。在如下的例子中，echo命令用于展示保存在$name中的变量值。

```
    echo $name;
     │      │
    显示  变量中保存的值
```

创建和访问变量

```php
<?php
$name  = 'Ivy';
$price = 5;
?>
<!DOCTYPE html>
<html>
  <head>
    <title>Variables</title>
    <link rel="stylesheet" href="css/styles.css">
  </head>
  <body>
    <h1>The Candy Store</h1>
    <h2>Welcome <?php echo $name; ?></h2>
    <p>The cost of your candy is
       $<?php echo $price; ?> per pack.</p>
  </body>
</html>
```

① `$name = 'Ivy';`
② `$price = 5;`
③ `<h1>The Candy Store</h1>`
④ `<p>The cost of your candy is`

结果

本章其余部分将通过PHP代码演示如何为变量赋值。后续章节中，为变量赋予的值将来自访问者提交的HTML表单、URL中的数据以及数据库。

在本示例中，可看到在页面的顶部创建了两个变量，并分别对它们进行了赋值。

① $name 保存了该网站当前访问者的名字。因为名字是文本信息，所以将名字放在一对引号之间。

② $price 保存了购买一份糖果的价格。由于价格是数值，所以它的值没有放在引号中。

接下来，在发送回访问者浏览器的HTML中可以看到：

③ 使用echo命令将访问者的名字展示在页面中。

④ 在页面中展示糖果的价格。

试一试：在步骤①中，更改$name变量的值以保存你的名字。然后保存文件并在浏览器刷新页面。你会看到页面中展示了你的名字。

试一试：在步骤②中，将糖果价格改为2。然后保存文件并在浏览器中刷新页面。你会看到页面中展示了新的价格。

为变量命名

变量的名称应该描述它所保存的数据内容。推荐使用以下规则创建变量名。

1

以美元($)符号开头。

✓ $greeting

✗ greeting

2

然后加上一个字母或下画线(不要使用数值)。

✓ $greeting

✗ $2_greeting

3

再后使用字母A~z(大写和小写)、数值和下画线的任意组合。不允许使用破折号或句点。

✓ $greeting_2

✗ $greeting-2

✗ $greeting.2

注意： $this有特殊的含义。请勿用它作为变量名。

✗ $this

使用变量名来描述变量保存的数据使代码更容易理解。

如果使用多个单词来描述变量保存的数据，那么通常使用下画线分隔每个单词。

变量名是区分大小写的，所以$Score和$score是两个不同的变量。但通常情况下，变量名应该避免使用相同的单词(即使由不同大小写字母组成)，因为这样很可能让阅读代码的其他人感到困惑。

从技术角度看，使用来自不同字符集的字符(如中文或西里尔字母)都是允许的，但通常认为只使用字母A~z、数值和下画线(因为在支持其他字符时存在一些复杂问题)是更好的做法。

标量(基本)数据类型

PHP包含三种保存文本、数值和布尔值的标量数据类型。

字符串数据类型

程序员称一段文本为字符串。字符串数据类型可以由字母、数值和其他字符组成，但它们都只用于表示文本。

`$name = 'Ivy';`

字符串总是用单引号或双引号括起来。但左引号必须与右引号匹配。

⊘ `$name = 'Ivy';`
⊘ `$name = "Ivy";`
⊗ `$name = "Ivy';`
⊗ `$name = 'Ivy";`

数值数据类型

数值数据类型允许使用它们所保存的值执行数学操作，如加法或乘法。

`$price = 5;`

数值不需要使用引号括住。如果将数值放在引号中，它们将被视为字符串而非数值。

PHP有两种数值数据类型：

- int表示整数，表示没有小数位的数值(如275)。
- float则保存浮点数，表示小数(如2.75)。

null数据类型

PHP还有一种名为null的数据类型。只具有null值，表示没有为变量指定值。

布尔数据类型

布尔数据类型只能取两个值中的一个：true或false。这些值在大多数编程语言中都很常见。

`$logged_in = true;`

true和false应该用小写字母书写，并且不要放在引号中。刚接触到布尔值概念时，会觉得这一概念很抽象，但很多东西都可用true或false表示，例如：

- 访问者是否已登录?
- 他们同意条款和条件吗?
- 产品符合免运费条件吗?

类型转换

在第60~61页中，将看到PHP解释器如何将值从一种数据类型转换为另一种数据类型(例如，一个字符串转换为一个数值)。

更新变量中的值

可通过给变量赋新值来更改或覆盖保存在变量中的值。这与在创建变量时为其赋值的方式相同。

① $name变量完成了初始化。这意味着声明了变量并赋给它一个初始值，如果未在页面的后面更新变量，将一直使用这个初始值。

$name的初始值为Guest；因为它是一串文本，所以需要写在引号中。

② 然后为$name变量赋一个新值Ivy。

③ $price变量表示一包糖果的价格。

接下来，可看到将被发送回访问者浏览器的HTML。

④ 使用echo命令将变量写入页面。它显示了在步骤②中分配给$name变量的新值。

⑤ 在页面中展示糖果的价格。

section_a/c01/updating-variables.php `PHP`

```php
<?php
$name  = 'Guest';
$name  = 'Ivy';
$price = 5;
?>
<!DOCTYPE html>
<html>
  <head>
    <title>Updating Variables</title>
    <link rel="stylesheet" href="css/styles.css">
  </head>
  <body>
    <h1>The Candy Store</h1>
    <h2>Welcome <?php echo $name; ?></h2>
    <p>The cost of your candy is
       $<?php echo $price; ?> per pack.</p>
  </body>
</html>
```

① `$name  = 'Guest';`
② `$name  = 'Ivy';`
③ `$price = 5;`
④ `<h2>Welcome <?php echo $name; ?></h2>`
⑤ `$<?php echo $price; ?> per pack.</p>`

结果

试一试： 在步骤②中，更改$name变量的值并写入你的名字。然后保存文件，并在浏览器中刷新页面。你会看到你所写入的名字。

试一试： 在步骤②之后添加新行，并给$name变量赋予一个别的名字。然后保存文件，并在浏览器中刷新页面。将看到页面显示的是你写入的名字。

数组

变量还可以保存数组，数组用于保存一系列相关值。数组又被称为复合数据类型，因为它们可以保存多个值。

数组就像一个容器，它保存一组相关的变量。数组中的每一项都称为元素。就像变量用变量名来表示值一样，数组中的每个元素都具有：

● 键，它的作用类似于变量名
● 值，它是键名所代表的数据

关联数组

以下数组所保存的数据代表网站会员。每次使用数组时，键(描述保存在数组每个元素中的数据)中使用的名称将保持不变。

PHP有两种类型的数组：

● 在关联数组中，每个元素的键是描述它所代表的数据的名称。
● 在索引数组中，每个元素的键是一个称为索引号的数值。

索引数组

以下数组用于保存购物列表。每次使用这样的列表时，它们可以保存不同数量的元素。键不使用名称来描述列表中的每个项，而是使用索引值(这是一个从0开始的整数)。

在这两个示例中，保存在数组中的每个值都是标量数据类型(单个数据片段)。

在第44页中，可以看到数组的例子，其中一个元素保存着另一个数组。

注意： 索引值从0(而不是1)开始。列表中的第一个元素的索引号为0。第二个元素由索引号1标识，以此类推。索引号通常用来描述列表中条目的顺序。

关联数组

要创建关联数组，需要给数组中的每个元素(或项)指定一个键来描述它所保存的数据。

要将关联数组保存在变量中，请使用：

- 一个变量名，用于描述数组所要保存的值
- 操作符，用于进行赋值
- 方括号，用于创建数组

在方括号或圆括号内，请使用：

- 键名(加引号)
- 双箭头操作符=>
- 元素值(字符串加引号；数值和布尔值不加引号)
- 逗号(跟在每个元素后)

```
         变量        创建数组
          |          |
$member = [
    'name'    => 'Ivy',
    'age'     => 32,
    'country' => 'Italy',
];
          |         |        |
          键      操作符      值
```

还可使用如下语法创建关联数组，即单词array后跟圆括号(而不是方括号)。

```
$member = array(
  'name'    => 'Ivy',
  'age'     => 32,
  'country' => 'Italy',
);
```

要访问关联数组中的元素，请使用：

- 保存数组的变量
- 方括号和引号
- 需要检索的元素的键

```
          变量       键
           |        |
$member['name'];
```

创建和访问关联数组

PHP

```php
<?php
$nutrition = [
    'fat'   => 16,
    'sugar' => 51,
    'salt'  => 6.3,
];
?>
<!DOCTYPE html>
<html>
  <head> ... </head>
  <body>
    <h1>The Candy Store</h1>
    <h2>Nutrition (per 100g)</h2>
    <p>Fat:   <?php echo $nutrition['fat']; ?>%</p>
    <p>Sugar: <?php echo $nutrition['sugar']; ?>%</p>
    <p>Salt:  <?php echo $nutrition['salt']; ?>%</p>
  </body>
</html>
```

① ②

结果

① 在本示例中，创建了一个关联数组，并将其保存在名为$nutrition的变量中。

数组是在方括号内创建的。它有三个元素(每个元素对应一个键/值对)。使用=>操作符为每个键赋值。

② 要展示保存在数组中的数据，请按如下步骤操作：

- 使用echo命令将跟随其后的值写入页面。
- 后面跟着保存数组的变量的键。
- 加上方括号和引号，表示要访问的键的名称。

例如，要将糖的内容写入页面，可使用echo $nutrition['sugar']。

试一试： 在步骤①中，修改数组的值。分别给以下键赋值：

- 为fat赋值42
- 为suger赋值60
- 为salt赋值3.5

刷新页面以查看更新后的值。

试一试： 在步骤①中，将另一个元素添加到数组中。使用protein作为键名为并将其赋值为2.6。然后在步骤②中，在页面中显示protein的值。

索引数组

在创建数组时，如果没有为其中的元素提供键，PHP解释器将为它分配一个称为索引值的数值。索引值从0(而非1)开始。

要将索引数组保存在变量中，请使用：

- 保存数组的变量，该变量的名称能够描述所保存的值
- 操作符，用于进行赋值
- 方括号，用于创建数组

在方括号或圆括号内，请遵循：

- 在数组中写明要保存的值(字符串需要放在引号中，而数值和布尔值则不用)
- 每个值后面跟一个逗号

每个元素都会被分配一个索引值。

```
       变量          赋值操作符                    值
    └─────────┘       └──┘       └──────────────────────┘
    $shopping_list = ['bread', 'cheese', 'milk',];
```

在上例中，bread的索引值是0，cheese的是1，milk的是2。索引值通常用于表示数组中列出项的顺序。

也可以使用如下所示的语法创建索引数组，用的是圆括号(而不是方括号)。

```
$shopping_list = array('bread',
                       'cheese',
                       'milk');
```

添加到数组中的每个值可在同一行上，也可在新行上(如上所示)。

要访问索引数组中的项，请使用：

- 保存数组的变量的名称
- 后跟方括号(无需引号)
- 写入需要检索的元素的索引值(在方括号中)

下面的代码获取数组中的第3项，因此在本例中它将获取值milk。

```
             变量        索引值
          └─────────┘    └──┘
          $shopping_list[2];
```

创建并访问索引数组

section_a/c01/indexed-arrays.php

PHP

```php
<?php
$best_sellers = ['Chocolate', 'Mints', 'Fudge',
    'Bubble gum', 'Toffee', 'Jelly beans',];
?>
<!DOCTYPE html>
<html>
  <head> ... </head>
  <body>
    <h1>The Candy Store</h1>
    <h2>Best Sellers</h2>
    <ul>
      <li><?php echo $best_sellers[0]; ?></li>
      <li><?php echo $best_sellers[1]; ?></li>
      <li><?php echo $best_sellers[2]; ?></li>
    </ul>
  </body>
</html>
```

① ②

结果

① 在本示例中，首先创建名为$best_sellers的变量。它的值是索引数组，保存了网站上最畅销的商品。

这个数组是用方括号创建的，数组项被添加到方括号内的数组中。因为数组中的项是文本，所以将它们放在引号中(数值和布尔值不会加引号)。每一项后面都有一个逗号。

② 页面中展示了最畅销的三个数组项：

- echo命令表示需要在页面展示其后的值。
- 然后是保存数组的变量名。
- 用方括号括住要检索的项的索引号。需要记住，索引号从0(而非1)开始。

试一试： 在步骤①中，把Licorice添加到数组中的Fudge元素之后。在步骤②中，添加数组中的第4项和第5项。

更新数组

一旦创建了数组，就可以向其中添加新项或更新其中任何元素的值。

要更新保存在关联数组中的值，请使用如下语法：

- 保存数组的变量
- 其后跟随方括号
- 括号中放置键名
- 赋值操作符
- 要保存的新值

```
$member['name'] = 'Tom';
```
变量　　　键　　　新值

要向关联数组中添加新的数组项，需要执行与上面步骤完全相同的操作，但使用的是一个新的键名 (不能使用数组中已有的键名)。

当键名是字符串时，需要用引号包裹键名，因为引号表示字符串数据类型。

两种数组的适用场景

如下情况更适合使用关联数组：

- 确切知道数组将保存哪些信息。这对于为每个元素提供一个键名是必要的。
- 需要使用键名获取单条数据。

要更新保存在索引数组中的值，请使用如下语法：

- 保存数组的变量
- 其后跟随方括号
- 索引值 (无需引号)
- 赋值操作符
- 要保存的新值

```
$shopping_list[2] = 'butter';
```
变量　　　索引值　　　新值

在第220页可以看到如何将新项添加到索引数组中。本页的执行过程与之不同，因为这里可以指定新项在数组中的位置。

索引数值周围不用加引号，因为数值数据类型无需引号。

如下情况更适合使用索引数组：

- 不知道有多少数据要保存在数组中(随着更多项目被添加到列表中，索引值也会增加)。
- 希望按特定顺序保存一系列值。

更改数组中保存的值

PHP

```php
<?php
$nutrition = [
    'fat'   => 38,
    'sugar' => 51,
    'salt'  => 0.25,
];
$nutrition['fat']   = 36;
$nutrition['fiber'] = 2.1;
?>
<!DOCTYPE html>
<html>
  <head> ... </head>
  <body>
    <h1>The Candy Store</h1>
    <h2>Nutrition (per 100g)</h2>
    <p>Fat:   <?php echo $nutrition['fat']; ?>%</p>
    <p>Sugar: <?php echo $nutrition['sugar']; ?>%</p>
    <p>Salt:  <?php echo $nutrition['salt']; ?>%</p>
    <p>Fiber: <?php echo $nutrition['fiber']; ?>%</p>
  </body>
</html>
```

① 本例首先将一个数组保存在变量\$nutrition中。

组成数组的每个元素的键和值并不需要另起一行(如这里所示)，但如果它们各占一行，则更便于阅读。

② 将fat中保存的值从38更新为36。

③ 新元素被添加到数组中。键名为fiber，值为2.1。

④ 数组中的值被将写入页面。

试一试：在步骤③之后，添加一个名为protein的键，并将其赋值为7.3。

结果

在数组中保存数组

数组中的每个元素都可以保存为另一个数组。当数组的每个元素都保存着另一个数组时，称该数组为多维数组。该类型的数组可用于表示表中展示的数据。

很多时候都需要在数组的元素中保存一组相关的值(例如，在传统的表中看到的数据)。在右边的表格中，上面有三个会员，表中还记录了他们的Age和Country。

该表的每一行(每个会员)都可以使用索引数组的一个元素表示。然后，每个元素可以保存一个关联数组，该数组保存每个会员的姓名、年龄和国籍。

Name	Age	Country
Ivy	32	UK
Emi	24	Japan
Luke	47	USA

索引数组的索引值由PHP解释器自动分配。每个关联数组后面的逗号表示该元素值的结束。

```php
$members = [
    ['name' => 'Ivy',  'age' => 32, 'country' => 'UK',],
    ['name' => 'Emi',  'age' => 24, 'country' => 'Japan',],
    ['name' => 'Luke', 'age' => 47, 'country' => 'USA',],
];
```

如果要获取保存Emi数据的数组，请使用：

- 保存该索引数组的变量。
- 要访问的元素的索引号放在方括号中(请记住，索引数组从0开始，且数值没有放在引号中)。

$members[1];

如果要获取Luke的Age数值，请使用：

- 保存该索引数组的变量。
- 保存Luke数据数组的元素索引值(放在方括号中)。
- 想要访问的Luke数据数组中的元素的键(放在第二组方括号中；因为键是一个字符串，所以把它放在引号中)。

$members[2]['age'];

多维数组

```
PHP                    section_a/c01/multidimensional-arrays.php
     <?php
    $offers = [
       ['name' => 'Toffee', 'price' => 5, 'stock' => 120,],
①     ['name' => 'Mints',  'price' => 3, 'stock' => 66,],
       ['name' => 'Fudge',  'price' => 4, 'stock' => 97,],
    ];
    ?>
    <!DOCTYPE html>
    <html>
      <head> ... </head>
      <body>
        <h1>The Candy Store</h1>
        <h2>Offers</h2>
②     <p><?php echo $offers[0]['name']; ?> -
③        $<?php echo $offers[0]['price']; ?> </p>
       <p><?php echo $offers[1]['name']; ?> -
④        $<?php echo $offers[1]['price']; ?> </p>
       <p><?php echo $offers[2]['name']; ?> -
⑤        $<?php echo $offers[2]['price']; ?> </p>
      </body>
    </html>
```

结果

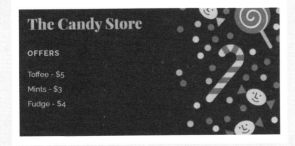

① 在本示例中，首先在名为$offers的变量中保存一个索引数组。

数组中的每个元素保存着一个关联数组，这些关联数组中保存着正在出售的商品名称、价格和库存数量。

② 该行中展示了第1个产品的name值(第1个产品的索引号为0)。

③ 该行展示了第1个产品的price值。

④ 这里显示了第2个产品的name和price值。

⑤ 这里显示了第3个产品的name和price值。

试一试：在步骤①中，将另一个名为Chocolate的产品添加到数组中。将其price设置为2，将其stock设置为83。然后，在步骤⑤之后，写出刚添加的新产品的名称和价格。

在下一章中，将可看到如何使用循环写出$offers数组中每个产品的name和price，无论该数组包含多少个产品。

echo的简写方式

当PHP块只用于向浏览器写入一个值时，可以使用echo的简写来代替
<?php echo ?>。

可以使用简写<?= $name ?>来代替
<?php echo $name; ?>，这是唯一不需要
把开始标签<?php写全的场景。

你不需要：
- 在开始标签中写php
- 写入echo命令
- 在结束标签前写入分号;

在本书前几章的许多例子中，可以
看到每个PHP文件都分为两个部分：
- 首先，PHP代码将值保存在变量或
  数组中(也可用数组包含的数据执行
  任务)。
- 然后是返回给浏览器的HTML代码。
  下一页将使用上面所示的简写语法显
  示保存在变量中的值。

如果每个页面在开始时都创建需要
显示的值并将这些值保存在变量中，则
有助于将服务器上运行的PHP代码和访
问者最终将看到的HTML代码进行明确的
分隔。

创建HTML页面的部分应该使用尽可
能少的PHP代码。在前面的示例中，页面
这一部分的PHP代码只将保存在变量中的
值写入HTML。

echo简写的使用

section_a/c01/echo-shorthand.php

```php
<?php
$name      = 'Ivy';
$favorites = ['Chocolate', 'Toffee', 'Fudge',];
?>
<!DOCTYPE html>
<html>
  <head>
    <title>Echo Shorthand</title>
    <link rel="stylesheet" href="css/styles.css">
  </head>
  <body>
    <h1>The Candy Store</h1>
    <h2>Welcome <?= $name ?></h2>
    <p>Your favorite type of candy is:
       <?= $favorites[0] ?>.</p>
  </body>
</html>
```

① $name
② $favorites
③ <h2>Welcome
④ <?= $favorites[0]

结果

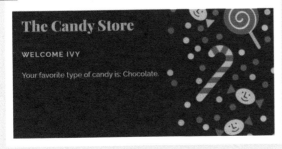

在这个例子中，可以看到已经在页面顶部创建了两个不同的变量，并放置在HTML代码的开始位置之前。

① $name变量保存站点会员的名称。由于这是一串文本，所以它被包裹在引号中。

② $favorites保存的数组表示会员最喜欢的糖果类型。

③ 用echo命令的简写将名字写入页面。

④ 用echo命令的简写将会员最喜欢的糖果类型写入页面。

试一试： 在步骤①中，将保存在$name变量中的值更改为你的名字。在步骤②中，将你最喜欢的糖果类型添加到数组的开头。保存文件，并在浏览器中刷新页面。然后观察页面内容的变化。

表达式和操作符

当要创建一个新值时，通常使用两个(或更多)已存在的值进行运算后得到。表达式由一个或多个运算结构组成，但最终其计算结果应为单个值。在这个过程中，表达式使用操作符得到所需的结果。

两个值使用基本数学运算(加、减、乘和除)创建一个新值。下面的表达式将数值3乘以数值5，得到的值为15：

```
3 * 5
```

程序员认为通过表达式计算可得到一个新值。如下，新创建的值保存在一个名为$total的变量中：

```
$total = 3 * 5;
```

+、-、*、/、=等符号被称为操作符。

可以使用称为连接操作符的字符串操作符将两个或多个字符串连接在一起以创建一个较长的文本。下面的表达式将值'Hi'和'Ivy'连接起来，创建一个字符串。

```
$greeting = 'Hi ' . 'Ivy';
```

这两个字符串的连接计算结果为单个值Hilvy，该值保存在名为$greeting的变量中。

在本章的其余部分，将用到下一页介绍的操作符。

算术操作符
第50~51页

算术操作符提供处理数值，执行加法、减法、乘法和除法等任务的能力。

例如，如果某人购买3包糖果，每包5美元，你可以使用乘法操作符计算出这3包糖果的总价。

字符串操作符
第52~53页

字符串操作符提供处理文本的能力。共有两个字符串操作符用于将不同的文本片段组合成一个字符串。

例如，如果将会员的名字保存在一个变量中，而将会员的姓氏保存在第二个变量中，则可将两个变量连接起来以创建其全名。

比较操作符
第54~55页和第58页

顾名思义，比较操作符将比较两个值并返回布尔值true或false。

例如，如果取数值3和5，可以尝试比较它们，并观察结果：

- 3 大于 5 (false)
- 3 等于 5 (false)
- 3 小于 5 (true)

也可以对字符串进行比较，看看一个值是大于还是小于另一个值：

- 'Apple' 大于 'Banana' (false)
- 'A' 等于 'B' (false)
- 'A' 小于 'B' (true)

逻辑操作符
第56~57页和第59页

三个逻辑操作符and、or和not的运算结果为true或false。为了理解它们是如何使用的，请考虑以下两个问题；两者都可以用true或false来回答：

今天的温度高吗？天气是否晴朗？

- and操作符可以判断温度高并且天气晴朗。
- or操作符可以判断温度高或天气晴朗。
- not操作符可以判断这些问题的答案中是否有一个不成立(false)。例如，天气不晴朗吗？

以上这些结果值都是true或false。

算术操作符

PHP提供以下数学操作符的运算能力。

它们可以与数值或保存数值的变量一起使用。

名称	操作符	用途	示例	结果
加	+	两数相加	10 + 5	15
减	-	两数相减	10 - 5	5
乘	*	两数相乘 (注意：这是一个星号，不是字母x)	10 * 5	50
除	/	两数相除	10 / 5	2
模	%	两数求余数	10 % 3	1
幂	**	一个数以另一个数为幂	10 ** 5	100000
递增	++	在原有值上加1并返回新的值	$i = 10; $i++;	11
递减	--	在原有值上减1并返回新的值	$i = 10; $i--;	9

执行顺序

在一个表达式中可以执行多个算术运算，但是理解计算的顺序是很重要的：乘除在加减之前执行。

操作符的执行顺序可能导致结果与你的预期不符。例如，这里的数值是从左到右计算的。结果是16：

$total = 2 + 4 + 10;

然而，在下例中，结果是42(不是60)：

$total = 2 + 4 * 10;

圆括号包裹的运算将优先执行，所以下面的结果总共是60：

$total = (2 + 4) * 10;

这里圆括号指明先计算2加4，再用其结果乘10。

算术操作符的使用

section_a/c01/arithmetic-operators.php

```php
<?php
$items    = 3;
$cost     = 5;
$subtotal = $cost * $items;
$tax      = ($subtotal / 100) * 20;
$total    = $subtotal + $tax;
?>
<!DOCTYPE html>
  <html>
  <head> ... </head>
  <body>
    <h1>The Candy Store</h1>
    <h2>Shopping Cart</h2>
    <p>Items: <?= $items ?></p>
    <p>Cost per pack: $<?= $cost ?></p>
    <p>Subtotal: $<?= $subtotal ?></p>
    <p>Tax: $<?= $tax ?></p>
    <p>Total: $<?= $total ?></p>
  </body>
</html>
```

①
②
③
④
⑤
⑥

结果

本示例展示了算术操作符如何与数值一起使用来计算一个订单的总价。

首先，创建两个变量：

① 购买的糖果数量($items)。

② 每袋糖果的价格($cost)。

接下来执行计算，并在创建HTML之前将结果保存在变量中。这有助于将PHP代码与HTML代码分离开来。

③ 订单的总价是用商品数量($items)乘以一包糖果的价格($cost)来计算的。

④ 因为需要按20%的税率计算缴纳的税费。为此，要将缴税前的总价($subtotal)先除以100(这是在括号中完成的，以确保优先计算)，再乘以20。

⑤ 最后，将应缴税费($tax)加到税前的总价中，得到总价($total)。

⑥ 在HTML页面中展示总价的最终结果。

试一试： 修改步骤①中的糖果数量和步骤②中的价格。

字符串操作符

有时需要连接两个或多个字符串来创建单个值。连接两个或多个字符串的过程称为连接。

.

连接操作符

连接操作符是一个句点符号。它将一个字符串中的值与另一个字符串中的值连接起来。在下面的例子中，变量$name将运算得到字符串'Ivy Stone':

```
$forename = 'Ivy';
$surname  = 'Stone';
$name     = $forename . ' ' . $surname;
```

$forename和$surname变量之间加了一个空格；如果没有空格，$name变量保存的值将变为IvyStone。

只要在每个字符串之间使用连接操作符，就可以在一条语句中连接任意多个字符串。

可通过另一种方式连接保存在变量中的字符串，而不需要连接操作符。如果用双引号(而不是单引号)赋值，PHP解释器将双引号中的变量名替换为它们包含的值。例如，

```
$name = "$forename $surname";
```

.=

连接赋值符

如果要向现有变量添加一些文本，可以使用连接赋值操作符。可以把该操作符看作创建一个更新字符串操作的简写:

```
$greeting = 'Hello ';
$greeting .= 'Ivy';
```

这里的字符串'Hello'保存在一个名为$greeting的变量中。在下一行，连接赋值操作符将字符串'Ivy'添加到名为$greeting的变量所保存的值的末尾。

现在，$greeting变量保存的值为'Hello Ivy'。可以看到，它比左边的示例省去了一行代码。

拼接字符串

PHP

`section_a/c01/string-operator.php`

```php
<?php
$prefix  = 'Thank you';
$name    = 'Ivy';
$message = $prefix . ', ' . $name;
?>
<!DOCTYPE html>
<html>
  <head>
    <title>String Operator</title>
    <link rel="stylesheet" href="css/styles.css">
  </head>
  <body>
    <h1>The Candy Store</h1>
    <h2><?= $name ?>'s Order</h2>
    <p><?= $message ?></p>
  </body>
</html>
```

① ② ③

结果

本示例中将展示为用户定制的信息。

① 首先，创建名为$prefix的变量为访问者保存消息的开始部分。该变量保存的字符串为'Thank you'.

② 创建第二个变量来保存访问者的名字。变量名为$name，访问者名字为Ivy。

③ 访问者的个人消息是通过连接(或拼接)三个值并将新值保存在一个名为$message的变量中创建的：

- 首先，将保存在$prefix中的值添加到$message中。
- 接下来，添加逗号和空格符。
- 最后，添加保存在$name中的值。

试一试：在步骤②中，将保存在$name中的值更改为你的名字。

试一试：在步骤③中，使用双引号(而非连接操作符)赋值的方式为$message变量赋值，例如：

`$message = "$prefix $name";`

比较操作符

比较操作符提供比较两个或多个值的能力。结果是布尔值true或false。

==
等于

该操作符用来比较两个值，看它们是否相同。

`'Hello' == 'Hello'`的结果为true
因为它们是相同的字符串。

`'Hello' == 'Goodbye'`的结果为false
因为它们是不同的字符串。

上面的操作符允许PHP解释器确定这两个值是否相等。下面的操作符更严格，因为它们同时检查值和数据类型。

!= 或 <>
不等于

这两个操作符用来比较两个值，看它们是否不同。

`'Hello' != 'Hello'`的结果为false
因为它们是相同的字符串。

`'Hello' != 'Goodbye'`的结果为true
因为它们不是相同的字符串。

上面的操作符会将数值3(整数)视为与数值3.0(浮点数)相等。而下面的操作符则将这两者判断为不相等(第60~61页将会说明：0将视为布尔值false，而1将视为true)。

===
等于

该操作符用来比较两个值，以检查值和数据类型是否相同。

`'3' === 3`的结果为false
因为它们类型不同。

`'3' === '3'`的结果为true
因为它们类型和值都相同。

!==
不等于

该操作符用于比较两个值，以检查值和数据类型是否不相同。

`3.0 !== 3`的结果为true
因为它们类型不同。

`3.0 !== 3.0`的结果为false
因为它们的类型和值都相同。

如果使用echo将布尔值写入页面，true将显示1，false将不显示任何内容。

< 和 >

小于和大于

< 检查左侧值是否小于右侧值。

4 < 3 的结果为 false

3 < 4 的结果为 true

> 检查左侧值是否大于右侧值。

z > a 的结果为 true

a > z 的结果为 false

<= 和 >=

小于或等于，大于或等于

<= 检查左侧的值是否小于或等于右侧的值。

4 <= 3 的结果为 false

3 <= 4 的结果为 true

>= 检查左侧的值是否大于或等于右侧的值。

z >= a 的结果为 true

z >= z 的结果为 true

<=>

宇宙飞船操作符

宇宙飞船操作符将其左值和右值进行比较，所得结果为：

0，如果两个值相等

1，如果左边的值更大

-1，如果右边的值更大

该操作符是在PHP 7中引入的(不能用于较早版本的PHP)。

1 <=> 1 的结果为：0

2 <=> 1 的结果为：1

2 <=> 3 的结果为：-1

逻辑操作符

比较操作符只得到一个单独的值：true或false。逻辑操作符可以
与多个比较操作符一起使用，以比较多个表达式的结果。

在这行代码中，有三个表达式，其中每个表达式都将解析得到一个单独的值：true或 false。

表达式1(左边的)和表达式2(右边的)都使用比较操作符，并且两个表达式的结果都是false。

表达式3使用了逻辑操作符(而非比较操作符)。

逻辑与操作符(&&)验证两个表达式(两边)是否都返回true。在本例中，它们并非都返回true，因此整个表达式将计算为false值。

从运算顺序看，表达式1和2在表达式3之前运算。

推荐将每个表达式都放在相应的圆括号中。这有助于说明每一组括号中的代码应该计算为单个值。不使用圆括号也是可以的，但这样代码可读性较差。

5小于2的返回结果是：false

表达式 1

2大于等于3的返回结果是：false

表达式 2

逻辑操作符

$$((5 < 2)\ \&\&\ (2 >= 3))$$

表达式 3

表达式1和2的返回结果都是false

&&

逻辑操作符与

该操作符验证多个条件:

((2 < 5) && (3 >= 2))

的返回值是 true

如果两个表达式的返回值都是true,则整个表达式返回true。如果其中一个表达式的返回值为false,则整个表达式返回false。

true && true 返回 true

true && false 返回 false

false && true 返回 false

false && false 返回 false

可用单词 and代替&&符号。

||

逻辑操作符或

该操作符至少验证一个条件:

((2 < 5) || (2 < 1))

的返回值是 true

如果其中一个表达式的返回值为 true,则整个表达式返回true。如果两个表达式的返回值为false,则整个表达式返回false。

true || true返回true

true || false返回true

false|| true返回true

false|| false返回false

可用单词or代替||符号。

!

逻辑操作符非

该操作符接受一个布尔值并对其求反:

!(2 < 1)

的返回值是 true

!表示对表达式的结果求反。如果表达式的计算结果为false(表达式前没有!),则最终返回true。如果表达式的返回值是true,则最终返回false。

!true 返回 false

!false 返回 true

不能使用not代替!符号。

短路运算

逻辑表达式从左到右进行计算求值。一旦算出第一个表达式的返回值,并且PHP解释器知道了逻辑操作符,可能就不需要求第二个条件了,正如右边的示例中展示的那样。

((5 < 2) && (2 >= 2))

↑

计算结果为false。

继续测试第二个条件是没有意义的,因为第二个表达式的计算结果不影响整个表达式返回false。

((2 < 5) || (2 >= 2))

↑

计算结果为true。

继续测试第二个条件是没有意义的,因为第二个表达式的计算结果不影响整个表达式返回true。

比较操作符的使用

① 这里创建了三个变量。
- 第1个变量保存了客户想购买的糖果类型。
- 第2个变量表示商店库存共有5袋糖果。
- 第3个变量表示客户想购买8袋糖果。

② 比较操作符检查所需的数量是否小于或等于库存数量。并将比较结果保存在一个名为$can_buy的变量中。

③ 页面中需要展示布尔值的情况很少。大多数情况下,布尔值将用于条件逻辑,该情况将在下一章中遇到。当尝试在页面上分别写下不同布尔值,页面展示情况如下:
- 布尔值为true,页面将展示1。
- 布尔值为false,页面将不展示。

试一试:在步骤①中,交换$stock和$wanted的值。$can_buy中的值会改变。

在第75页中,将能学习到如何在使用比较操作符的表达式的结果为true或false时显示不同的消息。

`section_a/c01/comparison-operators.php`   PHP

```php
<?php
$item    = 'Chocolate';
$stock   = 5;
$wanted  = 8;
$can_buy = ($wanted <= $stock);
?>
<!DOCTYPE html>
<html>
  <head> ... </head>
  <body>
    <h1>The Candy Store</h1>
    <h2>Shopping Cart</h2>
    <p>Item:    <?= $item ?></p>
    <p>Stock:   <?= $stock ?></p>
    <p>Wanted:  <?= $wanted ?></p>
    <p>Can buy: <?= $can_buy ?></p>
  </body>
</html>
```

结果

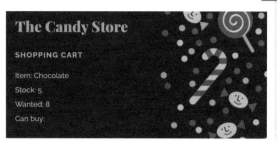

The Candy Store

SHOPPING CART

Item: Chocolate
Stock: 5
Wanted: 8
Can buy:

逻辑操作符的使用

section_a/c01/string-operator.php

```php
<?php
$item    = 'Chocolate';
$stock   = 5;
$wanted  = 3;
$deliver = true;
$can_buy = (($wanted <= $stock) && ($deliver ==
true));
?>
<!DOCTYPE html>
<html>
  <head> ... </head>
  <body>
    <h1>The Candy Store</h1>
    <h2>Shopping Cart</h2>
    <p>Item:    <?= $item ?></p>
    <p>Stock:   <?= $stock ?></p>
    <p>Ordered: <?= $wanted ?></p>
    <p>Can buy: <?= $can_buy ?></p>
  </body>
</html>
```

① $wanted
② $deliver
③ $can_buy

结果

如下示例基于上一页面的代码。

① 客户想购买3袋糖果。

② 这里添加了一个名为$deliver的变量；用于保存一个布尔值来表示是否可以发货。

③ 这个表达式使用了两个比较操作符，它们分别用于：

● 首先检查是否有足够的糖果库存。

● 之后再检查是否可发货。

逻辑操作符&&检查两个操作符是否都返回true。如果经检查返回值均为true，那么$can_buy的值将为true，页面将显示数值1。

如果两个操作符并不都返回true，$can_buy将得到false，且不会显示任何内容。

试一试： 在步骤①中，交换$stock和$wanted的值。$can_buy的返回值会改变。

在第75页上，将学习如何在表达式返回true或false时显示不同的消息。

数据类型转换

PHP解释器可以将一个值从一种数据类型转换为另一种数据类型。这称为类型转换，这种转换可能得到意想不到的结果。

PHP被认为是一种松散类型语言，因为在创建变量时，不需要指定变量所包含的值的数据类型。下面先给$title变量赋值为一个字符串值，然后赋值为整数：

```
$title = 'Ten';  // 字符串
$title = 10;     // 整数
```

可将PHP的方法与严格类型的编程语言(如C++或C #)进行比较，后者要求程序员在声明每个变量时指定数据类型。

当PHP解释器遇到与预期的数据类型不符的值时，它可以尝试将该值转换为预期的数据类型。这个过程叫作类型转换。

类型转换可能令人感到困惑，因为通过类型转换后，PHP解释器可能得到预期外的结果或错误。例如，下面的加法操作符将两个值相加。1是一个整数，但2是一个字符串，因为它是用引号包裹起来的。

```
$total =  1 + '2';
```

这种情况下，PHP解释器将自动尝试将字符串转换为数值，以便执行算术运算。因此，$total变量将保存数值3。

在下一页，可看到如何指定将值从一种数据类型转换为另一种数据类型的规则。下面的一些示例演示了类型转换：http://notes.re/php/type-juggling。

当一个值的数据类型更改为不同的数据类型时，程序员称之为该值的数据类型从一种类型转换为另一种类型。类型转换称为隐式转换，因为这是由PHP解释器执行而非程序员显式执行的转换。

如果程序员使用代码显式地对数值类型进行转换，则这种转换称为显式转换，因为PHP解释器被显式地告知如何执行类型转换。

数值

如果PHP解释器执行数学运算时需要两个数值，它会先将如下情况下的非数值变量转换为数值。

可以看看如下情况的结果会是什么：

- 数值与字符串相加
- 数值与布尔值相加

数值 + 字符串	可视为	返回值	描述
1 + '1'	1 + 1	2 (int)	字符串包含一个有效的整数，视为整数
1 + '1.2'	1 + 1.2	2.2 (float)	字符串保存一个浮点数，视为浮点数
1 + '1.2e+3'	1 + 1200	1201 (float)	字符串保存一个带e的幂函数(指数为3)，视为浮点数
1 + '5star'	1 + 5	6 (int)	字符串中的整数跟随有其他字符。该数值被视为整数，后面的字符将被忽略
1 + '3.5star'	1 + 3.5	4.5 (float)	字符串保存一个跟随其他字符的浮点数。该数值被视为一个浮点数，后面的字符将被忽略
1 + 'star9'	1 + 0	1 (int)	字符串不以整数或浮点数开头，被视为数值0

数值 + 布尔值	可视为	返回值	描述
1 + true	1 + 1	2 (int)	布尔值true被视为整数1
1 + false	1 + 0	1 (int)	布尔值false被视为整数0

字符串

当PHP解释器试图连接两个字符串时，将遵循如下的规则。

看看如下情况的结果会是什么：

- 将字符串与数值连接
- 将字符串与布尔值连接

字符串 . 数值	可视为	返回值	描述
'Hi ' . 1	'Hi ' . '1'	Hi 1 (string)	整数被视为字符串
'Hi ' . 1.23	'Hi ' . '1.23'	Hi 1.23 (string)	浮点数被视为字符串

字符串 . 布尔值	可视为	返回值	描述
'Hi ' . true	'Hi ' . '1'	Hi 1 (string)	true被视为字符1
'Hi ' . false	'Hi ' . ''	Hi (string)	false被视为空字符串

布尔值

当PHP解释器需要对某个值进行转换得到布尔值时，右表中显示的所有值都将被视为false。

其他任何值(任何文本、除0以外的数值或布尔值true)都被视为true。

值	数据类型	被视为
false	布尔值	false
0	整数	false
0.0	浮点数	false
'0'	以0开始的字符串	false
''	空字符串	false
array[]	空数组	false
null	Null	false

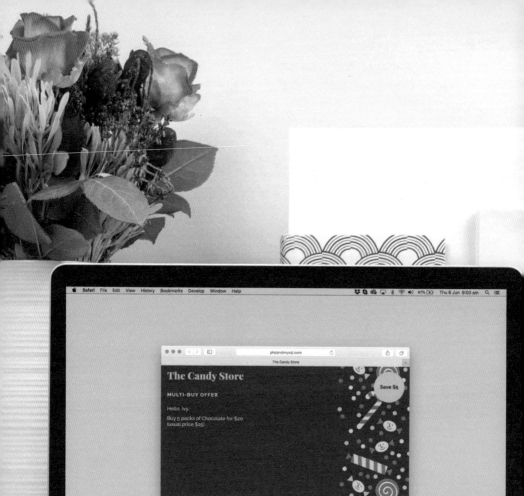

基本PHP页面

如下示例结合了本章中先前展示的几种技术。

利用PHP文件来创建一个HTML页面，告诉访问者当他们购买多包糖果时可以享有折扣。

该页面中将展示：

- 在变量和数组中保存信息。
- 使用连接操作符连接变量中的文本，为访问者创建个性化的问候语。
- 使用算术操作符执行计算，以确定页面上显示的价格。
- 将PHP解释器创建的新值写入页面的HTML内容中。

另外，如果更新了保存在变量中的值，页面将自动展示新产品和价格。

处理和展示数据

当开始编写PHP文件时，页面中通常混用HTML和 PHP代码。推荐的做法是尽可能将两部分代码分开。

- 首先使用PHP创建将显示在HTML页面中的值，并将这些值保存在变量中(在下一页中，指的是虚线以上的代码)。
- 然后，页面的下方可专注于显示HTML内容。这一部分中，PHP代码应该仅用于显示保存在变量中的值(在下一页中，指的是虚线以下的代码)。

先关注页面开头处的PHP代码。

① 下一页的示例首先声明一个变量来保存访问者的用户名。之所以命名为$username，是因为变量名应该总是以美元符号开始，后跟一个描述它所保存的数据类型的名称。

② 声明一个名为$greeting的变量，为访问者保存一条问候语。这将使用字符串操作符来连接字符串Hello和访问者的名字。

③ 创建一个名为$offer的变量来保存特价商品的详细信息。它的值是一个有四个元素的数组：

- 购买的商品名
- 购买的数量
- 每袋糖果的原价(无折扣)
- 每袋糖果的折扣价

数组中的第一个元素描述了订单中的商品名，数据类型为字符串。数组中其他元素的值则是整数。

④ 创建一个名为$usual_price的变量。它的值是未打折之前商品的总价。这是通过将数组中保存的两个值(数量和价格)相乘得到的。

⑤ 创建一个名为$offer_price的变量。它的值是打折后商品的总价。这是通过将保存在数组中的数量和折扣价格相乘得到的。

⑥ 创建一个名为$saving的变量来保存客户节省的花销。这是通过从保存在$usual_price(在步骤④中创建)中的值减去保存在$offer_price变量(在步骤⑤中创建)中的值来计算得到的。

页面的后半部分(虚线以下部分)将创建返回给浏览器的HTML。它从HTML DOCTYPE声明开始。PHP只用于写出前面步骤中保存在变量中的值。

⑦ 问候语是单词Hello后面跟着访问者的名字。这里使用echo命令的缩写将问候语写在页面上。

⑧ 保存在$saving变量(在步骤⑥中创建)中的节省的花销显示在黄色圆圈中。CSS用于将这个圆圈放在浏览器窗口的右上角。

⑨ 步骤中的<p>标签用于描述订单的细节，展示了访问者所要购买的糖果数量和名称。

⑩ 随后是保存在$offer_price中的折扣总价和保存在$usual_price中的非折扣总价。

```php
    <?php
①   $username = 'Ivy';                          // 保存用户名的变量

②   $greeting = 'Hello, ' . $username . '.';    // 问候语的值是 "Hello," +用户名

    $offer = [                                   // 创建数组来保存订单
        'item'     => 'Chocolate',              // 订单上的商品名
        'qty'      => 5,                         // 要购买的商品数量
③      'price'    => 5,                         // 每袋糖果的原价
        'discount' => 4,                        // 每袋糖果的折扣价
    ];

④   $usual_price = $offer['qty'] * $offer['price'];    // 未打折的总价
⑤   $offer_price = $offer['qty'] * $offer['discount']; // 打折的总价
⑥   $saving      = $usual_price - $offer_price;        // 节省的总花销
    ?>
```

```html
    <!DOCTYPE html>
    <html>
      <head>
        <title>The Candy Store</title>
        <link rel="stylesheet" href="css/styles.css">
      </head>
      <body>
        <h1>The Candy Store</h1>

        <h2>Multi-buy Offer</h2>

⑦      <p><?= $greeting ?></p>

⑧      <p class="sticker">Save $<?= $saving ?></p>

⑨      <p>Buy <?= $offer['qty'] ?> packs of <?= $offer['item'] ?>
⑩          for $<?= $offer_price ?><br>(usual price $<?= $usual_price ?>)</p>
      </body>
    </html>
```

试一试： 在步骤①中将用户名修改为你自己的名字。在步骤②中，更新显示给访问者的问候语，使用Hi(而不是Hello)。

在步骤③中，将$offer数组中键名为qty的值更改为3。

在步骤③中，将糖果的price更新为6。

小结
变量、表达式与操作符

❯ 变量用于保存每次运行脚本时会发生变化的数据。

❯ 标量数据类型包含字符串、整数、浮点数和值为true或false的布尔值。

❯ 数组是一种复合数据类型，用于保存一组相关值。

❯ 数组中的每一项都称为元素。关联数组中的元素有键和值。索引数组中的元素有索引号和值。

❯ 字符串操作符用于连接(拼接)字符串中的文本。

❯ 算术操作符使用数值执行数学运算。

❯ 比较操作符比较两个值，看一个值是否等于、大于或小于另一个值。

❯ 可以使用逻辑操作符与(&&)、或(||)、非(!)来组合多个表达式的结果。

第2章

流程控制

本章将展示如何告诉PHP解释器某段代码
是否需要执行，何时重复一组语句，以及
何时引入另一文件中的代码。

共有以下三种方法来控制PHP解释器如何运行PHP文件中的语句。

- **顺序**：PHP解释器会按照语句的写入顺序执行。第1行、第2行、第3行，以此类推，直到最后一行。之前本书中展示的所有示例都按顺序执行代码。
- **选择**：PHP解释器使用条件语句来确定是否执行某段代码。例如，条件可以是"用户是否已登录?"如果答案是"否"，页面将显示登录页面的链接。而如果答案为"是"，则会显示一个用户个人资料页面的链接。程序员称这些指令为条件语句，因为它们根据条件选择要运行的语句集。
- **循环/迭代**：PHP解释器可以多次循环执行同一段代码。例如，如果1个数组包含1份购物列表，那么可以对列表中的每1项运行相同的指令(无论它包含1项还是100项)。循环常用于重复语句集。

当更改语句运行的顺序时，其实就是在更改控制流。

在本章中，还将学习如何使用include文件来保存多个页面使用的相同代码。此方法可将同一个文件引入多个页面中，而不是在每个文件中重复写入相同的代码。

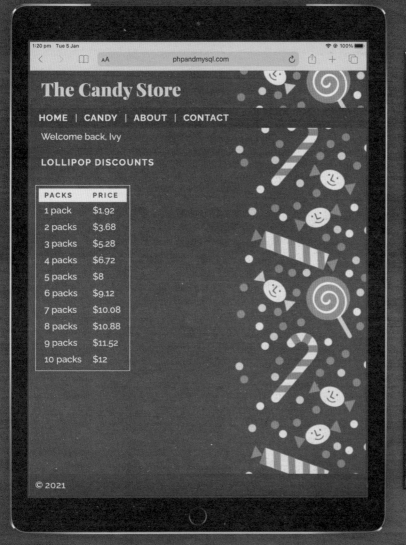

The Candy Store

HOME | CANDY | ABOUT | CONTACT

Welcome back, Ivy

LOLLIPOP DISCOUNTS

PACKS	PRICE
1 pack	$1.92
2 packs	$3.68
3 packs	$5.28
4 packs	$6.72
5 packs	$8
6 packs	$9.12
7 packs	$10.08
8 packs	$10.88
9 packs	$11.52
10 packs	$12

© 2021

条件语句

条件语句在执行时会测试某个条件是否满足，以确定是否运行接下来的代码块。这类似于说："如果情况满足，则执行任务1(否则执行任务2)。"

有些任务只在满足条件时执行。考虑一个用户可以登录的网站。如果用户：

- 已登录，则展示跳转到其个人资料页的链接。
- 未登录，则展示跳转到登录页的链接。

这里的判断条件就是："用户是否登录?"该条件用于确定要显示哪个链接。

条件语句也是表达式，其结果的值总是true或false。条件语句通常使用比较操作符(参见第54~55页)来比较两个值。

如果名为$logged_in的变量在用户登录时保存的值为true，而在用户未登录时保存的值为false，下面的代码将作为一个条件：

($logged_in === true)

- 如果条件的结果为true，之后执行的语句将展示跳转到个人资料页的链接。
- 如果条件的结果为false，之后执行的语句将展示跳转到登录页面的链接。

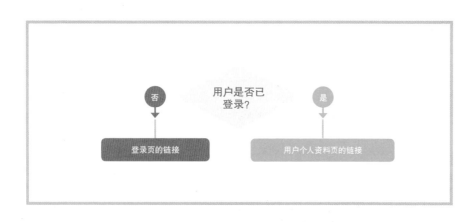

if

if语句只在满足条件时才执行相应的语句，而这些要执行的语句则需要用花括号包裹住。

如果条件不符，则花括号中的语句将被忽略，PHP解释器将直接跳转到花括号结束后的下一行代码。

```php
if ($logged_in === true) {
    // 条件满足时执行的语句
}
```

if... else

if... else语句用于验证某个语句。如果返回true，则运行第一组语句。否则，将执行第二组语句。后面还会介绍三元操作符，它是if…else语句的简写方式。

```php
if ($logged_in === true) {
    // 条件满足时执行的语句
} else {
    // 条件不满足时执行的语句
}
```

if...elseif...

在if...elseif...语句中，如果第1个条件不满足，可以添加第2个判断条件。当第2个条件满足时，紧跟其后的语句才会运行。

如果两个条件都不满足，可使用else选项提供一组默认语句来运行。

```php
if ($logged_in === true) {
    // 条件1满足时执行的语句
} elseif ($time > 12) {
    // 条件2满足时执行的语句
} else {
    // 以上条件均不满足时执行的语句
}
```

switch

switch语句不依赖于条件；首先指定一个变量，之后提供与变量中的值匹配的选项。

如果没有匹配的选项，则可以运行一组默认的语句。

如果没有默认值，也没有与变量匹配的值，PHP解释器会直接跳转到switch语句后的下一行代码接着执行。

```php
switch ($option) {
    case 'option_1':
        // $option值为option_1时执行的语句
        break;
    case 'option_2':
        // $option值为option_2时执行的语句
        break;
    default:
        // $option的值与之前选项不匹配时
        //    执行的语句
}
```

match

PHP 8添加了match表达式(switch语句的变体)。如果找到变量的精确匹配值(与变量的值和数据类型相同)，则运行表达式并返回表达式创建的值。在同一行中可指定多个选项，也可在没有匹配值的情况下提供默认值。但是，如果变量没有找到精确匹配值和默认值，该表达式将导致错误。

```php
$result = match($option) {
    'option_1'              => // 表达式
    'option_2', 'option_3'  => // 表达式
    'default'               => // 表达式
};
```

第 2 章 流程控制 (71)

花括号组成代码块

PHP将一组相关的语句放在花括号中。括号和其中的语句所组成的部分称为代码块。

代码块起始位置

```
{

    // Curly braces indicate
    // the start and end of
    // a code block.

}
```

代码块结束位置

花括号为PHP解释器指明了代码块的起始与结束位置：

- 左花括号表示代码块的开始。
- 右花括号表示代码块的结束。

花括号内并未限制可以出现的语句数量。

代码块允许PHP解释器运行、跳过或重复其中包含的语句。

代码块末尾的右括号}后面不应该有分号，这是因为代码块只用于表明一组相关语句的开始和结束位置；代码块本身并不是PHP解释器运行的指令。

条件语句的结构

测试条件总是返回或计算得到布尔值。该值决定了具体运行哪一部分代码块。

如下的条件测试$logged_in的值是否为true：

- 如果是的话，条件的检查结果将返回true
- 否则，该条件的检查结果返回false

要测试的条件

```php
if ($logged_in === true) {
   $link = '<a href="member.php">My Profile</a>';
} else {
   $link = '<a href="login.php">Login</a>';
}
```

值为true时执行的语句

值为false时执行的语句

当条件的测试结果为true时，将运行第一个代码块。然后PHP解释器会忽略else关键字并跳过第二个代码块。接下来，将跳转到整个条件语句代码块之后的第一行代码接着运行。

当条件的结果为false时，PHP解释器跳过第一个代码块，并移动到else关键字的位置。然后运行它后面的代码块中的语句。接下来，移动到条件语句代码块之后的第一行代码。

if...语句的使用

这里的示例展示了当用户成功登录之后，能够看到自定义的问候语。

代码中首先创建了两个变量并存入值。

① $name保存用户的名字。

② $greeting是经过初始化的；这意味着如果没有在步骤③和④中更新该变量的值，那么它仍保存默认值Hello。

③ if语句通过测试条件来检查$name变量是否为空字符串。

如果变量不为空，则运行后续的代码块。

④ $greeting变量中的值更新为"Welcome back"以及登录用户的名字。

⑤ 将保存在$greeting中的值展示到页面中。

试一试： 将$name的值改为空字符串。之后刷新页面，可看到问候语变为Hello。

注意： 测试条件中可以只包含变量名，例如：

```
if ($name) {
  $greeting = 'Hi, ' +
$name;
}
```

```
section_a/c02/if-statement.php                    PHP

  <?php
① $name    = 'Ivy';
② $greeting = 'Hello';

③ if ($name !== '') {
④     $greeting = 'Welcome back, ' . $name;
  }
  ?>
  <!DOCTYPE html>
  <html>
   <head> ... </head>
    <body>
      <h1>The Candy Store</h1>
⑤     <h2><?= $greeting ?></h2>
    </body>
  </html>
```

结果

这里，条件语句将验证保存在$name变量中的值在发生类型转换后是否为true。

正如在第60~61页中看到的，包含任何文本以及除0以外的数字的字符串将被视为true。

if... else的使用

PHP section_a/c02/if-else-statement.php

```php
<?php
$stock = 5;

if ($stock > 0) {
    $message = 'In stock';
} else {
    $message = 'Sold out';
}
?>
<!DOCTYPE html>
<html>
  <head> ... </head>
  <body>
    <h1>The Candy Store</h1>
    <h2>Chocolate</h2>
    <p><?= $message ?></p>
  </body>
</html>
```

① $stock = 5;
② if ($stock > 0) {
③ $message = 'In stock';
④ } else {
⑤ $message = 'Sold out';
⑥ <p><?= $message ?></p>

结果

该示例通过检查商品的库存数量，来显示不同的消息。

① $stock变量保存了当前商品的库存数量。

② if语句使用一个条件来验证 $stock的库存数量是否大于0。

③ 如果条件验证结果为true，则将名为$message的变量赋值为"in stock"。之后，PHP解释器将跳过else关键字及后续的代码块。

④ 如果步骤②中的条件返回false，则PHP解释器将运行else后面的代码块。

⑤ 将$message赋值为'Sold out'。

⑥ 展示$message中保存的字符串信息。

试一试： 在步骤①中，将$stock的初始值赋值为0。

在步骤⑤中，将$message的赋值改为More stock coming soon。

三元操作符

三元操作符用于验证某个条件，然后在条件结果为true或false时分别返回不同的值。

三元操作符常用作if... else语句的简写。

在右边的例子中，if...else语句验证用户的年龄是否小于16岁。如果测试条件返回：

- true，将$child赋值为true。
- false，将$child赋值为false。

在下例中，可看到三元操作符如何在一行代码中实现与if...else相同的效果。

```
if ($age < 16) {
    $child = true;
} else {
    $child = false;
}
```

问号

条件

冒号

$$\texttt{\$child = \$age < 16 ? true : false;}$$

保存结果的变量

三元操作符表达式

可以看到，问号将需要测试的条件与将要使用的值分隔开。

冒号将测试条件结果为true和false时分别返回的值分隔开。

这里，三元操作符返回的结果保存在一个名为$child的变量中。

有时会在测试条件周围加上圆括号(见下一页)，以表示它会生成单个值，但圆括号并不是必需的。

使用三元操作符

section_a/c02/ternary-operator.php

```php
<?php
$stock = 5;

$message = ($stock > 0) ? 'In stock' : 'Sold out';
?>
<!DOCTYPE html>
<html>
  <head> ... </head>
  <body>
    <h1>The Candy Store</h1>
    <h2>Chocolate</h2>
    <p><?= $message ?></p>
  </body>
</html>
```

① $stock = 5;

② $message = ($stock > 0) ? 'In stock' : 'Sold out';

③ `<p><?= $message ?></p>`

结果

本示例与上一示例很相似，区别在于使用三元操作符替换了if...else语句。

① $stock变量保存了当前项的库存数量。

② 三元操作符用于向名为$message的变量赋值。该条件测试$stock中的值是否大于0。如果此条件验证结果为：

- true，则将$message赋值为In stock。
- false，则将$message赋值为Sold out。

③ $message 中保存的值将展示在页面中。

试一试：在步骤①中，将保存在$stock中的值改为0。

在步骤②中，将$message保存的值改为More stock coming soon。

if... elseif...语句的使用

该示例是基于之前的示例进行扩展的。

① $ordered变量表示商店为补充库存而订购的商品数量。

② if语句使用条件来测试$stock的值是否大于0。如果是，那么将为$message变量赋值'In stock'，之后PHP解释器将移动到if...elseif语句的结束位置。

③ 如果第一个条件不满足，则else...语句使用第二个条件来验证$ordered中的值是否大于0。如果第二个条件经验证通过，$message变量的值将为'Coming soon'，PHP解释器将移动到if...elseif语句的结束位置。

④ 如果前两个条件经验证得到的结果都不为true，则PHP解释器将运行else子句和它后面的代码块，变量$message将赋值'Sold out'.

⑤ $message 中的值将展示在页面中。

section_a/c02/if-else-if-statement.php   **PHP**

```php
<?php
$stock   = 5;
$ordered = 3;

if ($stock > 0) {
    $message = 'In stock';
} elseif ($ordered > 0) {
    $message = 'Coming soon';
} else {
    $message = 'Sold out';
}
?>
<!DOCTYPE html>
<html>
  <head> ... </head>
  <body>
    <h1>The Candy Store</h1>
    <h2>Chocolate</h2>
    <p><?= $message ?></p>
  </body>
</html>
```

结果

试一试：在步骤①中，将$stock变量中的值改为0。之后刷新页面时，消息应该显示Coming soon。

switch语句的使用

section_a/c02/switch-statement.php

```php
<?php
$day = 'Monday';

switch ($day) {
    case 'Monday':
        $offer = '20% off chocolates';
        break;
    case 'Tuesday':
        $offer = '20% off mints';
        break;
    default:
        $offer = 'Buy three packs, get one free';
}
?>
<!DOCTYPE html>
<html>
  <head> ... </head>
  <body>
    <h1>The Candy Store</h1>
    <h2>Offers on <?= $day; ?></h2>
    <p><?= $offer ?></p>
  </body>
</html>
```

结果

① $day变量用于保存一周中的某一天。

② switch语句以switch和括号内的变量名开始。其中变量保存的已知信息作为开关值。

后面是一对花括号，其中包含可能匹配切换值的选项。

③ 左图中的示例中有两个选项，这两个选项的共同点为：

● 以单词case开始。

● 后面跟随匹配值。

● 最后跟随冒号。

④ 如果开关值与某个选项匹配，则运行它后面的语句(这里的语句都为$offer变量赋予不同的值)。

⑤ break告诉PHP解释器转到switch语句的末尾。

⑥ 最后一个选项是default。这表示如果前面的选项都不匹配，则执行default之后的语句(default选项后不应出现break关键字)。

⑦ 展示$offer中保存的值。

试一试：在步骤①中，将$day的值改为Wednesday。并在步骤⑤之后的switch语句中为Wednesday添加一个匹配项。

match表达式的使用

注意: 本例仅适用于PHP 8.0及以上版本。

① $day变量用于保存一周中的某一天。

② match表达式用于给$offer变量赋值。它以单词match开头,后面是包含变量名的圆括号,然后是左花括号。

③ 花括号包含多行代码,每行代码以匹配值开始,这些匹配值用于测试是否与保存在 $day变量中的值匹配。

如果匹配,则运行双箭头操作符右侧的表达式。

每行代码只能运行一个表达式,并以逗号结束。另外,需要注意匹配表达式使用了严格类型比较;它不会在验证之前进行类型转换。

④ 最后一行代码使用了关键字 default,这意味着如果之前的项都不匹配,则执行default之后的表达式(如果没有匹配且没有默认代码行,则会引发错误)。

⑤ 展示$offer所保存的值。

```php
section_a/c02/match.php                              PHP

    <?php
①  $day = 'Monday';

②  $offer = match($day) {
③      'Monday'            => '20% off chocolates',
        'Saturday', 'Sunday' => '20% off mints',
④      default             => '10% off your entire
    order',
    }
    ?>
    <!DOCTYPE html>
    <html>
      <head> ... </head>
      <body>
        <h1>The Candy Store</h1>
        <h2>Offers on <?= $day ?></h2>
⑤      <p><?= $offer ?></p>
      </body>
    </html>
```

结果

试一试: 在步骤①中,将$day的值改为Tuesday。然后在步骤③中,为Tuesday添加一个匹配表达式。

试一试: 在步骤①中,将$day的值改为Wednesday。然后移除步骤③中的default选项。刷新页面后将看到页面执行错误。

循环

编写一组指令后，可以使用循环语句重复执行该组指令，直到循环次数达到某个预设值或满足某个预设条件时，循环才会结束。

如果想执行同样的任务十次，可以把指令写1次，然后重复该任务十次，而不是把同样的指令写十次。在PHP中，循环可通过如下方式使用：

- 在一对花括号包裹住的代码块中写入执行任务的语句。
- 使用一个条件来确定是否运行这些语句(就像第74页中的if语句)。如果条件返回true，则运行代码块中的语句；如果条件返回false，则不运行。
- 运行完一次后，再次验证条件是否符合。如果仍返回true，则重复运行这些语句，之后则重复执行当前步骤。

当条件返回false时，解释器转到循环后的下一代码行。

要执行一个任务十次，可以使用一个变量作为计数器，令它的初始值为1，然后：

① 验证计数器的值是否小于10。

② 如果是，则运行代码块中的语句。

③ 计数器的值在执行完1次之后将增加1。

④ PHP解释器回到步骤①并重复后续步骤。

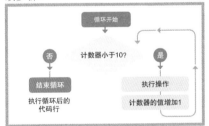

while 循环   第82~83页

只要测试条件返回的值为true，while循环就在循环过程中重复执行语句。

do...while 循环   第84~85页

do...while循环类似于while循环，区别在于do...while循环是在语句运行完毕后再检查运行条件，这意味着语句将至少运行一次，即使测试条件的返回结果为false。

for循环   第86~89页

for循环允许指定重复执行代码块的次数。测试条件之后是创建计数器的指令，每次执行完循环语句后将更新计数器的值。

foreach循环   第90~93页

foreach循环遍历数组中的每个元素，并对每个元素重复执行相同的语句序列(还可用于处理对象属性，此类示例将在第4章中遇到)。

while循环

while循环在循环开始时验证条件是否满足，如果验证结果为true，则执行代码块。然后再次验证条件；如果结果仍然返回true，代码块将再次运行。该循环将一直重复执行，直到测试条件返回false。

循环类型

所有类型的循环都以一个关键字开始，该关键字告诉PHP解释器正在使用的循环类型。while循环以关键字while开始。

条件

条件用于验证代码中的值是否符合要求(下面的示例中的代码检查$counter变量中的值是否小于10)。如果条件的计算结果为true，则运行花括号中的语句。

执行语句

需要重复执行的任务语句被放在花括号内。循环将一直重复执行花括号中的代码，直到条件计算结果返回false。

在上面的例子中，当$counter 变量中的值小于10时，重复执行花括号中的指令。

花括号中的代码：
① 在页面中展示出保存在$counter变量中的值。
② 使用++操作符给$counter中的值加1。

如果$counter在此段代码开始执行时初始值为1，则页面将依次显示1、2、3、4、5、6、7、8、9(因为页面将按顺序写入$counter的内容，直到它达到10；条件的返回结果不满足要求时，循环终止)。

while循环的使用

section_a/c02/while-loop.php

```php
     <?php
①   $counter = 1;
②   $packs    = 5;
③   $price    = 1.99;
     ?>
     ...
     <h2>Prices for Multiple Packs</h2>
     <p>
       <?php
④     while ($counter <= $packs) {
⑤         echo $counter;
⑥         echo ' packs cost $';
⑦         echo $price * $counter;
⑧         echo '<br>';
⑨         $counter++;
       }
       ?>
     </p>
```

结果

试一试: 在步骤②中, 将$packs的值增加到10。

试一试: 在步骤④中, 将操作符改为<而非<=。

这个例子展示了多包糖果的价格。

① 将$counter变量初始值设置为1。

② $packs保存的是当前价格所购买的糖果包数。

③ $price保存每袋糖果的单价。

④ while循环以一个条件开始。该条件验证$counter的值是否小于或等于保存在$packs中的值。如果是, 则运行花括号中的语句。

⑤ 展示出当前$counter的值。

⑥ 这里展示了字符串packs cost $(第100页将展示购买一包糖果的示例)。

⑦ 展示$price与$counter的乘积。

⑧ 添加换行符(用于对文本换行展示)。

⑨ 自增操作符令$counter的值增加1(第50页介绍操作符)。

在步骤⑨之后, PHP解释器再次检查步骤④中的条件。之后一直重复这个过程, 直到条件返回false。

do...while循环

do . . . while循环在检查条件之前会先运行一次花括号内的语句，
因此该语句中的代码块总能至少执行一次。

循环类型

do...while循环从关键字do开始。关键字while出现在包含要运行语句的右花括号之后。

执行语句

需要重复执行的语句放在花括号中。因为条件在花括号之后，所以这些语句至少运行一次。

条件

条件检查代码中的返回值。如果它的计算结果为true，PHP解释器就返回到循环的起点，重复这些语句。

```
do 关键字    左花括号
  |      |
do {
  echo $counter;
  $counter++;
} while ($counter < 10);

|  |_____|  |_____|
右花括号  while关键字      条件
```

循环中的语句写出$counter变量的值，然后使用++操作符将该值加1。

花括号内的语句在条件之前运行，因此$counter的值总能写出并至少加1一次。

如果$counter的初始值为3，那么这段代码将依次展示3、4、5、6、7、8、9。

如果$counter的初始值为1，则将依次展示1、2、3、4、5、6、7、8、9。

do...while循环的使用

section_a/c02/do-while-loop.php

PHP

```php
<?php
$packs = 5;
$price = 1.99;
?>
...
<h2>Prices for Multiple Packs</h2>
<p>
  <?php
  do {
      echo $packs;
      echo ' packs cost $';
      echo $price * $packs;
      echo '<br>';
      $packs--;
  } while ($packs > 0);
  ?>
</p>
```

① `$packs = 5;` `$price = 1.99;`
② `do {`
③ `echo $packs;` `echo ' packs cost $';`
④ `echo $price * $packs;` `echo '<br>';`
⑤ `$packs--;`
⑥ `} while ($packs > 0);`

结果

试一试：在步骤①中，将$packs中的值改为10并将保存在$price中的值改为2.99。

试一试：右花括号后面没有分号(在while关键字之前)，但在条件之后有一个。

在本例中，花括号中的代码将在验证条件之前运行，因此即使条件返回false，代码块也会运行一次。

① 初始化两个变量。购买糖果的包数保存在$packs中。每包的价格保存在$price中。

② do...while循环以关键字do和左花括号开始。代码块出现在条件之前，因此无论条件是否满足，它都会运行一次。

③ 展示购买的糖果包数(保存在$packs中)，之后写出文本字符串"packs cost $"(第100页将展示购买一袋糖果的示例)。

④ 计算购买糖果的总价，等于$packs与$price的积。后跟的换行符用于换行展示。

⑤ 使用--操作符将保存在$packs中的数字减1。

⑥ 代码块以右花括号结束。接下来是while关键字，然后是条件。条件检查所保存的数字$packs大于0。

for循环

for循环用于将一组语句重复执行指定的次数。为此，for循环创建一个计数器，并在每次循环运行时更新该计数器。

循环类型

for循环以关键字for开头。

条件

在for循环中，检查条件的语句位于创建和更新计数器的代码之间。这在下一页中有详细的显示。

执行语句

执行重复任务的语句放在花括号内。这些语句将被执行固定的次数。

条件和表达式
(下一页将说明
该语句的原理)

for
关键字

左花括号

```
for ($i = 0; $i < 10; $i++) {
    echo $i;
}
```

右花括号

循环中将要执行的语句

计数器中常使用$i或$index 作为变量名。

在花括号中，语句写出了保存在 $i中的值。

在本例中，将依此写出：0、1、2、3、4、5、6、7、8、9。

for循环中的
3个前置表达式

除了条件外，for循环还需要两个额外的表达式：其中一个用于创建计数器，另一个则用于更新该计数器。

初始化表达式

这个表达式仅在第一次循环前执行一次。该表达式为计数器创建变量，并将其值设置为0。

检查条件表达式

第二个是检查条件表达式。for 循环中的语句将一直重复执行，直到检查条件返回false为止。

更新表达式

一旦花括号中的语句运行完毕，更新表达式将使计数器中保存的数字加1。

$$(\underbrace{\$i = 0;}_{\text{初始化}} \quad \underbrace{\$i < 10;}_{\text{检查条件}} \quad \underbrace{\$i++}_{\text{更新}})$$

在上例中，变量$i被用作计数器。它的初始值为0。

检查条件用于检查$i中的值是否小于10。只要符合条件，代码块中的语句就会循环执行。

检查条件的右侧部分可以使用变量而不是固定数字10，例如$i< $max;。

每次循环运行时，都会使用++递增操作符更新计数器，将保存在$i中的值加1。

for循环的使用

本例使用for循环重复执行同一任务10次。

① $price保存的值表示一包糖果的价格。

② for关键字指明循环的类型，后跟的括号中包含三个表达式。

- 表达式1：$i = 1;将计数器的值初始化为1。
- 表达式2：$i <= 10;语句要求在$i小于或等于10的情况下，代码块都需要重复执行。
- 表达式3：每次循环运行时，$i++使计数器中的数字增加1。

③ 花括号内的语句在每次循环时运行。与之前的例子一样，这里写出了购买糖果的包数(保存在计数器中的值)和购买糖果的总价(计数器中的值乘以$price中的值)。

在花括号中的语句运行之后，第三个表达式(步骤②中)通过将保存在$i中的数字增加1来更新计数器。

```
section_a/c02/for-loop.php                          PHP
<?php
① $price = 1.99;
?>
...
<h2>Prices for Multiple Packs</h2>
<p>
  <?php
② for ($i = 1; $i <= 10; $i++) {
      echo $i;
      echo ' packs cost $';
③     echo $price * $i;
      echo '<br>';
  }
  ?>
</p>
```

结果

The Candy Store

PRICES FOR MULTIPLE PACKS

1 packs cost $1.99
2 packs cost $3.98
3 packs cost $5.97
4 packs cost $7.96
5 packs cost $9.95
6 packs cost $11.94
7 packs cost $13.93
8 packs cost $15.92
9 packs cost $17.91
10 packs cost $19.9

试一试：在步骤①中，将价格从1.99提高到2.99。

试一试：在步骤②中，执行循环20次。

section_a/c02/for-loop-higher-counter.php

PHP

```php
<?php
$price = 1.99;
?>
...
<h2>Prices for Large Orders</h2>
<p>
  <?php
  for ($i = 10; $i <= 100; $i = $i + 10) {
      echo $i;
      echo ' packs cost $';
      echo $price * $i;
      echo '<br>';
  }
  ?>
</p>
```

①

②

③

结果

本例展示了购买多包糖果的不同价格。

① $price保存单包糖果的价格。

② for关键字表示循环的类型，后跟的括号中包含三个表达式。

- 表达式1：$i = 10;初始化$i的值为10。
- 表达式2：$i <= 100;该语句要求当计数器$i小于或等于100时，需要重复执行代码块。
- 表达式3：$i = $i + 10将使计数器中的值在每次循环结束时增加10。

③ 花括号保存每次循环运行时执行的语句。这与之前的示例相同。

试一试：在步骤②中，更新检查条件以显示至多200包糖果的价格。

在第216页中，可以学习如何格式化数字，使数字仅显示两位小数，这样可更好地展示价格。

foreach循环

foreach循环设计用于处理复合数据类型，如数组。该循环逐个遍历数组中的每个元素，并为每个元素运行相同的代码块。

复合数据类型(如数组)包含一系列关联元素。每个元素都由一个键/值对组成。在关联数组中，键是一个字符串。在索引数组中，键是一个索引号。

foreach循环逐个遍历数组中的每个元素。代码块中的语句将对元素执行相同的操作，然后移动到下一个元素。

每次代码块运行时，都可以访问数组中当前元素的键和值，并在代码块中使用键值对。为此，在foreach关键字后的圆括号中需要指定：

- 用于保存数组的变量名称
- 表示当前键的变量名
- 表示当前值的变量名

循环类型

foreach循环以关键字foreach 开始。

变量名

圆括号中包含三个变量名(在下一页中详细介绍)。

执行语句

花括号内的语句用于循环执行任务。

保存数组的变量名　　　键的变量名

关键字　　　　　　　　　　　　　　　　值的变量名

```
foreach ($array as $key => $value) {
    echo $key;
    echo ' - $';
    echo $value;
}
```

在上面的例子中花括号中有三个语句。这些语句将分别写出：

- 元素的键名
- 字符串文本' - $'
- 元素所保存的值

如果只需要使用数组的值，可使用下面的方法以省略键：

```
foreach ($array as
$value) {
    // 执行语句
}
```

对数组中的每个元素重复执行了相同的语句后，PHP解释器会转到循环后的下一行代码。

如下的示例中，名为$products的变量保存了产品的名称和价格。

foreach循环能够显示每个产品的名称和价格。

不管数组包含多少项，循环都能遍历每个元素。

```
$products = ['toffee' => 2.99, 'mints' => 1.99, 'fudge' => 3.40,];
```

变量　　　键　　　值　　　键　　　值　　　键　　　值

在下面的例子中，循环从foreach关键字开始。

然后，在圆括号里：
- $products是保存数组的变量的名称。
- 之后跟有关键字as。

- $item是变量名，用于保存数组中当前元素的键。
- 之后跟有双箭头操作符。
- $price是变量名，用于保存数组中当前元素的值。

在代码块中，变量名$item和$price将用于表示数组中当前元素的键和值。首先，写出产品名称(保存在$item中)，然后是美元和破折号，再后是价格(保存在$price中)。

as关键字　　　双箭头操作符

数组的变量名　　　键的变量名　　　值的变量名

```
foreach ($products as $item => $price) {
    echo $item;
    echo ' - $';
    echo $price;
}
```

循环通常用于生成HTML的页面部分(见下一页)。

这种情况下，可将上面循环的第一行和最后一行放在它们自己的代码块中。

然后可使用echo的缩写方式写出数组的键和值中的数据。

```
<?php foreach ($products as $item => $price) { ?>
    <li>
        <b><?= $item ?></b> - $<?= $price ?>
    </li>
<?php } ?>
```

通过循环遍历键值对

本例展示了一个列表，列表中显示的名称和价格保存在数组中。

① $products变量保存一个关联数组，该数组保存了产品名称及其价格。

② 在页面的HTML部分，展示了表的标题和开头部分。

③ 创建foreach循环。在foreach关键字后面的括号中，可以看到：

- $products——保存数组的变量的名称。
- 关键字as。
- $item——用于表示数组中当前元素对应的键名。
- 双箭头操作符。
- $price——用于表示数组中当前元素值的变量名。

接下来是一个左花括号表示代码块的开始位置。

④ 写出表中每行需要展示的数据，而这里最终显示为数组中当前元素的名称和价格。

⑤ 代码块运行完毕。

section_a/c02/foreach-loop.php **PHP**

```php
<?php
$products = [
    'Toffee' => 2.99,
    'Mints'  => 1.99,
    'Fudge'  => 3.49,
];
?>
...
<h2>Price List</h2>
<table>
  <tr>
    <th>Item</th>
    <th>Price</th>
  </tr>
  <?php foreach ($products as $item => $price) { ?>
    <tr>
      <td><?= $item ?></td>
      <td>$<?= $price ?></td>
    </tr>
  <?php } ?>
</table> ...
```

结果

试一试： 在步骤①中，按照现有数组项的格式，向数组中另外添加两个项。

```
PHP  section_a/c02/foreach-loop-just-accessing-values.php
     <?php
①    $best_sellers = ['Toffee', 'Mints', 'Fudge',];
     ?>
     ...
     <h2>Best Sellers</h2>
②    <?php foreach ($best_sellers as $product) { ?>
③      <p><?= $product ?></p>
④    <?php } ?>
```

结果

在索引数组中，索引号通常表示数组中元素的顺序。

foreach循环可用于按索引号顺序写出值。

① $best_sellers变量保存了一个索引数组，用来表示最畅销产品。

② foreach循环用于显示畅销书。在foreach关键字后面的圆括号中，可以看到：

- $best_sellers——保存数组的变量。
- 关键字as。
- $product——用于表示数组中当前元素值的变量。
- 与关联数组不同的是，索引数组中并没有用于表示键名的变量(索引号)。

接下来的左花括号表示代码块的开始位置。

③ 当前元素的值展示在<p>标签中。

④ 代码块运行完毕。

试一试：在步骤①中，向数组中添加另外两项。然后，在步骤②和步骤③中，将变量名从$product改为$candy。

使用include
实现代码复用

大多数网站需要在多个页面上重复相同的代码。

例如，每个页面的头部和尾部通常是相同的。

引用文件可避免在多个文件中重复相同的代码行。

与其在每个页面中复制网站头部代码，不如采用以下方式：

- 将头部代码放在一个单独的PHP文件中，该文件被称为include(引用)文件。
- 使用PHP的include语句将该代码添加到需要头部代码的每个页面。

当PHP解释器遇到include语句时，就会获取引用文件的内容并运行相应的代码，就像相应的代码被放在使用 include 语句的地方一样。

在左下方，名为candy.php的文件引用了两个文件：

- header.php包含网站的头部内容
- footer.php包含网站的尾部内容

这两个include语句之间是页面的主要内容。使用引用文件可以：

- 避免重复写入大量相同的代码。
- 使代码更容易维护；因为当引用文件更改时，将自动更新使用它的每个页面。

---

candy.php

```php
<?php include 'includes/header.php'; ?>

<h1>The Candy Store</h1>
<h2>Welcome</h2>
<p>A wide selection of delicious candy
   handmade in our kitchen...</p>

<?php include 'includes/footer.php';
?>
```

includes/header.php

```php
<h1>The Candy Store</h1>
<nav>
  <a href="index.php">Home</a> |
  <a href="candy.php">Candy</a> |
  <a href="about.php">About</a> |
  <a href="contact.php">Contact</a>
</nav>
```

includes/footer.php

```php
<footer>
  &copy; <?php echo date('Y')?>
</footer>
```

使用include或require引用文件

在PHP中，可以通过4个不同的关键字来引入文件中的代码。它们的实现效果略有不同，但使用的语法是相同的。

include关键字告诉PHP解释器从服务器本地获取另一个文件，并视为其内容已写入 include 语句所在的位置。

include后面是用引号包裹的文件路径(有时会看到文件名和引号放在圆括号中的用法，但其实圆括号不是必需的)。所包含的文件应该使用.php作为文件扩展名。

include语句

```
<?php include 'includes/filename.php'; ?>
```

文件的相对路径

include/require

include和require 关键字都会根据其后的相对路径引入文件中的代码。

如果无法找到或读取所引用的文件，PHP解释器的行为将有如下区别。

- include：解释器会生成一个错误，但会继续尝试处理原有页面的其余部分。
- require：解释器生成一个错误，然后停止处理页面的其余部分。

include_once/require_once

include_once和require_once关键字执行与include和require完全相同的任务，但它们要求PHP解释器在任何给定页面中仅引用代码一次。

一旦使用include_once和require_once关键字在页面中引用文件，即便页面随后使用相同的关键字来引用这些文件，文件也不会被再次被引入。

PHP解释器需要使用额外的资源来检查文件是否已经引用到页面中，因此只有存在重复风险时才考虑使用include_once和require_once关键字。

创建include文件

右图中的页面中展示两个include文件：

- header.php包含HTML的开始标签、网站标题和出现在网站每个页面头部的导航栏。
- footer.php包含带有当前年份的版权通告信息和每个页面的HTML结束标签。

这两个文件都使用.php作为文件扩展名。这确保文件中的PHP代码是通过PHP解释器运行的。

include文件通常保存在名为includes的文件夹中(如这两个文件所示)。

如本例所示，当必须更新导航信息时，只需要更新header.php中的相应内容，之后包含此文件的每个页面将自动更新。

注意： header.php中的链接仅用于演示如何创建一个导航栏；这些链接并未提供可下载的代码文件。

```
section_a/c02/includes/header.php                    PHP

<!DOCTYPE html>
<html>
  <head>
    <title>The Candy Store</title>
    <link rel="stylesheet" href="css/styles.css" />
  </head>
  <body>
    <h1>The Candy Store</h1>
    <nav>
      <a href="index.php">Home</a> |
      <a href="candy.php">Candy</a> |
      <a href="about.php">About</a> |
      <a href="contact.php">Contact</a>
    </nav>
```

```
section_a/c02/includes/footer.php                    PHP

    <footer>&copy; <?php echo date('Y')?></footer>
  </body>
</html>
```

如果引用文件的最后一行是PHP语句，则通常会省略?>PHP标签，因为关闭标签后的空格会导致浏览器中出现不必要的空白，还可能导致过早地将HTTP头(参见第180~182页)发送到浏览器。

在引用文件的末尾还可能会看到空行。这有时会被添加到用于分析不同版本间文件差异的工具中，通常会被开发团队和代码仓库(如GitHub)使用。

include文件的使用

section_a/c02/include-and-require-files.php

```php
<?php
$stock = 25;

if ($stock >= 10) {
    $message = 'Good availability';
}
if ($stock > 0 && $stock < 10) {
    $message = 'Low stock';
}
if ($stock == 0) {
    $message = 'Out of stock';
}
?>

<?php require_once 'includes/header.php'; ?>

<h2>Chocolate</h2>
<p><?= $message ?></p>

<?php include 'includes/footer.php'; ?>
```

① ② ③ ④

结果

试一试：在header.php中的导航部分添加一个新的链接。

左侧下方的页面使用了上一页中的include文件。

① 该include文件首先创建一个名为$message的变量，用于保存在不同库存情况下需要展示的信息。

- 如果库存数量大于或等于10，则$message保存的值为Good availability。
- 如果库存数量在1到9之间，则$message保存的值为Low stock。
- 如果库存数量为0，则$message保存的值为Out of stock。

② 页面的HTML部分引用了header文件(该文件包含每个页面头部使用的代码)。

require_once语句指出该文件应该只引用一次。引入的代码被放在头部文件应该显示的地方，PHP解释器将它视为从header文件中复制代码并粘贴到引用位置。

③ 接下来将展示页面的实际内容，其中就包括上面提到的库存信息。

④ include语句告诉PHP解释器从footer.php文件中引用代码。

The Candy Store

HOME | CANDY | ABOUT | CONTACT

Welcome back, Ivy

LOLLIPOP DISCOUNTS

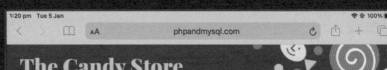

PACKS	PRICE
1 pack	$1.92
2 packs	$3.68
3 packs	$5.28
4 packs	$6.72
5 packs	$8
6 packs	$9.12
7 packs	$10.08
8 packs	$10.88
9 packs	$11.52
10 packs	$12

示例

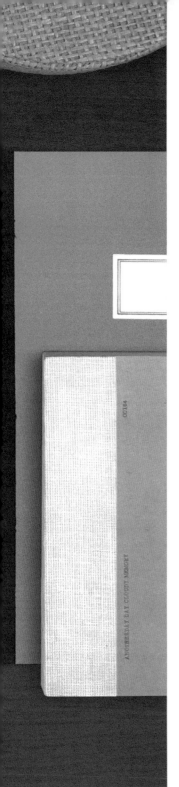

　　这个示例显示了一句问候语，然后显示了当客户购买多包糖果时适用的折扣。该示例使用了本章中介绍的如下语句：

- 使用一个变量保存访问者的名字。
- 使用条件操作符为访问者创建一句问候语。
- 使用for循环创建一个索引数组，该数组保存当顾客购买多包糖果时的折扣价。
- 页面中的头部和尾部来自于引用文件。
- 使用foreach循环显示数组中的折扣价格。一包是4%的折扣，两包是8%的折扣，三包是12%的折扣，以此类推。
- 使用三元操作符确保在购买单包糖果时显示单词pack，而在购买多包糖果时显示的单词是packs。

示例

该文件首先创建将在页面中显示的值，并将该值保存在变量中。

① 使用名为$name的变量保存用户名。

② 初始化$greeting变量并赋值'Hello'。

③ 使用if语句的检查条件验证$name变量是否有值。

④ 如果有值，则使用访问者姓名创建定制化问候信息，并用该信息更新$greeting中的值。

⑤ 产品的名称保存在$product中。

⑥ 每包糖果的价格保存在$cost中。

⑦ 使用for循环创建一个数组来保存多包糖果的价格。计数器表示糖果的包数。括号中分别是：

- 计数器初始值设置为1(代表1包糖果)。
- 检查条件验证计数器是否小于或等于10(代表10包糖果)。
- 每循环一次，计数器的值将递增1。

在循环内部：

⑧ $subtotal变量表示单包糖果价格乘以计数器的值所得到的结果(计数器的值表示当前购买糖果的包数)。

⑨ $discount变量保存购买当前包数的糖果时所对应的折扣。计算方法是：购买糖果的价格除以100，然后用这个数字乘以计数器的值再乘以4。

⑩ 使用$totals变量保存一个数组；键是计数器中的当前值(表示购买的糖果包数)，值是该包糖果的价格减去折扣。

⑪ for循环结束。

随后的代码用于在页面中生成HTML并返回给浏览器。

⑫ 使用require关键字引入header文件。为了正确显示页面的其余部分，该引用是必需的(要了解该文件的内容，可参阅第96页中的header文件)。

⑬ 在页面中显示问候语。

⑭ 在页面中显示产品名称。

⑮ 创建一个HTML表，并将每一列的标题添加到表的第一行。

⑯ foreach循环用于显示保存在步骤⑦~⑪中创建的数组中的数据。每次循环都使用数组中的当前元素向表中添加一行新数据。在圆括号中：

- 数组保存在名为$totals的变量中。
- 键保存在名为$quantity的变量中。
- 值保存在名为$price的变量中。

⑰ 展示数组中当前元素的键(代表所购买的糖果包数)。

⑱ 这里展示了文本'pack'。三元操作符的检查条件验证$quantity的值是否等于1。如果是，则不添加任何内容。如果是1以外的任何值，则额外添加字符串's'(此时对应的文本将展示'packs'而不是'pack')。

⑲ 展示当前购买糖果的价格(已经减去折扣)。

⑳ foreach循环结束。

㉑ 使用include关键字引用页面的页脚(页脚在第96页中显示)。

试一试：在步骤⑥中，将$cost的值改为10。在步骤⑦中，更新循环的最大循环次数为20次，显示至多20包糖果的价格。

PHP

```php
<?php
$name = 'Ivy';                                        // 保存用户名

$greeting = 'Hello';                                  // 为greeting创建初始值
if ($name) {
    $greeting = 'Welcome back, ' . $name;             // 创建个性化的问候语
}

$product = 'Lollipop';                                // 产品名
$cost    = 2;                                         // 每个产品的价格

for ($i = 1; $i <= 10; $i++) {
    $subtotal   = $cost * $i;                         // 当前数量的总价
    $discount   = ($subtotal / 100) * ($i * 4);      // 当前数量所对应的折扣
    $totals[$i] = $subtotal - $discount;             // 在索引数组中加入折扣价
}
?>

<?php require 'includes/header.php'; ?>

    <p><?= $greeting ?></p>
    <h2><?= $product ?> Discounts</h2>
    <table>
      <tr>
        <th>Packs</th>
        <th>Price</th>
      </tr>
      <?php foreach ($totals as $quantity => $price) { ?>
      <tr>
        <td>
          <?= $quantity ?>
          pack<?= ($quantity === 1) ? '' : 's'; ?>
        </td>
        <td>
          $<?= $price ?>
        </td>
      </tr>
      <?php } ?>
    </table>

<?php include 'includes/footer.php' ?>
```

第 2 章　流程控制　101

小结

流程控制

❯ 可以将一组相关的语句放在一对花括号中，以构成一个代码块。

❯ 条件语句使用测试条件来确定是否运行代码块中的语句。

❯ 检查条件的返回结果为true或false。

❯ 有5种类型的条件语句，分别是：if、if...else、if...elseif、switch和 match。

❯ 循环可以在测试条件的返回结果为true时多次重复相同的代码块。

❯ 由四种类型的循环，分别是：while、do... while、for和foreach。

❯ 合理地在多个页面中使用include文件，可以有效减少代码量。

第3章

函 数

单个网页中通常需要执行多个任务。在这些任务中，
执行单个任务所需的语句可使用函数进行分组。

单个PHP页面中能够包含数百行代码并执行多个不同的任务。因此，将这些代码以方便开发者阅读和理解的方式组织起来是十分重要的。

在上一章中，将一系列相关的代码语句放在一对花括号中有助于开发者组织代码。这些花括号为PHP解释器指出相关语句块的开始和结束位置。这也意味着花括号中的语句块可以被忽略(使用条件语句)或被重复执行(使用循环)。

函数将代码块中执行单个任务需要的所有语句组织在一起。同时，函数为该代码块提供一个函数名(可帮助开发者快速找到执行任务的函数)，用于描述所要执行任务的大致用途。左花括号为PHP解释器指出语句的开始执行位置，而对应的右花括号则指出语句结束执行的位置。

当PHP解释器遇到函数时，并不会立即运行该函数代码；直到PHP页面中的另一个语句使用函数的名称来调用它时，解释器才会执行函数内部的语句。当开发者需要重复执行相同的任务时，可使用函数来多次执行该任务，这样可有效避免多次写入相同的代码。

The Candy Store

STOCK CONTROL

PRODUCT	STOCK	RE-ORDER	TOTAL VALUE	TAX DUE
Toffee	12	No	$36	$7.2
Mints	26	No	$52	$10.4
Fudge	8	Yes	$32	$6.4

函数的使用

在PHP页面中，执行每个任务都可能需要使用多个语句才能完成。而单个任务中的多个语句可以保存在函数中，等到函数被调用时这些语句才会执行。

定义并调用函数
第108~111页

    在创建函数时，需要为其指定一个名称，用于描述函数所要执行的任务。函数名之后跟随的是执行任务的语句。程序员称以上语句为函数定义。

    当页面需要执行某个任务时，PHP解释器将通过函数名来调用该函数的代码块。程序员将此执行过程称为调用函数。

从函数中获取数据
第112~113页

    当函数执行某个任务时，通常会返回一个值，作为执行任务的结果。例如：

● 如果某个函数的作用是供用户登录网站，那么当用户登录成功时函数将返回true，否则将返回false。

● 如果某个函数用于计算订单的总价，那么该函数最终会把总价作为结果返回。

定义函数需要的数据
第114~116页

    函数在执行任务时通常需要一些额外信息才能执行。

    对于执行用户登录任务的函数，需要为函数传递以下信息：用户的电子邮件地址和密码。

    形式参数(简称形参)类似于变量名，表示函数执行其任务所需的每段数据。而在调用函数时，使用的实际值则称为实际参数(简称实参)。

在本章中遇到的函数都很简单，这有助于解释函数是怎样创建及使用的。而在后续章节中，函数将用于执行一些更复杂的任务。

函数中变量的使用方式
第118~121页

    函数中的代码不能访问在该函数外声明的变量；因此函数中需要使用的数据都必须以形参形式传入。

    类似地，在函数内部声明的变量也无法在函数外部访问。这就是需要为函数设计返回值的原因。函数外部的代码可以通过返回值访问函数内返回的数据(在函数执行之后)。

指定数据类型
第124~127页

    类型声明告诉PHP解释器函数想要接收的数据类型。类型声明可用于：
- 声明函数中传入实参的类型
- 声明函数返回值的类型

    使用类型声明有助于确保函数接收到可用于执行其任务的数据。当代码没有按照预期工作时，类型声明还有助于定位代码中的问题。

可选形参和默认值
第130~131页

    当创建函数时，可以指定一个或多个形参(执行任务所需要的数据)是可选的，这样的形参在调用函数时可以不用传递值。

    当指定一个形参为可选时，必须为该形参提供一个默认值。

    当调用该函数时，如果没有为可选形参传入特定值，那么可选形参将赋为默认值。

函数定义及调用

"函数定义"将执行任务的语句保存在花括号中以组成代码块，并指定一个名称来描述所执行的任务。在需要时，通过调用函数来完成任务。

可通过如下方式定义(或创建)函数：
- 使用function关键字(这指明开发者想要定义新的函数)。
- 描述此函数执行的任务的名称，后跟一对花括号。
- 花括号中保存执行任务的代码块。需要注意，右花括号后面没有分号。

下面的函数中包含两个语句：
- 第一个语句在$year中保存当前的年份(第8章中将详细介绍date函数)。
- 第二个语句使用保存在$year变量中的值向页面写入版权声明。

在定义函数时，函数中的代码并不会运行。它只是保存在函数定义中供以后使用。

```
            关键字              函数名

function write_copyright_notice()
左花括号 — {
        $year = date('Y');
        echo '&copy; ' . $year;
右花括号 — }
```

当需要执行函数中定义的任务时，通过指定函数名并后接圆括号的方式调用函数。这将告诉PHP解释器去调用函数中的语句。

在一个PHP文件中可以多次调用同一个函数。一旦函数执行完任务，PHP解释器就会跳转到调用函数位置的下一代码行。

基本函数

section_a/c03/basic-functions.php

```php
<?php
function write_logo()
{
    echo '<img src="img/logo.png" alt="Logo">';
}

function write_copyright_notice()
{
    $year = date('Y');
    echo '&copy; ' . $year;
}
?> ...
  <header>
    <h1><?php write_logo(); ?> The Candy Store</h1>
  </header>
  <article>
    <h2>Welcome to the Candy Store</h2>
  </article>
  <footer>
    <?php write_logo(); ?>
    <?php write_copyright_notice(); ?>
  </footer>
```

① function write_logo()
② echo '<img src="img/logo.png" alt="Logo">';
③ function write_copyright_notice()
④ $year = date('Y');
⑤ echo '© ' . $year;
⑥ <h1><?php write_logo(); ?> The Candy Store</h1>
⑦ <?php write_logo(); ?>
⑧ <?php write_copyright_notice(); ?>

结果

该页面使用了两个函数。第一个函数用于显示logo图片。第二个函数则用于创建版权声明。

① 定义write_logo函数。

② 在花括号中，该行语句用于显示logo。

③ 定 义 名 为 write_copyright_notice()的函数。函数定义的花括号中包含两个语句。

④ 当前年份保存在名为$year的变量中(第8章中将详细介绍date函数)。

⑤ 在页面上写入版权符号©，后跟年份。

⑥ 第一个函数用于在页面顶部添加logo图片。

⑦ 调用同一函数将logo添加到页脚。

⑧ 第二个函数用于在页面的页脚中添加版权声明。

试一试：在步骤⑤的语句之后，添加一条语句用于展示公司名称(The Candy Store)，该语句需要写在write_copyright_notice函数定义内。

代码不一定按顺序执行

函数定义时保存了执行任务所需要的语句。这些语句只在调用函数时运行(或执行)。这意味着代码并不一定按照编写顺序来执行。

当初学者第一次看到PHP代码时,通常会认为语句将按照编写的顺序运行。实际上,PHP 解释器执行语句的顺序可能与代码编写顺序大不相同。

在PHP代码页面中经常能看到函数定义在页面首部。

如果页面还在顶部声明了变量,那么这些变量通常出现在函数定义之前。

然后,当任务需要执行时,就会调用代码中的函数。

正如这两个页面中所看到的,尽管函数可能定义在页面头部,但函数定义的作用仅是保存代码块。PHP解释器将在函数调用时才会运行(或执行)相应的代码。这也意味着语句的执行顺序可能与函数代码出现的顺序大不相同。

```php
<?php
① function write_logo()
   {
②     echo '<img src="img/logo.png" alt="Logo" />';
   }

③ function write_copyright_notice()
   {
④     $year = date('Y');        // Get and store year
⑤     echo '&copy; ' . $year; // Write copyright notice
   }
?>
<!DOCTYPE html>
<html>
  <header>
⑥     <h1><?php write_logo(); ?> The Candy Store</h1>
  </header>
  <article>
    <p>Welcome to The Candy Store</p>
  </article>
  <footer>
⑦     <?php write_logo(); ?>
⑧     <?php write_copyright_notice(); ?>
  <footer>
</html>
```

第110页中展示的是第109页中代码的示例。

下面展示的是页面中语句的实际执行顺序。PHP解释器实际运行的第一行代码是步骤⑥。

步骤	解释器所执行的操作
⑥	首先执行步骤⑥，调用write_logo()函数
①, ②	解释器跳转到函数定义的位置(步骤①)，之后执行步骤②
⑥	函数运行后，解释器返回到调用函数的代码行
⑦	现在转入下一行PHP代码。在步骤⑦中再次调用 write_logo()函数
①, ②	同样，解释器跳转到函数定义的位置(步骤①)，之后执行步骤②
⑦	当函数运行后，解释器返回到调用函数的代码行
⑧	现在转入下一行PHP代码。在步骤⑧中调用write_copyright_notice() 函数
③, ④, ⑤	解释器跳转到函数定义的位置(步骤③)，之后执行步骤④和步骤⑤
⑧	一旦函数执行完毕，解释器将回到调用函数的代码行

某些情况下可能看到函数在定义之前就被调用，但推荐的做法是在调用函数之前定义函数。

如果多个不同的页面需要使用同一函数，那么该函数可以保存在引用文件中以便引用。

从函数中获取数据

函数常用于创建新的值。使用return关键字可以将函数创建的值返回给调用函数的语句。

一般而言，很少将函数的返回值直接写入页面中(如第110页中的示例那样)。通常情况下，函数创建一个新值并将其返回给调用它的语句。要返回一个值，请使用return关键字，后跟想要返回的值。

下面的函数与前面四页中的函数相似，但是它创建一个版权声明并将其保存在一个名为$message的变量中。之后将$message保存的值返回(而不是直接将HTML写入页面)。

```
function create_copyright_notice()
{
    $year    = date('Y');
    $message = '&copy; ' . $year;
    return $message;
}
         └───────┘ └──────────┘
           关键字      待返回的值
```

如果要在页面中展示函数的返回值，使用echo命令(或echo的缩写)，然后调用函数。

相比直接在函数中使用echo命令，更推荐的做法是从函数获取返回值，之后将其写入页面中。

```
<?= create_copyright_notice() ?>
```

若需要保存函数的返回值，还可以将其保存在变量中。

为此，可依次写入变量名、赋值操作符，然后调用函数即可。

```
$copyright_notice = create_copyright_notice();
```

函数的返回值

PHP section_a/c03/functions-with-return-values.php

```php
<?php
function create_logo()
{
    return '<img src="img/logo.png" alt="Logo" />';
}

function create_copyright_notice()
{
    $year    = date('Y');
    $message = '&copy; ' . $year;
    return $message;
}
?> ...
  <header>
    <h1><?= create_logo() ?>The Candy Store</h1>
  </header>
  <article>
    <h2>Welcome to The Candy Store</h2>
  </article>
  <footer>
    <?= create_logo() ?>
    <?= create_copyright_notice() ?>
  </footer>
```

① function create_logo()
② return '<img src="img/logo.png" alt="Logo" />';
③ function create_copyright_notice()
④ $year = date('Y');
⑤ $message = '© ' . $year;
⑥ return $message;
⑦ <h1><?= create_logo() ?>The Candy Store</h1>
⑧ <?= create_logo() ?>
⑨ <?= create_copyright_notice() ?>

结果

在本示例中，函数针对返回值进行了调整：

① 定义create_logo()函数。

② 使用return关键字，后面跟随的 HTML代码用于创建logo图片。

③ 定义create_copyright_notice()函数，函数的花括号中有3条语句。

④ 获取当前年份并将其保存在名为$year的变量中。

⑤ 创建$message变量，并在其中保存版权符号©和当前年份。

⑥ 返回保存在$message变量中的值。

⑦ 调用第一个函数，并使用echo命令的缩写将函数的返回值写入页面中。

⑧ 再次调用第一个函数将logo 重复写入页面中。

⑨ 调用第二个函数，并使用 echo 的缩写将返回值写入页面。

试一试： 在步骤⑤中，将公司名称写入$message中。

定义函数需要的信息

形参类似于变量名，表示函数执行其任务所需的值。可以在每次调用函数时更改形参中的值。

在定义函数时，如果函数需要额外数据来执行任务，就需要：

- 列出函数所需的数据。
- 为每条数据指定一个变量名(以$开头)，以描述其所代表的数据类型。
- 将这些变量名放入函数名之后的圆括号中。
- 每个变量名之间用逗号分隔。
- 这些变量被称为函数的形参。

形参的作用类似于变量，但形参只能被对应函数的花括号内的语句调用。函数定义之外的代码无法访问这些形参。

下面的calculate_cost() 函数用于计算用户购买一个或多个同类产品的总价。要执行此任务，需要传入两个形参：

- $price 表示单件产品的价格。
- $quantity 表示购买产品的数量。

在这个函数中，$price和$quantity就像变量一样。分别表示调用函数时传递给函数的值。

函数定义内的代码将价格乘以数量，最终得到总价。然后，使用return关键字将此值发送回调用函数的代码。

形参

```
function calculate_cost($price, $quantity)
{
    return $price * $quantity;
}
```

形参名在函数中的用法与变量的用法一致

当PHP解释器执行到右花括号时，函数内所保存的所有值都将被舍弃。

这一点十分重要，因为同一页面中可能多次调用函数，而每次调用时所使用的值都不一样。

注意：在PHP 8中，函数定义可以在最后一个形参名后面(而不仅仅是在形参之间)添加逗号，从而使代码格式更加统一。但这样的写法在早期版本的PHP中会导致错误。

调用函数时需要传入信息

在调用带有形参的函数时，每个形参的值都需要在函数名后的圆括号中指定。在调用函数时传入的值被称为实参。

以值的形式传入实参

如下，当调用calculate_cost()函数时，传入了函数执行需要用到的值。

提供值的顺序与函数定义中指定形参的顺序相同。

数值3表示产品的价格，数值5表示购买的数量，

所以calculate_cost()函数将最终返回数值15，并且该值将被保存在变量$total中。

```
$total = calculate_cost(3, 5);
```

以变量的形式传入实参

这次，当调用calculate_cost()函数时，传入的实参是变量而非指定的值。

- $cost 表示单件产品的价格
- $units 表示购买产品的数量

如果将变量名作为实参传入函数，则变量名不需要与形参名完全相同。

当调用下面的函数时，PHP解释器将把保存在$cost和$units变量中的值发送给函数。

在函数内部，这些值由形参$price和$quantity分别表示(这些名称在函数定义的第一行的圆括号中指定)。

```
$cost  = 4;
$units = 6;
$total = calculate_cost($cost, $units);
```

形参与实参

人们经常交替混用形参和实参这两个术语，但这两个术语之间还是存在一些细微的差别。

在上一页定义函数时，可以看到$price和$quantity 这两个名称。在函数的花括号内，这些词就像变量一样，称为形参(parameter)。

在本页调用函数的示例中，代码要么指定将用于执行计算的数字，要么指定保存数字的变量。传入代码中的这些值(计算这种特定类型糖果成本所需的信息)称为实参(argument)。

更新变量中的值

① calculate_total() 函数定义在页面头部。该函数用于计算购买产品的总价，并且最终要附带20%的税费。函数执行需要两段数据，因此函数有两个形参：

- $price表示产品的价格
- $quantity 表示购买的产品数量

② 在函数定义中，名为$cost的变量保存所购买产品的总价。该值是由$price乘以$quantity得到的。

③ 接下来，这些产品的税费被保存在一个名为$tax的变量中。税费是使用$cost的值乘以0.2 得到的(在步骤②中创建)。

④ 所需支付的总费用是将$cost和$tax的值相加得到。

⑤ 之后，函数将总价返回给调用它的代码。

⑥ 函数一共被调用了3次。每次传入函数中的price和quantity都不同。最终，页面展示出函数返回的总价。

section_a/c03/function-with-parameters.php `PHP`

```php
<?php
① function calculate_total($price, $quantity)
  {
②     $cost  = $price * $quantity;
③     $tax   = $cost * (20 / 100);
④     $total = $cost + $tax;
⑤     return $total;
  }
?> ...
<h1>The Candy Store</h1>
<p>Mints:  $<?= calculate_total(2, 5) ?></p>
<p>Toffee: $<?= calculate_total(3, 5) ?></p>
<p>Fudge:  $<?= calculate_total(5, 4) ?></p>
```

`结果`

试一试： 在步骤⑥中，再次调用该函数，展示购买4包价格为1.50美元的泡泡糖的总费用。

函数的命名

函数名需要能清楚地描述该函数要执行的任务，通常由单词组成；该词组描述了函数的功能以及所处理或返回的信息类型。

函数名与变量名的命名规则一样。都应该以字母开头，后面跟着字母、数字或下画线的任意组合。同一个PHP页面中不能有两个具有相同名称的函数。

在本书中，所有函数都使用小写字母命名。如果函数名中包含多个单词，使用下画线来分开这些单词。

在不同的书籍或项目中可能看到不同的函数命名规则；但最重要的一点是在整个项目中需要使用一致的命名规则。

为更好地描述函数所执行的任务，推荐使用如下方式命名函数：

- 使用动词表明函数的功能(如calculate、get、update)
- 后跟函数返回或处理的信息类型如date、total、message

下面是本章中已经出现的两个描述性函数名的例子：

- calculate_total()计算出售物品的总价
- create_copyright_notice()创建版权声明

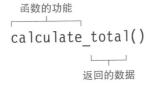

函数的功能

calculate_total()

返回的数据

函数的功能

create_copyright_notice()

返回的数据

作用域

当调用函数时，代码仅在自己的作用域中运行；它不能访问或更改函数外部变量中的值。

函数中的代码独立于页面的其余部分运行。

- 函数执行任务所需的任何信息都必须使用实参传递。形参就像函数内部的变量一样。
- 当调用函数时，函数中的语句可创建变量并给它们赋值。
- 函数可以向调用函数的代码返回一个值。
- 当函数执行完毕，在运行过程中创建的任何变量都将被销毁。

这是因为函数中的代码独立于页面中的其余部分运行。

- 函数不能访问或更改函数外部的变量(这就是为什么需要将信息作为形参传入的原因)。
- 后续代码不能访问在函数内部创建的变量，因为一旦函数执行完成，其内部创建的变量就会被销毁。

每次调用函数时，PHP解释器都会在局部作用域中运行该函数的代码。函数外的页面主体部分代码则处于全局作用域中。

变量声明于局部作用域还是全局作用域中，决定了其他代码是否可以访问它。

在下图中，有两个变量都叫作$tax；但它们在不同的作用域中运行。

(A) 第一个$tax在全局作用域中(变量位于函数外部)。

(B) 第二个$tax在函数定义中创建，处在局部作用域中。

```php
<?php
$tax = 20;
function calculate_total($price, $quantity)
{
    $cost  = $price * $quantity;
    $tax   = $cost  * (20 / 100);
    $total = $cost  + $tax;
    return $total;
}
?>
```

作用域：　　　　全局　　　　局部

理想情况下，同一脚本中的两个变量不会使用同一个变量名。而上面的示例仅是为了展示两个变量是怎样相互独立运行的，因此使用了相同的变量名。

作用域的演示

PHP   section_a/c03/global-and-local-scope.php

```php
<?php
$tax = '20';

function calculate_total($price, $quantity)
{
    $cost  = $price * $quantity;
    $tax   = $cost  * (20 / 100);
    $total = $cost  + $tax;
    return $total;
}
?> ...
<h1>The Candy Store</h1>
<p>Mints:  $<?= calculate_total(2, 5) ?></p>
<p>Toffee: $<?= calculate_total(3, 5) ?></p>
<p>Fudge:  $<?= calculate_total(5, 4) ?></p>
<p>Prices include tax at: <?= $tax ?>%</p>
```

① $tax = '20';
② function calculate_total($price, $quantity)
③ $cost = $price * $quantity;
④ $tax = $cost * (20 / 100);
⑤ $total = $cost + $tax;
⑥ return $total;
⑦ <p>Mints / Toffee / Fudge
⑧ <p>Prices include tax at: ...

结果

① $tax 变量声明于全局作用域中，因此它可以被函数外的任何代码使用。

② 定义calculate_total()函数，该函数需要传入形参$price和$quantity。在此函数中创建的变量位于局部作用域内。

③ 购买总价的计算方法是将物品的价格乘以所需的数量。计算结果保存在$cost变量中。

④ 税费通过购买总价乘以税率(20除以100)计算得到。税费的计算结果保存在$tax变量中。注意，这里是保存在函数内部的$tax，并未覆盖步骤①中$tax所保存的值。

⑤ 将步骤④中$tax的值加上$cost的值就可得到总费用。

⑥ 返回总费用。当函数运行后，PHP解释器将删除函数中创建的所有形参和变量。

⑦ 函数被调用了3次，每次传入的实参都不同。

⑧ 展示税费(这里展示的是步骤①中创建的全局作用域下的值)。

试一试：在步骤①中，将税率修改为25%。这会修改展示在页面底部的税率，但步骤⑦中的总费用不会受到影响。

步骤⑦中的总费用没有改变，因为它使用步骤④中的税率(仍是20%)进行计算。这里展示了两个不同的$tax相互独立运行。

全局变量和静态变量

在少数情况下，可以允许函数中的代码访问或更新全局变量，并告知在函数完成运行后记住保存在变量中的值。

在函数中访问或更新全局变量

如果PHP解释器被告知可以访问全局作用域中声明的变量，那么函数中的代码就可以访问或更新该变量中保存的值。

在函数代码块的起始位置(变量使用之前)，给变量名前面添加global关键字。这允许函数中的代码访问或更新该变量。

虽然推荐做法是向函数中传入形参，但在某些地方可能会看到使用这种方式访问全局变量的代码，因此特意提到这种语法。

```
global $cost;
```

关键字　　　　变量

在函数运行完毕后仍保留变量中的值

当函数完成运行时，通常会删除在函数内部创建的所有局部变量。

如果变量是作为静态变量创建的，则可以告诉PHP解释器保存在函数中创建的变量的值。

可使用如下方式创建静态变量：

- static关键字。
- 后跟变量名。
- 为变量赋予初始值，以便函数调用时使用。

当函数结束运行时，这个变量及其保存的值将不会被删除(但是它们仍然只对函数内部的代码可用)。

```
static $quantity = 10;
```

关键字　　　　变量　　　　初始值

访问函数外部的变量

PHP　　　　section_a/c03/global-and-static-variables.php

```php
<?php
$tax_rate = 0.2;

function calculate_running_total($price, $quantity)
{
    global $tax_rate;
    static $running_total = 0;
    $total = $price * $quantity;
    $tax   = $total * $tax_rate;
    $running_total = $running_total + $total + $tax;
    return $running_total;
}
?> ...
<h1>The Candy Store</h1>
<table>
  <tr><th>Item</th><th>Price</th><th>Qty</th>
    <th>Running total</th></tr>
  <tr><td>Mints:</td><td>$2</td><td>5</td>
    <td>$<?= calculate_running_total(2, 5); ?></td></tr>
  <tr><td>Toffee:</td><td>$3</td><td>5</td>
    <td>$<?= calculate_running_total(3, 5); ?></td></tr>
  <tr><td>Fudge:</td><td>$5</td><td>4</td>
    <td>$<?= calculate_running_total(5, 4); ?></td></tr>
</table>
```

①②③④⑤⑥⑦⑧⑨

结果

① 在全局作用域中创建 $tax_rate 变量。

② calculate_running_total() 函数用于创建running_total。

③ global关键字允许函数访问/更新全局$tax_rate 变量中的值。

④ static关键字表示 $running_total变量(及其值)在函数结束运行时不能删除(它的初始值为0)。

⑤ $total表示购买产品的总价,由产品的价格乘以顾客想要的数量得到。

⑥ $tax使用在步骤①中创建的全局变量$tax_rate 的值进行计算,并得到需要缴纳的税费。

⑦ $running_total的计算采用如下方式:
- 使用$running_total 的值
- 加上$total的值
- 加上$tax的值

⑧ 函数执行完毕后返回 $running_total中的值,但不会删除它,因为它是一个静态变量。

⑨ 该函数被调用了3次。每次都将此项目的总费用加到之前的总费用中。

函数和复合数据类型

复合数据类型(如数组)可以保存多个值。函数可以接收复合数据类型作为形参，并从函数返回复合数据类型。

使用复合数据类型作为形参

在定义函数时，可将形参编写为可以接收标量数据类型或复合数据类型：

- 标量数据类型只保存一段数据，如字符串、数字或布尔值。
- 复合数据类型可以保存多条数据。第1章中已经介绍了数组，本书将在第4章介绍另一种叫作"对象"的复合数据类型。

在下一页中，可以看到1个示例；其中，包含3种不同汇率的数组作为单个形参传入函数。

使用复合数据类型作为返回值

每个函数应该只执行1个任务(而不是多个任务)，但是单独的任务可以生成多个需要返回的值。

如果希望从函数返回多个值，则必须在函数中创建数组或对象，然后返回它。这是因为函数只能返回1个标量类型或复合类型的值。

一旦PHP解释器运行了以return关键字开头的语句，就会停止运行函数中其余的代码，并返回到调用函数的代码行，即使函数定义仍有语句尚未执行)。

在下一页中，calculate_prices()函数的作用是计算某产品分别使用3种不同货币作为单位时的价格，并以数组形式返回该价格。

接收并返回复合类型的值

```php
<?php
① $us_price = 4;
② $rates = [
      'uk' => 0.81,
      'eu' => 0.93,
      'jp' => 113.21,
   ];

③ function calculate_prices($usd, $exchange_rates)
   {
④     $prices =  [
          'pound' => $usd * $exchange_rates['uk'],
          'euro'  => $usd * $exchange_rates['eu'],
          'yen'   => $usd * $exchange_rates['jp'],
      ];
⑤     return $prices;
   }
⑥ $global_prices = calculate_prices($us_price, $rates);
?> ...
   <h2>Chocolates</h2>
⑦ <p>US $<?= $us_price ?></p>
⑧ <p>(UK &pound; <?= $global_prices['pound'] ?> |
   EU &euro; <?= $global_prices['euro'] ?> |
   JP &yen;  <?= $global_prices['yen'] ?>)</p>
```

结果

① $us_price变量保存产品的价格(以美元为单位)。

② $rates变量保存一个包含3种汇率的关联数组。

③ calculate_prices()函数的作用是:计算产品的3种货币价格,然后以数组形式返回这些价格。它有两个形参:$usd(按美元为单位的价格)和$exchange_rates(汇率)。

④ 创建名为$prices的数组变量。第一个元素是以英镑为单位的价格,是通过将美元价格乘以美元兑换英镑的汇率计算出来的。然后按照同样的计算方式将欧元和日元的价格添加到数组中。

⑤ 函数返回由3个新价格组成的数组。

⑥ 调用函数,返回的数组保存在名为$global_prices的变量中。

⑦ 展示步骤①中创建的产品美元价格。

⑧ 展示步骤⑥中创建的其余3个价格。

试一试:添加澳元的汇率,汇率为1.32。

实参和返回类型声明

在定义函数时，可以指定每个传入实参的类型以及返回数据的类型。

有些任务需要特定类型的数据。例如，执行算术运算的函数要求实参是数字，而处理文本的函数需要字符串。

函数定义可以指定每个实参期望的数据类型，以及函数应该返回的数据类型。这对程序员很有帮助，因为函数定义的第一行清楚地说明每个实参应该是什么数据类型，以及函数应该返回什么数据类型。

在下面的函数定义的第一行，可以看到：

- 在圆括号内，每个形参名称之前都写明了实参类型，以指示实参应该使用的数据类型。
- 圆括号后面是一个冒号，冒号后跟一个返回类型，表示函数将返回的数据类型。

在本例中，两个实参都应该是整数，返回的值也应该是整数。

```
                   实参数据类型            实参数据类型          返回值的数据类型

function calculate_total(int $price, int $quantity): int
{
    return $price * $quantity;          形参              冒号
}
```

右边的表显示了实参和返回类型声明中使用的数据类型。PHP 8中还新增了以下类型：

- 联合类型指定实参或返回类型可以是一组类型中的一个。每种类型由一个管道符号|分隔。例如，int|float表示整数或浮点数。
- mixed表示实参或返回类型可以是任何数据类型 (它被称为伪类型，因为变量不能有这种类型)。

数据类型	描述
string	字符串
int	整数
float	浮点数
bool	布尔值(true或false，0或1)
array	数组
className	对象的类(参见第4章)
mixed	上述数据类型的混合(PHP 8)

使用类型声明

PHP

```php
<?php
$price    = 4;
$quantity = 3;

function calculate_total(int $price, int $quantity): int
{
    return $price * $quantity;
}

$total = calculate_total($price, $quantity);
?>
<h1>The Candy Store</h1>
<h2>Chocolates</h2>
<p>Total $<?= $total ?></p>
```

结果

① 在本例中，函数定义的第一行指定：

● $price和$quantity 的实参类型声明，表明它们的值应该为整数。

● 返回类型声明，显示函数应该返回一个整数。

类型声明不影响此示例的操作；它们只指示实参和返回类型应该是什么数据类型。下一页将展示如何强制这些值使用正确的数据类型。

试一试：将保存在$price变量中的值更改为字符串而不是整数，例如：

`$price = '1';`

当刷新页面时，应该会看到相同的结果，因为没有启用严格类型(参见下一页)。

注意：如果形参或返回类型可以为空(而不是值)，则可以在数据类型之前使用问号。

例如，?int表示该值将是整数或空值。在PHP 8中，也可以使用联合类型int|null。

试一试：如果你使用的是PHP 8，请使用联合类型来指示值可以是整数或浮点数。

启用严格类型

当函数定义了实参类型声明和/或返回类型声明时，可以告诉PHP解释器在使用错误的数据类型调用函数或返回错误的数据类型时生成错误。

当传入函数的实参是错误的标量数据类型时，PHP解释器会尝试将它们转换为期望接收的数据类型。

例如，为帮助函数能够正确处理数据，PHP解释器可以执行如下转换：

● 将字符串'1'转换为整数1
● 将布尔值true转换为整数1
● 将布尔值false转换为整数0
● 将整数1转换为布尔值true
● 将整数0转换为布尔值false

这些是类型转换的例子，在之前的第60~61页已经介绍过。

可以告诉PHP解释器启用严格类型，这样它就会在函数出现以下情况时抛出错误：

● 传入的实参数据类型错误(当使用了实参类型声明时)
● 返回值的类型错误(当提供了返回类型声明时)

严格类型抛出的错误可以帮助跟踪PHP代码中的问题，从而进行溯源，但这需要使用下面的declare函数来告知PHP解释器启用严格类型。

该结构体必须作为页面中的第一个语句，并且仅为该页中调用的函数启用严格类型。

严格类型　　　　　1表示启用

```
declare(strict_types = 1);
```

第10章将介绍如何处理错误和排除故障，但是你可能已经注意到，在下载代码中有几个名为.htaccess的文件。这些文件用于控制Web服务器的配置，例如是否在HTML页面中报告从Web服务器返回的错误。

如果你看不到这些文件，那是因为操作系统将它们视为隐藏文件(参见第196页)。

有时函数定义被放置在引用文件中，以便网站的多个页面可以调用它们(将在第6章中介绍)。

在只包含函数定义的文件中不需要启用严格类型，但如果希望PHP解释器在使用错误的数据类型时抛出错误，则必须在调用函数的页面上启用严格类型。

使用严格类型

section_a/c03/strict-types.php

PHP

```php
<?php
① declare(strict_types = 1);

② $price    = 4;
   $quantity = 3;

③ function calculate_total(int $price, int $quantity):
   int
   {
④     return $price * $quantity;
   }

⑤ $total = calculate_total($price, $quantity);
?>
<h1>The Candy Store</h1>
<h2>Chocolates</h2>
⑥ <p>Total $<?= $total ?></p>
```

结果

试一试：在步骤②中，将 $price 变量的值设置为字符串：

`$price = '4';`

刷新页面时，应该会看到一条错误消息。

试一试：如果你使用的是 PHP 8，那么在步骤②中将$price的值设置为4.5，在步骤③中使用联合类型指定实参和返回值可以是 int 或float类型。

本示例与先前介绍过的例子很相似，区别在于本例中的第1个语句中启用了严格类型，以便在实参或返回值是错误的数据类型时显示错误。

① 调用declare函数，为页面启用严格类型。

② 声明两个变量，用于保存价格和数量。

③ 定义calculate_total()函数。其作用是：

● 实参类型声明指出两个形参所期望的类型都是整数。

● 返回类型声明同样指明函数返回整数。

④ 函数返回价格乘以数量所得到的值。

⑤ 调用函数，传入在步骤②中创建的变量，函数返回的值保存在变量$total中。

⑥ 显示$total保存的值。

多个return语句

根据函数内部条件语句的结果，函数可以返回不同的值。

函数可以使用条件语句来决定应返回什么样的值。下面的函数根据作为实参传入的值返回不同的信息。

一旦函数处理完一条return语句，PHP解释器就返回到调用函数的代码行。该函数中的任何后续语句都不会被执行。

如下的函数中有3个return语句。

① 第一个条件语句检查\$stock形参中的值是否大于或等于10。如果是，则运行第一个return语句，不再运行函数中的后续语句。

② 如果\$stock的值大于0且小于10，则运行第二个return语句，不运行函数中的后续代码。

③ 之后，如果函数仍在运行，\$stock的值必须为0，这样才能处理最终的return语句。

```
function get_stock_message($stock)
{
    if ($stock >= 10) {
        return 'Good availability';
    }
    if ($stock > 0 && $stock < 10) {
        return 'Low stock';
    }
    return 'Out of stock';
}
```

同一函数中使用多个 return语句

```php
<?php
$stock = 25;

function get_stock_message($stock)
{
    if ($stock >= 10) {
        return 'Good availability';
    }
    if ($stock > 0 && $stock < 10) {
        return 'Low stock';
    }
    return 'Out of stock';
}
?>
<h1>The Candy Store</h1>
<h2>Chocolates</h2>
<p><?= get_stock_message($stock) ?></p>
```

① $stock 变量保存了库存数量。

② get_stock_message() 函数检查库存状态并返回3种状态信息中的一种。

③ 条件语句检查库存数量是否大于或等于10。如果是，则运行第一个return语句。函数将返回信息 Good availability 并且不再执行剩余代码。

④ 如果库存数量小于10，则函数仍将继续执行，并检查库存数量是否大于0且小于10。如果是，则运行第二个return语句。这将返回信息Low stock，函数中的任何剩余代码都不再运行。

⑤ 如果函数仍继续执行，则表明已经没有任何库存了。因此，函数将返回信息Out of stock。

⑥ 调用函数并将返回的值写入页面。

结果

试一试： 在步骤①中修改库存数量为8，则页面最终将展示信息Low stock。

可选形参和默认值

可将函数的形参设置为可选的。如果这样设置，就给该形参设置了一个默认值，以便在未给该形参传入值时使用。可选形参通常出现在必选形参之后。

有些任务可以有可选信息。函数并不是必须使用这些数据来完成运行。是否传入这些可选信息都是允许的。

要使一个形参可选，需要给它指定一个默认值。在调用函数时如果没有为该形参传入值，则该形参的值为默认值。

默认值在函数定义中的形参名称之后提供。其语法与给变量赋值的语法是一样的。

以下函数使用两个实参调用，因此最后一个形参将使用默认值0。

可选形参需要放在必需形参之后，这是因为在PHP 8之前，当调用一个函数时，实参必须按照函数定义中形参的顺序排列。

后续章节将介绍PHP 8的具名实参；只是按照惯例，开发人员很可能仍将可选形参放在必需形参之后。

```
function calculate_cost($cost, $quantity, $discount = 0)
{
    $cost = $cost * $quantity;
    return $cost - $discount;
}

$cost = calculate_cost(5, 3);
```

可选形参

在文档中描述函数的工作方式时，任何可选形参都放在方括号中。调用函数时，则不要使用方括号；因为这仅表示方括号内的形参是可选的。

注意： 在如下的文档示例中，可选形参前的逗号放在方括号中，这是因为在PHP 8之前，调用函数时如果在最后一个形参后使用逗号会导致错误。

```
calculate_cost($cost, $quantity[, $discount])
```

在方括号中展示
可选形参

为形参设置默认值

PHP   section_a/c03/default-values-for-parameters.php

```php
<?php
① function calculate_cost($cost, $quantity, $discount
  = 0)
  {
      $cost = $cost * $quantity;
      return $cost - $discount;
  }
?>
<h1>The Candy Store</h1>
<h2>Chocolates</h2>
② <p>Dark chocolate $<?= calculate_cost(5, 10, 5) ?></p>
③ <p>Milk chocolate $<?= calculate_cost(3, 4) ?></p>
④ <p>White chocolate $<?= calculate_cost(4, 15, 20) ?></p>
```

结果

① calculate_cost()函数根据以下3个信息计算一个或多个购买项的最终价格：

- 价格
- 数量
- 折扣

在调用函数时，最后一个实参是可选的，因为形参的默认值为0。该函数随后被调用3次。

② 第一次调用函数时，传入的价格是5，数量是10，折扣是5，因此函数将从总数50中减去5，返回的最终价为45。

③ 第二次调用时，传入的价格是3，数量是4，但没有提供折扣，因此应用默认值0。函数返回的最终价为12。

④ 第3次调用时，传入的价格为4，数量为15，折扣为20。与步骤②一样，将从总购买价(60)中减去一个折扣(这次是20)，最终返回40。

试一试：在步骤①中，将默认折扣改为2。在步骤②中，将折扣改为7。

具名实参

在PHP 8中调用函数时，可将形参名放在实参之前。这意味着实参不需要按照函数定义中形参名称出现的相同顺序给出。

有些函数有很多形参。在PHP 8中，调用函数时，可以在实参之前添加形参名。这些被称为具名实参(或具名形参)。这样做可以：

- 清楚地指出每个实参的作用。
- 在编码时，要么跳过可选形参而不给出默认值，要么传入空引号(参见如下示例)。

函数定义的方式并未改变，只是在调用时提供实参的方式不同。下一页的例子包含四个形参：

- $cost(必选)是每个购买项的价格。
- $quantity(必选)是购买数量。
- $discount(可选)是折扣价。
- $tax(可选)是税率。

当调用一个没有具名实参的函数时，实参的出现顺序必须与函数定义中的形参相同：

要使用$discount的默认值，然后为$tax指定一个值，必须指定默认值或使用空引号作为实参，因为$discount形参出现在$tax之前。

```
calculate_cost(5, 10, 0, 5);    或    calculate_cost(5, 10, '', 5);
```

使用具名实参时，名称与实参用冒号分隔，实参可以是任意顺序。

如果一个实参需要使用默认值(在函数定义中指定)，则不需要为其传入一个值或空引号。

```
calculate_cost(quantity: 10, cost: 5, tax: 5);
```

如果没有形参名的实参与函数定义中的形参以相同的顺序出现，则可以出现在具名实参之前。

如下，前两个值将用于单价和数量；接下来传入税率。注意，折扣的值并未传入。

```
calculate_cost(5, 10, tax: 5);
```

具名实参的应用

PHP

```php
<?php
① function calculate_cost($cost, $quantity, $discount = 0, $tax = 20,)
  {
      $cost = $cost * $quantity;
      $tax  = $cost * ($tax / 100);
      return ($cost + $tax) - $discount;
  }
?>
<h1>The Candy Store</h1>
<h2>Chocolates</h2>
② <p>Dark chocolate $<?= calculate_cost(quantity: 10, cost: 5, tax: 5, discount: 2);
  ?></p>
③ <p>Milk chocolate $<?= calculate_cost(quantity: 10, cost: 5, tax: 5); ?></p>
④ <p>White chocolate $<?= calculate_cost(5, 10, tax: 5); ?></p>
```

① calculate_cost()函数基于4条信息计算一个或多个购买项的最终价:

- cost(必选)
- quantity(必选)
- discount(可选 – 默认值为0)
- tax(可选–默认值为20%)

结果

因为该示例使用的是 PHP 8，因此可以在函数定义的最后一个形参之后添加尾随逗号(而不仅是在形参之间加逗号)。这提高了代码的一致性(因为每个形参后面都可以出现逗号)。

定义函数之后，调用了该函数3次。

② 调用函数时传入了4个具名实参。因为这些实参都是具名的，所以实参可以任意顺序出现。

③ 这里具名实参用于价格、数量和税率。而折扣则使用默认值。

④ 前两个值未使用具名实参，因此它们用于前两个形参($cost 和 $quantity)。因为没有传入$discount的值，所以这里必须以具名实参的形式传入最后一个形参$tax的值。

函数的编写技巧

遵循如下4条规范将有助于编写更好的函数。

① 简要描述函数执行的任务

综合考虑函数所处理的任务(如获取、计算、更新或保存)和它所处理的数据类型。通过这种方式来命名函数。

永远不要更改函数名。

② 弄清楚函数执行任务时所需的数据

为函数执行所需的每份数据设置一个对应的形参。

传递给形参的值(实参)可以在每次调用函数时更改。

③ 考虑好函数执行任务时需要使用的指令

这些指令将用花括号内的语句表示。

每次调用函数时所执行的指令都是相同的。

④ 想明白执行函数所得的结果

函数返回的值就是执行任务所得的结果。通过函数返回期望得到的结果也是更为推荐的实践方式。如果正在执行的任务并未计算得到新值或检索得到某些信息,则函数通常会返回true或false,以指示它是否正常工作。

每次给函数传入新值时,返回的值都可能改变。

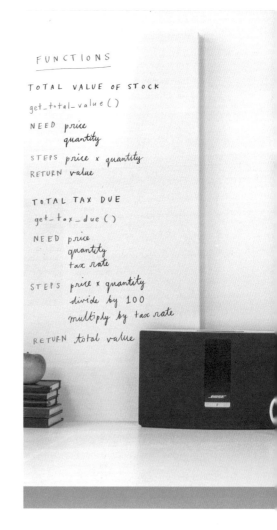

FUNCTIONS

TOTAL VALUE OF STOCK
get_total_value ( )

NEED price
     quantity

STEPS price x quantity
RETURN value

TOTAL TAX DUE
get_tax_due ( )

NEED price
     quantity
     tax rate

STEPS price x quantity
      divide by 100
      multiply by tax rate

RETURN total value

使用函数的目的

通过在函数中编写代码来执行任务有诸多好处。

可复用性

正如在本章中多次看到的,如果一个页面需要多次执行相同的任务(例如多次计算购买产品的总价),只需要编写一次执行此任务的代码。当页面需要执行此任务时,调用函数并传入执行任务所需的值。

可维护性

如果执行任务所用的指令需要修改,那么只需要更改函数定义中的代码(不需要在每次执行任务时都更改代码)。一旦函数定义被更新,那么无论何时调用该函数,都将使用更新后的代码。

易组织性

通过把执行任务的相关代码放入函数中,查找执行该任务需要的所有语句变得更加容易。

可测试性

通过把代码进行分解并放入每个单独的执行任务中,就可以针对单个任务进行测试,从而更容易查找和隔离测试问题。

函数文档

程序员经常需要使用他人编写的函数；例如，在一个大型网站的
程序员团队中工作时。文档能帮助程序员学习如何使用这些函数。

要在PHP页面中使用函数，并不需要
理解出现在函数定义中的语句是如何完
成任务的，只需要知道：

- 函数的功能
- 函数名
- 函数必需的形参
- 函数的返回值

在下一页中，可以看到PHP.net网站
的一个页面。这是PHP的官方网站，并托
管PHP语言的文档。在学习这门语言的
过程中，可以从该网站获取很多有用的
资源。

下一页中展示的函数用于获取一个
字符串中包含的字符数，是一个关于如
何记录函数的典型示例。在这类文档中
通常会看到：

① 函数名和函数的描述。

② 调用函数的语法和所需的形参(也可
能显示实参和返回的类型)。

③ 形参的描述。

④ 函数的返回值。

⑤ 使用该函数的示例。

对以下两种函数进行区分是很重
要的：

- "用户定义函数"是由使用PHP
  语言的程序员在PHP文件中定义
  的函数(本章中的所有函数都是用
  户定义的函数)。
- "内置函数"由PHP语言的创建
  者定义，这些函数的定义在PHP
  解释器中实现。这意味着任何人
  都可调用这些函数，而不需要在
  页面中引入函数定义。

内置函数执行程序员在编写PHP代码
时通常需要实现的任务。因此，开发人
员不必在执行这些任务时，每次都要重
新发明轮子(意指自己重新编写类似的内
置函数)。第5章将介绍关于内置函数的更
多知识。

php Downloads **Documentation** Get Involved Help php

PHP Manual › Function Reference › Text Processing › Strings › String Functions

« stristr   strnatcasecmp »

String Functions

Change language: [English ▼]

Submit a Pull Request   Report a Bug

① strlen

(PHP 4, PHP 5, PHP 7, PHP 8)
strlen — Get string length

② Description

```
strlen(string $string): int
```

Returns the length of the given **string**.

③ Parameters

string
  The string being measured for length.

④ Return Values

The length of the **string** on success, and 0 if the **string** is empty.

⑤ Examples

Example #1 A strlen() example

```php
<?php
$str = 'abcdef';
echo strlen($str); // 6

$str = ' ab cd ';
echo strlen($str); // 7
?>
```

Notes

Note:
strlen() returns the number of bytes rather than the number of characters in a string.

Note:
strlen() returns **null** when executed on arrays, and an **E_WARNING** level error is emitted.

String Functions list:
addcslashes
addslashes
bin2hex
chop
chr
chunk_split
convert_uudecode
convert_uuencode
count_chars
crc32
crypt
echo
explode
fprintf
get_html_translation_table
hebrev
hex2bin
html_entity_decode
htmlentities
htmlspecialchars_decode
htmlspecialchars
implode
join
lcfirst
levenshtein
localeconv
ltrim
md5_file
md5
metaphone
money_format
nl_langinfo
nl2br
number_format
ord
parse_str
print
printf
quoted_printable_decode
quoted_printable_encode
quotemeta
rtrim
setlocale
sha1_file
sha1
similar_text
soundex
sprintf
sscanf
str_contains
str_ends_with
str_getcsv
str_ireplace
str_pad
str_repeat
str_replace

示例

本示例的页面中展示了一家糖果店的实时库存数量。

创建一个关联数组，保存商店销售的产品名称和每种产品的库存数量。这些值显示在表的前两列中。

然后，创建3个函数来生成后3列所展示的值：

- 第一个函数用于查看库存数量并创建消息，以指示是否应该订购更多库存。
- 第二个函数用于计算每类库存产品的存货总价。
- 第三个函数用于计算当各类剩余库存产品售出时，所需缴纳的税费。

```php
<?php
declare(strict_types = 1);
$candy = [
    'Toffee' => ['price' => 3.00, 'stock' => 12],
    'Mints'  => ['price' => 2.00, 'stock' => 26],
    'Fudge'  => ['price' => 4.00, 'stock' => 8],
];
$tax = 20;

function get_reorder_message(int $stock): string
{
    return ($stock < 10) ? 'Yes' : 'No';
}

function get_total_value(float $price, int $quantity): float
{
    return $price * $quantity;
}

function get_tax_due(float $price, int $quantity, int $tax = 0): float
{
    return ($price * $quantity) * ($tax / 100);
}
?>
```

① 启用严格模式。

② 创建多维数组(参见第44~45页),并保存在名为 $candy 的变量中。其中:
- 键是所售糖果类型的名称。
- 值是一个数组,存有该产品的价格和可用库存数量。

③ 声明全局变量以保存税率。

④ 定义了名为get_reorder_message()的函数。该函数有一个形参,即产品的当前库存数量(int型)。它返回一个消息(一个字符串),说明是否应再次订购该类产品。

⑤ 三元操作符用于返回消息。操作符的条件用于检查库存数量是否少于10。
- 如果是,函数返回Yes。
- 否则,返回No。

⑥ 定义名为get_total_value()的函数,该函数有两个形参,分别是:
- 产品价格(浮点数)。
- 产品的可售出数量(整数)。

该函数返回一个浮点数,表示产品的库存总价(这里,int也是一个有效数字)。

⑦ 函数返回的结果是由产品的单价乘以可用的库存数量得到的。

⑧ 定义名为get_tax_due()的函数。该函数有3个形参:
- 产品的价格(浮点数)。
- 产品的可用数量(整数)。
- 税率是一个百分比值,默认为0%(整数)。

最终,函数返回一个浮点数,表示当这些产品售出时应缴纳的税费。

```php
<!DOCTYPE html>
<html>
  <head> ... </head>
  <body>
    <h1>The Candy Store</h1>
    <h2>Stock Control</h2>
    <table>
      <tr>
        <th>Candy</th><th>Stock</th><th>Re-order</th><th>Total value</th><th>Tax
due</th>
      </tr>
      <?php foreach ($candy as $product_name => $data) { ?>
        <tr>
          <td><?= $product_name ?></td>
          <td><?= $data['stock'] ?></td>
          <td><?= get_reorder_message($data['stock']) ?></td>
          <td>$<?= get_total_value($data['price'], $data['stock']) ?></td>
          <td>$<?= get_tax_due($data['price'], $data['stock'], $tax) ?></td>
        </tr>
      <?php } ?>
    </table>
  </body>
</html>
```

⑨　返回应缴税款总额。要计算该值，需要用库存的总价(产品的单价乘以库存数量)乘以税率百分比($tax除以100)。

⑩　foreach循环遍历保存在$candy中的数组中的产品项。在圆括号中：

- $candy是第②步中创建的数组。
- $product_name是变量名，用于保存数组当前元素的键名(产品名称：太妃糖、薄荷糖或软糖)。
- $data是表示当前元素值的变量，是个存有产品价格和库存数量的数组。

⑪　创建一个表行，循环会将当前正在执行的产品项的名称展示在<td>元素中。

⑫　$data所保存的数组中，包含该产品的价格和库存数量；其中，库存数量写在表格的下一个单元格中。

⑬　调用get_reorder_message()函数。库存数量作为实参传入。返回值显示在表中。

⑭　调用get_total_value()函数。第一个形参是产品价格。第二个形参是库存数量。返回的值将写入表中。

⑮　调用get_tax_due()函数。第一个形参是产品价格。第二个形参是库存数量。第三个形参是步骤③中存储的税率。返回的值将写入表中。

⑯　右花括号结束本次循环，之后循环将对数组中的其余元素进行遍历。

小结

函数

❯ 函数定义为函数指定了名称，并使用代码块保存执行任务所需的语句。

❯ 调用函数时将告诉PHP解释器运行这些语句来执行任务。

❯ return关键字用于在函数中返回数据。

❯ 形参表示函数执行任务所需的数据。形参名就像函数中的变量一样。

❯ 函数运行完毕后，在函数中声明的形参和任何临时变量将被删除。

❯ 调用函数时，对应于形参的传入值称为实参。

❯ 类型声明指定实参的数据类型。

❯ 返回类型指定函数返回的数据类型。

❯ 如果某个形参是可选的，需要给它赋予一个默认值。

第4章

类和对象

对象将变量和函数组合在一起，代表了日常
生活中人们遇到的各类事物，如新闻文章、
出售的产品或网站的用户。

- 在第2章中，介绍了变量如何保存单条信息。当变量用在对象中时，称变量为对象的属性。
- 在第3章中，介绍了如何用代码表示函数所要执行的任务。在对象中使用函数时，称函数为对象的方法。

在网站中，通常需要表示多个相同类型的事物。例如，新闻网站会发布很多新闻文章，商店会出售很多产品，允许用户注册的网站会有很多会员。这些事物中的每一个都在代码中用对象来表示。

PHP可使用模板来创建表示某类事物的对象，该模板称为类。例如，可通过一个类来创建表示产品的对象，而使用另一个类创建表示成员的对象。使用类创建的每个对象都自动获得该类中定义的属性和方法。

类和对象有助于组织代码，使代码更容易理解。学习对象的工作方式也很重要，因为PHP解释器有一些内置对象，这些内置对象将在本书第II部分介绍。

本章的前几页介绍了对象背后的概念以及使用方法。接下来，将介绍创建和使用对象与类所用的代码。

网站模型

模型是我们所处的世界中各类事物的代表。程序员使用数据创建模型；然后，使用代码操作保存在模型中的数据，通过这种方式执行任务。

网站使用数据创建模型，代表日常生活中的事物。程序员通常将这些事物称为不同类型的对象。例如：

- 生活中的人(例如客户或网站的会员)。
- 访问者可能购买的产品或服务(如书籍、汽车、银行账户或电视订阅)。
- 传统印刷的文件(如新闻文章、日历或票据)。

例如，银行可能使用特定的数据字段来代表不同的客户信息，例如：

- 名字(forename)
- 姓氏(surname)
- 电子邮件地址(email)
- 密码(password)

在表示每个具体的客户时，可能使用相同的信息字段。但涉及姓名、电子邮件地址和密码时，这些字段不会完全相同。

在创建账户时，需要知道关于银行账户的某些字段信息，这些信息在每个账户中也是不同的，例如：

- 账号(account number)
- 账户类型(account type)
- 余额(balance)

银行可以使用这些数据执行任务。例如，使用银行账户执行的任务可能包括：

- 查询余额
- 办理存款
- 办理取款

以上这些任务将获取或更改变量中保存的数据。例如，办理取款或存款业务时，将改变该账户的余额。类似地，与客户相关的任务可能包括：

- 通过检查用户提供的电子邮件地址和密码是否与为其保存的数据相匹配来验证用户(确认用户是否是其本人)。
- 获取用户全名(将用户的姓和名组合在一起)。

对象将变量和函数组合在一起：

- 变量所保存的数据用于创建模型，如客户或账户。
- 函数则表示该对象可执行的任务。

如果把下一页的照片移除，仍然可以从方框里的信息看出很多东西：

对象的类型、表示每个对象所需的数据以及对象可执行的任务。

对象类型：Customer

字段	值
forename	Ivy
surname	Stone
email	ivy@eg.link
password	$2y$10$MAdTTCA0Mi0whewg...

任务	用途
get full name	查询全名
authenticate	检查email和password是否匹配

对象类型：Account

字段	值
number	20489446
type	Checking
balance	1000.00

任务	用途
deposit	存款
withdraw	提款
get balance	查询余额

上方的信息盒展示了两种对象类型：Customer(客户)和Account(账户)。对于每种类型的对象，网站必须做以下两件事。

1. 保存每个对象中的数据

对于每个客户或账户，保存信息的字段名(上方的Data部分信息)都是相同的，但是对于不同的客户和账户，这些字段名所对应的值不同。

2. 对同类型的对象执行相同的任务

可以对每个客户执行相同的任务。同样，也可以对每个账户执行相同的任务；执行这些任务可访问或修改保存在每个客户或账户中的数据。例如，在一个账户上存款时，将更新该账户中表示余额的值。

属性和方法

在对象中，变量称为属性，而函数称为方法。属性用于保存创建概念模型所需的数据。方法表示该类型的对象可以执行的任务。

变量：对象的属性

第1章中介绍了变量可以保存每次请求页面时更改的数据。当变量在对象内部使用时，它们被称为对象的属性。

创建一个对象时，程序员需要事先决定有哪些数据是必需的，以便网站能够使用这些数据完成工作。

例如，如果使用对象来表示客户，那么每个Customer(客户)对象将具有：

- 相同的属性，用来保存他们的名字、姓氏、电子邮件地址和密码。
- 但对于每个客户，这些属性的值则不完全相同。

如果使用一个对象来表示一个账户，每个Account(账户)对象还将有：

- 相同的属性，用来保存他们的账号、账户类型和余额。
- 但对于每个账户，这些属性的值同样不会完全相同。

对象的属性是一组变量，用于描述所有这些对象的共同特征。每个属性保存的值存在的差异让对象互不相同。

函数：对象的方法

在第3章中，本书介绍了PHP可以将函数中执行任务需要的所有语句组合在一起。当函数在对象内部使用时，被称为对象的方法。

当创建一个对象时，程序员需要决定网站用户可以用每种类型的对象执行什么任务。这些任务通常：

- 使用保存在对象属性中的数据，提出一些问题，告诉你有关该对象的一些信息。
- 修改一个或多个对象属性所保存的值。

在某个账户上执行的任务(存款、取款或查看余额)同样适用于其他任意账户，这意味着所有代表账户的对象都拥有相同的方法。

同样，由于需要为每个客户执行相同的任务(验证身份，获取全名)，因此每个代表客户的对象也具有相同的方法。

在下一页中，你可以看到一个与上一页相似的图表，但在这里，它显示了两个客户对象和两个账户对象的属性和方法名称。

对象类型：Customer

字段	值
forename	Ivy
surname	Stone
email	ivy@eg.link
password	$2y$10$MAdTTCA0Mi0whewg...

任务	用途
getFullName()	返回 forename 和 surname 属性
authenticate()	检查 email 和 password 是否匹配

对象类型：Customer

字段	值
forename	Emiko
surname	Ito
email	emi@eg.link
password	$2y$10$NN5HEAD3atarECjRiir...

任务	用途
getFullName()	返回 forename 和 surname 属性
authenticate()	检查 email 和 password 是否匹配

对象类型：Account

字段	值
number	20489446
type	Checking
balance	1000.00

任务	用途
deposit()	增加 balance 属性的值
withdraw()	减少 balance 属性的值
getBalance()	返回 balance 属性的值

对象类型：Account

字段	值
number	10937528
type	Savings
balance	2346.00

任务	用途
deposit()	增加 balance 属性的值
withdraw()	减少 balance 属性的值
getBalance()	返回 balance 属性的值

对象数据类型

对象本身就是一个复杂数据类型的例子，因为它能够保存多个值。

如前所述，PHP拥有不同的数据类型。

- 标量数据类型保存单一的值：字符串、整数、浮点数、布尔值。
- 复合数据类型保存多个值：数组和对象。

下图所示是两个表示客户和账户的对象图表。

保存对象的变量可以像其他变量一样命名 (使用小写字母，当名称中有多个单词时，用下画线分隔每个单词)。例如：

- 一个名为$customer的变量可保存一个对象，该对象表示一位客户。
- 一个名为$account的变量可保存一个对象，该对象表示一个账户。

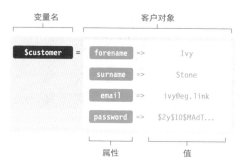

通常认为，对象是保存于变量中的。但当学习第530~531页中的内容时，可以知道变量实际上保存的是PHP解释器在内存中创建的对象位置的引用。

当页面运行完毕，PHP解释器将HTML页面发送回浏览器时，对象将会被遗忘(从内存中删除，就像忘记了变量中保存的值一样)。

类是创建对象的模板

如果要创建对象，可使用被称为"类"的模板。类的定义指定了对象类型的属性名称和方法。

类定义规定了：

- 属性名称——描述该类对象所要保存的数据。
- 方法——定义该类对象可以执行的任务。

每次使用类创建对象时：

- 需要为属性提供值 (不同的值使对象彼此不同)。
- 对象自动获取类中定义的所有方法。

使用类创建的每个单独对象都称为该类的一个实例。

例如，如果要创建一个对象来表示银行账户(如本章所示)，则需要为以下属性提供相应的值：

- $number
- $type
- $balance

同时，对象将自动获得以下方法：

- deposit()
- withdraw()
- getBalance()

有的程序员认为类和对象这两个术语是可以互换使用的，但严格来说，类是用于创建对象的模板。

对象的创建及使用

在下面的步骤中，介绍了创建和使用类与对象的方法。

将类定义为
对象的模板
第154页

类是用于创建某种对象的模板。

类定义了属性和方法。

- 属性：用于保存代表对象类型的数据。
- 方法：包含实现该类的对象可以执行的任务的语句。

类可用于创建网站中用到的任意类型的对象。

创建对象并将其
保存在变量中
第155页

创建对象的方式如下：

- 指定用作模板的类的名称。
- 提供其属性值。

对象会自动获取类中定义的方法。

当创建一个对象时，它通常保存在一个变量中，以便页面中的其余代码可以使用它。

设置和访问
属性值
第156~157页

一旦创建了对象，就可以：

- 为属性设置值。
- 访问保存在其属性中的值，并在页面的其余代码中使用它们。

对象的每个实例都将在其属性中保存不同的值，因为这些对象表示的是同一类对象的不同实例(例如不同的客户或不同的账户)。

定义并调用对象的方法

第158~159页

对象的方法中定义了完成任务所需的语句。这些语句的编写就像函数定义一样，但是它们存在于类内部，通常也像函数一样返回一个值。

当调用对象的方法时，它通常需要访问或更新保存在该对象属性中的值。

PHP有一个名为$this的特殊变量，通过该变量，方法可访问并处理保存在对象属性中的值。

在创建对象时对属性赋值

第160~163页

使用类中的构造函数，可以在一行代码中创建一个对象并为属性赋值，而不是在创建一个对象后再分别为其每个属性设置值。

在PHP 8中，构造函数也可以定义对象的属性(因此，在构造函数中设置这些属性的值之前，不需要定义它们)。

控制访问属性的代码

第164~165页

有时，我们不希望PHP页面能直接访问或更新对象的属性。

取而代之的是，我们可以创建方法来获取或更新保存在这些属性中的值。

例如，可隐藏账户对象的balance属性，然后使用getBalance()、deposit()和withdraw()方法来处理保存在balance属性中的值。

类：对象的模板

在创建类定义时，对象的属性和方法将保存在花括号中。

类定义的语法如下：
- class关键字。
- 描述所创建对象类型的名称。名称应该使用大写驼峰命名方式，即其中每个单词的第一个字母都以大写字母开头(不要使用下画线)。
- 一对花括号，用于创建代码块。花括号表示类的开始/结束位置。每个花括号占据一行。
- 注意，结束类定义的右花括号后面没有分号。

在类的花括号内，该类型对象的属性用以下方法列出：
- 可见性关键字(见第164页)。
下面的例子使用的是public关键字。
- 属性所保存的数据类型。
(该特性是在PHP 7.4中添加的，且是可选的)
- 属性名称以$符号开头。
方法使用与函数定义相同的语法，但前面有一个可见性关键字(见第164页)；下面的方法使用的关键字是public。

```
class Account
{
    public int    $number;
    public string $type;
    public float  $balance;

    public function deposit(float $amount): float
    {
        // 执行存款的代码
    }
    public function withdraw(float $amount): float
    {
        // 执行取款的代码
    }
}
```

属性 ⎡ (对应上方 $number、$type、$balance 三行)

方法 ⎡ (对应上方 deposit、withdraw 两个方法)

使用类创建对象

要创建对象，请使用new关键字，后跟类名和一对括号。

可通过如下语法创建对象：

- new关键字。
- 类的名称。
- 括号。其中可以包含形参名(就像函数的形参在括号里一样)。括号内的形参在创建对象时将数据传递给对象。

正如第150页中曾介绍的，对象地址的引用通常保存在变量中，以便PHP页面中的其余代码可以使用它。要做到这一点，可执行以下操作：

- 创建一个变量来保存对象；它的名称应该描述其所保存对象的类型。
- 添加赋值操作符 =。
- 创建对象。

变量名　　　　　关键字

$account = new Account();

赋值操作符　　　　类名(对象类型)

在上例中，$account变量将保存Account 类创建的实例对象的引用，其中Account类显示在左边的页面中。

该类有三个属性：$number、$type和$balance。这些属性都还没有赋值。在下一页中，将介绍如何给它们赋值。

对象还将自动拥有类定义中声明的deposit()和 withdraw()这两个方法。

创建表示另一个账户的第二个对象。可以按照上面的操作再次执行，但需要使用不同的变量名来保存对象 (否则，第二个对象将覆盖第一个对象)。

在任何使用类来创建对象的页面中，都需要有类的定义。如果一个类定义被多个页面使用，它将被放在一个单独的文件中，然后可以引入两个不同的页面中，该文件使用与类相同的名称(如Account.php)。

访问和更新属性

你可以像访问和更新变量一样来处理对象的属性。如果对象保存在变量中，请先指定变量名，然后使用对象操作符指定要处理的属性。

访问属性

要访问属性中保存的值，使用如下语法：

- 保存对象的变量的名称。
- 对象操作符->，它的两边没有空格。
- 属性名称(注意，这里的属性名称不是以$符号开头的)。

对象操作符表示操作符右侧的属性属于保存在操作符左侧变量中的对象。

下面的代码展示了如何在页面上显示账户balance的值。

设置和更新属性

要更新保存在属性中的值，使用如下语法：

- 保存对象的变量的名称。
- 对象操作符->，它的两边没有空格。
- 想要更新的属性名。
- 赋值操作符=。
- 要设置的新值（如果值是字符串，则用引号括起来；数字和布尔值不加引号）。

如果试图设置在类定义中未声明的属性的值，那么该属性将被添加到这个对象中。注意，该属性不会被添加到使用该类创建的任何其他对象中。

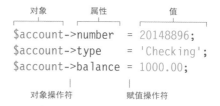

如果在类中设置了属性的数据类型，并试图在该属性被赋值之前访问它，PHP解释器就会创建一个错误，导致页面停止运行。

正如第161页中介绍的，可以在__construct()方法中为属性指定默认值。这将确保在使用类创建对象时，每个属性都有一个值。

对象和属性的使用

PHP section_a/c04/objects-and-properties.php

```php
<?php
class Customer
{
    public string $forename;
    public string $surname;
    public string $email;
    public string $password;
}

class Account
{
    public int    $number;
    public string $type;
    public float  $balance;
}

    $customer = new Customer();
    $account  = new Account();
    $customer->email = 'ivy@eg.link';
    $account->balance = 1000.00;
?>
<?php include 'includes/header.php'; ?>
<p>Email: <?= $customer->email ?></p>
<p>Balance: $<?= $account->balance ?></p>
<?php include 'includes/footer.php'; ?>
```

① 定义Customer类及其属性。

② 定义Account类及其属性。

③ 创建Customer类的实例对象，并将该对象保存在名为$customer的对象中。

④ 创建Account类的实例对象，并将该对象保存在名为$account的变量中。

⑤ 给$customer的属性email赋值。

⑥ 给$account的属性balance赋值。

⑦ 在页面中引入文件，给页面添加头部。

⑧ 显示之前设置的两个属性。

⑨ 在页面中引入文件，用来添加一个关闭页面的标签。

试一试： 步骤⑤之后，在$customer中设置客户的姓和名。

然后在步骤8中，在电子邮件地址前展示他们的姓名。

结果

第 4 章 类和对象 (157)

定义和调用方法

方法是写在类定义内部的函数。要调用该方法，需要依次写出保存对象的变量名、对象操作符以及方法名。

定义方法

　　要向类添加方法，可使用可见性关键字(参见164页，下面这个例子使用了public关键字)，后跟函数定义。如果一个方法需要访问或更新所属对象的属性，使用如下语法：

- 特殊变量$this (称为伪变量) 表示希望访问当前对象的属性。
- 对象操作符->。
- 要访问的属性名称。

　　下面的deposit()方法有一个名为$amount的形参。当调用该方法时，将$amount保存的值与balance属性中的值相加得到新值，然后给balance赋予该新值。

调用方法

　　要调用方法，可使用如下语法：

- 保存对象的变量的名称。
- 对象操作符->。
- 要调用的方法名。
- 与方法形参相匹配的实参。

　　下面的示例将50美元存入账户中。deposit()方法将此金额与balance属性中的值相加，然后返回新的balance值。echo命令用于将新的balance值写入页面。

```
class Account
{
  public int    $number;
  public string $type;
  public float  $balance;

  public function deposit($amount)
  {
    $this->balance += $amount;
    return $this->balance;
  }
}
```

$this 伪变量

对象方法的使用

section_a/c04/objects-and-methods.php

```php
<?php
class Account
{
    public int    $number;
    public string $type;
    public float  $balance;

    public function deposit(float $amount): float
    {
        $this->balance += $amount;
        return $this->balance;
    }
    public function withdraw(float $amount): float
    {
        $this->balance -= $amount;
        return $this->balance;
    }
}

$account = new Account();
$account->balance = 100.00;
?>
<?php include 'includes/header.php'; ?>
<p><?= $account->deposit(50.00) ?></p>
<?php include 'includes/footer.php'; ?>
```

① 定义Account类及其属性(见第157页)。

② 添加deposit()方法。形参$amount是要与余额相加的金额。

③ 传递给函数的金额与保存在 balance属性中的值相加:

- $this->balance获取对象的balance属性的值。
- += 操作符将 $amount 中的值与 banlance保存的值相加, 并将相加所得的新值赋给 balance属性。

④ 返回保存在balance属性中的新值。

⑤ withdraw()与deposit()的操作相似, 区别在于它是从balance中减去传入的金额。

⑥ 使用Account类创建一个对象, 并保存在名为$account的变量中。

⑦ 对象的balance属性被设置为100.00。

⑧ 调用deposit()方法, 用于将50.00美元与账户余额相加, 然后, 该方法返回更新后的余额, 并使用echo的简写将该值写入页面。

结果

试一试: 在步骤⑧之后, 使用withdraw()提取75美元。

构造函数

__construct()方法被称为构造函数。当使用类创建对象时，会自动运行该方法。

若在类定义中添加一个名为__construct()的方法(名称必须以双下画线开头)，当使用这个类创建对象时，该方法中的语句将自动运行。

可使用__construct()方法在一行代码中创建对象并向其属性添加值，而非先创建对象，然后使用单独的语句分别设置每个属性(正如之前第156~157页介绍的)。

如下的语句中，使用Account类创建了一个对象，并保存在名为$account的变量中。当创建对象时，PHP解释器在类中查找名为__construct()的方法。

类名后面括号中的实参将传递给__construct()方法(如下一页所示)。在__construct()方法中，这些值用于设置对象的属性。

变量　　　　　　类名　　　　　　创建对象所需的值

$account = new Account(20148896, 'Checking', 1000.00);

账号　　　　账户类型　　　　账户余额

注意，请勿在其他自定义的函数名开头加上两个下画线；这种命名约定仅用于PHP所称的魔术方法(magic method)。

魔术方法由PHP解释器自动调用，我们不需要在自己的代码中调用这些方法。

下面的Account类的__construct()方法有三个形参：$type、$number和$balance，分别对应于类的属性。

__construct()方法中的三个语句接收形参中的值，然后使用这些值来设置对象的属性。

正如在第158页中所介绍的，$this伪变量允许访问或更新此对象的属性。

如果使用上一页的代码创建了一个对象，下面所示的__construct()方法将自动运行并为属性赋值：

● 形参$number所匹配的值为20148896
● 形参$type所匹配的值为'Checking'
● 形参$balance所匹配的值为100.00

在下一页的示例中，将介绍如何为这些属性指定默认值。

```
class Account
{
    public int    $number;
    public string $type;
    public float  $balance;

    public function __construct($number, $type, $balance)
    {
        $this->number  = $number;
        $this->type    = $type;
        $this->balance = $balance;
    }

    function deposit($amount) {...}
    function withdraw($amount) {...}
    function getBalance() {...}
}
```

PHP 8增加了一种编写类定义的更简单方法，该方法允许在__construct()方法的圆括号内声明类的属性。

当使用类创建对象时，提供给构造函数的实参会自动分配为这些属性的值。这称为构造器属性提升。

如果属性是可选的，则可以给出默认值(请查看右侧的$balance属性)；如果没有传入对应的实参，则使用默认值。

```
class Account
{
    public function __construct(
        public int    $number,
        public string $type,
        public float  $balance = 0.00,
    ) {}

    function deposit($amount) {...}
    function withdraw($amount) {...}
    function getBalance() {...}
}
```

使用构造函数的类

① PHP页面首先启用严格类型，因为方法中已经添加了类型声明(第126~127页)。

② 定义类名及其属性。

③ 添加上一页介绍的 construct() 方法。形参前面添加了实参的类型声明。如果在创建对象时没有给出balance的值，则使用默认值0.00。

④ deposit()和withdraw()方法将更新保存在balance属性中的值。这两个方法接收实参并返回浮点类型的数值(当数据类型为浮点型时，可以传入整数而不会导致错误)。

section_a/c04/constructor-methods.php `PHP`

```php
<?php
declare(strict_types = 1);
class Account
{
    public int     $number;
    public string  $type;
    public float   $balance;

    public function __construct(int $number, string
$type, float $balance = 0.00)
    {
        $this->number  = $number;
        $this->type    = $type;
        $this->balance = $balance;
    }

    public function deposit(float $amount): float
    {
        $this->balance += $amount;
        return $this->balance;
    }

    public function withdraw(float $amount): float
    {
        $this->balance -= $amount;
        return $this->balance;
    }
}
```

section_a/c04/constructor-methods.php

```php
⑤ $checking = new Account(43161176, 'Checking', 32.00);
   $savings  = new Account(20148896, 'Savings', 756.00);
   ?>


<?php include 'includes/header.php'; ?>
<h2>Account Balances</h2>
<table>
⑥ <tr>
     <th>Date</th>
     <th><?= $checking->type ?></th>
     <th><?= $savings->type  ?></th>
   </tr>
   <tr>
     <td>23 June</td>
⑦   <td>$<?= $checking->balance ?></td>
     <td>$<?= $savings->balance  ?></td>
   </tr>
   <tr>
     <td>24 June</td>
⑧   <td>$<?= $checking->deposit(12.00)  ?></td>
     <td>$<?= $savings->withdraw(100.00) ?></td>
   </tr>
   <tr>
     <td>25 June</td>
⑨   <td>$<?= $checking->withdraw(5.00) ?></td>
     <td>$<?= $savings->deposit(300.00) ?></td>
   </tr>
</table>
<?php include 'includes/footer.php'; ?>
```

结果

⑤ 创建两个对象，分别表示支票账户和储蓄账户。

构造函数将括号中的值赋给每个对象的属性。

⑥ 在页面中展示一个HTML列表。列表的第一行使用两个对象的type(类型)属性作为表头。要访问对象属性，可使用如下语法：

● 保存对象的变量名称。
● 对象操作符。
● 属性名称。

⑦ 列表的下一行将展示对象的balance属性。

⑧ 在列表的第三行中，通过调用deposit()或withdraw()方法更新每个账户的balance值。

这些方法返回balance属性的新值，并将其写入页面。要调用某个方法，使用如下语法：

● 保存对象的变量名称。
● 对象操作符。
● 方法名，后跟写有实参的圆括号。

⑨ 在列表的第四行中，重复上一步，但传入不同的实参。

试一试：在步骤⑥中，创建一个对象来表示一个高利息账户。

在步骤⑦~⑨中，额外添加一行以显示更新后的balance值。

属性和方法的可见性

我们可阻止对象外的代码访问或设置对象内属性所保存的值。
同样，也可阻止对象外部的代码调用对象内的方法。

类的属性和方法称为类的成员。我们可以指定类外部的代码是否可以对该类创建的对象执行如下行为：

- 访问或更新保存在属性中的值
- 调用方法

这是通过在声明属性或定义方法时设置可见性(visibility)来实现的。

截至目前本章所介绍的内容，所有属性和方法名称的前面都有单词public，这意味着任何其他代码都可以使用该对象的属性和方法。

有时，我们只希望允许对象内部的代码访问或更新对象的属性以及调用对象的方法。为此，需要将单词public改为protected。

例如，Account类有一个名为balance的属性。如果使用public可见性关键字声明该属性，则任何使用该类创建对象的代码都可以获取或更新该属性中的值。

为了防止任何其他代码更新balance属性中保存的值，可将其可见性设置为protected。如果试图使用类外部的代码访问受保护的属性，PHP解释器将生成一个错误。

如果对象外部的代码需要获取保存在受保护属性中的值，则需要向类中添加一个返回其值的方法。这个方法称为getter(因为它用于获得一个值)。

在下一页的例子中，将一个名为getBalance()的新方法添加到Account类中；它用于返回保存在$balance属性中的值。

要更新保存在受保护属性中的值，需要向类中添加一个方法用于更新该值的方法。这被称为setter(因为它用于设置一个值)。

Account类中的deposit()和withdraw()方法已经用于更新保存在$balance属性中的值。

这些更改确保balance值仅由deposit()或withdraw()方法更新。并确保balance值不能被其他任何代码更新。

如果没有在类定义中指定属性或方法的可见性，则默认为public，但是显式声明属性或方法是公共的还是受保护的被认为是良好的编程实践，会使代码更容易理解。

还有一种可见性设置是private，该特性用于更高级的面向对象代码中。而该设置的使用超出了本书的讨论范围。以上这些设置也称为访问修饰符。

getter和setter的使用

PHP section_a/c04/getters-and-setters.php

```php
<?php
declare(strict_types = 1);

class Account {
    public    int    $number;
    public    string $type;
①  protected float  $balance;

    public function __construct() {...}
②  public function deposit() {...}
    public function withdraw() {...}

    public function getBalance(): float
③  {
        return $this->balance;
    }
}

④  $account = new Account(20148896, 'Savings', 80.00);
?>

<?php include 'includes/header.php'; ?>
⑤  <h2><?= $account->type ?> Account</h2>
⑥  <p>Previous balance: $<?= $account->getBalance() ?></p>
⑦  <p>New balance: $<?= $account->deposit(35.00) ?></p>
<?php include 'includes/footer.php'; ?>
```

结果

SAVINGS ACCOUNT

Previous balance: $80

New balance: $115

① 在前面的例子中，balance属性的可见性设置为public，现更改为protected，因此它在类之外是不可见的。

② 现有的deposit()和withdraw()方法充当setter来更新balance(它们的代码与前面的示例相同)。

③ 一个名为getBalance()的getter被添加到该类中，以便在需要显示受保护的balance属性时获取该属性的值。

④ 使用Account类创建一个对象，并保存在$account变量中。

⑤ 展示账户类型(type)。因为这个属性是公共的，所以可以直接访问它。

⑥ 调用getBalance()方法来显示 $balance属性中的值。

⑦ 调用deposit()方法。将35美元与$balance属性所保存的值相加。该方法还返回新的balance 值，以便将其写入页面。

试一试： 在步骤⑥之后，使用 withdraw()方法从账户中取出 50美元。

在对象的属性中保存数组

对象的属性可以保存数组。然后可以使用数组语法访问数组的各元素。

到目前为止，所介绍的对象属性保存的都是标量数据类型(字符串、数字和布尔值)。对象的属性还可以保存复合数据类型，如数组。如下，Account类的实例对象保存在一个名为$account的变量中，并设置了其number属性。

赋给number属性的值是一个关联数组，它包含两个独立的值：

- 账号
- 汇款路径号码(在一些国家被称为排序代码或BSB：Bank State Branch)

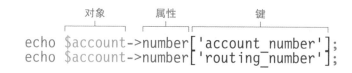

```
$account->number = ['account_number' => 12345678,
                    'routing_number' => 987654321,];
```

要访问保存在对象中number属性的数组值，可使用如下语法：

- 保存对象的变量的名称
- 对象操作符
- 保存数组的属性的名称
- 要访问的数组项的键

下面，在account对象的number属性中，通过键名从该关联数组属性中获取账号和汇款路径号码的值，并使用echo命令将其写入页面(如果数组是一个索引数组，键将是想要访问的元素的索引号)。

```
echo $account->number['account_number'];
echo $account->number['routing_number'];
```

在对象的属性中使用数组

section_a/c04/array-in-object.php

```php
<?php
declare(strict_types = 1);
```

① `class Account {...}`
```
// As on p165, but number property is an array not
int
```

```
//Create an array to store in the property
```
② `$numbers = ['account_number' => 12345678,`
`           'routing_number' => 987654321,];`

```
//Create an instance of the class and set properties
```
③ `$account = new Account($numbers, 'Savings', 10.00);`
`?>`
```php
<?php include 'includes/header.php'; ?>
```
④ `<h2><?= $account->type ?> account</h2>`
⑤ `Account <?= $account->number['account_number'] ?><br>`
⑥ `Routing <?= $account->number['routing_number'] ?>`
```php
<?php include 'includes/footer.php'; ?>
```

结果

在本例中，创建了一个对象用于表示账户。账户和汇款路径号码都将保存在$number属性中。

① Account类与第165页示例中的Account类相同，但在本示例的__construct()方法中，形参$number的类型声明指出该值将是一个数组。

② 声明一个名为$number的变量。它保存了一个关联数组，该数组有两个键：

● account_number

● routing_number

③ 使用Account类创建一个对象。创建对象时传入的第一个实参是在步骤②中创建的$numbers。这里将数组赋值给对象的$number属性。

④ 在页面中展示账户的类型。

⑤ 展示账号。

⑥ 展示汇款路径号码

试一试： 在步骤②中修改账号和汇款路径号码。

在对象的属性中保存对象

对象的属性可以保存另一个对象。我们可以访问或更新这两个对象的属性并调用它们的方法。

从上一页可以看到，对象的属性可以保存数组。类似地，还可以在对象的属性中保存另一个对象。

下面，分配给number属性的值是AccountNumber 类创建的新对象(见下一页)。

AccountNumber类是用于创建账号对象的模板。它有两个属性：

- $accountNumber 用于保存账号。
- $routingNumber 用于保存汇款路径号码 (在一些国家被称为排序代码或BSB)。

从$account对象的$number属性所保存的对象中访问属性或方法，使用如下的语法：

- 保存Account对象的变量的名称
- 对象操作符
- 保存账号的属性名称
- 对象操作符(访问属性中保存的对象)
- 属性或方法名称

下面，$account变量保存了代表银行账户的对象。

它的 $number 属性保存了使用AccountNumber类创建的第二个对象。

这里用echo命令来展示属性$accountNumber和$routingNumber。

将对象作为另一个对象的属性使用

```php
<?php
declare(strict_types = 1);
class Account {...}
// As p165, but the data type of the number property
// is the class name AccountNumber

class AccountNumber
{
    public int $accountNumber;
    public int $routingNumber;

    public function __construct(int $accountNumber,
                                int $routingNumber)
    {
        $this->accountNumber = $accountNumber;
        $this->routingNumber = $routingNumber;
    }
}

$numbers = new AccountNumber(12345678, 987654321);
$account = new Account($numbers, 'Savings', 10.00);
?>
<?php include 'includes/header.php';?>
<h2><?= $account->type ?> Account</h2>
Account <?= $account->number->accountNumber ?><br>
Routing <?= $account->number->routingNumber ?>
<?php include 'includes/footer.php'; ?>
```

① class Account {...}

② class AccountNumber

③ public function __construct

④ $numbers = new AccountNumber

⑤ $account = new Account

⑥ <h2><?= $account->type ?> Account</h2>

⑦ Account <?= $account->number->accountNumber ?>

⑧ Routing <?= $account->number->routingNumber ?>

结果

SAVINGS ACCOUNT

Account 12345678
Routing 987654321

① Account类与第165页上的示例大致相同，除了__construct()方法之外，形参$number的类型显示值应该是使用AccountNumber类创建的对象。

② 为AccountNumber类添加一个类定义。它有两个public 属性：
- $accountNumber
- $routingNumber

③ 在使用该类创建对象时，构造函数将自动运行，为这些属性赋值。

④ 使用AccountNumber类创建一个对象，并保存在一个名为 $numbers的变量中。

⑤ 使用Account类创建一个对象来表示账户。传入的第一个参数是一个变量，该变量保存表示账号的对象。

⑥ 在页面头部写入账号类型。

⑦ 展示账号。

⑧ 展示汇款路径号码。

使用对象
所带来的好处

使用对象有助于组织代码，避免在不同的页面中重复相同的代码，
使代码更容易维护，也更容易共享。

更好的组织性

如果一个PHP页面有数百行代码，其中多行代码紧密相连，这就导致很难弄清楚每一行代码的作用。

将用于表示一个概念(如客户或其账户)的变量和函数分组在一个类中有助于将所有相关代码保存在一个地方。

当使用类创建对象时，程序员可以查看类定义来了解:

- 属性中哪些数据是可用的
- 方法可以执行哪些任务

正如在下一页所示的本章最后一个例子演示的那样，类定义通常保存在单独的文件(称为类文件)中。这使得查找类的代码变得很容易。

更好的复用性

一个网站中可能有某些页面需要表示相同的东西，例如，某些页面可能代表一个网站的客户。

与其每个页面重复变量声明(以保存代表客户的数据)和函数定义(以表示它们可执行的任务)，不如使用类定义作为模板来创建表示它们的对象。

任何需要表示客户的页面都可以在页面中包含类文件，并使用类定义作为模板创建对象。

程序员有时会引用名为"不要重复"(Don't Repeat Yourself)原则。根据这一原则，如果发现自己在重复写入相同代码，则应该检查是否可以使用对象的函数或方法来执行该任务。

程序员还引用单一责任原则(single responsibility principle)，这表明每个函数或方法都应该执行单一任务(而不是执行多个任务)。这有助于最大限度地复用代码，并使代码更容易理解。

更好的维护性

仔细组织代码，并最大限度地复用代码，有助于使代码更容易维护。例如：

- 如果需要保存关于网站客户的一些额外信息，可以向表示客户的类定义中添加一个额外属性，该信息将出现在表示客户的每个实例对象上。
- 如果需要修改一段程序执行特定任务的方式 (例如计算利息的方式)，只需要更新类中的代码，之后就会更新使用该类创建的每个对象。

更好的代码分享性

你只需要了解类的名称、属性和方法，并不需要了解类是如何完成所有任务的。在这个流程中，只需要知道：

- 如何使用该类创建对象。
- 可以从该类的属性中得到的数据。
- 使用该类的方法可以执行的任务。

这有助于团队中的程序员相互协助工作，因为不同的程序员可以负责不同的类定义，从而更好地专注于自己负责的工作。

在本书的第II部分中，你将看到PHP解释器有许多可用于创建网页的内置函数和类，可以用于创建网页。我们不需要知道它们完成任务的细节，只需要知道如何使用它们即可。

示例

这个示例将显示具有多个银行账户的客户的用户信息和银行余额。

这里使用了两个类定义:

- Customer类创建的对象表示银行客户。
- Account类创建的对象表示每个客户拥有的不同账户。

这些类将分别放在Customer.php和Account.php文件中,而这些文件则放在一个名为classes的文件夹中。任何使用这两个类创建对象的页面都将引入文件中的类定义,就像之前介绍的在页面中引入页眉和页脚,并展示在每个页面中一样。

在这个示例中:

- 使用Customer类创建实例对象。
- 在Customer类中添加名为$accounts的属性。
- $accounts属性保存了一个数组。
- 该数组将保存两个Account对象,它们分别表示客户拥有的两种类型的账户(使用Account类创建)。

这里展示了如何创建对象的层次结构,其中一个对象包含另一个对象。

该页面显示客户的名称,并使用foreach循环遍历客户拥有的每个账户。在循环中,将显示每个账户的账号、类型和余额。

使用条件语句检查用户是否透支。如果余额透支,显示为橙色;否则为白色。

示例

section_a/c04/classes/Account.php　　　`PHP`

```php
<?php
class Account {...} // See p165
```
①

section_a/c04/classes/Customer.php　　　`PHP`

```php
<?php
class Customer
{
    public  string $forename;
    public  string $surname;
    public  string $email;
    private string $password;
    public  array  $accounts;

    function __construct(string $forename, string $surname, string $email,
                         string $password, array $accounts)
    {
        $this->forename = $forename;
        $this->surname  = $surname;
        $this->email    = $email;
        $this->password = $password;
        $this->accounts = $accounts;
    }
    function getFullName()
    {
        return $this->forename . ' ' . $this->surname;
    }
}
```
② public array $accounts;
③ function __construct(...
④ $this->accounts = $accounts;
⑤ function getFullName()...

在名为classes的文件夹中存有 Account.php 和 Customer.php两个文件，它们分别包含Account 和 Customer这两个类的定义。这些类可以在需要使用PHP include 语句创建该类型对象的任何页面中引入（见步骤5）。

① Account类是在第162~167页中创建的。

② Customer 类则是在第157页创建的。accounts 属性保存一个对象数组，数组中的每个对象表示客户的一个账户。

③+④ 在构造函数方法中添加 $accounts属性。

⑤ 创建一个返回客户全名的新方法。

⑥ 引入Account和Customer的类定义，用于在页面中创建那些需要展示的账户对象。

⑦ 创建一个索引数组并将其保存在一个名为$accounts的变量中。它包含两个使用Account类创建的对象，每个对象表示客户的一个银行账户。

```php
     <?php
⑥ ┌ include 'classes/Account.php';
   └ include 'classes/Customer.php';

⑦ ┌ $accounts = [new Account(20489446, 'Checking', -20),
   └             new Account(20148896, 'Savings', 380),];

⑧   $customer = new Customer('Ivy', 'Stone', 'ivy@eg.link', 'Jup!t3r2684', $accounts);
     ?>
     <?php include 'includes/header.php'; ?>
⑨   <h2>Name: <b><?= $customer->getFullName() ?></b></h2>

     <table>
       <tr>
         <th>Account Number</th>
         <th>Account Type</th>
         <th>Balance</th>
       </tr>
⑩       <?php foreach ($customer->accounts as $account) { ?>
         <tr>
⑪ ┌       <td><?= $account->number ?></td>
   └       <td><?= $account->type ?></td>
⑫         <?php if ($account->getBalance() >= 0) { ?>
⑬           <td class="credit">
   ┌       <?php } else { ?>
⑭ │           <td class="overdrawn">
   └       <?php } ?>
⑮         $ <?= $account->getBalance() ?></td>
         </tr>
       <?php } ?>

     </table>
     <?php include 'includes/footer.php'; ?>
```

⑧ 创建Customer类的一个实例对象来表示客户，并将其保存在名为$customer的变量中。最后一个实参是在步骤⑦中创建的账户数组。

⑨ $customer对象的新方法getFullName()将返回客户的全名。返回的姓名将展示在页面的标题中。

⑩ foreach循环遍历保存在对象的$accounts属性中的数组。在循环中，每个账户都保存在一个名为$account的变量中。

⑪ 在页面中写入账号和账户类型。

⑫ if语句检查账户的balance值是否大于等于0。

⑬ 若balance值大于等于0，创建一个带有class="credit"属性的<td>元素。

⑭ 否则，创建一个带有class="overdrawn"属性的<td>元素。

⑮ 展示账户的balance值。

试一试: 在步骤⑦中，向数组中添加第三个账户。

小结

类和对象

❯ 对象将代表我们周围事物的变量和函数组织在一起。

❯ 在对象中，变量称为属性，函数称为方法。

❯ 类用作创建对象的模板。

❯ 类定义设置了属性和方法，而使用该类创建的每个对象将具有这些属性和方法。

❯ __construct()方法在创建对象时自动运行。它可用于给对象的属性赋值。

❯ $this用于访问当前对象的属性或方法。

❯ 属性可以声明为public(它们可以由对象外部的代码访问)或protected(只能由对象内部的代码使用)。

❯ 类和对象有助于更有效地组织、复用、维护和共享代码。

第II部分

动态网页

本部分将展示如何使用PHP创建动态网页。在动态网页中，用户看到的内容可以自动更改，而无需程序员手动更改文件。

第I部分介绍了PHP语言的语法，其中展示了：

- 使用变量和数组保存数据。
- 使用操作符从多条信息中创建单个值。
- 使用条件和循环决定代码何时运行。
- 使用函数和类将相关语句组合在一起。

而在本部分，你将学习如何应用这些基本概念来创建动态网页。从本质上讲，计算机用于执行以下流程：

- 接收输入的数据。
- 处理数据并执行任务。
- 输出内容以便用户可以看到或听到。
- 还可选择保存数据供后续使用。

在本部分你将要学习编写PHP页面，这类似于编写基本程序；程序可以接收并处理来自浏览器的输入数据，然后将数据输出为HTML页面，页面的内容则是为每个访问者量身定制的。你将学习以下内容：

- 使用PHP中的部分函数和类。
- 收集和处理从浏览器接收的数据。
- 处理用户上传的图片和其他文件。
- 使用cookie和会话保存有关网站访问者的数据。
- 处理错误并排除代码故障。

为了阅读本部分，你需要理解PHP解释器如何处理和响应请求。

为了处理页面请求，服务器需要遵循协议和编码方案中设定的规则。

HTTP请求和响应

超文本传输协议 (HyperText Transfer Protocol，HTTP)是一组控制浏览器和服务器通信方式的规则。这就是网站url以http://或https://开头的原因。

HTTP 指定了：

- 浏览器请求文件时，需要向服务器发送的数据。
- 服务器在响应请求时，向浏览器发送的数据。

编码方案

计算机使用二进制数据表示文本、图片和音频。其中的二进制数据是由一系列0和1组成的。

编码方案指的是计算机所遵循的一套编码规则。根据该规则，计算机能够将用户看到和听到的事物转换成一系列的0和1。如果你不知道如何告诉PHP使用哪种编码方案，那么它可能无法正确地处理或显示数据。

PHP解释器中附带了几个工具，可以帮助构建动态网页。

数组、函数、类

PHP解释器提供了以下数组、函数和类。

- 超全局数组：在每次请求文件时创建的数组。
- 内置函数：用于执行程序员经常需要完成的任务。
- 内置类：程序员经常需要处理某些事物，内置类所创建的对象代表了这些事物。

错误消息

PHP解释器在执行过程中遇到问题时，将创建错误消息；学习如何阅读这些消息将有助于修复代码中的问题。

设置

就像许多软件一样，你可以通过配置对PHP解释器和Web服务器进行控制。本部分将介绍如何使用文本文件来更改这两个软件的设置。

HTTP请求和响应

超文本传输协议(HTTP)是一组规则，这些规则指定了浏览器应该如何请求页面以及服务器应该如何格式化响应数据。通过超文本传输协议，有助于理解每个步骤都发送了哪些数据。

当Web浏览器请求PHP页面时，浏览器的地址栏中显示的URL指定了浏览器如何找到对应页面。每个URL都包含以下部分：

- 协议(对于网页来说是HTTP或HTTPS)。
- 主机名(接收请求的服务器域名)。
- 路径——用于识别所请求的文件。
- 可选查询字符串——包含页面可能需要的额外数据。

当把查询字符串添加到URL的末尾时，每次发送的数据就像一个变量；它具有如下两个字段。

- **字段名**(描述所发送的数据)。每次使用URL时字段名都是相同的。
- **字段值**(所发送的数据)。在每次发送请求时，字段值可能发生变化。

当浏览器请求一个网页时，也会向服务器发送HTTP请求头。这些请求头不会显示在主浏览器的窗口中。如果要查看这些信息，可以在大多数浏览器附带的开发者工具中查看(见下面的屏幕截图)。

请求头中包含可能对服务器有用的数据，它们类似于变量；也拥有：

- **字段名**(描述所发送的数据)。每次使用URL时字段名都是相同的。
- **字段值**(所发送的数据)。

下面截图中所示的请求头中包含了：

- 访问者使用的语言(美式英语)。在多语言网站上，这可以用来为访问者选择正确的语言。
- 发出请求的源页面URL。
- 浏览器信息。当前使用的浏览器是Mac上的Chrome，运行的是OSX操作系统。这可以用来确定需要给访问者发送网站的桌面版页面还是移动版页面。

当Web服务器接收到对于PHP页面的请求时，它通过以下方式响应该请求：

- 查找URL中所请求的对应文件。
- 通过PHP解释器来处理文件中包含的代码。
- 将HTML页面发送回请求该页面的浏览器。

当服务器将HTML页面发送回浏览器时，还向浏览器发送HTTP响应头，响应头信息中包含浏览器可能需要知道的返回文件的相关数据。与请求头一样，响应头中也包含字段名和对应的值(类似于变量)，这些信息可以在浏览器的开发者工具中查看。在如下的截图中，服务器正在发送HTTP响应头，用于告诉浏览器：

- 返回文件的媒体类型和使用的编码方案(用于确保文件能够正确展示)。
- 发送文件的日期和时间。
- 用于发送文件的Web服务器类型。

响应头可以通过以下方式更新：

- PHP解释器的设置(参见第196~199页)。
- 名为header()的内置函数(参见第226~227页)。

当浏览器接收到HTML文件时，该HTML文件的显示方式与其他任何HTML页面的显示方式相同。

同样，服务器也会发回两份数据，以表明请求是否成功：

- 三位数的状态码，供浏览器识别。
- 一条原因短语，供用户理解。

对于成功的请求，服务器返回的状态码为200，原因短语为OK。如果服务器无法找到文件，则状态码为404，原因短语为Not found。在浏览网页时，你可能已经看到过如下的页面，这表明没有找到对应的页面。

Not Found

The requested URL /code/section_b/c5/test.php was not found on this server.

下表列出一些最常见的状态码和原因短语。当搜索引擎发现指向已删除或已移动到新URL的页面链接时，像301(moved permanently)和404(not found)这样的状态码能够帮助搜索引擎检索目标网站。

状态码	原因短语
200	OK
301	Moved Permanently
307	Temporary Redirect
403	Forbidden
404	Not Found
500	Internal Server Error

编码和类型 → Content-Type: text/html; charset=UTF-8
发送日期 → Date: Fri, 15 Jan 2021 15:47:46 GMT
服务器信息 → Server: Apache/2.4.46 (Unix) OpenSSL/1.0.2u PHP/8.0.0

使用HTTP GET和POST 发送数据

HTTP指定了浏览器向服务器发送数据的两种方式：HTTP　GET将数据放在URL末尾的查询字符串中；HTTP　POST将数据添加到HTTP请求头中。

当通过HTTP GET向网页发送数据时，浏览器将数据放在查询字符串中，并将其添加到页面URL的末尾。使用问号将页面的URL与查询字符串分开。

查询字符串中可以包含多个字段名/值对。其中使用等号将每个字段名与其值分隔开。若要发送多个字段名/值对，应使用&进行分隔。

当通过HTTP POST发送数据时，浏览器会向HTTP请求头中添加额外的字段名/值对。在单个请求中，浏览器可以向服务器发送多个字段名/值对。

请求头的信息不会在浏览器主窗口中显示，但是你可以在大多数浏览器附带的开发者工具中看到这些信息。如下，可以看到请求头中的字段名及对应的值。

通过链接和表单
发送数据

在请求页面的同时，HTML使用链接和表单向服务器发送额外的数据。

链接可以使用查询字符串向服务器发送额外的数据。通常情况下，查询字符串中的数据会告诉服务器获取特定信息，并在它返回的页面中显示该数据。

表单中的控件允许用户输入文本或数字、选择选项列表中的某个选项或选中某个复选框。表单数据可以添加到查询字符串中，也可以在HTTP报头中发送。

OUR HOTELS

Paris, France

Oslo, Norway

Stockholm, Sweden

http://eg.link/hotel.php?location=Oslo

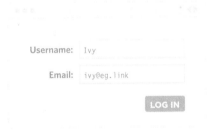

Username: Ivy

Email: ivy@eg.link

LOG IN

通常而言，当浏览器希望从服务器获取信息时，应使用HTTP GET，并且所获取的信息对于每个访问者都是相同的。例如，当用户执行下列操作时可使用HTTP GET：

- 单击链接时，页面将展示指定信息。
- 在表单中输入搜索词。

某些时候，程序员将这种类型的请求称为安全交互，因为用户不需要对他们执行的任务负责(例如，他们没有同意任何条款或条件，也没有购买产品)。

通常而言，当用户向服务器发送(或发布)信息时，应使用HTTP POST；所发送的信息要么用于识别发送者的身份，要么用于更新服务器上保存的用户数据。例如，当用户执行下列操作时，可使用HTTP POST：

- 登录个人账户
- 购买产品
- 订阅服务
- 同意条款或条件

这些情况下，用户可以对他们的交互行为负责，因为用户必须事先填写表单，然后提交信息。

保护在浏览器与服务器之间传输的数据

当敏感数据在浏览器和服务器之间传输时，应该对其进行加密。
加密数据，能够让数据无法直接读取。
解密数据，能够将数据转换为可读取的模式。

当通过互联网发送数据时，数据可以在不同的网络上传播，并经过多个路由器或服务器才能到达目的地。在此过程中，这些经过的路由器或服务器即便未得到授权，也可以访问并读取数据。

对于任何收集会员信息或在页面中展示会员个人数据的网站而言，都有责任确保数据在浏览器和服务器之间安全传输。

为了在浏览器和服务器之间安全地发送数据，网站使用超文本传输安全协议(HyperText Transfer Protocol Secure，HTTPS)。HTTPS在HTTP的基础上添加了额外规则，以控制数据在浏览器和服务器之间安全地发送。

为了在互联网上安全地发送数据，必须对其进行加密。加密措施中包括修改数据，这样即使数据在传输过程中被拦截，拦截者也无法读取加密后的数据。

这里使用密码规则进行加密，具体措施是通过一组不同的字符来替换原始字符，从而达到加密效果。

然后，消息的接收者需要对消息进行解密，以使其再次可读。

要解密消息，收件人需要知道消息是如何加密的。

解密消息所需的数据称为密钥，因为它能够将加密后的消息"解锁"。

① 当用户提交表单时，浏览器对数据进行加密。

② 在传输过程中，加密后的数据无法读取。

③ 服务器使用密钥解密数据。

Username: Ivy
Email: ivy@eg.link
LOG IN

NKFAyGCNYKdbNCDTA+XIwR698oP
pAdN1ghyUmRPtkE8y2evzf8LEMe
rOQ89N6XJN2AFt9l9bAr+qk/qSv
C6b/dRAbb6NqIYXqc6sOIZta/VZl
UwJTUJHOIo6Qj68+paMgZX/6wXXO
f2VWLxxBM7XwU7ufVZ53VLQA+mz/
wA4jbAFevz8y2f8dbNCBW2wA

Username => Ivy
Email => ivy@eg.link

要将在浏览器和服务器之间使用HTTPS发送的数据加密或解密，必须在Web服务器上安装证书(certificate)。通过证书，浏览器能够知道如何将发送给服务器的信息进行加密。

要获得Web服务器上的证书，需要遵循以下三个步骤：

① 创建证书签名请求 (certificate signing request，CSR)。这些是由网站所在的Web服务器生成的。它们看起来像一系列随机生成的字符。

② 向证书颁发机构(certificate authority，CA)购买证书。这些机构要求发送证书签名请求，以及有关网站及其所有者的信息。证书颁发机构将按年收取证书费用。以下网页列出常见的证书颁发机构：

http://notes.re/certificate-authorities/

③ 在运行网站的服务器上安装证书(文本文件)。

注意：证书并不总是在发送证书签名请求后就能立即获得，因此需要在站点上线之前提前申请并获得证书。

当使用MAMP或XAMPP在本地开发站点时，可以将Web服务器配置为使用HTTPS运行，从而无须购买证书。关于这一点的说明请单击链接http://notes.re/local-certificates/。要获得CSR并在托管公司的服务器上安装证书，请事先查阅支持文件。

在Web服务器上安装证书后，如果浏览器使用https://(而非http://)来请求网站的URL，那么：

● 浏览器将对请求数据以及HTTP请求头进行加密。

● 服务器将加密它返回的页面和HTTP响应头。

如果使用的是https://，浏览器通常会在地址栏中显示一个锁形图标。

历史上，HTTPS使用两种不同的协议(规则集合)对使用HTTP发送的请求和响应数据加密：

● Secure Sockets Layer (SSL)

● Transport Layer Security (TLS)

你或许常听到人们混用术语SSL和TLS，但从技术角度看，它们是不同的。

可将TLS看作SSL的最新版本。因此，建议在网站上使用TLS协议。

编码方案

计算机使用二进制数据(binary data)表示文本、图片和音频，二进制数据由一系列0和1组成。编码方案将你看到或听到的东西转换成计算机能够处理的一系列0和1。

理解编码方案的作用很重要，因为如果计算机使用了错误的编码方案，那么将二进制数据转换为文本、图片和音频文件后，数据将无法正确显示/播放。

计算机处理和保存的所有数据都用比特(binary digit，bit)表示。0或1即为1比特。所以，计算机中的所有东西(输入的字母，看到的图片，听到的音频)都是用0和1来表示的。在下图中可以看到单词HELLO中每个字母的等价二进制表示：

H	E	L	L	O
01001000	01000101	00101100	00101100	01001111

如图所示，即使是简单的数据也需要大量的比特表示。此外，8比特又称为1字节(byte)。

编码方案是计算机用来在文本、图片、音频与计算机处理和保存的二进制数据(0和1的组合)之间转换的一套规则。

- 当输入文本、上传图片或录制音频时，编码方案会将这些内容转换为0和1。
- 当计算机显示文本和图片或播放音频文件时，其实质上是使用编码方案将0和1转换成能看到或听到的东西。

图片编码方案指定了如何使用比特表示图片。计算机图片由称为像素的正方形组成。如下，可以看到一个基本的黑白心形图标是如何用0和1表示的。其中的每个白色正方形都用0表示，每个黑色正方形都用1表示。

0	1	1	1	0	1	1	1	0
1	0	0	0	1	0	0	0	1
1	0	0	0	0	0	0	0	1
1	0	0	0	0	0	0	0	1
0	1	0	0	0	0	0	1	0
0	0	1	0	0	0	1	0	0
0	0	0	1	0	1	0	0	0
0	0	0	0	1	0	0	0	0

如果要还原彩色图片，那么计算机必须知道每个像素是什么颜色，这需要更多数据来保存颜色值。不同的图片格式(如GIF、JPEG、PNG和WebP)使用的编码方案不同，而在编码方案中指定了如何使用0和1表示每个像素的颜色。

要实现对图片的操作，计算机可改变每个像素所对应的保存数据。例如，可以使用滤镜使图片的每个像素变暗或变亮，或者通过从边缘删除像素来裁剪图片。

字符编码方案指定了如何使用位表示文本，有些字符编码方案比其他方案支持更多的字符。而编码方案支持的字符越多，它就越需要更多字节的数据来处理这些字符。

当创建网站时，如果要支持多国的用户，那么网站使用的字符编码方案就需要包含目标受众所使用语言的字符。

ASCII

ASCII是一种早期的字符编码方案，使用7位数据表示每个字符。

ASCII的一个缺点是0和1只有128种可能的组合，使用7个二进制数字，所以没有足够的组合来支持每种语言中使用的所有字符。事实上，ASCII码只支持95个文本字符。

ISO 8859-1

ISO 8859-1使用8比特(1字节)数据来表示每个字符。额外的数据位意味着有足够多的0和1的组合来表示与ASCII相同的字符以及西欧语言中使用的重音字符。但不支持使用不同字符集的语言，如汉语、日语或俄语。

UTF-8

UTF-8能够表示每种语言中的所有字符，因此是创建网站时的最佳字符编码方案。

为了支持这些语言，UTF-8最多需要4字节的数据来表示单个字符(4组8个0和1的组合)。如果某个字符使用一个以上的字节来表示，则称其为多字节字符。例如，下面可以看到三种不同货币符号的二进制等价表示：

符号	二级制	字节
$	00100100	1
£	11000010 10100011	2
€	11100010 10000010 10101100	3

理解字符编码方案的工作原理是很重要的，这是因为：

- 在若干个场景中需要指定所使用的编码方案。
- 编码方案会影响工作中所使用的字符。
- 编码方案决定了可以使用哪些内置函数。

内置函数

一些PHP解释器的内置函数需要传入一个参数，用于指定当前使用的字符编码方案。此外，有些内置函数需要在特定的字符编码方案下才能执行。例如，PHP有一个计算字符串中字符数的函数。当默认字符编码方案为ISO 8859-1时，PHP中将添加此函数，并且该函数通过计算字符串所使用的字节数来工作(因为每个字符需要使用1字节的数据)。当PHP遇到的编码方案是UTF-8时，该函数给出的结果可能不准确，因为在UTF-8中，每个字符可以使用多字节。因此，在PHP中添加了一个新的内置函数来对多字节字符计数。

PHP设置

当PHP解释器创建要发送回浏览器的页面时，它会告诉浏览器所使用的字符编码方案，以便浏览器能够正确地显示数据。可以通过调整PHP解释器的设置，来指定用于创建返回的HTML页面的编码方案。如果编码方案设置不正确，浏览器可能会将它无法理解的字符显示◆符号(或者可能根本不显示)。

代码编辑器

因为PHP文件本身是文本文件，所以通常可以使用代码编辑器指定用于保存PHP文件的字符编码方案。下面的链接展示了如何在一些流行的代码编辑器中设置字符编码方案：http://notes.re/editors/set-encoding。

如果看到选项UTF-8 without BOM，那么应该选择该选项。

在第III部分中你将看到，数据库在工作中需要知道网站所使用的编码方案。

PHP解释器的内置工具包

在本节中，你将了解PHP解释器中内置的工具，以帮助你创建动态Web页面。

PHP解释器是运行在Web服务器上的软件。

当你在台式机或笔记本电脑上打开软件(如文字处理或图形编辑软件)时，软件具有图形用户界面 (GUI)。图形用户界面中的工具栏和菜单选项用于执行软件设计要完成的任务，并将结果显示在屏幕上。

相反的是，PHP解释器并没有图形用户界面，其拥有的是一组内置数组、函数和类，PHP文件中的PHP代码可以使用它们来处理数据和创建HTML页面，然后将页面发送回浏览器。

PHP解释器还使用文本文件来控制选项和偏好设置，并记录可能发生的任何错误。

超全局数组
第190~191页

每当浏览器请求一个PHP页面时，PHP解释器都会创建超全局数组，其中包含供该页的PHP代码访问和使用的数据。

- 如何访问该数组
- 每个数组中的键
- 数组中每个键所保存的值

一旦PHP解释器创建了HTML页面并将其发送回浏览器，就会舍弃这些数组中的数据，因为这些数据只是临时应用于页面的单个请求。

当文件下次运行时，它仍能访问超全局数组，但其中所包含的数据与当前的请求紧密关联。

超全局数组都是关联数组。

内置函数
第192~193页以及第5章

内置函数可以视作具有图形用户界面的软件的菜单命令。例如，某个用于搜索字符串中的特定字符并将其替换为其他字符的函数，该函数的作用就像是文字处理软件中的搜索和替换功能。与图形用户界面中的菜单命令不同的是，内置函数是在PHP代码中进行调用的。

在第3章中，已经介绍了如何创建函数定义并调用函数。可以使用同样的方式调用内置函数，而不必引入该函数定义，这是因为函数定义内置于PHP解释器中。

要使用内置函数，需要知道：

- 函数名
- 函数所需的参数
- 函数返回的值(或它在页面上显示的内容)

内置类

第318~327页

内置类可用于创建对象，而这些对象表示了程序员经常需要处理的事物。例如，DateTime 类用于创建表示日期和时间的对象。该类所具有的属性和方法，可用于处理类所创建的对象。

第4章已经介绍了如何编写类定义并使用它们创建对象。在使用内置类创建对象时，不需要在页面中引入类定义，因为它内置于PHP解释器中。

要使用内置类，需要知道如何使用该类创建对象，以及：

- 它拥有的属性
- 它拥有的方法
- 每个方法具有的形参
- 每个方法返回的值

错误信息

第194~195页和第10章

如果PHP解释器在试图运行的代码中遇到错误，它将生成一条错误消息。

在开发站点时，错误消息应该显示在PHP解释器发送回浏览器的页面中。这能让开发人员在尝试运行页面时立即看到所发生的任何错误。

当网站在线上运行时，错误不应对访问者显示。因为开发人员无法实时看到页面中发生的错误(开发者无法直接看到用户所遇到的错误)；当发生错误时，错误消息将保存在服务器上称为日志文件的文本文件中。然后，开发人员通过查看日志文件来了解是否遇到了开发时遗漏的错误。

设置

第196~199页

通常情况下，桌面软件具有可选菜单，用户使用这些菜单中的选项能够控制软件的运行方式。例如，通过调整字处理软件的设置，用户可以选择纸张大小或文档的默认语言。

因为PHP解释器和Web服务器没有用户图形界面，所以它们使用文本文件来控制一系列设置。例如，通过一些设置，可以控制PHP解释器应该将错误消息显示在屏幕上，还是将它们保存到日志文件中，以及错误日志文件应该保存在服务器上的哪个位置。

要编辑这些文本文件，可使用与创建PHP页面相同的代码编辑器。

超全局数组

每次请求页面时，PHP解释器都会创建一些超全局数组，$_SERVER就是这样的一个示例。

每个超全局数组都保存着可供当前页面中的PHP代码使用的数据。

所有的超全局数组都是关联数组。你需要知道数组的名称、每个数组拥有的键以及它们所包含的数据。

下面，可以看到$_SERVER超全局数组中保存了：

- 浏览器(在HTTP请求头中发送)
- HTTP请求类型(GET 或 POST)
- 所请求的URL
- 服务器上文件的位置

要访问超全局数组所保存的数据，其方式与访问任何关联数组相同。要将用户浏览器的IP地址保存在名为$IP的变量中，可以使用如下方法：

超全局数组

$ip = $_SERVER['REMOTE_ADDR'];

键

键	用途
$_SERVER['REMOTE_ADDR']	浏览器的IP地址
$_SERVER['HTTP_USER_AGENT']	用来请求页面的浏览器的类型
$_SERVER['HTTP_REFERER']	如果访问者通过某条链接来到这个页面，浏览器将在报头中发送该条链接的URL。但是，并非所有浏览器都会发送此数据
$_SERVER['REQUEST_METHOD']	HTTP请求类型：GET或POST
$_SERVER['HTTPS']	当页面使用HTTPS访问时，该值会添加到数组中，且值为true
$_SERVER['HTTP_HOST']	主机名(可以是域名、IP地址或本地主机)
$_SERVER['REQUEST_URI']	用于请求此页面的URI(在主机名之后)
$_SERVER['QUERY_STRING']	查询字符串中的所有数据
$_SERVER['SCRIPT_NAME']	从文档根目录文件夹到当前执行文件的路径
$_SERVER['SCRIPT_FILENAME']	从文件系统根目录到当前正在执行文件的路径
$_SERVER['DOCUMENT_ROOT']	从文档系统根目录到当前执行文件的文档根目录的路径

以下链接中描述了文档根目录和文件系统根目录之间的区别：http://notes.re/php/filepaths。

$_SERVER超全局数组中的数据

$_SERVER超全局数组的每个元素都保存了关于请求或请求文件的不同信息。

如下所示，通过不同的键，可以访问$_SERVER数组中的不同值。

PHP

section_b/intro/server-superglobal.php

```
<table>
  <tr><th colspan="2" class="title">Data About Browser Sent in HTTP Headers  </th></tr>
  <tr><th>Browser's IP address        </th><td><?= $_SERVER['REMOTE_ADDR'] ?>     </td></tr>
  <tr><th>Type of browser             </th><td><?= $_SERVER['HTTP_USER_AGENT'] ?></td></tr>
  <tr><th colspan="2" class="title">HTTP Request                             </th></tr>
  <tr><th>Host name                   </th><td><?= $_SERVER['HTTP_HOST'] ?>       </td></tr>
  <tr><th>URI after host name         </th><td><?= $_SERVER['REQUEST_URI'] ?>     </td></tr>
  <tr><th>Query string                </th><td><?= $_SERVER['QUERY_STRING'] ?>    </td></tr>
  <tr><th>HTTP request method         </th><td><?= $_SERVER['REQUEST_METHOD'] ?> </td></tr>
  <tr><th colspan="2" class="title">Location of the File Being Executed       </th></tr>
  <tr><th>Document root               </th><td><?= $_SERVER['DOCUMENT_ROOT'] ?>   </td></tr>
  <tr><th>Path from document root     </th><td><?= $_SERVER['SCRIPT_NAME'] ?>     </td></tr>
  <tr><th>Absolute path               </th><td><?= $_SERVER['SCRIPT_FILENAME'] ?></td></tr>
</table>
```

结果

DATA ABOUT BROWSER SENT IN HTTP HEADERS	
BROWSER'S IP ADDRESS	::1
TYPE OF BROWSER	Mozilla/5.0 (Macintosh; Intel Mac OS X 10_15_7) AppleWebKit/605.1.15 (KHTML, like Gecko) Version/14.0.2 Safari/605.1.15
HTTP REQUEST	
HOST NAME	localhost:8888
URI AFTER HOST NAME	/phpbook/section_b/intro/server-superglobal.php
QUERY STRING	
HTTP REQUEST METHOD	GET
LOCATION OF THE FILE BEING EXECUTED	
DOCUMENT ROOT	/Users/Jon/Sites/localhost
PATH FROM DOCUMENT ROOT	/phpbook/section_b/intro/server-superglobal.php
ABSOLUTE PATH	/Users/Jon/Sites/localhost/phpbook/section_b/intro/server-superglobal.php

使用内置函数显示变量数据

var_dump()函数是PHP内置函数的一个示例。在开发网站时可使用它来检查变量保存的值以及该值是什么数据类型。

要使用(或调用)内置函数，只需要知道它的名称、参数以及它将返回的值或在页面中显示的值。

var_dump()拥有一个形参：要查看的变量。该函数不返回任何值，而是在创建的HTML页面中显示保存在变量中的值。

```
var_dump($variable);
```

如果变量中保存的是数组，将显示单词array和数组中元素的数量。

如果变量保存的是标量值(字符串、数字或整数)，则显示数据类型和值。

如果值为字符串，则在数据类型后的括号中显示字符串中的字符数。

```
数据类型    长度    值
string(3) "Ivy"
```

然后，在一对花括号中显示每个元素的键、值的数据类型和值。

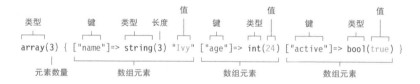

如果变量保存的是对象，它会显示单词object、类名和属性的数量。

对于每个属性，它会显示名称、值的数据类型和值(没有显示方法)。

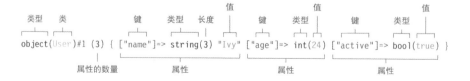

显示变量内容

section_b/intro/var-dump.php

PHP

```php
<?php
① $username    = 'Ivy';

② $user_array  = [
      'name'   => 'Ivy',
      'age'    => 24,
      'active' => true,
  ];

③ class User
  {
      public $name;
      public $age;
      public $active;
      public function __construct($name, $age,
  $active) {
          $this->name   = $name;
          $this->age    = $age;
          $this->active = $active;
      }
  }

④ $user_object = new User('Ivy', 24, true);
  ?>
  ...
⑤ <p>Scalar:  <?php var_dump($username); ?></p>
  <p>Array:   <?php var_dump($user_array); ?></p>
  <p>Object:  <?php var_dump($user_object); ?></p>
```

结果

```
Scalar: string(3) "Ivy"

Array: array(3) { ["name"]=> string(3) "Ivy" ["age"]=> int(24) ["active"]=> bool(true) }

Object: object(User)#1 (3) { ["name"]=> string(3) "Ivy" ["age"]=> int(24) ["active"]=> bool(true) }
```

在本示例中，分别创建了保存有标量值、数组和对象的不同变量，然后使用var_dump()函数来显示变量所保存的值。

① $username变量以字符串形式保存了网站的会员姓名。

② $user_array变量中保存数组。其中数组包含了会员姓名、年龄以及会员是否处于活跃状态的信息。

③ 创建名为User的类，该类可用作创建网站会员对象。它有三个属性：会员姓名、年龄以及他们是否处于活跃状态。

④ 使用User类创建对象，并将其保存在$user_object变量中。

⑤ 使用var_dump()函数显示保存在变量中的值。

注意： 如果使用HTML<pre>标签将每个PHP块包裹住，这将把要显示的数据分散到不同行中，使其更容易阅读。

```
<pre>
<?php var_dump($username) ?>
</pre>
```

错误消息

当PHP代码在运行中遇到问题时，PHP解释器会生成错误消息，以帮助你修复错误。

如果PHP解释器在运行的代码中遇到问题，它会生成一条错误消息。

可通过如下两种不同的方式查看错误消息：

- 在发送给浏览器的HTML页面中显示错误消息
- 保存到称为错误日志的文本文件中

每个错误消息包含四条数据，帮助你定位问题并最终修复：

- 错误级别(或错误的严重性；级别描述见下表)
- 错误描述
- 包含错误的文件
- 出现错误的行号

在开发站点时，错误消息应该显示在PHP解释器发送回浏览器的HTML页面中，以便开发人员可以立即看到它们。网站在线上运行时，错误消息应该保存到错误日志(服务器上的文本文件)中，且不应展示给访问者。第352~353页将介绍如何更改此设置。

本书这一部分的代码将在HTML页面中显示错误。如果你在尝试完成这一部分中的许多示例后的练习时，遇到了错误消息，请不要灰心。因为这些消息可以帮助你发现代码中存在的问题以及如何修复它们。第10章将介绍更多关于错误处理的内容。

| 错误级别 | 错误描述 | PHP文件 | 行号 |

Error: description goes here in test.php on line 21

级别	描述
PARSE	PHP代码语法中出现错误，这将完全阻止PHP解释器运行该页面
FATAL	PHP代码中的错误，该错误将阻止后续代码(在错误之后)的运行
WARNING	这可能导致问题，但解释器仍会尝试运行页面的其余代码
NOTICE	提示该位置可能有错误，但解释器试图运行页面的其余部分
DEPRECATED	可能会在未来的PHP版本中废弃的PHP代码
STRICT	以更好的方式编写PHP代码，并且该方式在未来也不过时

错误消息示例

错误消息初看很神秘，但是它们包含的信息可以帮助你发现代码中的错误。

section_b/intro/error1.php

```php
<?php
echo $name;
echo ' welcome to our site.';
?>
```

① ②

结果

Warning: Undefined variable $name in
/Users/Jon/Sites/localhost/phpbook/section_b/intro/error1.php on line **2**
welcome to our site.

`PHP` section_b/intro/error2.php

```php
<?php
echo 'Hello ';
username = 'Ivy';
?>
```

③

结果

Parse error: syntax error, unexpected token "=" in
/Users/Jon/Sites/localhost/phpbook/section_b/intro/error2.php on line **3**

① 这里试图写出一个尚未创建的变量。因此，会出现警告，指出error1.php的第2行中有一个未定义的$name变量。由于错误级别是警告(warning)，解释器将继续运行。

在 PHP 7.4 之前，此错误创建的是通知(notice)，而不是警告。

② 在页面中写出文本 welcome to our site (可以在结果框的最后一行看到)。

③ echo语句会写出单词 Hello，但下一行会创建一个解析(parse)错误，阻止PHP解释器运行页面中的其余代码。

该错误是由于$username变量的起始位置缺少了$符号。

在第10章中，将学习更多关于故障排除和错误消息的内容。

PHP解释器
的设置和选项

在台式计算机中，软件的设置和首选项通常使用户界面中的菜单进行控制。PHP解释器和Apache Web服务器的设置都是通过文本文件控制的。

Apache Web服务器和PHP解释器都具有设置，修改这些设置可以控制：使用的默认字符编码，在运行中出现问题时是否向用户显示错误消息，单个网页允许消耗多少内存。

可以使用代码编辑器来编辑用于控制这些设置的文件。

php.ini

对于PHP解释器，是通过名为php.ini的文本文件来控制默认设置的。该文件中的设置可以更改，但不能删除。并且一旦进行了更改，只有重新启动Web服务器才能使更改生效。

想要查找php.ini文件的位置，可以使用名为phpinfo()的内置函数。它使用HTML表格来显示PHP解释器的设置(见下一页)。

一些服务器托管公司不允许你访问php.ini文件，因为它通常控制着该Web服务器上所有PHP文件的运行方式(因此会影响同一服务器上的其他网站)。

这种情况下，可以使用.htaccess来控制许多相同的设置。

如果一个文件需要使用与Web服务器上的其他PHP 文件不同的设置，可使用一个内置的PHP函数ini_set()来覆盖php.ini文件中的一些设置。

httpd.conf

在名为httpd.conf的文本文件中，保存着控制Apache Web服务器的默认设置。其中的某些设置与php.ini中的设置重复；在更改该文件后，只有重新启动Apache才能使更改生效。考虑到安全性，主机并不总是允许客户访问httpd.conf，因为它通常控制整个Web服务器的设置。

.htaccess

Apache允许用户将名为.htaccess的文件添加到网站文档根目录下的任何文件夹中。.htaccess文件中的规则只适用于与.htaccess文件在同一目录下的文件及其任何子文件夹，将覆盖httpd.conf和php.ini中的设置。

对.htaccess文件的更改将在该文件保存后立即生效。但是只应该在不能使用httpd.conf或php.ini的时候，才考虑使用.htaccess，因为它比更改默认设置要更慢。

大多数服务器托管公司允许创建.htaccess文件，但他们可能会限制该文件中可以使用的设置(如上传文件的大小上限)。

操作系统将.htaccess文件视为隐藏文件，因此你可能需要告诉文件资源管理器或FTP程序来显示它们。要了解如何查看隐藏文件，请访问http://notes.re/hidden_files。

在本书的代码中使用了多个.htaccess文件，因此不同的章节可以有不同的设置。

查看PHP解释器的设置

与大多数软件一样，PHP解释器具有控制其工作方式的设置(或首选项)。通过内置的phpinfo()函数可以显示下表，在表中显示了可以配置的设置及其当前值。

section_b/intro/phpinfo.php

PHP

```php
<?php phpinfo(); ?>
```

结果

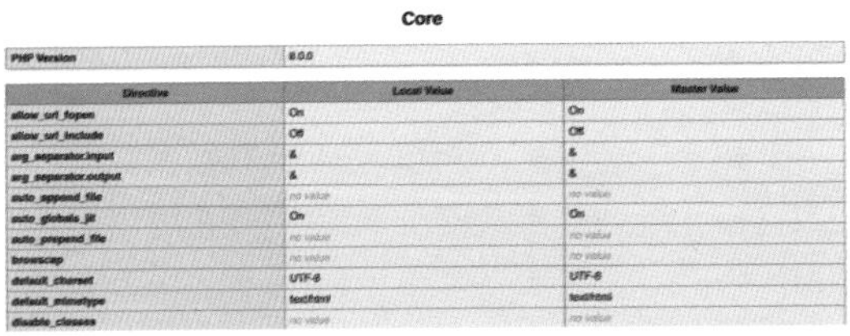

使用phpinfo()函数创建如图所示的长列表，其中显示了PHP解释器的设置及其默认值。这些设置会影响PHP解释器运行的每个 PHP文件。

上一页描述的文本文件可用于更改这些设置。

下表描述了在本部分中需要知道的一些设置。除非特别注明，否则都可在Core列表中找到这些设置。

设置	描述
default_charset	默认的字符编码 (应该设置为UTF-8)
display_errors	在HTML页面中打开/关闭错误。在开发网站时设置为 On，网站上线后设置为 Off
log_errors	是否将错误保存到日志文件中。网站上线后应设置为 On
error_log	当网站上线后，保存错误信息的日志文件的路径
error_reporting	应该记录哪些错误(E_ALL表示显示所有错误)
upload_max_filesize	浏览器可以上传到服务器的单个文件的大小上限
max_execution_time	在PHP解释器停止运行脚本之前，该脚本可以运行的最长时间(秒为单位)
date.timezone	服务器默认使用的时区

更改解释器设置：php.ini

更改php.ini文件能够调整PHP解释器的设置。需要注意，你只应编辑文件中已使用的值，切勿删除任何已有的设置项。

php.ini文件是一个很长的文件，包含了PHP解释器的所有设置。此外，它还有很多注释来解释设置项的用途。分号后面的内容都是注释。

设置是通过指令(directive)来控制的，指令与变量类似。在更改设置时，只应编辑指令的值(切勿删除任何值)。为找到要指定的设置，请打开文件并搜索该设置。

想查阅指令的完整列表，请访问：

http://php.net/manual/en/ini.list.php

每条指令都开始于新的一行，并且由以下项组成：

- 要修改的选项
- 赋值操作符
- 要赋予的值

当赋予的值为：

- 字符串——将该值放在引号中
- 数字——不需要使用引号
- 布尔值——不需要使用引号

```
date.timezone  = "Europe/Rome"
display_errors = On
```

选项　　　　　　　　　　值

php.ini (not included in code download)   PHP

```
; A selection of the values that can be changed in the php.ini file with comments
default_charset      = "UTF-8"        ; Default character set used
display_errors       = On            ; Whether or not to show errors on screen
log_errors           = On            ; Write errors to a log file
error_reporting      = E_ALL         ; Show all errors
upload_max_filesize  = 32M           ; Max size of a file that can be uploaded
post_max_size        = 32M           ; Max amount of data sent via HTTP POST
max_execution_time   = 30            ; Max execution time of each script, in seconds
memory_limit         = 128M          ; Max amount of memory a script may consume
date.timezone        = "Europe/Rome" ; Default timezone
```

更改服务器设置 :.htaccess

.htaccess文件可以添加到Apache Web服务器上的任何目录，其中的设置将覆盖该文件夹中文件的默认PHP解释器设置。

此外，.htaccess中的设置还会影响子文件夹及其所包含的文件。

.htaccess文件只需要包含你想要覆盖的php.ini设置选项。这些设置选项与php.ini中的选项具有相同的名称和值。所不同的是，.htaccess中的部分选项有如下前缀:

- php_flag 如果指令的值是布尔值(表示可以打开或关闭的设置)。
- php_value 如果有两个以上的选项 (如数字、位置或编码方案)。

注释内容以#符号开始，必须另起一行(与指令在不同的行)。

下面的.htaccess文件包含在本书的代码下载中。其中的配置将确保在多数示例中的HTML页面能够显示错误消息。

你可能看不到该文件(或者它看起来是灰色的)，这是因为操作系统将其视为隐藏文件。

要了解如何显示隐藏文件，请参阅 http://notes.re/hidden_files。

另外，.htaccess文件还能控制php.ini 不能控制的Apache Web服务器选项。

```
php_value date.timezone   "Europe/London"
php_flag  display_errors   On
```

类型　　　　　　选项　　　　　　　　值

PHP   section_b/intro/.htaccess

```
# sample .htaccess file used in code examples (options described in php.ini example)
php_value default_charset     "UTF-8"
php_flag  display_errors      On
php_flag  log_errors          Off
php_value error_reporting     -1
php_value upload_max_filesize 32M
php_value post_max_size       32M
php_value max_execution_time  30
php_value memory_limit        128M
php_value date.timezone       "Europe/London"
```

第II部分

动态网页

5

内置函数

可以通过PHP的内置函数，完成程序员在处理数据时需要完成的指定任务。第II部分首先介绍内置函数，因为本书其余各章都会用到它们。

6

从浏览器获取数据

该章将展示PHP解释器如何访问浏览器发送的数据，检查页面是否提供所需的数据，并验证数据格式是否正确。此外，将介绍如何确保访问者提供的数据可以安全地显示在页面中。

7

图片和文件

如果你允许用户向网站上传图片或其他文件，则需要知道PHP解释器是如何处理这些文件的。该章还将展示如何执行关于图片和文件的任务，如调整图片大小和创建称为缩略图的较小版本的图片。

8

日期和时间

日期和时间有多种不同的显示格式，因此你需要知道如何通过PHP获得统一格式的日期和时间。你还将学习如何执行常见任务，例如，表示时间间隔和处理重复发生的事件。

9

cookie和会话

该章将展示如何在用户的浏览器中保存称为cookie的文本文件，以保存关于该访问者的信息。此外，将展示如何使用会话在Web服务器上保存短期信息(例如，访问者在站点的单次访问)。

10

错误处理

在编写代码时，每个人都不可避免地会出错；这种情况下，PHP解释器将创建错误消息。该章将展示如何阅读这些错误消息，以及如何通过错误消息来帮助你发现和解决代码中的错误。

第5章

内置函数

本章将介绍PHP解释器中的多个内置函数。
每个内置函数可分别用于执行特定的任务。

内置函数的定义创建于PHP解释器中，这意味着在调用它们之前并不需要将它们引用到PHP页面中。它们被设计用于执行开发人员在创建动态网页时经常需要实现的任务，这就使得开发人员不需要自己编写函数来执行这些任务。

要调用一个内置函数，需要知道函数名称、需要传入的形参以及返回的数据。因此，在本章展示的几个列表中，显示了函数名和形参，然后是函数的描述以及返回值。

第一组函数根据它们适用的数据类型进行分组：字符串、数字和数组。在本章后面的内容中，还将介绍：

- 创建常量的方式(类似于变量，其值一旦设置就不能更改)。
- 当页面发起请求时，用于控制PHP解释器返回给浏览器请求的HTTP头的函数。
- 用于获取服务器上文件信息的一组函数。

本章所介绍的函数将在本书的其余章节中使用。

字符串大小写转换
以及长度校验

下列函数将文本转换为大写或小写字符，并计算字符串中字符或单词的数量。

以下函数用于处理文本(字符串数据类型)。它们接收一个字符串作为实参，对其进行更新后，返回修改后的字符串。

例如，strtolower()函数接收一个字符串并将所有文本转换为小写。然后函数返回更新后的值。

改变字符的大小写

函数	描述
strtolower(*$string*)	返回所有字符都是小写的字符串
strtoupper(*$string*)	返回所有字符都是大写的字符串
ucwords(*$string*)	返回一个字符串，其中每个单词的首字母都是大写的

计算字符和单词的数量

函数	描述
strlen(*$string*)	返回字符串中的字符数，空格和标点符号也算字符。(参见第210~211页上的mb_strlen()了解多字节字符)
str_word_count(*$string*)	返回字符串中的单词数

大小写转换和字符计数

section_b/c05/case-and-character-count.php

```php
<?php
$text = 'Home sweet home';
?>
<?php include 'includes/header.php'; ?>
<p>
  <b>Lowercase:</b>
  <?= strtolower($text) ?><br>
  <b>Uppercase:</b>
  <?= strtoupper($text) ?><br>
  <b>Uppercase first letter:</b>
  <?= ucwords($text) ?><br>
  <b>Character count:</b>
  <?= strlen($text) ?><br>
  <b>Word count:</b>
  <?= str_word_count($text) ?>
</p>
<?php include 'includes/footer.php'; ?>
```

结果

```
Lowercase: home sweet home
Uppercase: HOME SWEET HOME
Uppercase first letter Home Sweet Home
Character count: 15
Word count: 3
```

① 名为$text的变量中保存了一份字符串数据，其值为Home sweet home。该变量将在调用页面中的其他函数时用作实参。

② 调用strtolower()函数。该函数将文本转换为小写并返回。函数将返回的值使用echo命令的简写形式写入页面。

③ 调用strtoupper()函数，该函数将文本转换为大写并返回该值。

④ ucwords()函数将传入的字符串中每个单词的首字母转为大写，之后返回更新过的字符串。

⑤ strlen()函数用于计算字符串中有多少个字符，并返回该数字。

⑥ str_word_count()函数用于计算字符串中的单词数并返回该数字。

试一试： 在步骤①中，将字符串更改为读取PHP and MySQL，然后保存文件并刷新页面。

在字符串中查找字符

下列函数在字符串中查找一个或多个字符。如果找到匹配项，则返回相应字符的位置。如果没有找到匹配项，则返回false。

字符串中的每个字符都有一个位置(从0开始依次递增的整数)。第一个字符的位置是0，第二个字符的位置是1，以此类推。

```
H o m e   s w e e t   h o m e
0 1 2 3 4 5 6 7 8 9 10 11 12 13 14
```

在字符串中查找一组字符时，这些字符称为子字符串。

以下函数中的一部分区分大小写。对于这些函数，只有当字符串和子字符串具有相同的大小写字符组合时，字符组合才算是要查找的匹配项。

函数	描述
strpos($string, $substring[, $offset])	返回子字符串的第一个匹配项位置(区分大小写)。如果调用函数时传入了$offset，将从位置为$offset的字符开始查找
stripos($string, $substring[, $offset])	strpos()函数的不区分大小写的版本
strrpos($string, $substring[, $offset])	返回查找子字符串时找到的最后一个匹配位置(区分大小写)
strripos($string, $substring[, $offset])	strrpos()函数的不区分大小写的版本
strstr($string, $substring)	返回从子字符串第一次出现的位置(包括子字符串)到字符串末尾的文本(区分大小写)
stristr($string, $substring)	strstr()函数的不区分大小写的版本
substr($string, $offset[, $characters])	返回从$offset中指定的位置到字符串末尾的字符。如果传入$characters形参，则指定从$offset开始返回的字符串所包含的字符数。如果想了解更多可选形参，请参见http://notes.re/php/substr
* str_contains($string, $substring)	检查是否在字符串中找到子字符串，返回true/false
* str_starts_with($string, $substring)	检查字符串是否以子字符串开头，返回true/false
* str_ends_with($string, $substring)	检查字符串是否以子字符串结尾，返回true/false

最后三个标有星号的函数都是在PHP 8中添加的；它们都区分大小写。

注意：可选形参显示在方括号中。处理多字节字符的函数将在第210页给出。

检查字符串中的字符

section_b/c05/finding-characters.php

PHP

```php
<?php
① $text = 'Home sweet home';
?> ...
<b>First match (case-sensitive):</b>
② <?= strpos($text, 'ho') ?><br>
<b>First match (not case-sensitive):</b>
③ <?= stripos($text, 'me', 5) ?><br>
<b>Last match (case-sensitive):</b>
④ <?= strrpos($text, 'Ho') ?><br>
<b>Last match (not case-sensitive):</b>
⑤ <?= strripos($text, 'Ho') ?><br>
<b>Text after first match (case-sensitive):</b>
⑥ <?= strstr($text, 'ho') ?><br>
<b>Text after first match (not case-sensitive):</b>
⑦ <?= stristr($text, 'ho') ?><br>
<b>Text between two positions:</b>
⑧ <?= substr($text, 5, 5) ?><br>
```

结果

```
First match (case-sensitive): 11
First match (not case-sensitive): 13
Last match (case-sensitive): 0
Last match (not case-sensitive): 11
Text after first match (case-sensitive): home
Text after first match (not case-sensitive): Home sweet home
Text between two positions: sweet
```

试一试：在步骤①中，将字符串更改为Home and family。然后，在步骤⑧中，使用substr()返回单词and。

① $text变量中保存了值为 Home sweet home的字符串。

② 调用strpos()函数来查找子字符串ho第一次出现在字符串中的位置。函数执行后返回11。

③ 调用stripos()函数，从位置5开始查找子字符串me第一次出现的位置。函数执行后返回13。

④ 调用strrpos()函数来查找子字符串Ho最后一次出现的位置。因为该函数区分大小写，所以执行完毕后返回0。

⑤ 调用 strripos()函数来查找子字符串Ho最后一次出现的位置。因为该函数不区分大小写，所以执行完毕后返回11。

⑥ 用strstr()函数来获取子字符串ho第一次出现时所在的文本。函数执行后返回home。

⑦ 调用stristr()函数来获取ho第一次出现的文本。因为该函数不区分大小写，所以执行后返回Home sweet home。

⑧ 调用substr()函数，从位置5开始，返回5个字符。

删除和替换字符

下列函数可以删除指定的字符(包括空格符)、替换字符(类似于查找和替换工具)以及将字符串重复指定次数。

以下这几个名称中带 trim 的函数用于从字符串中删除字符。函数可以检查字符串的开头和/或结尾；如果存在指定字符，则删除它们。

如果没有指定要删除的字符，则 trim 函数将删除字符串开头和/或结尾的任何空白，包括空格符、制表符、回车符和换行符(软回车)。

replace 函数在字符串中查找字符。如果找到匹配项，则用新字符替换这些字符。repeat 函数用于将字符串重复指定次数。

函数	描述
ltrim($string[, $delete])	删除字符串开头的空格。 $delete 是一组字符，如果传入该实参并且在字符串的开头找到这些字符，则删除这些字符。该函数是区分大小写的
rtrim($string[, $delete])	从字符串结尾删除空格符
trim($string[, $delete])	从字符串的首尾两端删除空格符
str_replace($old, $new, $string)	用子字符串 $new 替换子字符串 $old(区分大小写)
str_ireplace($old, $new, $string)	用子字符串 $new 替换子字符串 $old(不区分大小写)
str_repeat($string, $repeats)	重复字符串指定次数

在字符串中替换字符

```php
<?php
$text = '/images/uploads/';
?> ...
<b>Remove '/' from both ends:</b><br>
<?= trim($text, '/') ?><br>
<b>Remove '/' from the left of the string:</b><br>
<?= ltrim($text, '/') ?><br>
<b>Remove 's/' from the right of the string:</b><br>
<?= rtrim($text, 's/') ?><br>
<b>Replace 'images' with 'img':</b><br>
<?= str_replace('images', 'img', $text) ?><br>
<b>As above but case-insensitive:</b><br>
<?= str_ireplace('IMAGES', 'img', $text) ?><br>
<b>Repeat the string:</b><br>
<?= str_repeat($text, 2) ?></p>
```

① ② ③ ④ ⑤ ⑥ ⑦

结果

```
Remove '/' from both ends:
images/uploads
Remove '/' from the left of the string:
images/uploads/
Remove 's/' from the right of the string:
/images/upload
Replace 'images' with 'img':
/img/uploads/
As above but case-insensitive:
/img/uploads/
Repeat the string:
/images/uploads//images/uploads/
```

① 变量$text中保存了路径字符串/images/uploads/。

③ 调用trim()函数，将文本首尾两端的/移除，并返回更新后的字符串。

③ 调用ltrim()函数，将文本开头的/移除，并返回更新后的字符串。

④ 调用rtrim()函数，将文本结尾的/移除，并返回更新后的字符串。

⑤ 调用str_replace()函数，将文本中的字符images替换为img，并返回更新后的字符串。该函数区分大小写。

⑥ 调用str_ireplace()函数，将文本中的字符IMAGES替换为img，并返回更新后的字符串。因为子字符串查找是不区分大小写的，因此它会同时找到IMAGES和images并将它们替换为img。

⑦ 调用str_repeat()函数，返回重复两次后的字符。

试一试：步骤①中，在文件路径前后各添加一个空格，然后刷新页面。步骤②、③、④中，字符串两端的/不会被删除，因为在它们之前或之后都有空格符，不满足匹配条件。

多字节字符串函数

到目前为止，本章中介绍的这些字符串函数如果与多字节字符一起使用，则会返回与预期不符的结果。而下面介绍的多字节字符串函数支持处理UTF-8中的所有字符。

当文本使用UTF-8编码时，有些字符使用超过一个字节的数据。例如，符号£使用2字节，而€使用3字节。

如果使用多字节字符传入某些字符串函数作为实参，则可能产生不正确的结果(不正确结果的示例显示在下一页中)。

下面显示的多字节字符串函数与本章已介绍过的函数具有相同的名称，所不同的是下列函数加了字符mb_作为前缀。

有些字符串函数没有以mb_为前缀的等效多字节函数，如trim()和str_replace()。针对这种情况，只要在php.ini或.htaccess文件中将UTF-8设置为默认字符编码，就可以正确处理UTF-8编码文本。

函数	描述
mb_strtoupper($string)	返回所有字符都是大写的字符串
mb_strtolower($string)	返回所有字符都是小写的字符串
mb_strlen($string)	返回字符串中的字符数
mb_strpos($string, $substring[, $offset])	返回找到的第一个子字符串的位置(区分大小写)。如果指定了$offset，则从$offset的位置之后开始查找子字符串的位置
mb_stripos($string, $substring[, $offset])	mb_strpos()函数的不区分大小写的版本
mb_strrpos($string, $substring[, $offset])	返回查找子字符串时找到的最后一个匹配位置(区分大小写)
mb_strripos($string, $substring[, $offset])	mb_strrpos()函数的不区分大小写的版本
mb_strstr($string, $substring)	返回从子字符串第一次出现的位置(包括子字符串)到字符串末尾的文本(区分大小写)
mb_stristr($string, $substring)	mb_strstr()函数的不区分大小写的版本
mb_substr($string, $start[, $characters])	返回从$start中指定的位置到字符串末尾的字符。如果传入$characters，则指定从$start开始返回的字符串所包含的字符数

多字节字符串函数的使用

section_b/c05/multibyte-string-functions.php

```php
<?php
① $text = 'Total: £444';
?> ...
<b>Character count using <code>strlen()</code>:</b>
② <?= strlen($text) ?><br>
<b>Character count using <code>mb_strlen()</code>:</b>
③ <?= mb_strlen($text) ?><br>
<b>First match of 444 <code>strpos()</code>:</b>
④ <?= strpos($text, '444') ?><br>
<b>First match of 444 <code>mb_strpos()</code>:</b>
⑤ <?= mb_strpos($text, '444') ?><br>
```

结果

Character count using strlen(): 12
Character count using mb_strlen(): 11
First match of 444 strpos(): 9
First match of 444 mb_strpos(): 8

本示例使用字符串函数处理带有£符号的字符串，该符号在UTF-8编码中需要2字节的数据进行编码。

① 字符串使用£符号创建并保存在$text中。它的长度为11个字符。

② strlen()函数用于计算表示字符串的字节数，而不是字符串中的字符数。这就是为什么函数认为该字符串中有12个字符(而不是11个)。

③ mb_strlen()函数会考虑PHP解释器正在使用的编码，并将字符串中的正确字符数显示为11。

④ strpos()函数查找444出现的第一个位置。该位置是根据查子字符串之前的字节数来计算的(不是字符数)。函数最终将返回9，而不是8。

⑤ mb_strpos()找到444出现的第一个位置，并返回正确的位置数8。

试一试： 在步骤①中，将字符串中的£符号更改为€符号。

正则表达式

在生活中，信用卡号、邮政编码和电话号码使用的字符呈现特定模式。而正则表达式用于描述字符的组合模式，并且PHP提供了内置函数来检查能否在字符串中找到这些模式。

正则表达式位于两个正斜杠/之间。下面表达式中的模式描述了：

[A-z] 字母A~z(大写/小写)

{3,9} 出现的次数大于等于3，小于等于9

/[A-z]{3,9}/

如果使用该正则表达式检查字符串
Thomas was 1st!

PHP解释器将在字符串中找出匹配的第一个字符模式，该模式需要满足长度介于3~9，并且由A~z之间的大写或小写字母组成。下面突出显示的字符就是查找的结果：

Thomas was 1st!

正则表达式的语法可能相当复杂。关于如何使用正则表达式的书籍有很多，本书仅介绍其基本用法。

下表演示了如何匹配特定字符、字符范围以及字符串开头或结尾的字符。

表达式	描述	示例
/1st/	匹配字符组合1st	Thomas was 1st!
/[abcde]/	如果字符放置在方括号中，则将匹配括号中的任一字符；例如，这里可能匹配到的字符分别是a、b、c、d或e	Thomas was 1st!
/[K-Z]/	方括号中的连字符表示创建一个字符范围来匹配K和Z之间的任何大写字符	Thomas was 1st!
/[a-e]/	这里将匹配任何a和e之间的小写字符	Thomas was 1st!
/[0-9]/	匹配0~9的任何数字	Thomas was 1st!
/[A-z0-9]/	匹配任何大写或小写字母A~z或数字0~9	Thomas was 1st!
/^[A-Z]/	模式开头的插入符号^表示字符串必须以这些字符开头；这里将匹配以A~Z之间的大写字符开头的字符	Thomas was 1st!
/1st\!$/	模式末尾的$表示字符串必须以指定的字符结束；这里将匹配字符组合1st!	Thomas was 1st!
/\s/	匹配空格符	Thomas was 1st!

以下字符在正则表达式中具有特殊含义：\ / . | $ ( ) ^ ? { } + *

要创建任何匹配这些字符的模式，需要在字符前面加上反斜杠\。

表达式	描述	示例
/[\!\?\(\)]/	匹配感叹号、问号或括号	Thomas was 1st**!**

可以添加一个量词来指定模式应该在字符串中出现的次数。

下面的示例将查找出现特定次数的字符。

表达式	描述	示例
/[a-z]+/	加号+表示匹配指定的一个或多个字符	T**homas** **was** 1st!
/[a-z]{3}/	花括号{}中的数字表示该模式匹配的字符的确切次数	T**hom**as **was** 1st!
/[A-z]{3,5}/	大括号{}内用逗号分隔的两个数字表示该模式所匹配字符出现的最小和最大次数	**Thoma**s **was** 1st!
/[a-z]{3,}/	花括号中仅有一个数字，后跟一个逗号(没有第二个数字)表示该模式所匹配的字符出现的最小次数	T**homas** **was** 1st!

要查找序列模式，将所要匹配的多个模式顺序连接。

如下，第一个模式的匹配必须紧跟第二个模式的匹配。

表达式	描述	示例
/[0-9][a-z]/	匹配数字0~9，并且后接小写字母a~z	Thomas was **1s**t!

将表达式放入括号中可以创建一个模式组。可以在组后添加量词，以指定它应该出现的次数。

如果希望查找一组选项中的一个，可以在组中指定选项，并用管道字符分隔每个选项。

表达式	描述	示例
/[0-9]([a-z]{2})/	[0-9]匹配0~9中的任何数字；后面是([a-z]{2})，这将匹配两个小写字母	Thomas was **1st**!
/[1-31](st|nd|rd|th)/	[1-31]匹配1~31中的任何数字，后面跟(st|nd|rd|th)，这将匹配st、 nd、 rd或th	Thomas was **1st**!

正则表达式函数

下列函数检查字符串是否包含正则表达式描述的字符模式。如果它们找到了匹配项，则每个函数将执行不同的任务。

下面的函数都使用正则表达式在字符串中查找指定的字符模式。

这些函数将执行下列任务：
- 检查是否找到指定的字符模式。
- 计算一个模式被找到的次数。
- 查找匹配的字符模式并用一组新的字符替换它们(类似于字处理器中的查找和替换功能)。

在每种不同的情况下，函数都有如下相同的形参：
- 正则表达式，用于描述所要查找的字符模式 (因查找的字符是字符串，所以需要放在引号中)。
- 字符串，需要从中找出匹配的字符模式。

对于那些将一组字符替换为另一组字符的函数，还需要传入新的字符，以便告知函数用什么来替换查找的字符。

函数	描述
preg_match($regex, $string)	在字符串中查找匹配的模式。如果找到匹配项则返回1，如果没有找到则返回0，如果发生错误则返回false
preg_match_all($regex, $string)	在字符串中查找匹配的模式。返回找到的匹配项的数目；如果没有找到则返回0，如果发生错误则返回false
preg_split($regex, $string)	在字符串中查找匹配的模式。每次找到匹配项时，都会以匹配项的位置拆分字符串，然后将拆分后的部分保存在一个索引数组中，并返回该数组
preg_replace($regex, $replace, $string)	用可选字符串替换指定字符。这类似于文字处理器中的查找和替换工具。函数将返回用可选字符替换后的字符串，如果发生错误则函数返回null。如果要删除字符，请将可选字符替换为空字符串

注意： 这些函数名以前缀preg(表示Perl正则表达式)开头，因为PHP使用的正则表达式遵循另一种编程语言 Perl中的正则表达式。

正则表达式的使用

section_b/c05/regular-expression-functions.php

```php
<?php
$text = 'Using PHP\'s regular expression functions';
$path = 'code/section_b/c05/';

$match = preg_match('/PHP/', $text);
$path  = preg_split('/\//', $path);
$text  = preg_replace('/PHP/', '<em>PHP</em>',
$text);
?> ...
<b>Was a match found?</b><br>
<?= ($match === 1) ? 'Yes' : 'No' ?><br><br>

<b>Parts of a path:</b><br>
<?php foreach($path as $part) { ?>
  <?= $part ?><br>
<?php } ?>

<b>Updated text:</b><br>
<?= $text ?>
```

① ② ③ ④ ⑤ ⑥ ⑦ ⑧

结果

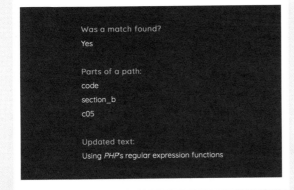

① 文本保存在名为$text的变量中。

② 文件路径保存在名为$path 的变量中。

③ preg_match()函数检查第①步中保存在$text变量中的文本中是否能找到字符串PHP。

④ preg_split() 函数对步骤②中保存在$path的文本进行拆分，按照文本中正斜杠/所在位置进行拆分，并将拆分后剩余的每个部分作为新元素放入数组中。

⑤ preg_replace()函数对步骤①中保存在$text中的文本进行查找，看能否找到字符PHP。如果找到字符PHP，则将用HTML的<em>标签包裹的PHP字符替换掉原字符。

⑥ 三元操作符用于检查$match变量的值是否为1。如果是，则在页面中显示Yes，否则显示单词No。

⑦ 使用循环将$path数组中的元素逐行显示。

⑧ 显示更新后的$text。

数值操作

除了之前在第1章中介绍过的数学操作符，还有一些用于处理数字的函数，程序员们在日常的开发工作中也经常用到这些函数。

函数	描述
round(*$number*, *$places*, *$round*)	向上或向下舍入浮点数 $number 是要向上或向下舍入的数字 $places 是要舍入的小数位数 $round 指定如何向上或向下舍入数字，可选择如下选项: | 选项	目的
PHP_ROUND_HALF_UP	该模式将进行四舍五入，遇5向上进1(如 3.5 变成4)
PHP_ROUND_HALF_DOWN	该模式将进行五舍六入，遇5向下舍去(如 3.5 变成3)
PHP_ROUND_HALF_EVEN	四舍五入到最接近的偶数
PHP_ROUND_HALF_ODD	四舍五入到最接近的奇数	
ceil(*$number*)	将数字向上取整到最接近的整数(非负整数)
floor(*$number*)	将数字向下取整到最接近的整数(非负整数)
mt_rand(*$min*, *$max*)	创建一个介于$min和$max的随机数
rand(*$min*, *$max*)	在PHP 7.1之前，rand()使用的算法随机程度较低，速度较慢。从PHP 7.1之后，两者算法速度一致
pow(*$base*, *$exponent*)	返回底数的指数次幂 (如 34 将返回81)
sqrt(*$number*)	返回指定数字的平方根
is_numeric(*$number*)	检查传入的值是否为数字(整数或浮点数)。如果是数字则返回true，否则返回false

number_format(
  $number
  [, *$decimals*]
  [, *$decimal_point*]
  [, *$thousand_separator*])
	指定应该如何格式化数字。如果只给出$number，返回的格式中不包含小数，并使用逗号分隔千分位。如果传入$decimals，则表示数字需要保留指定的小数位数，用点号.作为小数点，用逗号分隔千分位。$decimal_point和$thousand_separator允许指定小数点和分隔千分位的字符。
	如果要使用decimal_point 或 thousand_separator，则两者需要同时使用

数值函数

① 数字以不同形式进行舍入。

② 生成0~10的随机数。

③ 展示4的5次幂。

④ 展示16的平方根。

⑤ 检查值是否为数字(int或float)。如果是则返回true(在页面中显示1);如果不是则返回false(不显示任何内容)。

⑥ 该数字被格式化为保留小数点后两位。千分位之间用空格隔开。

试一试:在步骤②中,在50~100范围内创建一个随机数。

PHP

section_b/c05/numeric-functions.php

```
①  ⌈<b>Round:</b>                           <?= round(9876.54321) ?><br>
   │<b>Round to 2 decimal places:</b>        <?= round(9876.54321, 2) ?><br>
   │<b>Round half up:</b>                    <?= round(1.5, 0, PHP_ROUND_HALF_UP) ?><br>
   │<b>Round half down:</b>                  <?= round(1.5, 0, PHP_ROUND_HALF_DOWN) ?><br>
   │<b>Round up:</b>                         <?= ceil(1.23) ?><br>
   ⌊<b>Round down:</b>                       <?= floor(1.23) ?><br>
②  <b>Random number:</b>                     <?= mt_rand(0, 10) ?><br>
③  <b>Exponential:</b>                       <?= pow(4, 5) ?><br>
④  <b>Square root:</b>                       <?= sqrt(16) ?><br>
⑤  <b>Is a number:</b>                       <?= is_numeric(123) ?><br>
⑥  <b>Format number:</b>                     <?= number_format(12345.6789, 2, ',', ' ') ?><br>
```

结果

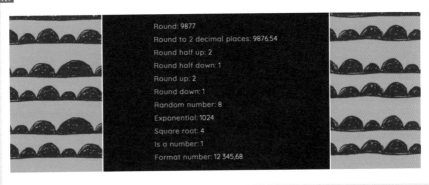

Round: 9877
Round to 2 decimal places: 9876.54
Round half up: 2
Round half down: 1
Round up: 2
Round down: 1
Random number: 8
Exponential: 1024
Square root: 4
Is a number: 1
Format number: 12 345,68

数组操作

这些函数可以搜索数组的内容，计算数组中数组项的数量，并随机从中挑选出数组项。这些函数还可将数组转换为字符串，或将字符串转换为数组。

如书中之前所介绍的，数组在单个变量中保存一组键/值对。

在索引数组中，键是索引号。它指示项在数组中的位置。

关联数组则更像是一组相关变量的集合。每个键都是字符串。

获取关于数组的信息

函数	描述
array_key_exists($key, $array)	检查数组中是否存在指定的键。如果存在则返回true，否则返回false
array_search($value, $array[, $strict])	在数组中搜索指定的值，并返回第一个匹配的键。如果$strict的值为true，则表示匹配必须是相同的数据类型
in_array($value, $array)	检查数组中是否存在指定的值。如果是则返回true，否则返回false
count($array)	返回数组中项的数目
array_rand($array[, $number])	从数组中选择一个随机项并返回其键。如果第二个形参指定了一个数字，则函数将返回一个数组，数组项的个数为该数字

将数组转换为字符串或将字符串转换为数组

函数	描述
implode([$separator,]$array)	将数组的值转换为字符串(不包括键)。如果指定分隔符，则每个值之间用该分隔符连接
explode($separator, $string[, $limit])	将字符串转换为索引数组。$separator是分隔字符串中各项的字符。可选项$limit用于设置要添加到数组中的项的最大数量

数组

PHP   section_b/c05/array-functions.php

```php
<?php
// Create array of greetings then get random value
$greetings    = ['Hi ', 'Howdy ', 'Hello ', 'Hola ',
                'Welcome ', 'Ciao ',];
$greeting_key = array_rand($greetings);
$greeting     = $greetings[$greeting_key];
// Array of best sellers, count items, list top items
$bestsellers     = ['notebook', 'pencil', 'ink',];
$bestseller_count = count($bestsellers);
$bestseller_text  = implode(', ', $bestsellers);
// Array holding customer details
$customer     = ['forename' => 'Ivy',
                'surname'  => 'Stone',
                'email'    => 'ivy@eg.link',];
// If you have a customer forename, add it to
greeting
if (array_key_exists('forename', $customer)) {
    $greeting .= $customer['forename'];
}
?> ...
<h1>Best Sellers</h1>
<p><?= $greeting ?></p>
<p>Our top <?= $bestseller_count ?> items today are:
    <b><?= $bestseller_text ?></b></p>
```

①
②
③
④
⑤
⑥
⑦
⑧
⑨
⑩

结果

Best Sellers

Welcome Ivy

Our top 3 items today are: notebook, pencil, ink

试一试：在步骤④中，在最畅销商品的数组中额外添加
一项。

① 创 建 一 个 名 为
$greetings的数组来保存
若干问候语。
② 从 数 组 中 选 择 一
个随机键并保存在名为
$greeting_key的变量中。
③ 随机键用于从数组中
选择问候语并将其保存在
$greeting中。
④ 由最畅销的商品组成
的数组保存在$bestsellers
变量中。
⑤ count()函数用于计算
数组中元素的数目，返回
的 结 果 保 存 在 $bestseller_
count中。
⑥ 使用implode()函数将数
组转换为字符串，各项之
间用逗号分隔，并将结果
保存在$bestseller_text 中。
⑦ 创建一个关联数组用
于保存客户的详细信息。
⑧ array_key_exists()函
数检查$customer中是否
存在名为forename的键。
如果有，则将该键对应的
值添加到$greeting中。
⑨ 展 示 给 客 户 的 问
候语。
⑩ 展示最畅销商品的数
目和它们的名称。

在数组中添加或删除元素

下列函数向数组中添加元素或从数组中删除元素。另外，可以指定在数组的开头还是结尾添加新元素。

要 向 数 组 中 添 加
元素，需要指定要添加
的值。

要 从 数 组 中 删 除 一
个元素，只需要指定它
的键。

下标显示了添加或删
除的元素的位置。

函数	描述
array_unshift($array, $items)	将一个或多个项添加到索引数组的开头，并返回数组中项的数目 (关于关联数组的介绍，请参见第42页)
array_push($array, $items)	将一个或多个项添加到索引数组的末尾，并返回数组中项的数目
array_shift($array)	从数组中删除第一项，并返回被删除项的值
array_pop($array)	从数组中删除最后一项，并返回被删除项的值
array_unique($array)	从数组中删除重复项，并返回更新后的数组
array_merge($array1, $array2)	将两个数组拼接到一起，并返回拼接得到的新数组。 如果两者都是索引数组，则新数组的索引号从0开始。 另外，可使用操作符+连接两个数组：$array1 + $array2

使用函数更新数组

PHP   section_b/c05/array-updating-functions.php

```php
<?php
// Array of items being ordered
$order = ['notebook', 'pencil', 'eraser',];
array_unshift($order, 'scissors'); // Add to start
array_pop($order);                 // Remove last
$items = implode(', ', $order);    // Convert to
string

// Array of classes
$classes = ['Patchwork' => 'April 12th',
            'Knitting'  => 'May 4th',
            'Lettering' => 'May 18th',];
array_shift($classes);                      // Remove 1st
$new     = ['Origami'  => 'June 5th',
            'Quilting' => 'June 23rd',]; // New items
$classes = array_merge($classes, $new);  // Add to end
?>
<h1>Order</h1>
<?= $items ?>
<h1>Classes</h1>
<?php foreach($classes as $description => $date) { ?>
  <b><?= $description ?></b> <?= $date ?><br>
<?php } ?>
```

结果

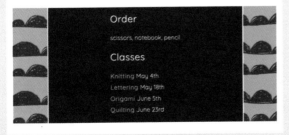

① 创建一个索引数组并将其保存在$order中。

② array_unshift()函数的作用是在数组的开头添加一个元素。函数的第一个形参是数组,第二个是要添加的项(仅适用于索引数组)。

③ array_pop()函数删除了数组中的最后一项。

④ 使用implode()将数组转换为字符串并保存在$items中。每个元素之间用逗号和空格隔开。

⑤ 创建一个关联数组并保存在 $classes中。

⑥ array_shift()函数从数组中删除了第一项。

⑦ 创建另一个关联数组来保存新元素。

⑧ array_merge()函数将步骤⑦中创建的数组中的项添加到$classes数组中。

⑨ 展示$items的值。

⑩ 使用foreach循环写出数组中的键以及键所对应的值。

试一试: 在步骤④中,用分号分隔字符串中的项。

数组排序
（更改元素顺序）

排序函数可用于改变数组中各项的顺序。升序列表将各项按照值从最低到最高排序（如A~Z或0~9）。降序列表将各项按照值从最高到最低排序（如Z~A或9~0）。

按值排序并更改对应的键

当使用下面的函数对数组排序时，键强制变成从0开始的索引号（无论原数组是索引数组还是关联数组）。

rsort()中的r表示反向排序。

函数	描述
sort($array)	根据值升序排序
rsort($array)	根据值降序排序

按值排序并维持原有键/值对关系

当使用下面的函数对数组进行排序时，键会随着其对应的值一起移动。

函数	描述
asort($array)	根据值升序排序
arsort($array)	根据值降序排序

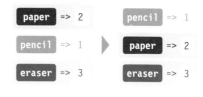

按键排序并维持原有键/值对关系

当使用下面的函数对数组进行排序时，值会随着键的移动而移动。

函数	描述
ksort($array)	根据键升序排序
krsort($array)	根据键降序排序

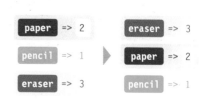

数组排序函数

section_b/c05/array-sorting-functions.php

```php
<?php
// Array holding order
$order = ['notebook', 'pencil', 'scissors',
          'eraser', 'ink', 'washi tape',];
sort($order);                       // Sort ascending
$items = implode(', ', $order);    // Convert to text

// Create array holding classes
$classes = ['Patchwork' => 'April 12th',
            'Knitting'  => 'May 4th',
            'Origami'   => 'June 8th',];
ksort($classes);                    // Sort by key
?>

<h1>Order</h1>
<?= $items ?>
<h1>Classes</h1>
<?php foreach($classes as $description => $date) { ?>
  <b><?= $description ?></b> <?= $date ?><br>
<?php } ?>
```

① 创建一个索引数组并将其保存在名为$order的变量中。

② 使用sort()函数将数组中的值按字母升序排列。这将为数组中的每个项提供一个从0开始的新索引号。

③ 使用implode()函数将数组转换为字符串。每个元素用逗号和空格隔开。将得到的字符串保存在一个名为$items的变量中。

④ 创建一个关联数组并保存在 $classes中。

⑤ 数组中的键使用ksort()函数按字母顺序排序(它们的值随键移动)。

⑥ 展示保存在 $items中的字符串。

⑦ 使用foreach循环将数组$classes中的各项按照键/值对的关系展示出来。

试一试: 在步骤⑤中,将保存在$classes中的数组反转顺序。

结果

Order

eraser, ink, notebook, pencil, scissors, washi tape

Classes

Knitting May 4th
Origami June 8th
Patchwork April 12th

常量

常量是一个名称/值组成的对，作用类似于变量。
但一旦给它分配了值，就不能再更改该值。

常量是一个名称和值组成的对，类似于变量，但是：

- 它是使用define()函数创建的。
- 它的值一旦设置，就不能再更新。
- 可以在PHP页面的任何地方访问它(包括函数内部)。

常量的名称应该描述它所持有的数据类型，并且应该以字母或下画线(而不是美元符号)开头。它的值可以是标量数据类型或数组。

define()函数的形参是：

- 常量名——通常是大写的。
- 常量的值——字符串应该放在引号中，数字和布尔值则不需要。
- 一个可选的布尔值——表示名称是否区分大小写(如果区分大小写为true，否则为false)。如果没有提供第三个形参，名称将区分大小写。

```
define('SITE_NAME', 'Mountain Art Supplies');
```
名称　　　值

常量通常用于保存网站运行所需的信息，但其值只在网站初始化时发生变化(无论该常量第一次在新服务器中运行，还是相同的代码运行在不同的服务器时)。

也可使用关键字const创建常量，后面跟着常量名、赋值操作符和它应该包含的值。

这种方法可用于在类内部定义常量(而define()函数则不能)。

```
const SITE_NAME = 'Mountain Art Supplies';
```
名称　　　值

常量的使用

PHP   section_b/c05/includes/settings.php

```php
<?php
① define('SITE_NAME', 'Mountain Art Supplies');
② const ADMIN_EMAIL = 'admin@eg.link';
```

PHP   section_b/c05/includes/constants.php

```php
<?php
③ include 'includes/settings.php';
   include 'includes/header.php';
   ?>

④ <h1>Welcome to <?= SITE_NAME ?></h1>
⑤ <p>To contact us, email <?= ADMIN_EMAIL ?></p>

   <?php include 'includes/footer.php'; ?>
```

结果

在本例中，一个名为settings.php的include文件将创建两个常量，用于保存关于网站的信息。

① define()函数用于创建一个名为SITE_NAME的常量。常量的值是网站的名称。

② const关键字用于创建一个名为ADMIN_EMAIL的常量。常量的值为网站所有者的电子邮件地址。

本例中的第二个文件是一个名为constants.php的页面，两个常量中的值将供该页面使用。

③ 引用settings.php文件，这样页面中的其他地方就能访问文件中的常量了。

④ 使用echo命令的简写，写出包含网站名称的常量的内容。

⑤ 显示网站所有者的电子邮件地址。

添加或更新
HTTP头信息

header()函数用于更新PHP解释器发送到浏览器的HTTP头信息。另外，该函数还可用于添加新的头信息，它的一个形参是要设置的头信息的字段名，后面跟着冒号和值。

有时用户请求一个页面，但服务器需要给他们发送另一个页面。例如，如果所请求的页面：
● 不再可用
● 已经移动到另一个新的URL
● 缺少所需的数据

在这种情况下，header()需要一个形参，它由三个部分组成：
● 头信息字段名Location
● 冒号
● 新的URL

当浏览器接收到Location字段时，将请求新的URL。后面应该跟着exit命令，以防止解释器运行更多的PHP代码(见下一页)。

```
header('Location: http://www.example.com/');
```
头信息字段名   新URL

大多数PHP文件用于创建HTML文件并发送到浏览器，但PHP也可以用于创建其他类型的文件，如JSON、XML或CSS。

要做到这一点，header()需要：
● 头信息字段名Content-type
● 冒号
● 内容的媒体类型

这将创建一个HTTP头，告诉浏览器文件的媒体类型。有关媒体类型的更多信息，请参见http://notes.re/media-types。

```
header('Content-type: application/json');
```
头信息字段名   媒体类型

浏览器可以缓存(保存)用户浏览过的页面。当用户再次请求页面时，浏览器可以直接显示已保存的页面，而不是再次请求文件(这使页面加载速度看起来更快)。

要告诉浏览器它可以缓存一个页面多长时间，使用：
● 头信息字段名Cache-Control
● 冒号
● max-age=，后跟页面所需要缓存的时间(以毫秒为单位)

ISP和网络使用代理来缓存网页。如果页面包含个人数据，请在毫秒之后加上逗号、空格和单词private，以防止代理缓存这些数据。如果页面中没有个人数据，则设置为public。

```
header('Cache-Control: max-age=3600, public');
```
头信息字段名 值对应的名称 缓存时长(毫秒) 代理

使用HTTP头信息为用户重定向

section_b/c05/redirect.php

```php
    <?php
①  $logged_in = true;

②  if ($logged_in == false) {
③      header('Location: login.php');
④      exit;
    }
    ?>
    <?php include 'includes/header.php'; ?>
    <h1>Members Area</h1>
    <p>Welcome to the members area</p>
    <?php include 'includes/footer.php'; ?>
```

PHP

section_b/c05/login.php

```php
    <h1>Login</h1>
    <b>You need to log in to view this page.</b>
    <p>(You create a full login system in Chapter 16.)</p>
```

结果

本例展示了如何使用header()函数将用户重定向到另一个页面。在使用header()函数之前，不能向浏览器发送任何标签符号或文本，甚至不能发送空格或进行换行。

① 在名为$logged_in的变量中保存布尔值，用来指示用户是否已登录。

② 在if语句中，使用条件检查$logged_in的值是否为false。

③ 如果为false，则使用header()函数将用户重定向到login.php页面。

在第16章中，将介绍如何创建一个具有正常登录页面的会员区域。

④ 在使用header()函数将访问者重定向后，使用exit命令来防止执行文件中其余的PHP代码。

如果$logged_in中的值为true，则跳过前面的代码块，并显示页面的其余部分。

试一试： 在步骤①中，将$logged_in变量的值更改为false。然后你将被重定向到登录页面。

文件数据和删除文件

文件函数以文件路径作为形参，然后返回关于文件及文件路径的信息，或者删除文件。

下表显示了文件函数。其中一些函数返回文件路径中的不同部分，这些不同部分在右边的代码中有描述。

PHP还有用于保存路径的内置常量：

`__FILE__` 保存当前文件的路径

`__DIR__` 保存当前文件的目录

目录　　　　　　　　　　　文件基名

`/www/htdocs/images/thumbs/ivy.jpg`

文件名

扩展名

函数	描述
`file_exists($path)`	检查文件是否存在。如果存在则返回true，如果不存在则返回false
`filesize($path)`	以字节为单位返回文件的大小
`mime_content_type($path)`	返回文件的媒体类型(参见http://notes.re/media-types)
`unlink($path)`	试图删除文件。如果有效返回true，如果无效返回false
`pathinfo($path[, $part])`	返回文件路径的部分内容。可以指定要检索的路径部分。如果未指定，则将返回一个具有以下四个键的数组。

路径中的不同部分	描述
`PATHINFO_DIRNAME`	文件所在目录的路径
`PATHINFO_BASENAME`	文件基名
`PATHINFO_FILENAME`	文件名(没有扩展名)
`PATHINFO_EXTENSION`	文件扩展

函数	描述
`basename($path)`	从路径中返回文件基名
`dirname($path[, $levels])`	返回指定文件所在目录的路径。如果指定了$levels，这是要向父目录上升的级数
`realpath($path)`	返回文件的绝对路径

有关绝对路径和相对路径之间的区别，请访问http://notes.re/paths。

获取文件信息

PHP

```php
    <?php
①  $path = 'img/logo.png';
    ?>
    <?php include 'includes/header.php'; ?>
②  <?php if (file_exists($path)) { ?>
③    <b>Name:</b>       <?= pathinfo($path, PATHINFO_BASENAME) ?><br>
④    <b>Size:</b>       <?= filesize($path) ?> bytes<br>
⑤    <b>Mime type:</b>  <?= mime_content_type($path) ?><br>
⑥    <b>Folder:</b>     <?= pathinfo($path, PATHINFO_DIRNAME) ?><br>
    <?php } else { ?>
⑦    <p>There is no such file.</p>
    <?php } ?>
    <?php include 'includes/footer.php'; ?>
```

结果

① $path 保存了文件的路径。

② if语句使用file_exists()函数检查文件是否存在。如果存在,将写出关于文件的信息。

③ pathinfo()函数显示文件的名称,包括它的扩展名(称为basename)。

④ filesize()函数以字节为单位显示文件的大小。

⑤ mime_content_type()函数显示文件的媒体类型。

⑥ pathinfo()函数显示文件所在的文件夹。

⑦ 如果文件不存在,则告诉用户未找到该文件。

试一试:在步骤①将$path中的值改为"img/pattern.png"。你将看到新的名称和大小(mime类型和文件夹保持不变)。

试一试:在步骤①将"$path"修改为"img/nolgo.png"。因为这个文件不存在,接下来将在步骤⑦中看到错误消息。

小结
内置函数

❯ PHP的内置函数完成了程序员在创建网站时需要执行的很多任务。

❯ 可以像调用普通函数一样调用内置函数，但不需要在页面中添加内置函数的定义。

❯ 字符串函数可用于查找、计数、替换字符或更改字符大小写。

❯ 数值函数可用于对数字进行舍入，选择随机数和执行数学函数。

❯ 数组函数可用于添加和删除元素，对数组的元素进行排序，检查键或值，将数组转换为字符串并返回结果。

❯ 常量类似于变量，但它的值在设置后就不能再更改。

❯ header()函数用于更新发送到浏览器的HTTP头信息(还可将用户重定向到另一个指定页面)。

第6章

从浏览器
获取数据

在本章中，将介绍如何访问浏览器发送给
PHP解释器的数据，确保数据可用并安全地
显示在动态网页中。

在本章的介绍中，可看到HTML页面有两种向服务器发送数据的
机制：向链接添加信息或提供要填写的表单。还可看到如何通过HTTP
GET(数据在查询字符串中)或HTTP POST(数据在HTTP报头中，随每个页
面请求发送)发送数据。

在本章中，将学习如何访问这些数据，以便在页面中使用它们。这
包括以下四个关键步骤：

- 收集查询字符串或HTTP头中的数据信息。
- 验证每个数据段，以检查数据段是否提供了值，以及格式是否正
  确(例如，如果一个页面需要一个数字，则验证提供的是一个数
  字，而非文本)。
- 确定页面能否正确处理访问者提供的数据。否则，可能需要向访
  问者显示错误信息。
- 转义或清理数据，以确保在页面中使用的数据是安全的；某些字
  符可能阻止页面正确显示，甚至对网站造成危害。

针对这四个步骤的执行并没有一个标准的方法，不同的开发人员使
用不同的方法。本章将介绍许多不同的收集数据的方法，并确保其使用
安全。

收集和使用数据的四个步骤

从访问者那里收集数据并确保这些数据安全可用，共涉及如下四个步骤。

1. 收集数据

首先，要收集浏览器发送给服务器的数据。你可以使用：

- PHP解释器(在每次请求PHP文件时都会创建两个超全局数组)。
- 两个称为筛选器函数的内置函数。

正如你将看到的，页面接收到的数据并不总是执行任务所需的值，而这可能导致运行错误。

如果某条数据是可选的，则可以为其指定一个默认值。当没有提供该值时，页面就应使用默认值。

如果该数据是必需的，并且访问者未提供该数据，就可能需要告诉访问者他们没有提供足够的信息(参见下一步)。

2. 验证数据

一旦PHP页面从浏览器收集了数据，通常会验证所接收到的每条数据，以确保在页面运行时不会导致错误。这包括验证：

- 页面中是否存在执行任务所需的数据。该类数据称为必要数据。
- 数据格式是否正确。例如，如果页面需要一个数字来执行计算，那么可以验证是否收到了一个数字。或者，如果期望收到电子邮件地址，那么可以验证文本的格式是否为有效的电子邮件地址。

PHP提供了如下两种验证数据的方法：

- 编写自定义的函数用于验证数据。
- 使用一组带有筛选器功能的内置筛选器函数。每个筛选器验证不同类型的数据。

有多个不同的方法实现这些步骤，接下来将介绍其中的几种。

3. 确定行动

　　一旦页面收集并验证了它需要的所有单个值，就可以确定页面是否拥有运行时需要的所有数据：

- 如果所有数据都有效，就可以使用数据处理相关任务。
- 只要有数据无效或缺失，就不应继续使用该数据。之后，页面可以向用户显示关于数据错误的消息。

当数据无效时，表单与查询字符串中显示错误的过程稍有不同。

- 如果表单数据无效，则可以在提供无效数据的任何表单控件旁显示数据错误的提示消息。消息应该告诉用户如何以正确的格式提供数据。
- 如果查询字符串包含不正确的数据，则不应期望访问者编辑查询字符串。相反，应该提供一条消息，向用户解释如何请求他们想要的数据。

4. 转义或清理数据

　　如果需要在页面中显示访问者提供的数据，则要对这些数据进行转义，以确保其可以安全显示。这涉及将浏览器视为代码的一组字符(如符号<和>)替换为字符实体。字符实体告诉浏览器显示这些字符(而不是将它们作为HTML代码运行)。

　　如果不执行此步骤而直接在页面中显示这些数据，黑客可能试图让页面运行恶意JavaScript文件。

　　如果用户提供的数据随后被用于URL中，还需要对有特殊含义的字符(如斜杠和问号)进行转义。如果不转义这些字符，那么Web服务器可能无法处理URL。

通过HTTP GET
获取发送的数据

当数据被添加到URL末尾的查询字符串时，PHP解释器将该数据添加到名为$_GET的超全局数组中，以便页面中的PHP代码可以访问它。

下面是一个HTML链接。在它的href属性中，可以看到它所指向页面的URL。

在URL的末尾，包含有两对字段名/值的查询字符串。当访问者单击链接时，这些字段名/值对将被发送到服务器。

当PHP解释器接收到此请求时，它将查询字符串中的数据，并添加到名为$_GET的超全局数组中。与PHP解释器生成的所有超全局数组一样，$_GET是一个关联数组。查询字符串中的每个字段名/值对与数组中的一个元素对应。

- 键是正在发送的名称
- 值是与名称一起发送的值

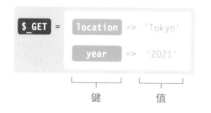

PHP文件中的代码可以访问$_GET超全局数组中的值，这与访问任何关联数组的值的方式相同：

$location = **$_GET['location'];**

变量   键

通常，一个PHP文件可用于显示网站的多个页面，而查询字符串中的数据用于确定页面中显示的是什么数据。

在下一页中，数组中有三个元素。每个元素都包含一个商店所在的城市和地址。根据查询字符串中的值的不同，来选择应该显示哪个商店的数据，因此这个PHP文件创建了网站的三个页面，但每个都是不同的商店。数组中的数据还用于创建请求这三个页面的链接。

使用查询字符串来选择显示内容

section_b/c06/get-1.php?city=London

```php
<?php
$cities  = [
    'London' => '48 Store Street, WC1E 7BS',
    'Sydney' => '151 Oxford Street, 2021',
    'NYC'    => '1242 7th Street, 10492',
];
$city    = $_GET['city'];
$address = $cities[$city];
?>
...
<?php foreach ($cities as $key => $value) { ?>
    <a href="get-1.php?city=<?= $key ?>"><?= $key ?></a>
<?php } ?>

<h1><?= $city ?></h1>
<p><?= $address ?></p>
```

① ② ③ ④ ⑤ ⑥

结果

London Sydney NYC

LONDON

48 Store Street, WC1E 7BS

试一试： 在浏览器的地址栏中，从URL中删除查询字符串并重新加载页面。它将显示两个错误。

这是因为城市名称不在查询字符串中，因此没有添加到$_GET超全局数组中。

本示例从查询字符串中收集了城市名称，并显示该城市中一家商店的地址。

① $cities变量保存了一个关联数组。其中，每个键都是不同城市的名称，而每个值都是该城市商店分店的地址。

② 城市的名称是从名为$_GET的超全局数组中收集到的，然后保存在名为$city的变量中(注意这是区分大小写的)。

③ 城市的名称用于从步骤①中创建的数组中选择该城市分支机构的地址，并将其保存在名为$address的变量中。

④ 使用foreach循环遍历$cities数组中的每个元素。

⑤ 在循环内部，每个城市都创建了一个链接。城市的名称写在查询字符串中，该字符串同样是一个链接文本。这里展示了PHP如何创建链接，以及这些链接如何指向可以显示不同数据的单个文件。

⑥ 将步骤②和步骤③中$city和$address变量的值显示在页面中。

处理超全局数组中缺失的数据

如果试图访问未添加到超全局数组的键，PHP解释器将抛出一个错误。为了防止这种错误，可以在访问前检查该键是否在超全局数组中。

当有人通过分享链接跳转到某个页面时，可能会意外地丢失部分或所有查询字符串。

在上一个示例最后的"试一试"中可以看到，如果查询字符串缺少数据，就不能将其添加到$\_GET超全局数组中。如果PHP文件试图访问该数据，PHP解释器会抛出一个Undefined array key或Undefined index错误，因为它试图访问一个没有添加到$_GET超全局数组中的键(或索引)。

为了防止这种错误，页面应该在尝试访问$_GET超全局数组之前检查是否向该数组添加了值。

PHP有一个名为isset()的内置函数，它接收变量名、数组的键或对象的属性作为实参。如果该变量、键或属性存在，且其值不为null，则返回true；否则返回false。更重要的是，如果指定的变量、键或形参不存在，那么该函数不会导致错误。

下面声明了一个名为$city的变量。三元操作符(if…else语句的简写形式，参见第76~77页)用于检查$_GET超全局变量是否有一个名为city的键且其值不为null。如果有，该值将保存在$city变量中；否则，$city将保存一个空字符串。

```
$city = isset($_GET['city']) ? $_GET['city'] : '';
```

变量　　　　键是否存在?　　　　　　　　是：保存　　　否：保存
　　　　　　　　　　　　　　　　　　　　该值　　　　空字符串

PHP 7引入了空合并操作符??，它充当了在三元操作符条件下使用isset()的简写。

如果空合并操作符左侧的值不存在，则提供一个写于该值右侧的替代值。

```
$city = $_GET['city'] ?? '';
```

变量　　　　尝试保存该值　　　　　如果该值不存在：
　　　　　　　　　　　　　　　　　保存空字符串

使用查询字符串选择显示内容

section_b/c06/get-2.php

```php
<?php
$cities  = [
    'London' => '48 Store Street, WC1E 7BS',
    'Sydney' => '151 Oxford Street, 2021',
    'NYC'    => '1242 7th Street, 10492',
];
$city = $_GET['city'] ?? '';
if ($city) {
    $address = $cities[$city];
} else {
    $address = 'Please select a city';
}
?>
...
<?php foreach ($cities as $key => $value) { ?>
  <a href="get-2.php?city=<?= $key ?>"><?= $key ?></a>
<?php } ?>

<h1><?= $city ?></h1>
<p><?= $address ?></p>
```

① `$city = $_GET['city'] ?? '';`
② `if ($city) {`
③ `    $address = $cities[$city];`
④ `} else {`
⑤ `    $address = 'Please select a city';`

结果

London Sydney NYC

Please select a city

这个例子以上一个例子为基础。此处分析这两个例子的差异。

① 对$city变量中的值使用空合并操作符赋值。
- 如果$_GET超全局数组存在名为city的键并且它的值不是null，那么city对应的值将保存在$city变量中。
- 如果$_GET超全局数组没有名为city的键，或者值为null，则在$city变量中保存空字符串。

② 将$city变量用于if语句的判断条件。如果其值是一个非空的字符串，PHP解释器将该值视为true并运行后续代码块。

③ $address变量保存了查询字符串中命名的城市分支机构的地址。

④ 否则，如果$city变量中的值是空字符串，则运行第二个代码块。

⑤ $address变量保存一条消息，用于告诉访问者选择一个城市。

试一试： 在查询字符串中，使用Tokyo作为城市。这样页面将显示错误，因为无法在$cities数组中找到该键。

向步骤①中的数组中添加一个新元素，键名为Tokyo，并为它添加一个地址，然后再次尝试在查询字符串中使用它。

验证数据

在PHP页面使用收集到的数据之前，应该对数据进行验证，以确保在页面运行时不会导致错误。

验证页面接收到的数据时，需要检查PHP文件是否有：

- 执行任务所需的数据，称为必需数据。
- 正确格式的数据。例如，如果一个页面需要一个数字来执行计算，可以检查它是否收到一个数字(而非一个字符串)。

在上一页的文件中，查询字符串需要：

- 名称，指定商店所要显示的值。
- 值，与城市数组中的键匹配。

如果查询字符串中提供的值不在城市数组中，PHP解释器将抛出一个错误。因此，在尝试将城市显示于页面之前，代码可以检查查询字符串中的值是否出现在城市数组中。

在本章的其余部分，将介绍几种方法，用于验证不同类型的数据。下一页的示例使用PHP内置的array_key_exists()函数(参见第218页)检查查询字符串中的值是否与城市数组中的键匹配。如果找到键，函数将返回true，否则返回false；函数返回的值保存在一个名为$valid的变量中。

一旦验证了数据，页面就需要确定是否应该继续运行其余的代码。

本章到目前为止所使用的例子在下一页中进行了扩展。$valid变量用于if语句的条件中，以确定页面能否处理数据：

- 如果数据有效，页面可以从数组中获取商店的地址，并将其保存在一个名为$address的变量中，准备稍后在页面中显示。
- 如果数据无效，$address变量将保存一条消息，告诉访问者选择一个城市。这为访问者提供了有用的反馈，告诉他们如何使用页面并获得想要的信息。

在本章的后续部分，将介绍如何处理需要从浏览器收集多个值的页面，以及如何检查所有值是否有效。

验证查询字符串数据

section_b/c06/get-3.php

```php
<?php
$cities  = [
    'London' => '48 Store Street, WC1E 7BS',
    'Sydney' => '151 Oxford Street, 2021',
    'NYC'    => '1242 7th Street, 10492',
];
$city  = $_GET['city'] ?? '';
$valid = array_key_exists($city, $cities);

if ($valid) {
    $address = $cities[$city];
} else {
    $address = 'Please select a city';
}
?>
...
<?php foreach ($cities as $key => $value) { ?>
  <a href="get-3.php?city=<?= $key ?>"><?= $key ?></a>
<?php } ?>

<h1><?= $city ?></h1>
<p><?= $address ?></p>
```

① `$city  = $_GET['city'] ?? '';`
② `$valid = array_key_exists($city, $cities);`
③ `if ($valid) {`
④ `    $address = $cities[$city];`
⑤ `} else {`
⑥ `    $address = 'Please select a city';`

结果

London Sydney NYC

Please select a city

这个例子以前面的例子为基础，并通过验证来检查询字符串中是否包含有效的位置。

① 如果查询字符串中包含一个城市名，那么该城市名将保存在名为$city的变量中；否则，$city将保存一个空白字符串。

② array_key_exists()函数的作用是：检查$city的值是否为数组$cities中的一个键。如果是，则变量$valid的值将为true。否则，变量$valid的值为false。

③ if语句将$valid变量用于条件判断。如果它保存的值为true，那么第一个代码块将运行。

④ 从$cities数组中收集该城市的地址，并保存在$address变量中。

⑤ 如果$valid中的值为false，则运行第二个代码块。

⑥ $address变量包含一条消息，用于告诉访问者选择一个城市。

试一试：在浏览器的地址栏中，在查询字符串中输入Shanghai作为城市名：get-3.php?city=Shanghai。

在数据缺失时
显示错误提示页

如果页面需要从查询字符串中获取数据，但数据缺失或无效，PHP解释器可以告诉浏览器请求另一个文件，其中包含错误提示信息。

验证查询字符串中的数据非常重要，因为当人们进入你的网站时，他们很容易意外地缺失查询字符串中的某些数据。

作为开发人员，不应该期望访问者能够编辑查询字符串中的数据，因此，如果数据是无效的，可以通过以下方法帮助他们：

- 在页面中显示一条信息。这样可以告诉访问者，他们请求的页面找不到，或者告诉他们从列表中选择选项(就像上一个页面的例子一样)。
- 向访问者发送另一个包含错误提示信息的页面。

注意在以下代码中，如果保存在$valid中的值不是true，则确认数据无效。

在第226页中，可看到PHP的内置header()函数可用于设置PHP解释器发送给浏览器的Location头。这将告诉浏览器请求另一个不同的页面。

当一个页面因为数据无效而无法显示时，更好的做法是更新PHP解释器发送回浏览器的响应码(参见第181页)。这有助于防止搜索引擎在搜索结果中添加不正确的url。PHP内置的http_response_code()函数可用于设置HTTP响应代码。它的一个实参就是应该使用的响应码。如果返回404响应码，则表示无法找到所请求的页面。

一旦设置了响应码和报头，exit命令将停止页面上任何代码的运行(因为这可能导致错误)。

```
如果无效 ──→     if (!$valid) {
设置响应码 ────→      http_response_code(404);
重定向到错误页面 ────→      header('Location: page-not-found.php');
停止运行代码 ────→      exit;
                }
```

向访问者发送错误页面

PHP

```php
<?php
$cities  = [
    'London' => '48 Store Street, WC1E 7BS',
    'Sydney' => '151 Oxford Street, 2021',
    'NYC'    => '1242 7th Street, 10492',
];
$city  = $_GET['city'] ?? '';
$valid = array_key_exists($city, $cities);

if (!$valid) {
    http_response_code(404);
    header('Location: page-not-found.php');
    exit;
}
$address = $cities[$city];
?>
...
<?php foreach ($cities as $key => $value) { ?>
  <a href="get-4.php?city=<?= $key ?>"><?= $key ?></a>
<?php } ?>

<h1><?= $city ?></h1>
<p><?= $address ?></p>
```

①
②
③
④
⑤

结果

PAGE NOT FOUND

Sorry, we could not find the page you were looking for.

注意: 结果框中将显示名为page-not-found.php的文件,因为查询字符串中没有城市。

如果查询字符串中的数据不是有效的城市,此示例将向访问者发送一个错误页面。

① PHP的array_key_exists()函数用于检查从查询字符串中收集的城市名称是否为城市数组中的键之一。如果存在,函数返回true,否则返回false。这个值保存在一个名为$valid的变量中。

② if条件语句用于检查保存在$valid中的值是否为非true。操作符!表示它不应为true。如果为false,则运行以下代码块。

③ PHP的http_response_code()函数告诉PHP解释器将响应代码404发送回浏览器,这表示找不到访问者请求的页面。

④ PHP的header()函数告诉PHP解释器添加一个Location头,以指示浏览器请求一个名为page-not-found.php的文件。

⑤ PHP的exit命令告诉PHP解释器不要再运行文件中的任何代码。

当$valid的值为true时,则忽略步骤③~⑤,继续显示页面。

转义输出

当提交给服务器的值需要显示在页面中时，必须对它们进行转义，以确保黑客不能利用它们运行恶意脚本。

转义数据包括删除(或替换)不应该出现在值中的任何字符。例如，HTML有5个保留字符，浏览器将其视为代码：

- < 和 > 在标签中使用
- " 和 ' 保存属性值
- & 用于创建字符实体

为在页面上显示这五个字符，必须用代表它们的实体名称或实体编号来替换它们。然后浏览器将显示相应的字符，而不是将它们视为代码。

当页面从访问者那里接收到值，然后需要在页面中显示这些值时，应该检查其中是否有这5个保留字符，如有则用相应的字符实体替换它们。这可以使用PHP内置的htmlspecialchars()函数来完成(参见第246页)。

如果不将HTML的保留字符替换为相应字符实体而直接使用，黑客提交的值可能会加载包含恶意代码的JavaScript文件。这称为跨站点脚本(XSS)攻击。

例如，如果访问者提供了以下用户名，那么页面会尝试显示该用户名，而这可能导致脚本运行。

```
Luke<script src="http://eg.link/bad.js">
</script>
```

当保留字符被替换为字符实体时，访问者将看到上面的文本(并且不会运行其中的脚本)。而在页面对应的HTML源代码中，用户名看起来像这样：

```
Luke&lt;script src=&quot;http://eg.link/
bad.js&quot;&gt;&lt;/script&gt;
```

用户提供的数据应该只出现在网页上可见的HTML标签中(或者在<title>、<meta>元素中)。注意，请勿在如下代码中直接使用用户提供的数据：

- 代码中的注释
- CSS规则(因为这可能在页面中包含一个脚本)
- <script> 元素
- 标签名
- 属性名
- 作为HTML事件属性的值，如onclick或onload
- 作为加载文件的HTML属性的值(如src属性)

正如在第280页上看到的，在URL或查询字符串中使用的值也必须转义。

未转义直接输出面临的风险

这个例子展示了如果数据没有转义可能面临什么风险。

```
PHP                              section_b/c06/xss-1.php
① <a class="badlink" href="xss-1.php?msg=<script
   src=js/bad.js></script>">LINK TO DEMONSTRATE XSS</a>

   <?php
② $message = $_GET['msg'] ?? 'Click link at top of
   page';
   ?>
   ...
   <h1>XSS Example</h1>
③ <p><?= $message ?></p>
```

结果

LINK TO DEMONSTRATE XSS

MOUNTAIN ART SUPPLIES

This could be an XSS attack

Close

XSS EXAMPLE

注意： 正如下一页所述，在浏览器不会将查询字符串中的转义文本视为代码，而是直接将script标签显示在页面中。

① 在本例中，显示了一个同样跳转到本页面的链接。该链接有一个包含<script>标签的查询字符串(在真正的XSS攻击中，该页面的链接可能出现在另一个网站、电子邮件或其他类型的消息中)。

② PHP页面检查$_GET超全局数组，查看查询字符串是否包含名为msg的属性。

● 如果包含，对应的值保存在一个名为$message的变量中。

● 否则，$message将保存一条提示信息，提示用户单击链接。

③ 将$message中的值展示在页面中。

当单击页面顶部的链接时，链接的脚本将运行，这是因为没有对查询字符串中的值进行转义。

转义HTML的保留字符

PHP内置的htmlspecialchars()函数将HTML的保留字符替换为相应的实体。这样这些字符将直接显示，而不能作为代码运行。

htmlspecialchars()函数有四个形参；第一个是必需的，其余的则是可选的。

- $text 是要转义的文本。
- $flag 是控制需要对哪些字符进行编码的选项 (下表列出了该形参的常用选项)。
- $encoding 规定了字符串中使用的编码方案 (如果未指定，默认为UTF-8)。
- $double_encode是最后一个形参。因为HTML实体以&号开始，如果字符串包含字符实体，则对&号进行编码，页面将显示字符实体(而不是保留字符)。当传入false时，将告诉PHP解释器不要对字符串中的字符实体进行编码。

在编码方案中，如果转义字符串中的字符都由有效字符所组成，函数将返回保留字被字符实体替换后的字符串。

如果字符串中包含无效的字符，函数将返回一个空字符串(除非传入的$flag值为下表所述的ENT_SUBSTITUTE)。

因为htmlspecialchars()函数的名称相当长，且有四个形参，所以一些程序员使用名称较短的用户自定义函数进行转义，以返回编码后的版本(如下一页所示)。

```
htmlspecialchars($text[, $flag][, $encoding][, $double_encode]);
```

flag(标志)	描述
ENT_COMPAT	转换双引号，保留单引号(当未传入flag时，该值为默认值)
ENT_QUOTES	转换双引号和单引号
ENT_NOQUOTES	不转换双引号或单引号
ENT_SUBSTITUTE	为防止函数返回空字符串，用指定字符替换掉无效字符 (在UTF-8中使用U+FFFD替换，在其他任何编码中使用&#)
ENT_HTML401	将代码视为HTML 4.01
ENT_HTML5	将代码视为HTML 5
ENT_XHTML	将代码视为XHTML

要指定多个标志，可使用管道符号分隔每个标志，如ENT_QUOTES|ENT_HTML5。

转义用户提供的内容

section_b/c06/xss-2.php

```php
<a class="badlink" href="xss-2.php?msg=<script
src=js/bad.js></script>">ESCAPING MARKUP</a>

<?php
$message = $_GET['msg'] ?? 'Click the link above';
?> ...
<h1>XSS Example</h1>
```
① `<p><?= htmlspecialchars($message) ?></p>`

PHP

section_b/c06/xss-3.php

```php
<a class="badlink" href="xss-3.php?msg=<script
src=js/bad.js></script>">ESCAPING MARKUP</a>

<?php
```
②
```php
function html_escape(string $string): string
{
    return htmlspecialchars($string,
        ENT_QUOTES|ENT_HTML5, 'UTF-8', true);
}
```
```php
$message = $_GET['msg'] ?? 'Click the link above';
?> ...
<h1>XSS Example</h1>
```
③ `<p><?= html_escape($message) ?></p>`

结果

XSS EXAMPLE

<script src=js/bad.js></script>

试一试：在步骤②中，用include语句替换函数定义，从而引入 functions.php文件。

① 这里的第一个示例与前一个示例相比只有一个变更；就是当显示$message中的值时，使用的是PHP的htmlspecialchars()函数，该函数将HTML中的保留字符替换为相应的字符实体。因此，当单击链接时，屏幕上将显示HTML的 <script >标签，而不是由浏览器运行该脚本。

② 该示例的第二个版本添加了用户的自定义函数html_escape()。它接收一个字符串作为实参，并返回一个更新后的字符串，该字符串中的所有保留字符都被字符实体替换。在该函数内部，实际调用了htmlspecialchars()函数，并为其传递了四个实参。

③ 调用html_escape()函数展示从查询字符串中返回的消息。

两个例子得到的结果看起来完全相同。

注意：在下载的本章代码中，html_escape()的函数定义也在引用文件functions.php中。

将表单数据发送到服务器的方式

表单允许访问者输入文本和选择选项。对于每个表单控件，浏览器可以将字段名和值连同页面请求一起发送到服务器。

HTML <form>标签需要两个属性：
- action属性的值表示应将表单数据发送到的目标 PHP文件。
- method属性的值表示将表单数据发送到服务器的方法。

method属性常使用以下两个值：
- GET使用的是HTTP GET方法，该方式将表单数据添加到URL末尾的查询字符串中进行发送。
- POST使用的是HTTP POST方式，该方式将表单数据放在浏览器发送到服务器的头部信息中。

将数据发送到的页面   发送数据所用的HTTP方法

```
<form action="join.php" method="POST">
    <p>Email: <input type="email" name="email"></p>
    <p>Age:   <input type="number" name="age"></p>
    <p><input type="checkbox" name="terms" value="true">
        I agree to the terms and conditions.</p>
    <input type="submit" value="Save">
</form>
```

当访问者提交表单时，浏览器请求action属性中指定的页面。

action属性的值可以是从创建表单的页面到处理表单的页面的相对路径，也可以是完整的URL。

通常情况下，表单将被提交到用于显示表单的相同PHP页面。

上面的表单是通过HTTP POST发送的，因此浏览器将把表单控件的字段名和值添加到HTTP报头中。头文件随着目标为join.php的请求一起发送。对于每个头文件：
- name是表单控件中name属性的值。
- value是用户输入的文本或选择项的值。

下面的HTML表单控件分为两类：允许访问者输入文本的文本输入框，和允许访问者选择选项的选择器。

如果访问者填写文本输入，则发送到服务器的name 是表单控件name属性的值，值是输入的文本。如果用户没有为该表单控件输入任何文本，则名称仍然被发送到服务器，值为空字符串。

如果选择了一个选项，则name是表单控件name属性的值，值是访问者所选选项的value属性中的数据。如果用户没有选择某个选项，浏览器将不为该表单控件向服务器发送任何数据。

文本输入	示例	目的
Text input	`<input type="text" name="username">`	输入单行文本
Number input	`<input type="number" name="age">`	输入数字
Email input	`<input type="email" name="email">`	输入电子邮件地址
Password	`<input type="password" name="password">`	输入密码
Text area	`<textarea name="bio"></textarea>`	输入多行文本

选项	示例	目的
Radio buttons	`<input type="radio" name="rating" value="good">` `<input type="radio" name="rating" value="bad">`	从多个选项中选择一个

Select boxes	`<select name="preferences">`
	`<option value="email">Email</option>`
	`<option value="phone">Phone</option>`
	`</select>`
		从多个选项中选择一个

Checkboxes	`<input type="checkbox" name="terms" value="true">`	选择单个选项

为了演示服务器端的验证方式，本书只验证服务器上的数据。通常情况下，网站应该使用JavaScript、数字和邮箱输入，以便在将数据发送到服务器之前在浏览器中验证数据，然后在服务器上再次验证数据(因为浏览器中的验证可以被恶意绕过)。

注意： 当PHP解释器将来自浏览器的数据添加到超全局数组时，数据总是字符串类型；即使在原有数据中其值是数字或布尔值，也是如此。

在下一章中，将介绍用于向服务器发送文件的文件上传控件。

获取表单数据

当PHP解释器接收到通过HTTP POST发送的数据时，会将这些数据添加到超全局数组$_POST中。

当访问者通过HTTP POST提交表单时，PHP解释器接收对页面的请求，并将表单数据(在HTTP报头中发送)添加到超全局数组$_POST中。其中：

- 键是窗体表单控件的字段名
- 值是用户输入或选择的值

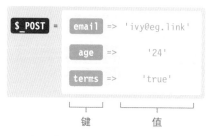

如果使用HTTP GET发送表单数据，PHP解释器将从查询字符串中获取表单数据并将其添加到超全局数组$_GET中。

PHP文件中的代码可以访问超全局数组$_POST中的值，访问方式与访问关联数组的值方式相同。

如果表单控件是一个文本输入框，那么它总有一个值(除非该控件已被禁用)：

```
$email = $_POST['email'];
```
变量　　　　　　　键

如果表单控件是选择器，那么只有当访问者选择一个选项后，字段名和值才会被添加到HTTP头信息中。因此，使用空合并操作符从超全局数组$_POST中收集选项(与从查询字符串收集值的方式相同)。

```
$age = $_POST['age'] ?? false;
```
变量　　　　　　键　　　默认值

下一页的示例中显示了当页面使用表单时，超全局数组所保存的内容。var_dump()函数(参见第192页)用于显示超全局数组的内容，这样就可以看到有哪些元素被添加到数组中，还可以看到这些超全局数组中保存的所有数据都是字符串数据类型——即使从字面上看它是一个数字或布尔值。

请务必亲自尝试运行这个例子，这样就能看到超全局数组中的数据在以下情况发生时的变化：

- 页面首先加载，然后发送表单。
- 提交表单，不填写任何数据。
- 表单字段已填写。

如何接收表单数据

PHP　　　　　section_b/c06/collecting-form-data.php

```php
<form action="collecting-form-data.php"
method="POST">
    <p>Name:      <input type="text" name="name"></p>
    <p>Age:       <input type="text" name="age"></p>
    <p>Email:     <input type="text" name="email"></p>
    <p>Password: <input type="password" name="pwd"></p>
    <p>Bio:        <textarea name="bio"></textarea></p>
    <p>Contact preference:
      <select name="preferences">
        <option value="email">Email</option>
        <option value="phone">Phone</option>
      </select></p>
    <p>Rating:
      1 <input type="radio" name="rating"
value="1"> 
      2 <input type="radio" name="rating"
value="2"> 
      3 <input type="radio" name="rating" value="3"></p>
      <p><input type="checkbox" name="terms"
value="true">
      I agree to the terms and conditions.</p>
      <p><input type="submit" value="Save"></p>
</form>
<pre><?php var_dump($_POST); ?></pre>
```

① 此处有五个文本输入控件需要分别输入用户的姓名、年龄、电子邮件地址、密码和个人信息。

② 在此为用户提供了单选框控件，其中有三个选项。

③ 使用var_dump()函数写出超全局数组$_POST的内容。

当页面加载时，表单还没有提交，因此超全局变量$_POST为空。

如果表单提交时没有输入任何数据，则每个文本输入控件在超全局数组$_POST中将对应一个元素；元素的值是一个空字符串。

当页面加载时，选择器发送到服务器的值是为它显示的默认值。但是单选框与复选框的字段名和值不会被发送到服务器。

如果所有表单控件都已填写，超全局数组$_POST将为每个表单控件保存一个元素。而发送到服务器的表单数据中，每个值都是字符串。

试一试：将<form>标签的method属性中的值更改为GET，这样数据将通过HTTP GET发送。然后，在步骤③中显示超全局数组$_GET的内容。

结果

验证表单是否已提交

在收集和处理表单数据之前，必须先提交表单。根据表单是通过HTTP POST还是HTTP GET发送的，可以使用不同的技术来检查表单是否已提交。

HTTP POST

超全局数组$_SERVER(参见第190页)有一个名为 REQUEST_METHOD的键，它保存了用于请求页面的HTTP方法。当使用HTTP POST提交表单时，它的值为POST。

检查是否已使用HTTP提交表单POST，使用if语句检查REQUEST_METHOD键对应的值是否为POST。处理表单数据的后续代码放在下面的代码块中。

```
if ($_SERVER['REQUEST_METHOD'] == 'POST') {
    // Code to collect and process form data goes here
}
```

HTTP GET

当用户单击链接或在浏览器的地址栏中输入URL时，请求总是通过HTTP GET发送。因此，不能使用超全局变量$_SERVER来检查何时通过HTTP GET发送了表单，但可以添加一个：

- 在表单中添加一个隐藏输入框
- 给提交按钮添加名称(name)和值(value)

当提交表单时，隐藏输入框或提交按钮的字段名和值将被添加到$_GET超全局数组中。

可使用if语句检查超全局变量$_GET是否具有表单提交时发送的值。如果有，则可运行收集和处理数据的代码。

```
$submitted = $_GET['submitted'] ?? '';
if ($submitted === 'true') {
    // Code to collect and process form data goes here
}
```

验证已提交的表单

PHP section_b/c06/check-for-http-post.php

```php
<?php
if ($_SERVER['REQUEST_METHOD'] == 'POST') {
    $term = $_POST['term'];
    echo 'You searched for ' . htmlspecialchars($term);
} else { ?>
    <form action="check-for-http-post.php" method="POST">
        Search for: <input type="text" name="term">
        <input type="submit" value="search">
    </form>
<?php } ?>
```

① 使用if语句验证超全局数组$_SERVER，查看其中名为REQUEST_METHOD的键的值是否为POST。

② 如果是，则通过HTTP POST 发送搜索表单，并在页面中显示搜索项。

③ 否则，跳过步骤②，并展示表单。

　　在本例中，提交按钮的值为search；当表单提交时，该值也将一起发送。如果表单已提交，则将这些值添加到超全局数组$_GET中。

PHP section_b/c06/check-for-http-get.php

```php
<?php
$submitted = $_GET['sent'] ?? '';
if ($submitted === 'search') {
    $term = $_GET['term'] ?? '';
    echo 'You searched for ' .
htmlspecialchars($term);
} else { ?>
    <form action="check-for-http-get.php" method="GET">
        Search for: <input type="search" name="term">
        <input type="submit" name="sent" value="search">
    </form>
<?php } ?>
```

④ 空合并操作符检查超全局数组$_GET中，名为sent的键是否有对应的值。如果是，使用名为$submitted的变量保存它的值；否则，该变量保存一个空字符串。

⑤ if条件语句检查$submitted的值是否为search。如果是，则通过HTTP GET发送表单数据，并显示搜索项。

⑥ 否则，将显示表单。

结果

试一试： 使用隐藏的表单输入框来表示表单已提交。

验证数值

在收集表单数据时，应该对其进行验证，以确保提供了所有必需的值并且这些数据的格式正确。这可以防止页面运行了不正确数据所导致的运行错误。

要检查值是否为数字，请使用PHP内置的is_numeric()函数(见第216页)。或者，如果需要检查某个数值是否在指定的允许数值范围内，可以创建用户自定义函数来执行该任务。在下面的示例函数中，使用比较操作符来检查一个数字是否在允许值的最小和最大范围内。该函数有三个形参：

- $number是需要检查的值
- $min是允许的最小值
- $max是允许的最大值

在函数中，判断条件包含两个表达式用于检查数字是否为：

- 大于或等于最小值
- 小于或等于最大值

如果两个表达式的值都为true，函数返回true。如果其中一个表达式的结果为false，则函数返回false。

一旦页面收集了一个数值，就可以通过调用这个函数来检查该值是否有效。

```
function is_number($number, int $min = 0, int $max = 100): bool
{
    return ($number >= $min and $number <= $max);
}
```

是否≥最小值?　　　　是否≤最大值?

如果表单数据无效，通常页面会再次显示该表单，以便用户重新尝试。在本例中，通过<input>标签的value属性，可以将用户提供的数字显示在表单控件中。

这里，htmlspecialchars()函数用于显示值，以防止XSS攻击。

因为用户输入的值只有在表单提交后才会被收集，所以$age变量必须在页面顶部声明，并给出一个空字符串的初始值。如果变量没有在页面顶部声明，那么试图在表单控件的value属性中显示该数据时，将导致文本输入中的Undefined variable错误。

```
<input type="text" name="age" value="<?= htmlspecialchars($age) ?>">
```

验证数字是否有效

PHP　　　　　　　section_b/c06/validate-number-range.php

```php
<?php
declare(strict_types = 1);
$age     = '';
$message = '';

function is_number($number, int $min = 0, int $max = 100): bool
{
    return ($number >= $min and $number <= $max);
}

if ($_SERVER['REQUEST_METHOD'] == 'POST') {
    $age   = $_POST['age'];
    $valid = is_number($age, 16, 65);
    if ($valid) {
        $message = 'Age is valid';
    } else {
        $message = 'You must be 16-65';
    }
}
?> ...
<?= $message ?>
<form action="validate-number-range.php" method="POST">
  Age: <input type="text" name="age" size="4"
          value="<?= htmlspecialchars($age) ?>">
  <input type="submit" value="Save">
</form>
```

结果

① $age和$message这两个变量的初始化值为空字符串。

② 在此定义了is_number()函数(见上一页)。

③ 页面将检查表单是否已提交，如果是，则继续后续步骤。

④ age是从超全局数组 $_POST 中收集的。该数据来自文本输入，因此在提交表单时总会为其提供一个值。

⑤ 调用is_number()函数。其中用户提交的值是第一个实参，数字16和65是最小和最大有效数值。函数返回的布尔值保存在$valid中。

⑥ if语句检查$valid中的值是否为true。如果是，则$message变量中保存一条表示年龄有效的消息。

⑦ 否则，$message将保存一条错误信息。

⑧ 显示错误信息。

⑨ 将用户输入的数值(或步骤①中的初始值)使用htmlspecialchars()函数进行处理，并显示在输入框中。

验证文本长度

网站通常会限制用户名、帖子、文章标题和个人资料中可以出现的字符数量。可使用单个函数来验证网站接收到的任何字符串的长度。

测试用户提供的文本是否在最小和最大字符数之间：

- PHP的内置函数：mb_strlen()(参阅第210页)用于计算字符串中有多少个字符。并将该数字保存在一个变量中。
- 在之后的判断条件中使用两个表达式来检查字符的数量是否在允许的范围内(与上一页中用于检查数字是否在允许范围内的方法相同)。

如果字符的数量有效，函数返回true；否则，返回false。

当验证数据的代码放在函数中使用时，可以使用该函数来验证多个表单控件。这样可以避免写入重复代码来执行相同的验证任务。

下面的函数(以及前面的例子)使用形参来表示最小值和最大值，以便每次调用函数时，这些形参可以具有不同的值。

当多个页面执行相同的验证任务时，应将函数定义放在include文件中。然后在需要使用的页面中引入该文件，而不是在每个页面中写入相同的函数定义。本章的下载代码中包含一个名为validate.php的引用文件，该文件包含本章中介绍的三个函数定义。

```
function is_text($text, int $min = 0, int $max = 100): bool
{
    $length = mb_strlen($text);
    return ($length >= $min and $length <= $max);
}
```

是否≥最小值?　　　是否≤最大值?

检查文本长度

section_b/c06/validate-text-length.php

PHP

```php
<?php
declare(strict_types = 1);
$username = '';
$message = '';

function is_text($text, int $min = 0, int $max = 1000): bool
{
    $length = mb_strlen($text);
    return ($length >= $min and $length <= $max);
}
if ($_SERVER['REQUEST_METHOD'] == 'POST') {
    $username = $_POST['username'];
    $valid    = is_text($username, 3, 18);
    if ($valid) {
        $message = 'Username is valid';
    } else {
        $message = 'Username must be 3-18 characters';
    }
}
?> ...
<?= $message ?>
<form action="validate-text-length.php" method="POST">
  Username: <input type="text" name="username"
    value="<?= htmlspecialchars($username) ?>">
  <input type="submit" value="Save">
</form>
```

结果

Username: Ivy   SAVE

① 初始化变量：$username和$message。

② 定义名为is_text()的用户自定义函数(如上一页所示)。

③ 该页面检查表单是否已提交。如果是，则继续后续步骤。

④ 文本是从超全局数组$_POST中收集的。

⑤ 调用is_text()函数来检查用户输入的文本长度是否在3到18个字符之间。将检查结果返回并保存在$valid中。

⑥ if语句检查$valid中的值是否为true。如果是，$message将保存一条消息，表示用户名有效。

⑦ 否则，$message将保存一条消息，指示用户名的长度必须在3到18之间。

⑧ 显示$message变量中的值。

⑨ $username中的值在文本输入框中显示。这里显示的要么是用户发送的值，要么是在步骤①中变量初始化时所保存的空字符串。

使用正则表达式验证数据

正则表达式可用于检查访问者提供的值是否与指定的字符模式匹配。

正如在第214~217页中介绍的，正则表达式可以用来描述当前所允许的字符模式，例如信用卡号、ZIP/邮政编码和电话号码中使用的字符。下面的函数使用正则表达式检查用户密码的强度。

该函数接收一个密码作为形参，然后检查它是否为8个或更多字符。使用正则表达式检查它是否包含：

● 大写字符
● 小写字符
● 数字

每个校验用and操作符分隔。如果所有条件都为true，函数返回true；否则返回false。仅使用单个正则表达式一次性执行所有检查也是可以的，但这样的正则表达式将难以阅读。

该函数包含一个条件，有四个表达式。

首先，mb_strlen()检查值是否包含8个或更多字符。

接下来，使用PHP的preg_match ()函数执行三次，以检查是否在密码中找到正则表达式中描述的指定字符模式。

如果所有表达式的结果都为true，则后续的代码块返回值为true(因为该值满足要求)。否则，如果函数仍在运行，则返回false。

```php
function is_password(string $password): bool
{
    if (
        mb_strlen($password) >= 8
        and preg_match('/[A-Z]/', $password)
        and preg_match('/[a-z]/', $password)
        and preg_match('/[0-9]/', $password)
    ) {
        return true;    // Passed all tests
    }
    return false;       // Invalid
}
```

注意： 尽管浏览器会在输入密码时隐藏密码，但数据仍然以纯文本形式在HTTP报头中发送。因此，所有个人数据都应该通过HTTPS发送(见第184~185页)。

检查密码强度

```
PHP                          section_b/c06/validate-password.php
    <?php
    declare(strict_types = 1);
①  $password = '';
    $message  = '';
②  function is_password(string $password): bool
    {
        if (
            mb_strlen($password) >= 8
③          and preg_match('/[A-Z]/', $password)
            and preg_match('/[a-z]/', $password)
            and preg_match('/[0-9]/', $password)
        ) {
④          return true;   // Passed all tests
        }
⑤      return false;      // Invalid
    }
⑥  if ($_SERVER['REQUEST_METHOD'] == 'POST') {
⑦      $password = $_POST['password'];
⑧      $valid    = is_password($password);
⑨      $message  = $valid ? 'Password is valid' :
            'Password not strong enough';
    }
    ?> ...
⑩  <?= $message ?>
    <form action="validate-password.php" method="POST">
      Password: <input type="password" name="password">
      <input type="submit" value="Save">
    </form>
```

结果

① 初始化$password和$message 变量。

② is_password()函数定义中仅有一个形参，即为待检查的密码。

③ 在if语句中使用了四个表达式；每个表达式的结果都是true或false。它们由 and操作符分隔，因此后续代码块只在它们都为true时运行。

④ 如果步骤③中的表达式都为true，这里的代码块将返回true，然后函数停止运行。

⑤否则，如果if语句的条件中有任意表达式为false，函数将返回false。

⑥ 如果提交了表单，则运行其后的代码块。

⑦ 从超全局变量$_POST中收集密码。

⑧ 调用is_password()来检查用户的密码。并将检查结果保存在一个名为$valid的变量中。

⑨ 三元操作符将检查$valid变量是否为true。如果是，变量$message将保存一个成功消息；否则，它将保存错误提示消息。

⑩ 显示$message变量中的值。

选择框和单选框

用户可从选择框和单选框的选项列表中选择一个。如果选择了某个选项，浏览器只会将字段名和值发送到服务器。要确定该值的有效性，可查看该值是否匹配其中一个选项来验证。

当表单使用选择框或单选框时，可创建一个包含用户所有可选项的索引数组，并将其保存在一个变量中。下面的数组保存了从1到5的星级评级。

然后，该数组可以用于：
- 在选择框或单选框中创建选项
- 检查用户是否选择了这些选项中的一个

$$\text{\$star\_ratings} = [1, 2, 3, 4, 5,];$$

为了验证用户是否选择了一个有效的选项，这里使用了PHP内置的in_array()函数。

如果在选项数组中找到提交的值，in_array()返回 true，否则返回false。

$$\text{\$valid} = \text{in\_array(\$stars, \$star\_ratings);}$$

提交的值　　　　有效选项

要创建表单控件，可以遍历选项并为每个选项添加一个元素。当表单再次显示给用户时，可以使用三元操作符高亮显示所选选项。

使用三元操作符中的条件语句检查$stars变量中的值是否与循环中的当前值匹配。如果是，则在input元素上添加checked属性。否则，用一个空字符串替代checked属性。

```php
<?php foreach ($option as $star_ratings) { ?>
  <?= $option ?>
  <input type="radio" name="stars" value="<?= $option ?>"
    <?= ($stars == $option) ? 'checked' : '' ?>>
<?php } ?>
```

注意： 此示例依赖于已初始化的$stars变量(请参阅下一页的步骤①)。

验证选项

PHP　　　　　　　section_b/c06/validate-options.php

```php
<?php
$stars   = '';
$message = '';
$star_ratings = [1, 2, 3, 4, 5,];

if ($_SERVER['REQUEST_METHOD'] == 'POST') {
    $stars   = $_POST['stars'] ?? '';
    $valid   = in_array($stars, $star_ratings);
    $message = $valid ? 'Thank you' : 'Select an option';
}
?> ...
<?= $message ?>
<form action="validate-options.php" method="POST">
  Star rating:
  <?php foreach ($star_ratings as $option) { ?>
    <?= $option ?> <input type="radio" name="stars"
        value="<?= $option ?>"
        <?= ($stars == $option) ? 'checked' : ''
?>>
  <?php } ?>
  <input type="submit" value="Save">
</form>
```

结果

① 初始化变量：$stars、$message。

② $star_ratings变量保存了一个索引数组，该数组将用于创建一组单选框。

③ 使用if语句检查表单是否已提交。

④ 如果已提交，则从超全局数组$_POST中收集所选选项。

⑤ PHP的in_array()函数将检查用户选择的值是否为允许的选项。

⑥ 三元操作符用于创建一条消息，以指示数据是否有效。

⑦ 显示$message中的值。

⑧ foreach循环使用$star_ratings数组中的值来创建表单中的选项。

⑨ 对于每个展示选项，后跟一个单选框，并将按钮的value属性赋值为循环的当前项。

⑩ 三元操作符检查当前选项是否选中。如果是，则添加checked属性。

判断复选框是否选中的方式

复选框的状态有两种：选中和非选中。仅当复选框被选中时，
该复选框的字段名和值才被发送到服务器。

确定复选框是否选中，包含两个
步骤：
- 使用PHP的isset()函数检查超全局
  数组中是否有复选框的值。
- 若有，则检查提供的值是否为我
  们所希望发送的值。

这两种检查都可以在三元操作符的
条件语句中执行。如果两次检查的结果
都是true，即可知道用户选中了复选框，
并且可以给指定变量分配一个值为true的
布尔值。

下面，如果条件语句中两个检查的
结果都是true，那么$terms保存的值为
true，否则为false。

```
$terms = (isset($_POST['terms']) and $_POST['terms'] == true) ? true : false;
```
          值已被添加到   提供的值有效
          超全局数组中

如果需要再次向用户展示表单，那
么只需要检查该复选框的值是否为true。

如果是，则将checked属性添加到控
件中。否则用一个空字符串替代checked
属性。

```
<input type="checkbox" name="terms" value="true"
<?= $terms ? 'checked' : '' ?>>
```
       如果选中复选框   则添加checked   否则添加空字符串
                        属性

验证复选框

PHP

```php
<?php
$terms   = '';
$message = '';

if ($_SERVER['REQUEST_METHOD'] == 'POST') {
    $terms   = (isset($_POST['terms']) and $_POST['terms'] == true) ? true : false;
    $message = $terms ? 'Thank you' : 'You must agree to the terms and conditions';
}
?> ...
<?= $message ?>
<form action="validate-checkbox.php" method="POST">
  I agree to the terms and conditions: <input type="checkbox" name="terms"
value="true"
    <?= $terms ? 'checked' : '' ?>>
  <input type="submit" value="Save">
</form>
```

①
②
③
④
⑤
⑥

结果

You must agree to the terms and conditions

I agree to the terms and conditions: ☐ SAVE

① 初始化变量：$terms和$message。

② 如果表单已经提交...

③ 在三元操作符的条件语句中使用两个表达式来确定复选框是否被选中。首先，使用PHP的isset()函数检查复选框是否已发送到服务器。如果是，第二个表达式检查它的值是否为true。如果两个表达式的值都为true，则$terms变量被赋值为true；否则赋值为false。

④ 如果$terms保存的值为true，则$message保存消息Thank you；否则，它将保存一条消息，用于告诉用户需要同意一些条款和条件。

⑤ 在页面中显示消息。

⑥ 三元操作符用于检查$terms变量的值是否为true(表示该变量已被检查)。如果是，则将checked 属性添加到复选框中。否则用一个空字符串替代checked属性。

检查多个值是否有效

在处理数据之前，页面通常需要验证数据中的若干条信息是否有效。一般而言，表单会要求访问者提供多条信息。

下面的表单要求访问者提供以下数据(使用三种数据类型)：

- 用户名(长度在2到10个字符之间的字符串)。
- 年龄(16到65之间的整数)。
- 是否同意条款和条件(布尔值true或false)。

当用户提交表单时，如果任何数据无效，页面应该：

- 不处理提交的数据。
- 创建错误消息，用于告诉访问者如何纠正每个错误。
- 显示用户所输入的值。

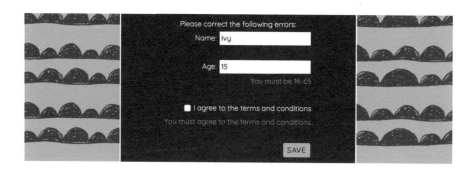

除了显示表单，该页面还可以显示错误消息和用户输入的任何值。为此，首先需要声明两个数组：

- 其中一个数组中的元素用于保存用户将提供的每个值。
- 另一个数组中的元素用于保存可能在页面中显示的每个错误消息。

这两个数组在页面第一次加载时都必须拥有初始化的字段名和(在表单提交之前)可以显示的初始化值。如果不这样做，当PHP解释器试图访问数组中没有值的元素时，将抛出错误。

保存错误消息的数组为每个潜在的表单错误保存一个空字符串，因为页面初次加载时并没有错误。

1. 如果表单已被提交，则从中收集用户提供的数据。

这些值将覆盖保存在数组中的初始值，初始值用于保存用户的数据。

用于保存用户数据的数组　　　　　　　　　　　获取值

```
$user['name']  = $_POST['name'];
$user['age']   = $_POST['age'];
$user['terms'] = (isset($_POST['terms']) and $_POST['terms'] == true) ? true : false;
```

2. 接下来，对每份数据进行验证。如果该数据无效，则错误消息将保存在$errors数组的对应元素中。

使用本章中介绍的验证函数对数据进行验证，如果用户提供的值有效，则返回true，否则返回false。

这意味着可以在三元操作符的条件语句中调用验证函数。

- 如果数据有效，那么元素保存一个空白字符串。
- 如果数据无效，保存错误消息，告诉用户数据无效的原因。

保存错误信息的数组　　验证表单数据　　空字符串　　错误信息

```
$errors['name']  = is_text($user['name'], 2, 20)   ? '' : 'Name must be 2-20 characters';
$errors['age']   = is_number($user['age'], 16, 65) ? '' : 'You must be 16-65';
$errors['terms'] = $user['terms']                  ? '' : 'You must agree to the terms';
```

3. 要检查是否有错误，可使用PHP内置的implode()函数将$errors数组中的所有值拼接为一个字符串。

拼接得到的结果保存在一个名为$invalid的变量中。如果$invalid保存的值为空字符串，则数据是有效的。否则表明至少有一个错误。

```
$invalid = implode($errors);
```

保存所有错误的变量　　　保存错误的数组

4. if语句用于检查$invalid是否包含任何文本信息。如果是，那么$invalid被视为true，并与表单一起显示错误消息。

如果没有错误，$invalid将保存一个空字符串(这将被视为false)，页面可以处理它接收到的数据。

```
if ($invalid) {
    // 显示错误消息，不处理数据
} else {
    // 数据是有效的，页面可以处理数据
}
```

验证表单

此示例演示如何验证多个表单控件。

① 将validate.php引入页面中。该文件中包含了本章三个验证函数的定义。将它们放在引用文件中，可以允许任何页面引用文件，然后使用其函数。

② $user变量保存着一个数组，每个表单控件都有一个元素；这些控件都被分配了一个初始值，以便在页面首次加载时使用。

③ $errors变量保存了一个数组，每个需要验证的数据在数组中都有一个对应的元素。

④ $message保存了一条空字符串。一旦数据验证完成，它将保存成功或错误消息。

⑤ 使用if语句检查表单是否已提交。

⑥ 如果是，则从表单中收集三段数据，并且用户提供的数据将覆盖保存$user数组中的初始值。

⑦ 使用is_text()函数验证用户提供的名称。如果数据有效，则返回true；否则返回false。如果有效，则$errors数组(参见步骤③)中的对应元素保存一个空字符串。如果数据无效，那么该元素将保存一条消息，告诉用户如何修复它。

⑧ 使用is_number()验证用户的年龄。如果数据有效，则返回true；否则返回false。如果数据有效，则$errors数组的对应元素保存一个空字符串。否则保存错误消息。

⑨ 如果用户选中了terms复选框，则$errors数组的对应元素持有一个空字符串。否则，对应元素将保存一个错误消息，即为用户需要接受的条款和条件。

⑩ 使用PHP的implode()函数将$errors数组中的所有值连接成一个字符串。结果保存在名为$invalid的变量中。

⑪ 使用if语句检查$invalid中的值是否为true。如果$invalid包含任何文本，它将被视为true。空字符串则被视为false。

⑫ 如果数据无效，$message变量将保存一条消息，告诉用户纠正表单错误。

⑬ 否则，$message保存一条消息，表示数据是有效的。如果数据有效，那么页面就可以继续处理这些数据。通常情况下，当页面接收到有效数据时，不需要再次显示表单。

⑭ 显示保存在$message中的值。

⑮ 如果用户已经提交表单，那么他们所输入名称的值将被写在表单控件的value属性中(此文本使用PHP的htmlspecialchars()函数进行转义)。如果表单没有提交，这里将显示初始化$user数组时保存在相应键中的空白字符串。

⑯ 显示与此表单控件对应的$errors数组中元素的值。

⑰ 如果用户提供了年龄，则显示在表单控件的value属性中。后跟$errors数组中年龄的对应值。

⑱ 如果访问者选中了条款和条件复选框，则选中的属性将被添加到复选框中。后跟$errors中的相关值。

```php
    <?php
    declare(strict_types = 1);                              // 启用严格类型
①  require 'includes/validate.php';                         // 引入检查函数

    $user = [
        'name'  => '',
②      'age'   => '',
        'terms' => '',
    ];                                                       // 初始化$user数组
    $errors = [
        'name'  => '',
③      'age'   => '',
        'terms' => '',
    ];
④  $message = '';                                            // 初始化错误信息

⑤  if ($_SERVER['REQUEST_METHOD'] == 'POST') {
        $user['name']  = $_POST['name'];                     // 获取名称
⑥      $user['age']   = $_POST['age'];                       // 获取年龄
        $user['terms'] = (isset($_POST['terms']) and $_POST['terms'] == true) ? true : false;

⑦      $errors['name']  = is_text($user['name'], 2, 20)   ? '' : 'Must be 2-20 characters';
⑧      $errors['age']   = is_number($user['age'], 16, 65) ? '' : 'You must be 16-65';
⑨      $errors['terms'] = $user['terms']                  ? '' : 'You must agree to the
            terms and conditions';                           // 检查数据

⑩      $invalid = implode($errors);                          // 拼接错误信息
⑪      if ($invalid) {
⑫          $message = 'Please correct the following errors:'; // 不做处理
⑬      } else {
            $message = 'Your data was valid';                // 继续处理数据
        }
    }
    ?> ...
⑭  <?= $message ?>
    <form action="validate-form.php" method="POST">
⑮    Name: <input type="text" name="name" value="<?= htmlspecialchars($user['name']) ?>">
⑯    <span class="error"><?= $errors['name'] ?></span><br>
⑰    Age: <input type="text" name="age" value="<?= htmlspecialchars($user['age']) ?>">
     <span class="error"><?= $errors['age'] ?></span><br>
     <input type="checkbox" name="terms" value="true" <?= $user['terms'] ? 'checked' : '' ?>>
⑱    I agree to the terms and conditions
     <span class="error"><?= $errors['terms'] ?></span><br>
     <input type="submit" value="Save">
    </form>
```

使用筛选器函数收集数据

PHP还有两个内置函数，用于收集从浏览器发送的数据并将其保存在变量中。它们被称为筛选器函数，因为这两个函数可以将浏览器发送的数据进行筛选。

filter_input() 获取已发送到服务器的单个值。它需要两个形参。第一个是输入源(不需要放在引号中)。该形参有如下选项：

- INPUT_GET 从HTTP GET请求中获取数据。
- INPUT_POST 从HTTP POST请求中获取数据。
- INPUT_SERVER获取的数据与 $_SERVER超全局数组中的相同。

第二个形参是发送到服务器的字段名/值对中的字段名，该形参需要用引号括起来。如果这样使用，filter_input()函数将返回：

- 该字段名对应的值——如果发送到服务器的数据中有该值。
- null——如果数据没有发送到服务器。

在学习了如何使用这个函数之后。你还将学习如何将筛选器作为第三个形参应用。

```
$data = filter_input(INPUT_SOURCE, 'name');
```

输入源　　　　字段名

filter_input_array()收集通过HTTP GET或POST发送到服务器的所有值，并将每个值保存为数组的一个元素。

因为该函数获取了所有的值，因此只需要一个形参，即输入源。输入源的值与filter_input()的值相同。

```
$data = filter_input_array(INPUT_SOURCE);
```

输入源

接收到数据时，它被保存为字符串数据类型。使用这些筛选器函数可以转换对应的数据类型。

接下来的几页将使用PHP的var_dump()函数来显示使用这些函数所得到的值以及值的数据类型，这是因为清除每个值的数据类型在开发过程中十分重要。

使用筛选器函数来收集数据

PHP section_b/c06/filter_input.php

① `<?php $location = filter_input(INPUT_GET, 'city'); ?>` ...

②
```
<a href="filter_input.php?city=London">London</a> |
<a href="filter_input.php?city=Sydney">Sydney</a>
```

③ `<pre><?php var_dump($location); ?></pre>`

结果

PHP section_b/c06/filter_input_array.php

④ `<?php $form = filter_input_array(INPUT_POST); ?>` ...

⑤
```
<form action="filter_input_array.php" method="POST">
  Email: <input type="text" name="email" value=""><br>
  I agree to terms and conditions:
  <input type="checkbox" name="terms" value="true"><br>
  <input type="submit" value="Save">
</form>
```

⑥ `<pre><?php var_dump($form); ?></pre>`

结果

试一试：提交表格而不填写数据。数组将为文本输入保留一个空字符串，而复选框则没有保留任何内容。

当这两个示例初次加载时，显示的值将为 NULL，因为查询字符串为空。

① filter_input()函数用于获取通过请求发送的查询字符串中的值。字段名/值对的字段名是city。收集到的值保存在一个名为 $location的变量中。

② 这里的两个连接使用查询字符串发送名为city的数据，它们的值为两个不同的城市。

③ var_dump()用于显示保存在 $location中的值及其数据类型 (字符串)。

④ filter_input_array() 函数用于在使用HTTP POST提交表单时从表单中获取所有值。函数创建的数组保存在一个名为 $form的变量中。

⑤ 表单通过HTTP POST发送文本输入框和复选框的值。

⑥ var_dump() 函数用于显示保存在$form中的字段名和值，以及值的数据类型。

验证筛选器

当筛选器函数从浏览器获得数据时，这些数据将被保存为字符串。下面可以看到三个验证筛选器，它们分别用于验证一个值是布尔值、整数还是浮点数。每个筛选器都有一个筛选器ID用作区分的标识。

如果一个页面期望接收一个布尔值、整数或浮点数的值，筛选函数可以使用下面的三个筛选器来检查所提供的值是否为正确的数据类型。

当这些筛选器检查值是否为布尔值、整数或浮点数时，筛选器函数将值从字符串数据类型转换为筛选器中指定的数据类型。后面将在第273页上介绍如何使用筛选器。

筛选器 ID	描述
FILTER_VALIDATE_BOOLEAN	检查一个值是否为true。1、on和yes都算作true。该函数不区分大小写。如果为true，函数返回一个布尔值true；否则返回false
FILTER_VALIDATE_INT	验证数字是否为整数(0不算作有效整数) 如果有效，则以整数数据类型返回数字；否则返回false
FILTER_VALIDATE_FLOAT	检查数字是否为浮点数(小数) 将整数传给筛选器时，视作有效(但0视作无效，因为它不是一个有效的整数)。如果有效，则返回浮点数类型的值。如果不是，则返回false

每个筛选器都有两种类型的设置，可用来控制筛选器的行为：
- flags(标志)是可以开启/关闭的设置。
- options(选项)是必须设置值的设置。

例如，整数和浮点数筛选器提供选项，允许用户提供选项，用于指定最小值和最大值。因此，如果访问者被要求提供他们的年龄，并且用户提供的年龄必须在16到65之间，那么筛选器可以检查所提供的数字是否在这个范围内。

如果没有提供数字，或者数字过低或过高，则选项无效。

所有验证筛选器都有一个选项，允许在接收到的数据无效时指定应该使用的默认值。

标志是只能开启使用的选项。例如，整数筛选器有一个可以开启的标志，以便允许访问者在标准数字0~9之外使用十六进制表示法提供数字(十六进制用数字0~9和字母A~F表示数字10~15；你可能在HTML和CSS中看到过它们被用来指定颜色值)。

第278~279页显示了验证筛选器的完整列表，以及它们的标志和选项。

如下，可以看到用于收集文本的验证筛选器。此外，还可以使用正则表达式编写自定义筛选器。

用于验证数据的规则通常控制数据的以下几个方面：

- 字符数的个数
- 允许使用的字符
- 字符出现的顺序

例如，需要指定一系列规则用于控制电子邮件地址、URL、域名和IP地址中字符的格式。下面的四个筛选器检查值是否符合这些规则。

筛选器 ID	描述
FILTER_VALIDATE_EMAIL	检查字符串的结构是否与电子邮件地址的结构匹配
FILTER_VALIDATE_URL	检查字符串的结构是否与URL的结构匹配
FILTER_VALIDATE_DOMAIN	检查字符串的结构是否与有效域名的结构匹配
FILTER_VALIDATE_IP	检查字符串的结构是否与有效IP地址的结构匹配

可使用正则表达式编写其他筛选器，这些筛选器可用于检查传入的值是否包含指定的字符模式。

使用筛选器FILTER_VALIDATE_REGEXP时，可将正则表达式用作指定的传入选项。

筛选器 ID	描述
FILTER_VALIDATE_REGEXP	检查字符串是否包含指定正则表达式描述的字符模式(参见第212~215页)

使用筛选器验证值

当使用筛选器函数检查数据时，必须指明要使用的筛选器ID，以及筛选器应遵循的任何标志或选项。

当使用filter_input()来收集单条数据时，函数的第三个形参即为要使用的筛选器ID，而第四个(可选)形参用于指定筛选器可以使用的设置。

该函数将做如下处理：

- 如果传入函数的值通过了筛选器的筛选，则返回该值。
- 如果未通过筛选器的筛选，将返回false。
- 如果指定的数据(第二个形参)未发送给服务器，则返回null。

```
$data = filter_input(INPUT_SOURCE, 'name', FILTER_ID[, $settings]);
```
　　　　　　　　　输入的数据源　　　字段名　　筛选器ID　　标志/选项

当筛选器使用标志和选项时，它们将保存在一个关联数组中，该数组有两个键：

- flags 保存可开启的设置
- options 保存需要值的设置

如下，一个标签和选项数组保存在一个名为 $settings的变量中。

flags键的值是应该开启的标志的字段名。若要使用多个标志，请用管道字符|分隔每个标志名。

options键的值是另一个关联数组；每个元素的键是正在设置的选项的字段名，值是要使用的值。

　　　　　　　　　　　标志

```
$settings['flags'] = FLAG_NAME1 | FLAG_NAME2;
$settings['options']['option1'] = value1;
$settings['options']['option2'] = value2;
```
　　　　　　　　　　选项　　　　值

当数组中的一个元素保存了另一个数组时，使用上面的语法更容易阅读。这种更新数组的方法在第42页已演示过。

注意：当filter_input()收集的数据无效时，将返回false；这意味着用户提供的值不能在表单中显示。

使用筛选器收集值

section_b/c06/validate-input.php

PHP

```php
<?php
$settings['flags']                      = FILTER_FLAG_ALLOW_HEX;   // 允许十六进制标志
$settings['options']['min_range'] = 0;                              // 最小值选项
$settings['options']['max_range'] = 255;                            // 最大值选项

$number = filter_input(INPUT_POST, 'number', FILTER_VALIDATE_INT, $settings);
?> ...
<form action="validate-input.php" method="POST">
    Number: <input type="text" name="number" value="<?= htmlspecialchars($number) ?>">
    <input type="submit" value="Save">
</form>
<?php var_dump($number); ?>
```

① ② ③ ④

结果

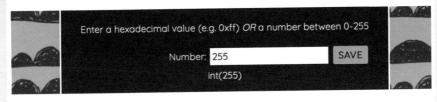

① $settings变量保存的数组中包含了用于验证数字的标志和选项。该标志允许数字以十六进制表示法给出。这些选项则表示所允许的最小值为0，最大数目为255。

② filter_input()函数的作用是：在通过HTTP POST 发送的表单数据中，获取一个名为number的值。第三个形参是筛选器ID。第四个形参则是变量的名称，该变量保存的选项和标志数组将在筛选器工作时使用。

③ 保存在$number中的值将显示在表单控件中。如果$number中的值为null（因为表单未提交）或false（因为数据无效），则不会在表单控件中展示该值。这是因为PHP不会直接显示false或null值。

④ var_dump()用于显示任何保存在$number（因为在浏览器中不显示false或null）中的值。该函数还额外显示了数据类型为整数，这是因为所有有效数字都从字符串转换为整数。

使用筛选器验证多个输入值

要同时收集和验证一组值，可以使用filter_input_array()函数，使用时还可以为所收集的每个数据指定一个筛选器。

当一个页面期望接收多个值时，可以创建一个关联数组，其中的每个元素对应页面期望接收的一个值。数组中每个元素的键都是表单控件的字段名或查询字符串中的字段名。

元素的值可能是如下类型：
- 收集数据时要使用的筛选器的名称(如果它没有标志或选项)。
- 保存了筛选器名称以及筛选器所要使用的标志和选项的数组。

```
$filters['name1'] = FILTER_ID;
$filters['name2']['filter'] = FILTER_ID;
$filters['name2']['options']['option1'] = value1;
$filters['name2']['options']['option2'] = value2;
```

filter_input_array()函数调用时可以传入两个形参：
- 输入源(INPUT_GET或INPUT_POST)。
- 保存筛选器的数组，其中这些筛选器将用于处理页面期望接收的数据。

函数返回一个新的关联数组。每个元素的键是输入框的字段名；而元素的值可能为：
- 数据源中提供的值(如果该值有效)。
- 数据源中提供的值如果无效，则返回false。
- 如果没有提供字段名，则返回null。

```
$data = filter_input_array(INPUT_SOURCE, $filters);
```
　　　　　　　　　　　　　　　输入源　　　　　　筛选器数组

如果页面接收到筛选器数组中未指定的额外数据，则该数据不会添加到filter_input_array()返回的数组中。

如果缺少某段数据，则将其赋值为null。要防止将缺失的值添加到数组中，则可指定false作为第三个实参。

使用筛选器验证多个输入值

```php
<?php
$form['email'] = '';                                        // 初始化email字段
$form['age']   = '';                                        // 初始化age字段
if ($_SERVER['REQUEST_METHOD'] == 'POST') {                 // 如果表单已提交
    $filters['email']                     = FILTER_VALIDATE_EMAIL;  // 指定邮件地址筛选器
    $filters['age']['filter']             = FILTER_VALIDATE_INT;    // 指定整数筛选器
    $filters['age']['options']['min_range'] = 16;           // 最小值为16
    $form = filter_input_array(INPUT_POST, $filters);       // 验证数据
}
?> ...
<form action="validate-multiple-inputs.php" method="POST">
  Email: <input type="text" name="email" value="<?= htmlspecialchars($form['email']) ?>">
  Age: <input type="text" name="age" value="<?= htmlspecialchars($form['age']) ?>"><br>
  I agree to the terms and conditions: <input type="checkbox" name="terms" value="1"><br>
  <input type="submit" value="Save">
</form>
<pre><?php var_dump($form); ?></pre>
```

① 对$form数组中电子邮件地址和年龄的输入值进行初始化。
② 如果表单已经提交，$filters将保存一个数组。每个元素的键是表单控件的字段名。这些值是要使用的筛选器和选项：
③ filter_input_array()函数收集和验证数据，并覆盖保存在$form中的值。
④ var_dump()函数显示数据。

结果

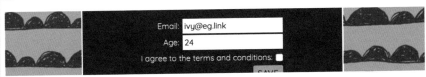

- email必须符合电子邮件地址的格式。
- age 必须是整数且大于等于16。

注意：当发送表单时，即使选中了上图中的复选框，也不会将复选框的值添加到$form数组中，因为在$filters数组中没有给它命名。同样，表单控件中不会展示无效数据。

使用筛选器函数处理变量

PHP有两个内置的筛选器函数用于筛选保存在变量中的值。

filter_var()函数适于筛选保存在变量中的单个值。

filter_var_array()函数适于筛选保存在数组中的一组值。

filter_var()要求传入以下参数：
- 需要验证的变量名
- 筛选器 ID

传入选项或标志的值的方式与filter_input()函数相同。它处理返回值的方式也是一致的：如果该值有效，则返回该值，否则返回false；如果缺少相应的数据，则返回null。

```
filter_var($variable, FILTER_ID[, $settings]);
```
存储数据的变量   筛选器   标志/选项

filter_var_array() 函数也有两个形参，分别是：
- 需要验证的数组变量名。
- 筛选器数组及其选项/标志。

传入选项或标志的值与filter_input_array()的设置方式相同，返回的值也相同。

如果传入第二个实参时仅保存了一个筛选器，则对数组中的所有值应用相同的筛选器。

```
filter_var_array($array, $filters);
```
保存数组的变量   使用的筛选器

当使用filter_input()或filter_input_array()验证数据时，它们在遇到任何无效数据时都将返回 false(替换用户提交的值)。

这意味着，如果表单包含无效数据，用户将无法看到他们在表单中输入的任何无效值。

若要显示无效值，需要收集数据并将其保存在变量或数组中。然后，当使用filter_var()或filter_var_array()验证时，结果可以保存在一个新变量中。
- 如果数据有效：页面使用新变量中的数据。
- 如果数据无效：表单显示验证之前收集的数据。

验证变量中的数据

```php
<?php
$form['email'] = '';                                                        // 初始化
$form['age']   = '';
$form['terms'] = 0;
$data          = [];
if ($_SERVER['REQUEST_METHOD'] == 'POST') {                                 // 确认表单是否已提交
    $filters['email']                   = FILTER_VALIDATE_EMAIL;            // 邮件地址筛选器
    $filters['age']['filter']           = FILTER_VALIDATE_INT;              // 整数筛选器
    $filters['age']['options']['min_range'] = 16;                          // 最小年龄
    $filters['terms']                   = FILTER_VALIDATE_BOOLEAN;          // 布尔值筛选器
    $form = filter_input_array(INPUT_POST);                                // 获取所有值
    $data = filter_var_array($form, $filters);                             // 应用筛选器
}
?> ...
<form action="validate-variables.php" method="POST">
  Email: <input type="text" name="email" value="<?= htmlspecialchars($form['email']) ?>">
  Age: <input type="text" name="age" value="<?= htmlspecialchars($form['age']) ?>"><br>
  I agree to the terms and conditions: <input type="checkbox" name="terms" value="1"><br>
  <input type="submit" value="Save">
</form>
<pre><?php var_dump($data); ?></pre>
```

① $form和$data数组初始化值，以显示表单是否提交。

② 如果表单数据已经发送，$filters数组将保存用于验证数据的筛选器和选项。

③ filter_input_array()函数从表单中收集数据，然后覆盖步骤①中保存在$form中的值。

④ filter_var_array()函数验证表单数据(使用$filters数组中指定的筛选器)。它将结果数组保存在一个名为$data的变量中。

⑤ 文本输入框将显示用户提供的值(在验证数据之前保存在$form数组中)。

⑥ var_dump()函数将显示已验证并保存在$data数组中的数据(如果未发送表单，则为空)。

试一试：删除年龄输入框控件，然后重新提交表单。var_dump()函数仍然会在步骤⑥中显示年龄控件的值，这是因为在筛选器数组中仍然指定了年龄，但在调用filter_var_array()时没有提供相应的值。

验证筛选器、标志和选项

下表显示了适用于布尔值和数字的筛选器、标志和选项。右边的列表中显示了适用于字符串的筛选器、标志和选项。

所有验证筛选器都有一个名为default的选项。

此选项允许你在数据无效时提供默认值。

FILTER_VALIDATE_BOOLEAN

验证一个值是否为true(1、on或 yes被视为true)。

如果值为true则返回布尔值 true，如果不为true则返回false，如果名称不存在则返回null。不区分大小写。

标志	描述
FILTER_NULL_ON_FAILURE	如果传入的值无效，返回null (不是false)

FILTER_VALIDATE_INT

验证数字是否为整数(0不算作有效整数)。如果有效，则返回数字。

标志	描述
FILTER_FLAG_ALLOW_HEX	允许十六进制数
FILTER_FLAG_ALLOW_OCTAL	允许八进制数

选项	描述
min_range	允许的最小值
max_range	允许的最大值

FILTER_VALIDATE_FLOAT

验证数字是否为浮点数(小数)。整数也算作有效(但0不作为有效的整数)。如果有效，则以浮点类型的形式返回值。

标志	描述
FILTER_FLAG_ALLOW_THOUSAND	允许浮点数带有千位分隔符，如果传入的值无效，则返回null(不是false)

FILTER_VALIDATE_REGEXP

验证字符串是否包含正则表达式中描述的字符模式(在第214~217页中介绍过)。

选项	描述
regexp	要使用的正则表达式

FILTER_VALIDATE_EMAIL

验证字符串的结构是否与电子邮件地址的结构匹配。

标志	描述
FILTER_FLAG_EMAIL_UNICODE	允许在地址的名称部分使用unicode字符(@符号之前的部分)

FILTER_VALIDATE_URL

验证字符串的结构是否与有效 URL的结构匹配。

标志	描述
FILTER_FLAG_SCHEME_REQUIRED	必须包含协议名，如http://或ftp://
FILTER_FLAG_HOST_REQUIRED	必须包含主机名
FILTER_FLAG_PATH_REQUIRED	必须包含文件或目录的路径
FILTER_FLAG_QUERY_REQUIRED	必须包含查询字符串

FILTER_VALIDATE_DOMAIN

验证字符串的结构是否与域名的结构匹配。

标志	描述
FILTER_FLAG_HOSTNAME	用于验证主机名

FILTER_VALIDATE_IP

验证字符串的结构是否与有效IP地址的结构匹配。

标志	描述
FILTER_FLAG_IPV4	验证是否为有效的IPV4 IP地址
FILTER_FLAG_IPV6	验证是否为有效的IPV6 IP地址
FILTER_FLAG_NO_RES_RANGE	不允许来自保留范围的IP地址(仅在本地网络上使用的地址，而不是通过互联网获取的)
FILTER_FLAG_NO_PRIV_RANGE	不允许来自私有范围的IP地址(保留IP地址的子集)

清理数据的筛选器

清理有害数据包括删除值中不允许出现的字符(并可根据需要替换它们)。PHP的所有四个筛选器函数都可以使用一组内置筛选器来筛选数据。

除了验证筛选器之外，PHP的内置筛选器函数还可以使用一组内置的清理有害数据筛选器来删除(有时是替换)不应该出现在值中的任何字符。

下表中的第一个筛选器执行与htmlspecialchars()函数(第246页)相同的任务；它用字符实体替换HTML视为代码的5个保留字符。

第二个筛选器会对URL进行编码，并用这些字符的编码版本替换URL中不允许出现的字符。

其余筛选器会删除不允许出现在文本、数字、电子邮件地址和URL中的字符(但不会替换这些字符)。

在使用数据时(而不是在收集数据时)应该转义或清除不想要的数据，因为这项操作会改变原数据。例如，假设一个访问者提供了文本 Fish & Chips。

要在页面中显示此文本，必须对&进行转义，得到的结果为：Fish & Chips。但是，如果在文本收集时就进行转义，那么搜索功能可能无法找到文本 Fish & Chips，因为符号& 已经转义为&amp了。

此外，根据数据的使用方式，字符以不同方式进行转义；这被称为数据使用方式的上下文。要在查询字符串中显示相同的文本，空格替换为%20，符号&转义为%26，最终得到的结果为：http://eg.link/search.php?Fish%20%26%20Chips。

筛选器 ID	描述
FILTER_SANITIZE_FULL_SPECIAL_CHARS	等价于开启ENT_QUOTES的htmlspecialchars()函数
FILTER_SANITIZE_ENCODED	将URL转换为语义相同的URL编码版本
FILTER_SANITIZE_STRING	从字符串中移除标签
FILTER_SANITIZE_NUMBER_INT	删掉除0~9 + 或 -以外的字符
FILTER_SANITIZE_NUMBER_FLOAT	删掉除0~9 + 或 -以外的字符。拥有标志用于允许千位和小数分隔符以及使用e或E作为科学记数法的计数符号
FILTER_SANITIZE_EMAIL	删掉电子邮件地址中不允许出现的字符，允许保留的字符为：A-z 0-9 ! # $ % & ' * + - = ? ^ _ ` { | } ~ @ . [ ]
FILTER_SANITIZE_URL	删掉URL中不允许出现的字符，允许保留的字符为：A-z 0-9 $ - _ . +! * ' ( ) , { } | \ \ ^ ~ [ ] ` < > # % " ; / ? : @ & =

对变量使用清理筛选器

PHP

```php
<?php
$user['name']  = 'Ivy<script src="js/bad.js"></script>';     // 用户名
$user['age']   = 23.75;                                       // 用户年龄
$user['email'] = '£ivy@eg.link/';                             // 用户的电子邮件

$sanitize_user['name']  = FILTER_SANITIZE_FULL_SPECIAL_CHARS; // HTML转义筛选器
$sanitize_user['age']   = FILTER_SANITIZE_NUMBER_INT;         // 整数筛选器
$sanitize_user['email'] = FILTER_SANITIZE_EMAIL;             // 电子邮件筛选器

$user = filter_var_array($user, $sanitize_user);              // 清理输出
?> ...
<p>Name:  <?= $user['name'] ?></p>
<p>Age:   <?= $user['age'] ?></p>
<p>Email: <?= $user['email'] ?></p>
<pre><?php var_dump($user); ?></pre>
```

① ② ③ ④ ⑤

结果

```
Name: Ivy<script src="js/bad.js"></script>

Age: 2375

Email: ivy@eg.link
```

① $user变量保存了一个关于用户数据的数组。

② $sanitize_user变量保存了一个数组，其中三个键的名称与$user数组中的键相匹配。$sanitize_user中的值是用来清理数据的清理筛选器的名称。

③ 调用filter_var_array()函数对保存在$user数组中的值分别使用对应的清理筛选器。其中名称将进行转义，年龄和电子邮件地址中不需要的字符将被删除。

④ 显示经过清理的数据。

⑤ PHP的 var_dump() 函数显示了经过处理的$user数组(在上面的结果中没有显示)。

试一试：在步骤②中，从$user 数组中删除年龄。因为年龄已经在筛选器数组中命名，所以在$user数组中会被赋值为null。

注意：年龄中的小数点分隔符已被移除，使其值变为2375。需要注意，清理数据不会改变接收到的值。若要允许使用小数或千位分隔符，或允许使用科学记数法，需要为数字筛选器添加标志：

http://notes.re/php/sanitize

使用筛选器验证表单

在本例中，使用验证筛选器验证来自多个表单控件的数据，并使用清理筛选器确保用户提供的任何数据都可以安全地显示在页面中。这个示例的结果看起来与第264页的结果相同。

① 初始化了$user、$error数组以及$message变量。这允许它们在页面第一次加载时(在提交之前)在页面底部的表单中使用。

② 使用if语句验证表单是否已提交。

③ $validation_filters变量保存了一个用于验证表单数据的筛选器数组。

④ filter_input_array()函数从表单中收集值，并对收集到的值应用验证筛选器。函数返回的结果将覆盖第①步中保存在$user中的值。

- 如果对应值有效，则该值将保存在$user数组中。
- 如果对应值无效，则$user中将该值赋为false。
- 如果对应值缺失，则$user中将该值赋为null。

⑤ $errors数组中的每个值都使用三元操作符设置。判断条件将验证每条数据是否有效。

- 如果该值被视为true，它将保存一个空白字符串。
- 如果该值被视为false或null，那么$errors中该值就是一个错误消息，用于告诉用户如何纠正该数据。

⑥ PHP的implode()函数用于将$errors数组中的所有值拼接到单个字符串中，并将它们保存在名为$invalid的变量中。

⑦ if语句的条件将验证$invalid变量是否保存了文本信息。如果保存，那么该文本被视为true(空白字符串被视为false)。

⑧ 如果数据无效，$message变量保存一条消息，告诉访问者纠正表单错误。

⑨ 否则，$message变量告诉用户数据是有效的。此时，页面可以处理它接收的数据(并且不需要再次显示表单)。

⑩ 将对保存在$user数组中的名称和年龄数据进行清理，确保它们不包含多余的字符，以便数据可以安全地显示在页面中。这是使用PHP的filter_var()函数完成的：

- 名称的值使用清理筛选器来清理，并用实体替换任何HTML保留字符。
- 对数字进行清理，得到的结果将只包含整数中允许的字符。

⑪ 显示$message变量中的值。

⑫ 显示该表单。

- 如果用户提供的数据有效，这些值将显示在表单控件中。
- 如果用户提供的数据无效，表单控件展示的值为空。

如果用户尚未提交表单，则表单控件将使用第①步中分配给$user数组每个元素的初始值。

如果有任何数据无效，则在相应的表单控件后显示错误消息。

```php
<?php
$user    = ['name' => '', 'age' => '', 'terms' => '', ];        // 初始化
$errors  = ['name' => '', 'age' => '', 'terms' => false, ];
$message = '';

if ($_SERVER['REQUEST_METHOD'] == 'POST') {                     // 验证表单是否已提交
    // Validation filters
    $validation_filters['name']['filter']            = FILTER_VALIDATE_REGEXP;
    $validation_filters['name']['options']['regexp'] = '/^[A-z]{2,10}$/';
    $validation_filters['age']['filter']             = FILTER_VALIDATE_INT;
    $validation_filters['age']['options']['min_range'] = 16;
    $validation_filters['age']['options']['max_range'] = 65;
    $validation_filters['terms']                     = FILTER_VALIDATE_BOOLEAN;

    $user = filter_input_array(INPUT_POST, $validation_filters); // 验证数据

    // Create error messages
    $errors['name']  = $user['name']  ? '' : 'Name must be 2-10 letters using A-z';
    $errors['age']   = $user['age']   ? '' : 'You must be 16-65';
    $errors['terms'] = $user['terms'] ? '' : 'You must agree to the terms & conditions';
    $invalid = implode($errors);                                // 拼接错误信息

    if ($invalid) {                                             // 如果存在错误,
        $message = 'Please correct the following errors:';      // 停止执行。
    } else {                                                    // 否则,
        $message = 'Thank you, your data was valid.';           // 继续处理数据。
    }

    // Sanitize data
    $user['name'] = filter_var($user['name'], FILTER_SANITIZE_FULL_SPECIAL_CHARS);
    $user['age']  = filter_var($user['age'],  FILTER_SANITIZE_NUMBER_INT);
}
?> ...
<?= $message ?>
<form action="validate-form-using-filters.php" method="POST">
  Name: <input type="text" name="name" value="<?= $user['name'] ?>">
  <span class="error"><?= $errors['name'] ?></span><br>
  Age: <input type="text" name="age" value="<?= $user['age'] ?>">
  <span class="error"><?= $errors['age'] ?></span><br>
  <input type="checkbox" name="terms" value="true"
        <?= $user['terms'] ? 'checked' : '' ?>> I agree to the terms and conditions
  <span class="error"><?= $errors['terms'] ?></span><br>
  <input type="submit" value="Save">
</form>
```

小结
从浏览器获取数据

> 通过查询字符串和表单发送的数据将被添加到$_GET和$_POST超全局数组中，该数组以字符串的形式保存它们接收到的所有数据。

> 如果超全局数组中可能缺少某个值，则使用isset()函数验证该值是否存在或使用空合并操作符提供默认值。

> 同样，还可使用filter_input()或filter_input_array()函数收集数据。

> 在处理数据之前，验证数据。验证所需数据是否已提供，以及格式是否正确。

> 在显示用户数据之前，请对数据进行清理，以防止XSS攻击。将保留字符替换为实体。

> 在筛选器函数中使用验证筛选器来验证值并将它们转换为正确的数据类型。

> 清理筛选器用于筛选器函数中，以替换或删除不需要的字符。

第7章

图片和文件

本章将展示如何让访问者将图片上传到服务器，以及如何在PHP页面中安全地显示它们。这类技术也适用于其他类型的文件。

首先，将学习用户如何上传图片以及服务器如何接收图片。将看到：

- 用户可以使用HTML表单中的上传控件来上传文件。
- PHP解释器将有关文件的数据添加到名为$_FILES的超全局数组中。
- 上传文件将被放置到服务器上的临时文件夹中。
- 之后将文件移到一个专用于保存上传文件的文件夹中。

接下来，将学习如何验证已上传的文件并进行检查。

- 文件名只包含允许的字符。
- 当前文件名不能重复。
- 文件的媒体类型和文件扩展名必须在允许范围内。
- 文件不能过大。

最后，将学习如何操作图片来创建：

- 图片的缩略图。
- 图片的裁剪版本。

本章将介绍更多内置函数，这些函数有助于完成以上任务。

虽然本章演示这些技术时用的文件类型是图片，但它们也可以用于让访问者上传音频、视频、PDF和其他类型的文件。

MOUNTAIN ART SUPPLIES
Upload file:
Choose File
no file selected
UPLOAD

从浏览器上传文件

HTML表单可以包含文件上传控件，访问者可以使用该控件将文件上传到服务器。

当创建一个允许访问者上传文件的HTML表单时，其中的<form>开标签必须具有以下三个属性。

- method：使用POST作为值，以指定表单应该通过HTTP POST发送(因为文件不应该使用HTTP GET发送)。
- enctype：使用multipart/form-data作为值，以指定浏览器发送数据时应该使用的编码类型。
- action：该属性的值指定了表单数据应该发送到哪个PHP文件。

文件上传控件是使用HTML <input>标签创建的。它的type属性的值必须为file。在浏览器中，这会创建一个按钮，打开一个新窗口，允许用户选择他们想要上传的文件：

```
<input type="file" name="image">
```

就像其他表单控件一样，文件上传控件也会向服务器发送一个字段名/值对：

- 字段名是该文件上传控件的name属性的值(上例中值为image)。
- 值是将要发送的文件。

为限制用户可以上传的文件类型，文件输入控件有一个accept属性。它的值应该是站点能够接受的以逗号分隔的媒体类型(媒体类型通常被称为MIME类型；在这里可找到关于媒体类型的介绍：http://notes.re/media-types)。

```
<input type="file" name="image"
    accept="image/jpeg, image/png">
```

如果使用accept属性，当访问者单击按钮上传文件时，现代浏览器将禁用不在可接受类型列表中的文件。

这有助于提升用户体验，但不应完全依赖accept属性来限制访问者上传的文件类型，因为用户可以在浏览器中修改该设置，而且旧的浏览器不支持该设置(Chrome 10、Internet Explorer 10、Firefox 10和Safari 6是最早支持该功能的主流浏览器版本)。因此，还应该尝试使用PHP在服务器上验证媒体类型(参见第295页)。

若要允许一种媒体类型的所有子类型，可以添加星号字符而不是子类型。

如下的示例允许上传所有格式的图片(包括BMP、GIF、JPEG、PNG、TIFF和WebP)：

```
<input type="file" accept="image/*">
```

① 下面的表单允许访问者上传图片。本章的所有例子中都会用到它。\<form\> 开标签需要添加以下属性:

- method——使用post作为值。
- enctype——使用multipart/form-data作为值。
- action——指定了将表单数据发送到哪个文件(该值在每个示例中都会变化)。

② 要创建文件上传控件,\<input\>元素需要携带一个type属性,其值为file。

因为本章中的示例演示了如何允许访问者上传图片,所以name属性的值为image。

③ 提交按钮用于提交表单。

```
①  <form method="post" action="filename.php" enctype="multipart/form-data">
    <label for="image"><b>Upload file:</b></label>
②  <input type="file" name="image" accept="image/*" id="image"><br>
③  <input type="submit" value="Upload">
    </form>
```

下面的第一幅图中显示了文件上传控件创建的表单。当图片被选中时,按钮旁边的文本将被文件名替换。

在第二幅图中,会看到当用户单击"Choose File"(选择文件)时打开的窗口。文本文件和zip文件被禁用,因为它们不是图片。

结果

结果

上图中,供选择文件的弹出窗口的外观因浏览器和操作系统而异(不能使用CSS控制其外观)。

在服务器上接收文件

当一个文件通过网页上传时，Web服务器将其保存在一个临时文件夹中，PHP解释器将关于该文件的详细信息保存在一个名为$_FILES的超全局数组中。

一个表单可以有多个文件上传控件，因此PHP解释器将在$_FILES超全局数组中为表单发送的每个文件上传控件创建一个元素。

每个元素的名称与文件上传控件的字段名(name)属性匹配，其值是通过该表单控件上传的文件的相关数据数组。

下表显示了$_FILES超全局数组为已上传的每个文件保存的信息。

本章中的图片是使用字段名为image的文件上传控件上传的，因此$_FILES数组将有一个名为image的元素，它的值将是一个包含图片信息的数组。

键	值	如何访问值
name	文件名	$_FILES['image']['name']
tmp_name	文件的临时保存位置(由PHP解释器设置)	$_FILES['image']['tmp_name']
size	文件大小(以字节为单位)	$_FILES['image']['size']
type	媒体类型(根据浏览器而定)	$_FILES['image']['type']
error	如果文件上传成功则为0，否则为某个特定的错误代码	$_FILES['image']['error']

上传文件后，PHP代码应该验证PHP解释器是否在上传过程中发现了任何错误。

如果PHP解释器为该文件创建的数组中error键的值为0，则意味着PHP解释器没有遇到任何错误。

```
if ($_FILES['image']['errors'] === 0) {
    // 处理图片
} else {
    // 显示错误信息
}
```

检查文件是否上传成功

① $message变量初始化为一个空字符串。在表单提交后，它将保存一条消息。

② 确认是否已经使用HTTP POST提交了表单。

③ if语句验证是否存在错误。

④ 如果没有错误，则文件的名称和大小保存在 $message中。

⑤ 否则，$message保存错误信息。

⑥ 显示$message变量中的值。

```
PHP                                                 section_b/c07/upload-file.php
    <?php
①  $message = '';                                           // 初始化
②  if ($_SERVER['REQUEST_METHOD'] == 'POST') {              // 确定表单是否已提交
③    if ($_FILES['image']['error'] === 0) {                 // 确定是否包含错误
④      $message  = '<b>File:</b> ' . $_FILES['image']['name'] . '<br>';   // 文件名
        $message .= '<b>Size:</b> ' . $_FILES['image']['size'] . ' bytes'; // 文件大小
      } else {
⑤      $message  = 'The file could not be uploaded.';        // 错误信息
      }
    }
    ?> ...
⑥  <?= $message ?>
    <form method="POST" action="upload-file.php" enctype="multipart/form-data">
      <label for="image"><b>Upload file:</b></label>
      <input type="file" name="image" accept="image/*" id="image"><br>
      <input type="submit" value="Upload">
    </form>
```

结果

将文件移到
目标位置

PHP的move_uploaded_file()函数能将文件从临时位置移到服务器上的合适位置。

当文件被上传到服务器时，会给它取一个临时文件名，并将其放在一个临时文件夹中(临时文件名由PHP解释器创建)。

当脚本运行结束时，PHP解释器将从相应的文件夹中删除临时文件。

因此，要在服务器上保存上传的文件，必须调用 move_uploaded_file()函数将其移到另一个文件夹。该函数有两个形参：

- 文件的临时位置
- 文件应该保存的目标位置

如果能将文件移到新位置，则返回true；否则返回false。

目标位置(文件应该保存的位置)由以下部分组成：

- 保存上传文件的文件夹的路径(在尝试将文件移动到该文件夹之前，必须已经创建好文件夹)。
- 文件名(它的原文件名或新文件名)。

如果希望使用上传文件的原始名称，可以通过PHP解释器为该文件创建的超全局数组访问它。它的键是就是文件对应的名称。

下面将目标文件路径保存在名为$destination的变量中。是通过指定uploads文件夹和上传图片时使用的文件的原始名称来创建的。

```
                    新文件夹                              文件名
             ┌──────────────┐        ┌──────────────────────────┐
$destination = '../uploads/' . $_FILES['image']['name'];
move_uploaded_file($_FILES['image']['tmp_name'], $destination);
                   └──────────────────────────┘  └──────────────┘
                            临时位置                     目标文件路径
```

文件权限

目标目录的权限：

- 允许Web服务器读/写文件——这允许服务器保存和显示图片。
- 禁用执行权限——这可防止恶意脚本被执行。

验证文件是否已上传

PHP的move_uploaded_file()函数在移动文件之前会验证文件是否已通过HTTP POST上传。如果在移动某个文件之前需要使用它，可以使用 PHP的is_uploaded_file()函数执行该验证(这有助于防止别人访问其他文件)。

移动已上传的文件

section_b/c07/move-file.php

```php
<?php
$message = '';                              // 初始化
$moved   = false;                           // 初始化

if ($_SERVER['REQUEST_METHOD'] == 'POST') {
                                // 判断是否已发送
    if ($_FILES['image']['error'] === 0) {  // 没有错误
        // 保存临时路径和新的目标路径
        $temp = $_FILES['image']['tmp_name'];
        $path = 'uploads/' . $_FILES['image']
['name'];
        // 移动文件并将结果保存在变量$moved中
        $moved = move_uploaded_file($temp, $path);
    }

    if ($moved === true) { // 如果移动成功，则展示图片
        $message = '<img src="' . $path . '">';
    } else {                // 否则保存错误信息
        $message = 'The file could not be saved.';
    }
}
?> ...
<?= $message ?>
```

结果

① 将变量$moved的值初始化为false。如果后续步骤中图片移动成功，该值将变为true。

② 判断提交的表单是否正确无误。

③ 变量$temp保存了PHP解释器临时保存文件的位置。

④ 变量$path保存了文件的路径 (文件将保持与上传时相同的文件名)。

⑤ move_uploaded_file()尝试将文件从其临时位置($temp)移到新位置($path)。如果移动成功则返回true，如果失败则返回false。这个值将覆盖步骤①中$moved变量保存的值。

⑥ 条件语句验证$moved的值是否为true。如果是则表示移动成功。

⑦ 移动成功时，$message保存一个HTML标签，用于展示上传的图片。

⑧ 否则，$message将保存一条错误信息。

⑨ 将保存在$message中的值展示给用户。

清理文件名和重复文件

在将文件从临时位置移动之前，应事先：

a) 删除文件名中可能导致错误的字符，b) 确保该文件不会覆盖另一个同名的文件

　　像&号、冒号、句号和空格这样的字符应该从文件名中删除，因为它们会导致意外的问题发生。为此，可用破折号替换除A~Z、a~z以及0~9之外的字符。

① 使用PHP的pathinfo()函数(参见第228页)来获取文件的基名(basename)和扩展名(extension)。

② 使用PHP的preg_replace()函数(参见第214页)，用破折号替换基名中除A~Z、a~z以及0~9之外的任何字符。

③ 把上传目录、基名、句点和文件扩展名拼接在一起，得到最终的文件保存路径。这个值应该保存在一个变量中。

```
①  $basename  = pathinfo($filename, PATHINFO_FILENAME);
    $extension = pathinfo($filename, PATHINFO_EXTENSION);
②  $basename  = preg_replace('/[^A-z0-9]/', '-', $basename);
③  $filepath  = 'uploads/' . $basename . '.' . $extension;
```

　　如果调用move_uploaded_file()函数时遇到同名文件，则旧文件将被新文件替换。为防止这种情况，每个文件都需要唯一的名称。

④ 将一个计数器初始值设置为1，并将其保存在名为i的变量中。

⑤ 在while循环的判断条件中，使用PHP的file_exists()函数(参见第228页)验证是否存在同名文件。

⑥ 如果存在，则将保存在计数器中的值加1。

⑦ 将计数器中的值添加到基名之后，扩展名之前，再用该值更新文件名。例如，如果upload.jpg存在，则文件名更新为upload1.jpg。

　　然后循环的判断条件将再次运行，以验证新文件名是否存在。之后的执行过程将循环重复步骤⑤~⑦，直到该文件有唯一的文件名。

```
④  $i = 1;
⑤  while (file_exists('uploads/' . $filename)) {
⑥      $i = $i + 1;
⑦      $filename = $basename . $i . '.' . $extension;
    }
```

验证文件大小和文件类型

为了确保网站可以正常使用上传的文件，在移动文件之前，请确保：

a) 文件大小不应过大（大文件需要更长的时间来下载/处理）

b) 网站可以正确处理文件的媒体类型和扩展名

可以在php.ini或.htaccess中设置最大文件上传大小(参见第196~199页)，或者也可以创建验证代码来限制允许上传的页面大小。

要查看文件大小是否大于php.ini或.htaccess中设置的最大上传大小，请查看$_FILES数组。如果是，该文件的键error的值为1。

还可在$_FILES数组中检查文件大小；其中键size的值就是文件大小(以字节为单位)。下面的两个三元运算符用于执行这两种验证。条件如下：

● 第一个三元操作符验证错误代码是否为1。

● 第二个三元操作符则验证大小是否大于5MB。

```
$error = ($_FILES['image']['error'] === 1)     ? 'Too large' : '';
$error = ($_FILES['image']['size'] <= 5242880) ? '' : 'Too large';
```

验证文件的媒体类型和文件扩展名有助于站点安全地处理文件。

① $allowed_type保存了允许的媒体类型数组。

② PHP的mime_content_type()函数尝试检测文件的媒体类型并将其保存在$type中。

③ PHP的 in_array() 函数用于验证此文件的媒体类型是否包含在允许的媒体类型数组中。

④ $allowed_exts是允许的扩展名数组。

⑤ 将文件名转换为小写字母并保存在$filename中。

⑥ 文件扩展名被收集并保存在$ext中。

⑦ PHP的 in_array()函数用于验证此文件的扩展名是否包含在允许的扩展名数组中。

```
① $allowed_types = ['image/jpeg', 'image/png', 'image/gif',];
② $type    = mime_content_type($_FILES['image']['tmp_name']);
③ $error = in_array($type, $allowed_types) ? '' : 'Wrong file type ';
④ $allowed_exts = ['jpeg', 'jpg', 'png', 'gif',];
⑤ $filename = strtolower($_FILES['image']['name']);
⑥ $ext     = pathinfo($filename, PATHINFO_EXTENSION));
⑦ $error   .= in_array($ext, $allowed_exts) ? '' : 'Wrong extension ';
```

验证文件上传

这个示例中包含了上传、验证和保存文件的代码。

① 创建的变量分别保存：
- 文件是否已上传的结果
- 用户看到的成功/失败提示信息
- 图片问题导致的错误
- 保存上传文件的文件夹路径
- 最大文件大小(字节)
- 允许的媒体类型
- 允许的扩展名

② 这里定义了一个名为create_filename()的函数。函数使用了第294页中的代码来清除文件名并确保文件名是唯一的，然后返回新的文件名。它的两个形参是：
- 文件名
- 保存文件的文件夹的相对路径

③ if语句验证表单是否已提交。

④ 使用三元操作符验证上传的图片大小是否大于php.ini或.htaccess中设置的大小限制。如果是，则将错误消息保存在$error中。

⑤ 另一个if语句验证文件是否已上传并且没有任何错误。

⑥ 文件的大小已验证过。如果它小于或等于步骤①中$max_size保存的值，那么$error保存一个空字符串；如果它大于所允许的最大大小，那么$error保存消息"too big"。

⑦ PHP内置的mime_content_type()函数获取文件的媒体类型并将其保存在$type中。

⑧ PHP的in_array()函数验证保存在$type中的媒体类型是否在$allowed_types数组中。如果是，则向$error变量添加一个空白字符串。如果不是，则向$error添加错误消息。

⑨ PHP的pathinfo()函数获取上传图片的文件扩展名。这个函数在PHP的strtolower()函数中调用，以确保在验证时扩展名是小写的。然后将结果保存在$ext中。

⑩ PHP的in_array()函数用于验证文件扩展名是否在允许范围内。如果是，则向$error变量添加一个空字符串。如果不是，则添加一条消息，指出它是错误的扩展。

⑪ if语句的判断条件验证$error中是否保存了一个不视为true的值。若为空字符串则视为false(没有错误)。

⑫ 如果没有错误，则调用create_filename()函数(来自步骤②)以确保文件名是安全且唯一的。

⑬ $destination保存了新文件的存储路径。

⑭ PHP的move_uploaded_file()函数将文件从临时位置移到uploads文件夹。如果移动成功，则返回true；若失败，则返回false。返回的结果保存在名为$moved的变量中。

⑮ 如果$moved变量的值为true，则表示图片已上传、通过验证且已保存，因此$message变量将保存一个HTML <img>标签，用于显示图片。

⑯ 如果不是，错误消息将保存在$message中。

⑰ $message变量中的值将显示在上传表单之前。

```php
    <?php
    $moved        = false;
    $message      = '';
    $error        = '';                                          // 初始化
①  $upload_path  = 'uploads/';                                  // 上传文件的保存路径
    $max_size     = 5242880;                                     // 最大文件大小(字节)
    $allowed_types = ['image/jpeg', 'image/png', 'image/gif',];  // 允许的文件类型
    $allowed_exts = ['jpeg', 'jpg', 'png', 'gif',];              // 允许的文件扩展名

    function create_filename($filename, $upload_path)            // 用于生成文件名的函数
    {
        $basename  = pathinfo($filename, PATHINFO_FILENAME);     // 获取基名
        $extension = pathinfo($filename, PATHINFO_EXTENSION);    // 获取扩展名
        $basename  = preg_replace('/[^A-z0-9]/', '-', $basename); // 清理基名
②       $i         = 0;                                          // 初始化计数器
        while (file_exists($upload_path . $filename)) {          // 判断文件是否存在
            $i        = $i + 1;                                  // 更新计数器的值
            $filename = $basename . $i . '.' . $extension;       // 新文件路径
        }
        return $filename;                                        // 返回文件名
    }
③   if ($_SERVER['REQUEST_METHOD'] == 'POST') {
④       $error = ($_FILES['image']['error'] === 1) ? 'too big ' : '';   // 验证大小错误

⑤       if ($_FILES['image']['error'] == 0) {                    // 确认不存在上传错误
⑥           $error .= ($_FILES['image']['size'] <= $max_size) ? '' : 'too big ';  // 验证大小
            // 验证媒体类型是否在$allowed_types数组中
⑦           $type   = mime_content_type($_FILES['image']['tmp_name']);
⑧           $error .= in_array($type, $allowed_types) ? '' : 'wrong type ';
            // 验证文件扩展名是否在$ allowed_exts数组中
⑨           $ext    = strtolower(pathinfo($_FILES['image']['name'], PATHINFO_EXTENSION));
⑩           $error .= in_array($ext, $allowed_exts) ? '' : 'wrong file extension ';
            // 如果没有错误，创建新的文件路径并尝试移动该文件
⑪           if (!$error) {
⑫               $filename    = create_filename($_FILES['image']['name'], $upload_path);
⑬               $destination = $upload_path . $filename;
⑭               $moved       = move_uploaded_file($_FILES['image']['tmp_name'], $destination);
            }
        }
⑮       if ($moved === true) {                                   // 判断文件是否移动成功
            $message = 'Uploaded:<br><img src="' . $destination . '">';  // 显示图片
⑯       } else {
            $message = '<b>Could not upload file:</b> ' . $error;  // 显示错误消息
        }
    }
⑰   ?> ... <?= $message ?>  <!--Show form -->
```

调整图片尺寸

当用户上传图片时，网站通常会调整其尺寸，使它们都是相似的宽高；这使得页面看起来更加整洁，并且加载速度更快。要调整图片尺寸，需要调整图片的宽高比(宽度除以高度)。

调整图片尺寸的原因通常有如下两点：

- 当一组图片大小相似时，它们看起来更整洁。
- 当上传的文件尺寸大于其实际显示时的尺寸时，会减慢页面的加载速度。

当调整图片尺寸时，应该保持相同的比例(宽度除以高度)，否则调整后的图片看起来失真(见下一页)。如果想要所有的图片都是完全相同的尺寸，可以裁剪图片(选择图片的一部分)，然后调整选择的尺寸，保留它的宽高比(见第300~301页)。

横向图

对于横向图而言，其宽度大于高度，因此比值大于1。

在下面的例子中，如果图片宽度是2000，高度是1600，则宽高比是：

2000 ÷ 1600 = 1.25

正方形图

对于正方形图片，高度和宽度是相同的，所以比值正好是1。

在下面的例子中，如果宽度为2000，高度为2000，则宽高比是：

2000 ÷ 2000 = 1

纵向图

对于纵向图而言，宽度总是小于高度，因此比值小于1。

在下面的例子中，如果宽度是1600，高度是2000，则宽高比是：

1600 ÷ 2000 = 0.8

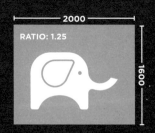

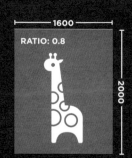

如下面调整图片大小所示，可以看到如何计算出一个图片新的宽度和高度。

将调整后的图片宽高比保持与原图片一致，这样图片调整后看起来不会失真。

首先必须定义好容器的宽度和高度。这是图片所能调整的最大宽度和高度。在本例中，最大宽度和高度设置为1000。

为了使一组图片调整大小后看起来更加一致，将它们调整为能够放入一个正方形容器框(或包围框)，该方框设置了图片的最大宽度和高度。

当调整图片大小时，图片较长的一侧(宽度或高度)将填满容器，较短的一边将使用图片的比率计算后得到。

1

获取上传的原始图片的宽度和高度。

使用它们来计算图片的宽高比(宽度÷高度)。

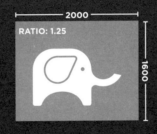

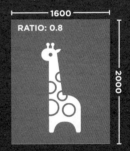

2

如果宽度大于高度，则图片为横向图片。否则就是纵向图片。将图片的长边设置与容器的大小相等。

3

计算调整后图片的较短边的长度。

横向：容器高度除以宽高比。纵向：容器宽度乘以宽高比。

横向图片不会填满容器的全部高度。

纵向图片不会填满容器的全部宽度。

裁剪图片

裁剪图片可创建一组大小完全相同的图片，并且新图片能完全填充容器框。当裁剪图片时，原始图片的一部分将被删除。

要裁剪图片，需要选择原始图片中希望保留的部分。

为了使一组图片具有相同的形状，每张图片的裁剪部分应该具有相同的比例。

一旦选择了要裁剪的区域，就可以调整它的大小，以确保所有图片的大小相同。

要选择裁剪的图片区域，需要以下四条数据。

- 选区宽度：原始图片中选中区域的水平方向宽度。
- 选区高度：原始图片中选中区域的垂直方向高度。
- 水平偏移：从原始图片最左侧到所选区域左上角顶点处的距离。
- 垂直偏移：从原始图片最上侧到所选区域左上角顶点处的距离。

一些JavaScript工具允许用户在上传图片之前在浏览器中裁剪图片。这种方式的一些可用选项请参见：

http://notes.re/php/images/crop-javascript

为确保上传的图片都是相同的大小，需要指定想要的宽度和高度。这些值将用于计算新图片的宽高比(宽÷高)。

1

获取上传图片的宽度
和高度,并计算上传图片
的宽高比(宽÷高)。

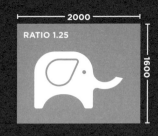
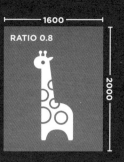

2

选择要保留的图片的
相关部分。

该选区应该与新图片
具有相同的比例。

选择和偏移量的计算
方式如下所示。

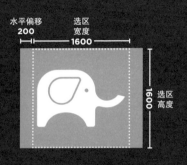
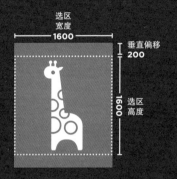

如果新图片宽高比小于上传图片的比例,
使用如下计算方式:

- 选区宽度 = 原始高度 × 新宽高比
- 选区高度 = 原始高度
- 水平偏移 = (原始宽度 - 选区宽度) / 2
- 垂直偏移 = 0

否则就用如下计算方式:

- 选区宽度 = 原始宽度
- 选区高度 = 原始宽度 × 新宽高比
- 水平偏移 = 0
- 垂直偏移 = (原始高度 - 选区高度) / 2

3

裁剪区域的大小被调
整为新图片的大小(如上
一页所定义)。

使用扩展编辑图片

扩展为PHP解释器添加了新的功能，允许它执行额外的任务。GD和Imagick是两个比较流行的扩展，允许PHP解释器调整和裁剪图片。

当扩展安装在Web服务器上时，它们通常会为PHP页面提供额外的函数或类(就像你的代码使用PHP的内置函数和类一样)。

GD和Imagick这两款扩展执行的任务类似于Photoshop的基本功能，但并非使用图形用户界面操作图片，而是提供了使用PHP代码编辑图片的能力。

本章的其余部分将解释如何使用GD调整图片大小，以及如何使用Imagick调整和裁剪图片(这里有一个使用GD裁剪图片的示例：http://notes.re/php/gd-crop)。

GD相比Imagick使用起来更复杂，但自PHP 4.3以来，GD已经默认安装在PHP解释器中，而Imagick必须安装在Web服务器上才能使用。

使用 GD

如果在macOS上使用MAMP，GD应该默认启用。

如果你在PC上使用XAMPP，你可能需要事先启用GD扩展，请参阅http://notes.re/php/enable-gd。

为使用GD调整图片大小和裁剪图片，必须调用GD的五个函数(如下所示)。

GD设置了打开不同媒体类型的函数(GIF、JPEG、PNG、WEBP等)，并且也有相应的函数来保存它们(下面函数名中斜体的mediatype将被具体的媒体类型替代——见下一页中的对应函数)。

函数	描述
getimagesize()	获取图片的大小和媒体类型
imagecreatefrom*mediatype*()	打开图片(用图片的具体媒体类型替换*mediatype*)
imagecreatetruecolor()	使用调整大小或裁剪过的图片来创建新的空白图片
imagecopyresampled()	选取原图片的选定部分，调整大小，并将其粘贴到上一步创建的新图片中
image*mediatype*()	保存图片(用图片的具体媒体类型替换*mediatype*)

确定媒体类型

要选择正确的函数来打开或保存图片，需要知道图片的媒体类型。

GD的getimagesize()函数需要图片的路径作为实参。该函数返回一个包含图片数据(包括其媒体类型)的数组。

右边的表格显示了该数组中保存的数据(键是数字和单词的组合)。

键	描述
0	图片宽度 (单位为像素)
1	图片高度 (单位为像素)
2	常量，用于描述图片类型
3	记录大小的字符串，可用于\<img\>标签的属性：height="yyy" width="xxx"
mime	图片的媒体类型
channels	通道数：3表示RGB，4表示CMYK
bits	每种颜色所使用的比特数

图片的媒体类型

可在switch语句中使用(如下一页所示)，以便调用正确的函数来打开或保存图片。

右边的表格显示了GD用于打开和保存图片格式的一些函数。

图片

格式	对应的打开函数	保存
GIF	imagecreatefromgif()	imagegif()
JPEG	imagecreatefromjpeg()	imagejpeg()
PNG	imagecreatefrompng()	imagepng()
WEBP	imagecreatefromwebp()	imagewebp()

调整大小和裁剪图片

imagecopyresampled()函数的作用是：将图片的部分(或全部)复制到一个新的空白图片中。

函数有10个形参，为便于理解，可将它们看作5对形参：

● $new, $orig

新的和原始的图片(在函数被调用之前保存在变量中——参见第304页)

● $new_x, $new_y

水平偏移和垂直偏移：放置新图片的具体位置，其中新图片保存了复制的区域

● $orig_x, $orig_y

水平偏移和垂直偏移：原始图片的具体位置，原始图片是复制区域的原图片

● $new_width, $new_height

新图片中选区的宽度和高度

● $orig_width, $orig_height

原图片中选区的宽度和高度

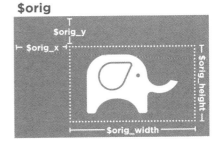

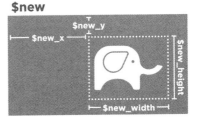

```
imagecopyresampled($new, $orig, $new_x, $new_y, $orig_x, $orig_y,
                   $new_width, $new_height, $orig_width, $orig_height);
```

使用GD调整图片大小

下一页中的函数使用GD创建缩略图。缩略图将保持与原始图片相同的宽高比。新图片的大小是基于作为形参给出的最大宽度和高度创建的。

第297页的示例后提供了完整的代码示例以供下载。唯一的区别是完整示例为调整大小的缩略图图片创建了一个路径，然后在上传的图片被移动后调用这个函数来创建一个缩略图(步骤⑭~⑮)。

① resize_image_gd() 有如下形参:
- 上传图片的路径
- 保存调整后图片的路径
- 新图片的最大宽度
- 新图片的最大高度

② GD的getimagesize()函数返回一个包含图片数据的数组，包括图片的大小和媒体类型(参见上一页)。

③ 从数组中取出图片的宽度、高度和媒体类型并保存在变量中。

④ $new_width和$new_height变量使用缩略图的最大宽度和最大高度作为初始值。

⑤ $orig_ratio保存上传图片的宽高比。

⑥ 如果宽度大于图片的高度，则该图片为横向图片。

⑦ 对于横向图片，图片的宽度将设置为最大宽度。这个值是在步骤④中初始化变量时设置的。

但图片的新高度必须经过计算得到。为此，用图片的宽度除以它的宽高比。

⑧ 如果图片的形状为纵向或正方形。它的高度保持在步骤④中设置的最大高度。新的宽度通过将图片的新高度乘以它的宽高比来计算。

⑨ switch语句用于选择打开图片的正确函数。如上一页所示，GD使用单独的函数来打开不同媒体类型的图片。

图片的媒体类型(保存在步骤③的$media_type中)被用作switch语句的判断条件。打开的图片保存在$orig中。

⑩ GD的 imagecreatetruecolor() 函数创建一个空白图片，保存在$new中。这里提供的两个实参分别是新图片应有的宽度和高度。

⑪ GD的 imagecopyresampled() 函数复制原始图片，调整其大小，并将其复制到步骤⑩中创建的新图片中。它需要为上一页描述的所有10个形参赋值。

⑫ 另一个switch语句用于选择正确的函数来保存调整大小后的图片。这一次，使用了switch语句的简写形式(所以这个例子适合这一页)。这里的保存函数将根据图片保存情况返回不同的值，若成功则返回true，否则返回false；返回值将最终保存在变量 $result中。

⑬ 返回保存在$result中的值。

⑭ 一旦图片上传并移动，通过把upload文件夹的路径、文本thumb_和文件名连接，可得到新的缩略图图片的保存路径。

⑮ 调用resize_image_gd()函数。

```php
    <?php
①  function resize_image_gd($orig_path, $new_path, $max_width, $max_height)
    {
②      $image_data   = getimagesize($orig_path);         // 获取图片数据
        $orig_width   = $image_data[0];                   // 图片宽度
③      $orig_height  = $image_data[1];                   // 图片高度
        $media_type   = $image_data['mime'];              // 图片类型
④      $new_width    = $max_width;                        // 新宽度的最大值
        $new_height   = $max_height;                      // 新高度的最大值
⑤      $orig_ratio   = $orig_width / $orig_height;        // 原图片宽高比

        // Calculate new size
⑥      if ($orig_width > $orig_height) {                  // 判断是否为横向图
⑦          $new_height = $new_width / $orig_ratio;        // 若是, 使用宽高比计算得到新高度
⑧      } else {
            $new_width  = $new_height * $orig_ratio;       // 否则使用宽高比计算得到新宽度
        }

        switch($media_type) {                             // 验证媒体类型
            case 'image/gif' :                            // 如果是GIF格式,
                $orig = imagecreatefromgif($orig_path);   // 函数打开图片,
                break;                                    // 结束switch语句
            case 'image/jpeg' :                           // 如果是JPEG格式,
⑨              $orig = imagecreatefromjpeg($orig_path);  // 函数打开图片,
                break;                                    // 结束switch语句
            case 'image/png' :                            // 如果是PNG格式,
                $orig = imagecreatefrompng($orig_path);   // 函数打开图片,
                break;                                    // 结束switch语句
        }

⑩      $new = imagecreatetruecolor($new_width, $new_height); // 创建空白图片

⑪      imagecopyresampled($new, $orig, 0, 0, 0, 0, $new_width, $new_height,
            $orig_width, $orig_height);                   // 将原图复制到新图片中

        // 保存图片——必须事先创建缩略图文件夹, 并具有相应权限
        switch($media_type) {
            case 'image/gif' : $result = imagegif($new, $new_path);  break;
⑫          case 'image/jpeg': $result = imagejpeg($new, $new_path); break;
            case 'image/png' : $result = imagepng($new, $new_path);  break;
        }
⑬      return $result;
    } ... // 上传和验证图片的代码与第296~297页上的相同
    $moved      = move_uploaded_file($_FILES['image']['tmp_name'], $destination); // 移动文件
⑭  $thumbpath  = $upload_path . 'thumb_' . $filename;       // 创建缩略图路径
⑮  $resized    = resize_image_gd($destination, $thumbpath, 200, 200); // 创建缩略图
```

用Imagick调整图片大小和裁剪图片

Imagick PHP扩展可让你使用一款名为ImageMagick的开源图片编辑软件,该软件使用PHP代码编写。它具有以下特性:

- 需要的代码比GD少得多。
- 通过计算宽高比和大小来调整图片大小(不需要在自己的代码中计算它们)。
- 对所有图片格式使用相同的方法。
- 支持的图片格式比GD更多。

但它需要Imagick扩展和ImageMagick软件同时安装在Web服务器上;默认情况下并未安装。所以你必须:

- 在macOS上启用MAMP的Imagick功能。
- 在Windows PC上为XAMPP安装Imagick和ImageMagick,可参见http://notes.re/php/install-imagick。
- 验证你的主机提供商是否支持它。

在Windows PC上,Imagick用于保存文件的路径必须是绝对路径(而不是相对路径),其绝对路径与macOS和UNIX不同。

- 在Windows PC上,它们以分区号开头,如C:/。
- 在macOS和UNIX上,它们以反斜杠\开始。

目录分隔符也不同:在PC上是正斜杠,在macOS和UNIX上是反斜杠。要创建正确的上传路径(并将其保存在一个变量中),可使用下面的代码。

要使用Imagick,需要使用Imagick类创建一个表示图片的对象,并将它所要表示的图片路径传递给构造函数。

```
保存对象的
  变量                    类名        图片路径
$image = new Imagick($filepath);
```

如上创建的Imagick对象有一组操作和保存图片的方法。

方法	描述
thumbnailImage()	调整图片大小
cropThumbnailImage()	裁剪和调整图片大小
writeImage()	保存图片

下面的语句使用:

- PHP的 dirname()函数返回当前文件所在的路径,并以此路径指定上传文件的具体路径。
- FILE__ 常量,保存当前运行文件的路径。
- DIRECTORY_SEPARATOR常量,用于保存运行PHP文件的操作系统的正确目录分隔符。

```
                       当前文件                目录分隔符
$upload_path = dirname(__FILE__) . DIRECTORY_SEPARATOR . 'uploads' . DIRECTORY_SEPARATOR;
                       父目录的路径
```

下面的两个示例展示了两个用户定义的函数，它们使用Imagick来调整图片大小和裁剪图片。

调用这些函数的语句出现在将上传的文件移到目的地的代码之后，就像第305页中的示例一样。

上传、验证和移动图片的代码与第296~297页中的代码相同。

① create_thumbnail() 函数使用Imagick创建图片的缩略图。它的两个形参是：
- 刚上传的图片路径。
- Imagick将创建的新缩略图的路径。

② 使用Imagick类创建一个新对象。需要传入上传图片的路径。

③ 使用Imagick对象的thumbnailImage()方法调整图片的大小。为此，它使用三个形参：
- 图片的新宽度。
- 图片的新高度。
- 一个布尔值true，告诉Imagick宽度和高度是最大值，并且缩略图应该与原始比例相同。

④ Imagick的writeImage()方法将图片保存到 $destination参数中所保存的位置。

⑤ 该函数返回true以显示其工作正常。

⑥ 一旦文件移动，$thumbpath变量将保存一个新缩略图的路径。

⑦ 调用create_thumbnail()，并给出上传图片的路径和缩略图路径。

```
PHP                                                     section_b/c07/resize-im.php
① function create_thumbnail($temporary, $destination)
   {
②     $image = new Imagick($temporary);                    // 代表图片的对象
③     $image->thumbnailImage(200, 200, true);              // 创建缩略图
④     $image->writeImage($destination);                    // 保存文件
⑤     return true;                                         // 返回true表示正常工作
   } ... // 一旦文件已经验证和移动，创建缩略图路径，然后移动缩略图
   $moved     = move_uploaded_file($_FILES['image']['tmp_name'], $destination); // 移动
⑥ $thumbpath = $upload_path . 'thumb_' . $filename;      // 缩略图路径
⑦ $thumb     = create_thumbnail($destination, $thumbpath);  // 创建缩略图
```

⑧ create_cropped_thumbnail() 创建一个上传图片的正方形裁剪图片。这确保了所有缩略图的大小都相同。

⑨ 与上面例子的唯一区别是，这里使用Imagick对象的cropThumbnailImage()方法来创建裁剪的缩略图。

```
PHP                                                     section_b/c07/crop-im.php
⑧ function create_cropped_thumbnail($temporary, $destination)
   {
       $image = new Imagick($temporary);                    // 代表图片的对象
⑨     $image->cropThumbnailImage(200, 200, true);          // 创建缩略图
       $image->writeImage($destination);                    // 保存文件
       return true;                                         // 返回true表示正常工作
   }
```

小结
图片和文件

> ❯ HTML表单使用文件上传控件来上传文件。

> ❯ 上传文件时，$_FILES超全局数组保存关于该文件的数据。

> ❯ 上传文件时，上传的文件放置在一个临时位置。之后必须将它们移到不同的文件夹中以保存它们。

> ❯ 在尝试使用文件之前，需要验证它们是通过HTTP上传的且没有错误。

> ❯ 确保文件名中仅包含允许的字符。

> ❯ 在保存文件之前，请验证上传文件的大小和媒体类型。

> ❯ 当调整图片大小时，保持相同的比例；否则，它将因拉伸而看起来变得扭曲。

> ❯ GD和Imagick扩展提供了PHP在服务器上调整图片大小和裁剪图片的能力。

第8章

日期和时间

日期和时间可用多种不同方式编写。
PHP提供了内置函数和类，帮助以各种
格式处理和显示日期与时间。

　　在本章中，将学习PHP解释器接受日期和时间作为输入的不同方式，以及在将日期和时间显示给访问者时如何将它们格式化为输出。PHP可接收以下各类型的日期和时间：

- 不同的时间单位，如年、月、日、小时、分钟和秒等。
- 时间字符串，如'1st June 2001' '1/6/2001' 或 'next Tuesday'.
- UNIX时间戳，计算自1970年1月1日以来的秒数(这似乎是一种奇怪的表示日期/时间的方式，但许多编程语言都使用该方式)。

　　讲述PHP如何处理日期和时间格式后，将接着介绍一组内置函数。这些函数可生成UNIX时间戳，并将它们转换回人类可读的格式。

　　然后，将继续讨论如何使用四个内置类创建的对象来表示日期和时间：

- DateTime 创建表示特定日期和时间的对象。
- DateInterval 创建表示时间间隔(例如，1小时或1周)的对象。
- DatePeriod 创建的对象表示周期性发生的重复事件(例如，每天、每月或每年)。
- DateTimeZone 创建表示时区的对象。

日期格式

日期可用许多不同的方式显示。PHP使用一组格式字符来描述如何编写日期。

日期可以由以下部分组成:
- 星期几
- 日期
- 月份
- 年份

PHP使用格式字符来表示这些部分。例如,m-d-Y 表示日期格式04-06-2022。格式字符告诉PHP解释器:
- 接收日期时如何处理
- 显示日期时如何格式化

可以在格式字符之间添加空格、斜杠,破折号和句号,以便在视觉上分隔每个部分。

下面,你可以看到格式字符如何描述相同日期的不同书写方式:

格式字符	日期格式
l m j Y	Saturday April 6 2022
D jS F Y	Sat 6th April 2022
n/j/Y	4/6/2022
m/d/y	04/06/22
m-d-Y	04-06-2022

星期几

格式字符	描述	示例
D	前三个字母	Sat
l	全名	Saturday

日期

格式字符	描述	示例
d	带前缀0的数	09
j	不带前缀0的数	9
S	后缀	th

月份

格式字符	描述	示例
m	带前缀0的数	04
n	不带前缀0的数	4
M	前3个字母	Apr
F	全名	April

年份

格式字符	描述	示例
Y	4个数字	2022
y	2个数字	22

时间格式

这些格式字符可用于表示不同的时间显示方式。

小时

格式字符	描述	示例
h	带前缀0的12时制显示方式	08
g	不带前缀0的12时制显示方式	8
H	带前缀0的24时制显示方式	08
G	不带前缀0的24时制显示方式	8

分钟

格式字符	描述	示例
i	带前缀0的数	09

秒

格式字符	描述	示例
s	带前缀0的数	04

上午/下午

格式字符	描述	示例
a	小写	am
A	大写	AM

时间可以由以下部分组成:

- 小时
- 分钟
- 秒
- 上午/下午(如果未使用24时制)

每个时间部分都可以用格式字符表示。例如，g:i a可以将时间表示为8:09am。可使用这些格式字符告诉PHP解释器:

- 接收时进行处理
- 显示时进行格式化

可在格式字符之间添加空格、冒号、圆点和圆括号，以便在视觉上分隔每个组件。

下面，可以看到格式字符如何描述同一时间的不同书写方式:

格式字符	时间格式
g:i a	8:09 am
h:i(A)	08:09(AM)
G:i	08:09

使用字符串
指定日期和时间

有些函数和方法允许使用字符串来指定日期和时间。其中字符串必须是如下展示的可接收的格式。

PHP解释器可以接收使用以下字符串格式的日期。如果使用正斜杠，PHP解释器期望月份放置在日子的前面。如果使用破折号或圆点则相反，日子需要放置在月份之前。

日期格式	示例
d F Y	04 September 2022
jS F Y	4th September 2022
F j Y	September 4 2022
M d Y	Sep 04 2022
m/d/Y	09/04/2022
Y/m/d	2022/09/04
d-m-Y	04-09-2022
n-j-Y	9-4-2022
d.m.y	04.09.22

还可以使用右边列出的相对时间。例如：

```
+ 1 day
+ 3 years 2 days 1 month
- 4 hours 20 mins
next Tuesday
first Sat of Jan
```

如果没有指定时间，则将时间设置为午夜。

PHP解释器可以接收使用以下字符串格式的时间。还可以指定：

- am和pm使用大写或小写。
- 使用字母t将时间和日期分隔。
- 之后添加一个时区。

12小时时间制	示例
g a	4am
g:i a	4:08 am
g:i:s a	4:08:37 am
g.i.s a	4.08.37 am

24小时时间制	示例
H:i	04:08
H:i:s	04:08:37
His	040837
H.i.s	04.08.37

类型	相对时间
加/减	+ -
数量	0 - 9
时间单位 (可以是复数)	day, fortnight, month, year, hour, min, minute, sec, second
星期几	Monday - Sunday and Mon - Sun
相对项	next, last, previous, this
序数项	first - twelfth

UNIX时间戳

UNIX时间戳使用从1970年1月1日午夜开始经过的秒数来表示日期和时间。

日期		时间		UNIX 时间戳
31 DEC 1969	+	23:59:00	=	**-60**
1 JAN 1970	+	00:02:00	=	**120**
11 APR 1975	+	11:00:00	=	**166878000**
30 AUG 2000	+	14:00:00	=	**967644000**
31 DEC 2020	+	15:00:00	=	**1609426800**

PHP解释器允许使用UNIX时间戳指定和查找日期与时间。

在左边，可以看到一些特定的日期和时间示例，后面跟着相应的UNIX时间戳。

1970年1月1日之前的日期用负数书写。正如后续将介绍的，PHP的内置函数和类可以帮助你使用UNIX时间戳。

下面将使用刚刚遇到的格式字符来描述函数和类如何将UNIX时间戳转换为人类可读的内容。

UNIX时间戳的最大日期是2038年1月19日。

UNIX是20世纪70年代开发的操作系统。

内置日期和时间函数

PHP提供了一些内置函数，可用于创建UNIX时间戳来表示日期和时间。同样，PHP还具有将这些UNIX时间戳转换为易于阅读格式的内置函数。

下面的三个函数都用于创建UNIX 时间戳。

如果它们不能成功创建时间戳，则返回false。

如果没有为strtotime()或mktime()指定时间，则时间设置为0点。

函数	描述
time()	返回UNIX时间戳形式的当前日期和时间
strtotime($string)	将字符串转换为UNIX时间戳(接受第314页中显示的格式)

示例
strtotime('December 1 2020');
strtotime('1/12/2020');

函数	描述
mktime(H, i, s, n, j, Y)	将字符串转换为UNIX时间戳(接受第314页中显示的格式)

示例	代表的时间
mktime(17, 01, 05, 2, 1, 2001);	February 1 2001 17:01:05
mktime(01, 30, 45, 4, 29, 2020);	April 29 2020 01:30:45

date()将UNIX时间戳转换为人类可读的格式。

使用第312~313页中的格式字符指定格式。

如果没有提供时间戳，则显示当前日期和时间。

函数	描述
date($format[, $timestamp])	返回以人类可读方式格式化的UNIX时间戳： 第一个形参指定日期应该如何格式化。 第二个形参是要格式化的UNIX时间戳。

示例	输出
date('Y');	Current year
date('d-m-y h:i a', 1609459199);	31-12-20 11:59 pm
date('D j M Y H:i:a', 1609459199);	Thu 31 Dec 2020 23:59:59

日期函数

section_b/c08/date-functions.php

PHP

```php
<?php
$start      = strtotime('January 1 2021');
$end        = mktime(0, 0, 0, 2, 1, 2021);
$start_date = date('l, d M Y', $start);
$end_date   = date('l, d M Y', $end);
?>
<?php include 'includes/header.php'; ?>

<p><b>Sale starts:</b> <?= $start_date ?></p>
<p><b>Sale ends:</b> <?= $end_date ?></p>

<?php include 'includes/footer.php'; ?>
```

PHP

section_b/c08/includes/footer.php

```php
<footer>&copy; <?php echo date('Y')?></footer> ...
```

结果

注意： 如果展示时间有几小时的差异，请检查php.ini文件中的默认时区设置(参见第198页)。

① strtotime() 函数创建一个 UNIX时间戳来表示过去的日期。将时间戳保存在名为$start的变量中。

② mktime()函数创建一个UNIX时间戳来表示一个月后的日期。将时间戳保存在名为$end的变量中。

③ date() 函数使用下面的格式字符将UNIX时间戳转换为人类可读的格式：

- 星期几
- 日期(带前缀0)
- 月份(前3个字母)
- 年份(4个数字)

将转换结果保存在变量$start_date和$end_date中。

④ 展示日期转换后的人类可读版本。

⑤ 页脚的引用文件添加了版权声明。年份是使用date()函数写出的。由于没有给出时间戳，所以这里使用的是当前日期。

试一试： 在步骤②中，将日期和时间更改为下周的中午。在步骤③中，将日期格式更改为Mon 1st February 2021。

使用对象表示
日期和时间

PHP内置的DateTime类可创建表示日期和时间的对象。下面介绍如何使用该类的方法来创建表示日期和时间的对象，返回的结果可以是人类可读的格式，也可以是UNIX时间戳。

要创建DateTime对象，请使用：
- 用来保存对象的变量
- 赋值操作符
- new关键字
- 类名DateTime
- 一对括号

在括号中，添加对象应表示的日期/时间。可以使用第314页中显示的任意日期和时间格式。值应该加引号。

如果未指定日期和时间，将默认使用当前日期和时间。如果指定了日期但没有指定时间，则对象将使用指定日期的0点。

```
$date = new DateTime('2001-02-01 15:01:05');
```
变量   类名   日期和时间

还可使用date_create_from_format()函数创建一个DateTime对象。

第一个实参是用于指定日期和时间的格式。

第二个实参是指定格式的日期和时间。两个实参都需要添加引号。

```
$date = date_create_from_format('j-M-Y', '15-Jan-2020');
```
变量   函数   格式   日期和时间

下面的DateTime对象的方法返回该对象表示的日期和时间。

要获取人类可读格式的日期/时间，可使用format()方法。

要获取UNIX时间戳的日期/时间，可使用getTimestamp()方法。

方法	描述
format($format[, $DateTimeZone])	获取指定格式的日期和时间
	第二个形参是可选的，用于设置时区(参见第326页)
getTimestamp()	返回对象所代表的日期和时间的UNIX时间戳

DateTime对象

```php
                    section_b/c08/datetime-object.php
<?php
$start = new DateTime('2021-01-01 00:00');
$end   = date_create_from_format('Y-m-d H:i',
    '2021-02-01 00:00');
?>
<?php include 'includes/header.php'; ?>

<p><b>Sale starts:</b>
    <?= $start->format('l, jS M Y H:i') ?></p>
<p><b>Sale ends:</b>
    <?= $end->format('l, jS M Y') ?> <b>at</b>
    <?= $end->format('H:i') ?></p>

<?php include 'includes/footer.php'; ?>
```

PHP

①
②
③
④
⑤

结果

① 在本例开头，将使用DateTime类创建一个对象。并将创建结果保存在名为$start的变量中。

② 使用date_create_from_format()函数创建第二个 DateTime对象。第一个形参指定所提供日期的格式。第二个形参设置日期和时间。该对象保存在名为$end的变量中。

③ 使用DateTime对象的format()方法将开始日期和时间写入页面。传入的实参指定了日期和时间应该使用的格式。

④ 使用DateTime对象的format()方法将结束日期和时间写入页面。传入的实参指定了日期和时间应该使用的格式。

⑤ 使用format()方法单独写入结束时间。这演示了如何写出对象保存的日期或时间。

试一试： 在步骤①中，设置日期为昨天的日期。在步骤②中，将日期更改为开始时间后的第7天。

更新DateTime对象中的日期和时间

使用DateTime类创建对象后，可以使用下面的方法设置或更新它所表示的日期/时间。

以下设置日期/时间的方法将覆盖对象当前表示的任何日期/时间。

add()方法和sub()方法使用了DateInterval对象，该对象将在第322页中介绍。

方法	描述
setDate(*$year*, *$month*, *$day*)	为对象设置日期
setTime(*$hour*, *$minute* [, *$seconds*][, *$microseconds*])	为对象设置时间
setTimestamp(*$timestamp*)	使用UNIX时间戳设置日期/时间
modify(*$DateFormat*)	使用字符串更新日期/时间
add(*$DateInterval*)	使用DateInterval对象添加时间间隔
sub(*$DateInterval*)	使用DateInterval对象减去时间间隔

PHP解释器创建变量后，可在变量中保存标量值或数组。当PHP解释器创建一个对象时，将该对象保存在内存中的一个独立位置。然后，如果该对象保存在变量中，则该变量会将创建对象的位置(而不是对象本身)存储在PHP解释器的内存中。

这意味着，如果创建一个对象并将其保存在一个变量中，然后声明第二个变量并将该变量的值赋给同一对象，两个变量将保存同一对象的位置。

因此，如果在一个变量中更新对象，使用该对象的其他地方也将一起更新：

```
$start = new DateTime('2020/12/1');
$end   = $start;
// 两个变量指向同一个对象
$end->modify('+1 day');
```

为解决这个问题，可使用一个名为clone的关键字来创建一个对象的副本：

```
$start = new DateTime('2020/12/1');
$end   = clone $start;
// 只修改$end中保存的对象
$end->modify('+1 day');
```

如何设置DateTime对象的日期和时间

PHP section_b/c08/datetime-object-set-date-and-time.php

```php
<?php
$start = new DateTime();
$start->setDate(2021, 12, 01);
$start->setTime(17, 30);
$end = clone $start;
$end->modify('+2 hours 15 min');
?>
<?php include 'includes/header.php'; ?>

<p><b>Event starts:</b>
  <?= $start->format('g:i a - D, M j Y') ?></p>

<p><b>Event ends:</b>
  <?= $end->format('g:i a - D, M j Y') ?></p>

<?php include 'includes/footer.php'; ?>
```

① ② ③ ④ ⑤ ⑥ （代码左侧的序号标记）

结果

① 使用DateTime类创建一个新对象，将该对象保存在名为$start的变量中；该变量保存当前的日期和时间。

② 使用DateTime对象的setDate ()方法设置日期。

③ 使用DateTime对象的setTime()方法设置时间。

④ 对变量 $start使用关键字clone进行克隆，克隆的结果保存在变量$end中。

⑤ DateTime对象的modify()方法用于更新保存在$end中的对象的日期和时间，使其表示的日期和时间比$start中保存的晚2小时15分钟。

⑥ 使用format()方法写出这两个对象所表示的日期和时间。

试一试： 在步骤⑤中，修改事件的结束日期为开始日期后两天。

使用DateInterval 表示间隔

DateInterval类用于创建一个对象，该对象表示以年、月、周、天、小时、分钟和秒为单位的时间间隔。

DateTime对象的add()和sub()方法使用DateInterval对象指定从当前日期/时间中添加或删除的时间间隔。可以使用右边表格中显示的格式指定间隔的持续时间。

每段时间间隔都需要以字母P开头。如果包含一段时间，则时间前需要以字母T开头。

间隔	表示
1 年	P1Y
2 月	P2M
3 天	P3D
1 年,2月, 3天	P1Y2M3D
1 小时	PT1H
30 分	PT30M
15 秒	PT15S
1 小时, 30 分, 15 秒	PT1H30M15S
1 年, 1 天, 1 小时, 30分	P1Y1DT1H30M

```
$interval = new DateInterval('P1M');
```
变量   类名   间隔

DateTime对象的diff()方法(difference的缩写)比较两个DateTime对象，并返回一个表示它们之间间隔的DateInterval对象。

要显示保存在DateInterval对象中的时间间隔，可使用它的format()方法。该方法的实参是一个字符串，可以在想要显示时间间隔的地方传入右侧的格式字符。

时间间隔	描述
%y	年
%m	月
%d	日
%h	小时
%i	分
%s	秒
%f	毫秒

要显示的字符串

```
$interval->format('%h hours %i minutes');
```
时间间隔   时间间隔

DateInterval对象

```php
<?php
$today     = new DateTime();
$event     = new DateTime('2025-12-31 20:30');
$countdown = $today->diff($event);

$earlybird = new DateTime();
$interval  = new DateInterval('P1M');
$earlybird->add($interval);
?>
<?php include 'includes/header.php'; ?>

<p><b>Countdown to event:</b><br>
  <?= $countdown->format('%y years %m months %d
days') ?>
</p>
<p><b>50% off tickets bought by:</b><br>
  <?= $earlybird->format('D d M Y, g:i a') ?>
</p>

<?php include 'includes/footer.php'; ?>
```

PHP `section_b/c08/dateinterval-object.php`

① $today = new DateTime();
② $event = new DateTime('2025-12-31 20:30');
③ $countdown = $today->diff($event);
④ $earlybird = new DateTime();
⑤ $interval = new DateInterval('P1M');
⑥ $earlybird->add($interval);
⑦ <?= $countdown->format('%y years %m months %d days') ?>
⑧ <?= $earlybird->format('D d M Y, g:i a') ?>

结果

① 当前日期和时间使用DateTime对象表示，并保存在变量$today中。

② 事件的日期使用DateTime对象表示，并保存在名为$event的变量中。

③ 使用DateTime对象的diff()方法获取从现在到事件日期之间的时间间隔。所得到的DateInterval对象保存在变量$countdown中。

④ 当前日期和时间保存在变量$earlybird中。

⑤ 创建时长为一个月的时间间隔并保存在变量$interval中。

⑥ DateTime对象的add()方法将$interval中保存的时间间隔添加到$earlybird中保存的当前日期中。

⑦ 展示保存在$countdown中的时间间隔。需要注意%符号是如何放在表示间隔的格式字符之前的。

⑧ 显示保存在$earlybird中的日期。

试一试： 在步骤②中，将事件日期更改为当前时间的3个月后。在步骤⑤中，设置间隔为12小时。

使用DatePeriod
创建重复事件

DatePeriod类可以创建一个对象，该对象保存一组DateTime对象，这些对象在开始日期和结束日期之间定期出现，然后可以循环遍历其中保存的每个DateTime对象。

要创建一个DatePeriod对象，需要传入三个形参：
- 开始日期(DateTime对象)
- 事件发生的时间间隔(DateInterval对象)
- 这段周期的结束日期

这段周期的结束日期可以是：
- DateTime对象
- 一个整数，表示事件应发生的次数(在开始日期之后)

当创建DatePeriod对象时，它保存了一系列DateTime对象；每个DateTime对象表示指定的时间间隔内的开始日期和结束日期之间的一个时间点。

```
$period = new DatePeriod($start, $interval, $end);
```
变量　　　　　类名　　开始　　　　时间间隔　　结束
　　　　　　　　　　日期/时间　　　　　　　日期/时间

可使用foreach循环访问DatePeriod对象中的每个DateTime对象。

与所有循环一样，在循环过程中，可使用一个变量保存每个DateTime对象。

在代码块中，可使用DateTime对象的方法来处理日期/时间。

DatePeriod 对象保存　　变量名代表每个
DateTime 对象　　　　　DateTime 对象

```
foreach($period as $occurrence) {
    echo $occurrence->format('Y jS F');
}
```

DatePeriod对象

```
PHP                    section_b/c08/dateperiod-object.php
       <?php
①    $start    = new DateTime('2025-1-1');
②    $end      = new DateTime('2026-1-1');
③    $interval = new DateInterval('P1M');
④    $period   = new DatePeriod($start, $interval, $end);
       ?>
       <?php include 'includes/header.php'; ?>

       <p>
⑤     <?php foreach ($period as $event) { ?>
⑥       <b><?= $event->format('l') ?></b>,
         <?= $event->format('M j Y') ?></b><br>
       <?php } ?>
       </p>

       <?php include 'includes/footer.php'; ?>
```

结果

① 变量$start保存一个表示 2025年1月1日的 DateTime对象。

② 变量$end保存一个表示2026年1月1日的 DateTime对象。

③ $interval变量保存表示间隔时间为一个月的 DateInterval对象。

④ $period变量保存 DatePeriod 对象。创建该对象时，需要传入三个实参(值在步骤①~③中分别定义)：
- 开始日期
- 时间间隔
- 结束日期

$period中保存了12个DateTime 对象(每个对象代表2025年的一个月)。

⑤ foreach循环遍历每个DateTime对象。在循环中，$event表示每个 DateTime对象。

⑥ 使用format()方法写出是星期几，然后写出月份、日子和年份。

试一试：在步骤③中，将间隔更改为三个月(P3M)。

使用DateTimeZone
管理时区

当创建DateTime对象时，可以指定时区。
而这需要使用DateTimeZone类创建的对象来指定时区。

DateTimeZone类创建一个表示时区的对象。该对象将保存有关该时区的信息。

在括号中，使用IANA时区指定时区(有关时区的完整列表，请参阅http://notes.re/timezones)。

可在创建DateTime对象时使用此对象来指定其时区，该时区还可以控制夏令时。

方法	描述
getName()	返回该时区的名称
getLocation()	返回一个包含以下信息的索引数组:

键	值
country_code	Short code for country
latitude	Latitude of this location
longitude	Longitude of this location
comments	Any comments about this location

方法	描述
getOffset()	以秒为单位返回该时区与UTC的偏差值(UTC与GMT时间相同，但它是一个标准，不受国家/地区的限制)
getTransitions()	返回一个数组，该数组指示夏令时在给定时区何时生效

DateTimezone对象

PHP section_b/c08/datetimezone-object.php

```php
<?php
$tz_LDN   = new DateTimeZone('Europe/London');
$tz_TYO   = new DateTimeZone('Asia/Tokyo');
$location = $tz_LDN->getLocation();

$LDN      = new DateTime('now', $tz_LDN);
$TYO      = new DateTime('now', $tz_TYO);
$SYD      = new DateTime('now',
                new DateTimeZone('Australia/Sydney'));
?> ...
<p><b>LDN: <?= $LDN->format('g:i a') ?></b>
    (<?= ($LDN->getOffset() / (60 * 60)) ?>)<br>
    <b>TYO: <?= $TYO->format('g:i a') ?></b>
    (<?= ($TYO->getOffset() / (60 * 60)) ?>)<br>
    <b>SYD: <?= $SYD->format('g:i a') ?></b>
    (<?= ($SYD->getOffset() / (60 * 60)) ?>)<br></p>

<h1>Head Office</h1>
<p><?= $tz_LDN->getName() ?><br>
    <b>Longitude:</b> <?= $location['longitude'] ?><br>
    <b>Latitude:</b> <?= $location['latitude'] ?></p>
```

① 创建两个 DateTimeZone对象来表示伦敦和东京的时区。

② getLocation() 函数以数组形式返回伦敦时区的位置数据。数组保存在$location中。

③ 使用步骤①中的 DateTimeZone 对象创建了两个DateTime对象。它们分别表示2个时区的当前时间。

④ 创建第三个DateTime对象，以显示如何在新建 DateTimeZone对象的同时，创建DateTime对象。

⑤ 对于每个DateTime对象：

● format()函数显示了该位置的当前时间。

● getOffset()函数显示这些位置与UTC之间的时间差。它返回以秒为单位的时间差，因此将该值除以60*60即可得到以小时为单位显示的偏差值。

⑥ 使用getName()函数来获取第一个时区的名称。

⑦显示该时区的经度和纬度。

结果

LDN: 11:11 am (0)
TYO: 8:11 pm (9)
SYD: 10:11 pm (11)

Head Office

Europe/London
Longitude: -0.12528
Latitude: 51.50833

试一试：为洛杉矶的办公室创建一个对象并显示那里的时间。

小结
日期和时间

❯ 格式字符允许指定日期或时间的格式化方式。

❯ UNIX时间戳表示从1970年1月1日开始经过的时间和
  日期。

❯ time()、strtotime()和mktime()函数用于创建UNIX时间
  戳。date()函数的作用是将UNIX时间戳转换为人类可读的
  格式。

❯ DateTime类可创建表示日期和时间的对象。该对象具有
  修改日期和时间并以人类可读的格式显示它们的方法。

❯ DateInterval类可创建表示时间间隔的对象，例如，月
  或年。

❯ DatePeriod类创建一组表示重复事件的对象，其中每个对
  象都是DateTime对象。

❯ DateTimeZone 类创建对象来表示时区并保存有关时区的
  信息。

第9章

cookie和会话

要创建包含用户名、头像或最近浏览页面列表等个人数据的网页，网站需要知道是谁在请求每个页面。

HTTP协议提供了规则，用于指示浏览器应该如何请求Web页面以及服务器应该如何响应，但该规则将每个请求和响应分开处理。HTTP没有为网站提供一种机制来说明究竟是哪个访问者正在请求页面。

如果一个网站需要知道是谁在请求一个网页或显示任何个性化信息，那么网站可以追踪每个访问者，并混合使用cookie和会话来保存关于用户个人偏好的信息。

- cookie是保存在用户浏览器中的文本文件。网站可以告诉浏览器在cookie中保存哪些数据，然后浏览器会将它从该网站请求得到的这些数据在每个后续页面请求中一起发送回该网站。
- 会话(Session)允许网站在服务器上临时保存关于用户的数据。当访问者从网站请求另一个页面时，PHP解释器可以获取保存在用户会话中的数据。

cookie和会话仅用于暂时保存少量数据，因为用户可以删除cookie(或从没有cookie的不同浏览器访问网站)，而会话的持续时间仅设计为用户当次访问网站的时间内(不保存两次访问之间的数据)。

当用户数据需要保存较长时间时，则要将数据保存在数据库中。第13章将介绍如何做到这一点。这需要了解cookie和会话的工作方式。

cookie介绍

网站可以告诉浏览器将用户的数据保存在一个称为cookie的文本文件中。然后，当浏览器从该网站请求另一个页面时，浏览器将cookie中的数据发送回服务器。

cookie是什么

网站可以告诉浏览器创建cookie，而cookie就是保存在浏览器中的文本文件。

每个cookie都有一个名称，该名称应该描述cookie所保存的信息类型。同一个访问者的cookie名称是相同的。

保存在每个用户cookie中的值可以更改。cookie就像一个变量，保存在用户浏览器的文本文件中。

谁可以访问cookie

浏览器只有在请求与创建页面同一个域的页面时，才会将cookie中的数据发送给服务器。例如，如果google.com创建了一个cookie，那么它只在浏览器请求google.com的页面时发送。而cookie永远不会被发送到facebook.com。

如果来自创建cookie的同一个域，JavaScript也可以访问cookie数据。

创建cookie

当浏览器请求网页时，网站可将页面连同一个额外的HTTP头信息一起发送回浏览器。

HTTP头信息告诉浏览器要创建的cookie的名称以及应该保存在cookie中的值。

保存在cookie中的值是文本，它不应该超过4096个字符。同一个网站可以创建多个cookie。

cookie与浏览器绑定

由浏览器创建和保存cookie。

- 如果一台设备上安装了多个浏览器，cookie只会从保存cookie的浏览器(而不是安装在该设备上的任何其他浏览器)发送。
- 如果用户从一台新设备上访问网站，那么该设备在初始时不会将任何cookie发送到服务器。

获取cookie数据

如果浏览器从创建cookie的网站请求另一个页面，那么浏览器将把cookie的名称和对应的值连同页面请求一起发送给服务器。

然后，PHP解释器将cookie数据添加到一个名为$_COOKIE的超全局数组中，以便该页中的PHP代码可以使用它。cookie的名称是键，它的值是cookie保存的值。

cookie 能保存多久

服务器可以指定cookie过期的日期和时间；这是浏览器停止向服务器发送cookie中数据的日期和时间。如果服务器没有提供过期日期，当用户关闭浏览器时，浏览器将停止向服务器发送cookie。

用户也可以拒绝或删除cookie，因此网站应该能够在没有cookie的情况下正常运行。

请求首个页面

- 浏览器使用HTTP来请求页面。

```
☆☆☆ http://eg.link/page.php ↻ ⟨/⟩
```

REQUEST: page.php

- 服务器发回请求的页面。
- 添加一个HTTP头信息，告诉浏览器要创建的cookie的名称及其值。

RESPONSE: page.php
HEADER: counter = 1

- 浏览器显示页面。
- 使用HTTP头信息中的数据创建cookie。

```
☆☆☆ http://eg.link/page.php ↻ ⟨/⟩
```

1

COOKIE: counter = 1

cookie不用于保存敏感数据(例如，电子邮件地址或信用卡号码)，因为cookie的内容可以在浏览器的开发工具中查看，并以纯文本形式在浏览器和服务器之间发送。

后续页面请求

- 浏览器使用HTTP来请求页面。
- 发送带有cookie名称和值的HTTP头信息。

```
☆☆☆ http://eg.link/page.php ↻ ⟨/⟩
```

1

REQUEST: page.php
HEADER: counter = 1

- 服务器将cookie数据添加到 $_COOKIE。
- 使用$_COOKIE中的数据创建页面。
- 返回请求的页面。
- 可以更新保存在cookie中的值。

RESPONSE: page.php
HEADER: counter = 2

- 浏览器显示使用其cookie数据创建的页面。
- 使用HTTP头信息中的数据更新cookie。

```
☆☆☆ http://eg.link/page.php ↻ ⟨/⟩
```

2

COOKIE: counter = 2

为防止在浏览器和服务器之间发送HTTP头信息时有人读取其中的信息，可使用HTTPS而不是HTTP运行网站(参见第184页)。这样就可以加密头信息。

如何创建和访问cookie

PHP内置的setcookie()函数可用于创建cookie。如果要访问cookie，可以使用$_COOKIE超全局数组或filter_input()和filter_input_array()函数。

PHP的setcookie()函数用于创建HTTP头信息，该头信息随网页一起发送，告诉浏览器创建一个cookie。该函数允许设置cookie的名称和值。

因为该函数创建了一个HTTP头信息，所以必须在内容发送到浏览器之前使用(如第226页中的header()所示)。即使是开标签<?PHP之前的一个空格也会被视为内容。

如果没有设置cookie的有效期，当用户关闭浏览器时，浏览器将停止向服务器发送cookie数据。在第336页上可学习如何设置cookie的有效期。

```
setcookie($name, $value);
```

一旦浏览器保存了cookie，如果该浏览器从网站请求另一个页面，cookie名称和值将随请求一起发送到服务器。

当PHP解释器接收到请求时，它将cookie数据添加到一个名为$_COOKIE的超全局数组中。

每个cookie都在$_COOKIE超全局数组中有一个对应的元素：

● 键是cookie的名称
● 值是cookie保存的值(以字符串形式保存)

这些数据通常被收集并保存在一个变量中。

如果代码试图访问$_COOKIE中不存在的键，则会发生错误。为了防止这种情况，可以使用空合并操作符来检查键是否在数组中。这样的话，如果所访问的键存在于$_COOKIE中，则将cookie对应的值保存在变量中。否则，变量保存的值为null。

```
$preference = $_COOKIE['name'] ?? null;
```

PHP的filter_input()和filter_input_array()函数(第268页)也可以收集cookie数据。在调用函数时，传入的输入类型参数应该设置为INPUT_COOKIE。

第二个形参是cookie的名称。第三和第四个形参是可选的；它们指定要使用的筛选器的ID和筛选器的其他选项。

如果没有发送cookie，该函数不会引发错误。此外，如果使用整数、浮点数或布尔值类型的筛选器，它们会将值转换为相应的数据类型。

```
$preference = filter_input(INPUT_COOKIE, $name[, $filter[, $options]]);
```

设置和访问 cookie

section_b/c09/cookies.php

```php
<?php
① $counter = $_COOKIE['counter'] ?? 0;  // Get data
② $counter = $counter + 1;              // +1 to counter
③ setcookie('counter', $counter);       // Update cookie

④ $message = 'Page views: ' . $counter; // Message
?>
<?php include 'includes/header.php'; ?>

<h1>Welcome</h1>
⑤ <p><?= $message ?></p>
<p><a href="sessions.php">Refresh this page</a> to
see
the page views increase.</p>

<?php include 'includes/footer.php'; ?>
```

结果

本示例使用cookie计算访问者曾浏览过的页面数。

① $counter变量保存访问者已浏览过的页面数。如果浏览器发送到服务器的cookie中有counter键的值，那么$counter将保存该值。否则，使用空合并符运算并保存0。

② 将1添加到$counter的值中，因为访问者刚刚浏览了一个页面。

③ setcookie()函数用于告诉浏览器在cookie中创建或更新一个名为counter的键，并将$counter的值保存在该cookie中 counter键对应的值。

④ $message变量保存一条消息，表示访问者已查看的页面数。

⑤ 显示该信息。

试一试：在浏览页面一次之后，刷新页面并观察计数器值的上升。

试一试：将你的名字保存在cookie中键名为name的值上，然后在页面刷新之后显示它。

确保cookie安全

setcookie()具有参数，可用于控制浏览器使用cookie的方式。另外，你还应该验证从cookie接收的数据，如果需要将这些内容显示在页面中，则应使用htmlspecialchars()。

要更新保存在cookie中的值，再次调用setcookie()并传入要更新的值。如果要停止浏览器发送cookie，应再次调用setcookie()，将值设置为空字符串，并且将过期时间设置为过去的时间。如果要更新cookie的值或过期时间，那么调用函数时传入的最后四个实参必须使用与创建cookie时使用的相同值。

这是因为可以通过页面请求发送模拟cookie的HTTP头信息：

- 服务器在使用cookie数据之前应该验证它的安全性(使用第6章的技术)。
- 如果需要在一个页面中显示cookie的值，那么应该事先使用htmlspecialchars()来防止XSS攻击。

```
setcookie($name[, $value, $expire, $path, $domain, $secure, $httponly])
```

形参	描述
$name	cookie的名称
$value	cookie应该保存的值(这被视为字符串——cookie不保存数据类型)
$expire	浏览器停止向服务器发送cookie的日期和时间(作为UNIX时间戳) 要设置时间戳，请使用PHP的time()函数并添加cookie期望持续的时间段
$path	如果某个cookie仅用于网站的部分内容，请指定该cookie要使用的目录。默认情况下，路径是根文件夹'/'，这意味着适用于所有目录。 将此设置为/members意味着它只发送到网站的members文件夹中的页面
$domain	如果只在子域上需要cookie，请设置子域的URL。默认情况下，cookie将发送到网站的所有子域。如果设置子域为members.example.org，则cookie只发送到子域members.example.org 中的文件
$secure	如果该值为true，cookie将在浏览器中创建，但只有在使用安全的HTTPS连接请求页面时，浏览器才会将cookie发送回服务器(参见第184页)
$httponly	如果该值为true, cookie仅用作发送到服务器的数据(浏览器本地的JavaScript无法访问cookie)

在 $expire 行内嵌入的表格：

时间段	当前时间	秒		分		时		天
1 day	time() +	60	*	60	*	24		
30 days	time() +	60	*	60	*	24	*	30

控制cookie设置

　　　　section_b/c09/cookie-preferences.php

```php
<?php
$color   = $_COOKIE['color'] ?? null;      // 获取数据
$options = ['light', 'dark',];             // 选项

if ($_SERVER['REQUEST_METHOD'] == 'POST') {
                                           // 验证是否已提交
    $color = $_POST['color'];              // 获取颜色
    setcookie('color', $color, time() + 60 * 60,
        '/', '', false, true);             // 设置cookie
}

// 如果color是有效选项，就使用它，否则使用dark
$scheme = (in_array($color, $options)) ? $color : 'dark';
?>
<?php include 'includes/header-style-switcher.php'; ?>
    <form method="POST" action="cookie-preferences.php">
        Select color scheme:
        <select name="color">
            <option value="dark">Dark</option>
            <option value="light">Light</option>
        </select><br>
        <input type="submit" value="Save">
    </form>
<?php include 'includes/footer.php'; ?>
```

① $color
② $options
③ if
④ $color
⑤
⑥ $scheme
⑦

PHP　　　　section_b/c09/includes/header-style-switcher.php

```php
<body class="<?= htmlspecialchars($scheme) ?>">
```

结果

Select color scheme: Dark

SAVE

① 变量 $color 保存 cookie中名为color的值 (如果cookie中没有该值，则$color为null)。

② 数组保存了该配色方案所允许的选项。

③ if语句验证表单是否已提交。

④ 如果color的值存在，则将该值保存在$color变量中。这将覆盖步骤①中的值。

⑤ 调用setcookie()函数设置cookie中color的值。该值来源于用户提交的表单中选择的值。另外，该值：
- 将在一小时内过期
- 将发送到网站的所有页面
- 通过HTTP或HTTPS发送
- 对浏览器的JavaScript不可见

⑥ 使用三元操作符的条件验证 $color中的值是否在$options数组中。如果在，则将值保存到名为$scheme的变量中。否则，$scheme的值保存为dark。

⑦ 引入一个新的头文件。它将 $color变量中的值写入<body>标签的class属性中，以确保页面的CSS规则使用正确的配色方案。

会话介绍

会话在服务器上保存有关用户及其偏好的信息。之所以称为会话，是因为它们只保存用户访问网站期间的数据。

会话是什么？

当会话开始时，PHP解释器创建了以下三个条目：

- 会话ID，用于识别不同访问者的字符串。
- 会话文件，保存在服务器上的文本文件。用于保存关于该用户的数据。它的文件名将包含会话ID。
- 会话cookie，保存在浏览器中。它的名称是PHPSESSID，值是用户的会话ID。

会话的存续时长

为保证正常工作，会话需要浏览器中的会话cookie和服务器上的会话文件。

- 会话cookie将在用户关闭浏览器时过期。
- 如果会话文件在一段时间内（默认为24分钟）没有更新，则服务器可以删除会话文件。

获取会话数据

如果浏览器有会话cookie，那么当用户从该网站请求另一个页面时，会话cookie就会被发送到服务器。过程中使用会话ID来识别用户，这样服务器就可以：

- 找到文件名包含cookie中发送的会话ID的会话文件。
- 从会话文件中获取数据，并将其放入$_SESSION超全局数组中，以便页面可以访问它。

会话是如何开启的

当网站使用会话时，每个页面都应调用PHP内置的session_start()函数。在调用此函数时，如果请求页面的浏览器没有发送会话cookie，或者找不到匹配的会话文件，PHP解释器将自动为该用户启动一个新会话。

保存会话数据

一旦创建会话，就可以将新数据添加到$_SESSION超全局数组中，从而将其保存到用户的会话中。

当一个页面完成运行时，PHP解释器将从$_SESSION超全局数组中获取所有数据，并将其保存在该用户的会话文件中。将数据保存到会话文件将更新文件的上次修改的时间，PHP解释器可以通过验证该时间，以判断最近是否使用了会话。

使用会话的其他方式

如果不使用会话cookie，也可以向URL中添加会话ID，但这样做不太安全。还可以将会话数据保存在数据库中，但该话题超出了本书的讨论范围（这通常只用于流量非常大且需要数台服务器来处理负载的网站）。

首个页面请求

- 浏览器使用HTTP来请求页面

REQUEST: page.php

在服务器上，PHP页面调用session_start()。浏览器没有发送会话cookie，所以它：

- 为该用户生成会话ID。
- 创建一个会话文件来保存该用户的数据 (文件名包含会话ID)。

页面将数据添加到$_SESSION超全局数组中；当页面运行完成时，该数组中的值被添加到它为该用户创建的会话文件中。

- 服务器将浏览器请求的页面发送回去。
- 发送一个HTTP，该HTTP将创建一个包含会话ID的会话cookie。

RESPONSE: page.php

HEADER: PHPSESSID = 1234567

- 浏览器显示页面。
- 创建包含会话ID的会话cookie。

COOKIE: PHPSESSID = 1234567

后续页面请求

- 浏览器使用HTTP来请求页面。
- 发送带有会话ID的HTTP头信息。

REQUEST: page.php

HEADER: PHPSESSID = 1234567

在服务器上，PHP页面调用session_start()。PHP解释器用会话cookie中指定的会话ID查找会话文件，并且：

- 将会话文件中的数据添加到$_SESSION超全局数组中，以便页面可以使用该数据。
- 使用数组中的数据创建页面。
- 能够更新数组中的数据。

当页面结束运行时，$_SESSION超全局数组中的值将保存到会话文件中。这将更新会话文件的最后修改时间。

- 服务器将返回浏览器所请求的页面。

RESPONSE: page.php

- 浏览器显示页面。
- 浏览器将会话cookie与每个请求一起发送到同一网站，直到用户关闭浏览器窗口。

COOKIE: PHPSESSID = 1234567

如何创建并访问会话

每个使用会话的网站页面都会调用session_start()方法。
如果用户还没有会话，该方法会为用户启用一个会话；如果用户已有会话，则获取会话数据并将其放入$_SESSION超全局数组中。

当访问者第一次请求页面时，将调用session_start()方法，以便创建一个新的会话ID、会话cookie和会话文件。

该函数必须在任何内容发送到浏览器之前调用，这是因为它会发送一个HTTP头信息来创建会话cookie。

同样，该函数还必须在页面试图获取会话数据之前调用，因为它将数据从会话文件传输到$_SESSION超全局数组。

```
session_start();
```

如果将数据添加到$_SESSION超全局数组中，当页面运行结束时，PHP解释器将数据添加到该用户的会话文件中。

向数组添加数据所使用的语法与任何关联数组的语法相同。键应该用来描述元素保存的数据。

每个键的值可以是标量值(字符串、数字或布尔值)或数组或对象。值能保留原数据的数据类型(不像cookie只保存字符串)。

```
$_SESSION['name'] = 'Ivy';
$_SESSION['age']  = 27;
```

从$_SESSION超全局数组中收集数据时，在

缺少值的情况下应使用空合并操作符或者使用输入

类型为INPUT_SESSION的PHP筛选器函数。

```
$name = $_SESSION['username'] ?? null;
$age  = $_SESSION['age']      ?? null;
```

函数	描述
session_start()	创建新会话，或从现有会话中获取数据
session_set_cookie_params()	用于创建会话cookie的设置(参数与第336页相同)
session_get_cookie_params()	返回一个数组，其中包含用于设置cookie的参数
session_regenerate_id()	创建新的会话ID，并更新会话文件和cookie
session_destroy()	从服务器删除会话文件

保存并访问会话中的数据

```php
<?php
session_start();                              // 创建/恢复
$counter = $_SESSION['counter'] ?? 0;   // 获取数据
$counter = $counter + 1;                      // 计数器递增
$_SESSION['counter'] = $counter;              // 更新会话

$message = 'Page views: ' . $counter; // 消息
?>
<?php include 'includes/header.php'; ?>

<h1>Welcome</h1>
<p><?= $message ?></p>
<p><a href="sessions.php">Refresh this page</a> to
see the page views increase.</p>

<?php include 'includes/footer.php'; ?>
```

① session_start();
② $counter = $_SESSION['counter'] ?? 0;
③ $counter = $counter + 1;
④ $_SESSION['counter'] = $counter;
⑤ $message = 'Page views: ' . $counter;
⑥ <p><?= $message ?></p>

结果

MOUNTAIN ART SUPPLIES

Welcome

Page views: 3

Refresh this page to see the page views increase.

试一试：浏览页面之后，刷新页面并观察计数器值的增加。

试一试：将你的名字保存在$_SESSION超全局数组中，并在页面中显示它。

此示例与第335页中的示例展示的功能一致，所不同的是计数器保存在会话中。

① 当PHP调用session_start()函数时，PHP解释器尝试从会话文件中检索数据并将其保存在$_SESSION超全局数组中。如果函数检索失败，则将为该访问者创建一个新会话。

② 如果$_SESSION超全局数组的counter键有值，那么将该值保存在名为$counter的变量中。否则，$counter的值为0。

③ 访问者刚访问了一个页面，所以计数器的值加1。

④ 更新$_SESSION超全局数组中counter键的值。

⑤ $message 变量保存了一条消息，表示访问者已查看的页面数。

⑥ 显示该条消息。

页面运行后，PHP从$_SESSION超全局数组中获取数据，并将其保存在该用户的会话文件中。

保存数据还会更新服务器上会话文件的最后修改时间，因此会话数据将持续更长时间。

会话的生命周期

当浏览器窗口关闭时，会删除会话cookie。而服务器则通过运行垃圾收集进程来删除会话文件。因此，会话的持续时间可能比预期的要长。

如果你还没有经历过上述操作，请在浏览器中打开前面的示例。然后打开：

- 浏览器的开发工具，以便显示cookie。
- Web服务器存放会话文件的文件夹。

在Web服务器保存会话文件的文件夹中，可以看到一个包含会话ID的文件名。注意会话文件的上次修改日期和时间，然后刷新浏览器，显示前面的示例；可以看到文件的最后修改时间会更新。

如果在不同浏览器中打开该示例(例如，使用的浏览器是Chrome或Firefox)，这将创建一个新的会话，因为会话与使用的浏览器是绑定的。

当页面调用session_start()函数时，如果PHP解释器没有接收到会话cookie或者无法为该会话cookie找到匹配的会话文件，它将创建一个新的会话。

当调用session_start()函数的页面结束运行时，它将$_SESSION超全局数组中的数据保存到会话文件中。这将更新会话文件的最后修改时间。

如何想了解如何找到这些，可访问http://notes.re/php/session-locations。

在浏览器中，能够看到一条名为PHPSESSID的cookie，它的值就是会话ID。

PHP解释器将使用会话上次修改的日期和时间来确定何时可以删除会话文件(这将结束该会话)。

因此，当网站使用会话时，在每个页面上调用session_start()函数是很重要的。否则，当用户正在浏览没有更新此设置的网站页面时，会话可能在用户仍浏览网站时突然终止。

Web服务器会运行一个称为垃圾收集的进程。该进程将删除最后修改日期超过指定时间(默认为24分钟)的会话文件。一旦删除了会话文件，对应的会话就会结束，因为即使浏览器发送了会话cookie，也找不到保存会话数据的文件。

检查上一次访问每个会话文件的时间并删除旧的会话文件会占用服务器资源，因此服务器会尽量减少这样做的次数。垃圾收集进程的运行频率取决于会话被访问的次数。因此，在一个访问量较少的网站上，垃圾收集可能会几个小时甚至几天才运行一次。

① 可通过将$_SESSION超全局数组设置为空数组的方式从会话文件中删除所有数据。

$$\_SESSION = [];$$

② 在步骤③中，setcookie()函数用于更新会话cookie。当函数使用时，所传入的path、domain、secure和httponly等对应的实参必须与创建cookie时使用相同的值。

$$\$params = session\_get\_cookie\_params();$$

③ 使用PHP的setcookie()函数(参见第334页)来更新会话cookie。

这里给value形参传入一个空字符串，这样能从会话cookie中删除会话ID。

在下一个示例中可以看到，会话通常用于记住用户何时登录到网站。这种情况下，用户应该有退出的选项。

如果用户没有关闭浏览器窗口(所以浏览器仍在发送会话cookie)，并且此时服务器的访问量较少(所以它没有运行垃圾收集进程)，那么会话可能会比设计的持续时间更长。

当用户的计算机是多人共用时，这将是一个大问题，因为如果用户不注销，其他人可能会使用他们的账户访问该网站。

终止一个会话共包含以下四个步骤。

该方式还可防止同一页面中的任何后续代码访问这些值。

PHP的session_get_cookie_params()函数将返回创建会话cookie时所传入的参数值。而该函数返回的值将作为数组保存在$params变量中。

将expires形参设置为过去的日期，以便在浏览器进一步请求页面时停止向服务器发送cookie。所有其他形参都使用第②步中收集的值进行设置，并以数组形式保存在$params变量中。

```
setcookie('PHPSESSID', '', time() - 3600, $params['path'],
    $params['domain'], $params['secure'], $params['httponly']);
```

④ 调用PHP的session_destroy()函数来告诉PHP解释器删除会话文件。

这样PHP解释器会立即删除该文件，而不是等待垃圾收集进程删除它。

```
session_destroy();
```

基本登录系统

网站经常要求用户登录才能查看某些页面。在本例中，用户必须登录后才能访问个人账户页面。当用户登录后：

- 会话将记住他们已登录的状态
- 用户将能查看个人账户页面
- 导航栏中最后一个链接的链接文本从"登录"变为"登出"

注意：本实例仅演示了如何使用会话来记住用户何时登录。

第16章中将详细展示如何创建一个完整的登录系统，并允许每个会员拥有自己的登录详情(保存在数据库中)。

当网站使用会话时，每个页面在向浏览器发送内容之前都应该调用session_start()函数。这将确保每个用户都有一个会话，并且在他们每次查看新页面时能够自动更新会话文件的最后修改时间。

在本例中，每个页面都引入了sessions.php文件(见下一页)。该文件中调用session_start()函数并将所有与会话相关的代码分组在一起。

① session_start()函数告诉PHP解释器从访问者会话文件中获取数据，并将其放入$_SESSION超全局数组中。如果上述操作无法完成，则创建一个新会话。

② 根据$_SESSION超全局变量中的记录判断用户是否已登录。如果已登录，$logged_in变量保存值为true；否则空合并操作符将其赋值为false。

③ 使用$email和$password变量保存用户登录时必须输入的详细信息。

引入的文件中有3个函数定义。

④ 如果用户输入正确的电子邮件和密码，登录页面将调用login()函数。

⑤ 当用户登录后，最好重置当前的会话ID。PHP的session_regenerate_id()函数可用于创建一个新的会话ID，并使用这个新的会话ID更新会话文件和cookie(参数true告诉PHP解释器删除会话中已经存在的任何数据)。

⑥ 名为logged_in的密钥将添加到会话中。它的值为true，表示访问者已经登录。

⑦ logout()函数用于结束会话。

⑧ $_SESSION超全局数组被设置为一个空数组。这将清空会话文件中的数据，并停止页面的其余部分使用会话中的数据。

⑨ 会话中的数据将被更新；这里将会话ID替换为一个空字符串，会话的过期日期被设置为一小时前的时间(因此改时间为过去时间，浏览器会停止发送它)。

⑩ 删除服务器上的会话文件。

⑪ 任何需要访问者登录的页面都可以调用require_login()函数。

⑫ if语句检查$logged_in变量是否为false。如果是，则表示用户还没有登录，或者会话已经结束。

⑬ 用户被重定向到登录页面。

⑭ exit命令会停止任何正在运行的代码。

PHP

```php
    <?php
①   session_start();                                      // 启用/更新会话
②   $logged_in = $_SESSION['logged_in'] ?? false;         // 用户是否已登录?

③  [ $email    = 'ivy@eg.link';                           // 用于登录的邮箱地址
   [ $password = 'password';                              // 用于登录的密码

④   function login()                                      // 记录用户已登录
    {
⑤       session_regenerate_id(true);                      // 更新会话 ID
⑥       $_SESSION['logged_in'] = true;                    // 将键logged_in的值设为true
    }

⑦   function logout()                                     // 终止会话
    {
⑧       $_SESSION = [];                                   // 清除数组内容

⑨  [ $params = session_get_cookie_params();              // 获取会话cookie参数
   [ setcookie('PHPSESSID', '', time() - 3600, $params['path'], $params['domain'],
   [     $params['secure'], $params['httponly']);         // 删除会话cookie

⑩       session_destroy();                                // 删除会话文件
    }

⑪   function require_login($logged_in)                    // 验证用户是否已登录
    {
⑫       if ($logged_in == false) {                        // 如果未登录,
⑬           header('Location: login.php');                // 发送登录页,
⑭           exit;                                         // 停止运行页面剩余的内容
        }
    }
```

如何确保用户在
登录状态下查看页面

require_login()函数应该在任何需要访问者登录的页面的开始处调用。在本示例中，访问者必须处于登录状态才能查看account.php页面。

① 引入sessions.php文件。

② 在sessions.php中定义的require_login()函数用于检查用户是否已登录。

- 如果用户已登录，则显示页面的其余部分。
- 如果用户未登录，则页面跳转至login.php。

该函数的一个参数是在sessions.php的第②步中声明的$logged_in变量。

③ 引入一个新的头文件(参见第三个代码框)。

④ 接下来，可以看到login.php页面。它首先引入sessions.php文件。

⑤ if语句验证$logged_in变量(在sessions.php中创建)中的值，以查看用户是否已登录。

⑥ 如果用户已登录，则将页面跳转至account.php，因为用户不需要再次登录(他们可能已经访问过这个页面，例如，他们通过单击一个链接或使用浏览器的后退按钮到达过这个页面)。

⑦ exit命令将停止页面中其余代码的运行。

⑧ 如果页面仍在运行，该文件将检查用户是否提交了表单(参见页面底部)。

⑨ 如果已提交，则收集表单中电子邮件和密码控件所输入的值，并保存在$user_email和$user_password变量中。

⑩ if语句验证用户输入的电子邮件地址和密码是否与sessions.php文件中保存的$email(电子邮件)和$password(密码)相匹配(请参阅上一页的步骤③)。

⑪ 如果匹配，则用户提供了正确的详细信息，之后调用login()函数(在sessions.php中定义)。它将重新生成会话ID，并将logged_in键添加到$_SESSION超全局数组中，值为true表示用户已经登录。

⑫ 然后，跳转到account.php页面，exit命令停止任何正在运行的代码。

⑬ 如果表单未提交或登录详细信息错误，则引入此示例的头信息。

⑭ 登录表单有两个输入，用户可以输入他们的电子邮件和密码。

⑮ 在新的头信息中，导航栏检查用户是否已登录。如果已登录，则显示一个跳转到登出页面的链接。如果没有，它会显示一个到登录页面的链接。

注意： 会话ID会随每个请求一起在HTTP头信息中发送。如果有人获取了会话ID，他们可以创建一个HTTP请求，将会话ID添加到该请求中，并模拟创建会话的用户。这就是所谓的会话劫持。

为防止会话劫持，只能通过HTTPS来访问使用会话的任何页面，因为它加密了所有数据(包括具有会话ID的头)。

本示例不要求安装SSL证书，但在任何启用网站上都应该要求安装SSL证书。

section_b/c09/account.php

```php
<?php
① include 'includes/sessions.php';                      // 引入sessions.php文件
② require_login($logged_in);                             // 如果用户未登录，则重定向
?>
③ <?php include 'includes/header-member.php'; ?> ...
```

section_b/c09/login.php

```php
<?php
④ include 'includes/sessions.php';

⑤ if ($logged_in) {                                      // 判断是否已登录
⑥     header('Location: account.php');                   // 重定向至account页面
⑦     exit;                                              // 阻止剩余代码运行
}

⑧ if($_SERVER['REQUEST_METHOD'] == 'POST') {             // 判断表单是否已提交
⑨     $user_email    = $_POST['email'];                  // 用户发送的电子邮件
       $user_password = $_POST['password'];              // 用户发送的密码

⑩     if ($user_email == $email and $user_password == $password) { // 判断详细信息是否正确
⑪         login();                                       // 调用login()函数
⑫         header('Location: account.php');               // 重定向至account页面
           exit;                                         // 阻止剩余代码运行
       }
}
?>
⑬ <?php include 'includes/header-member.php'; ?>
<h1>Login</h1>
<form method="POST" action="login.php">
⑭   Email: <input type="email" name="email"><br>
     Password: <input type="password" name="password"><br>
     <input type="submit" value="Log In">
</form>
<?php include 'includes/footer.php'; ?>
```

section_b/c09/includes/header-member.php

```php
<a href="home.php">Home</a>
<a href="products.php">Products</a>
<a href="account.php">My Account</a>
⑮ <?= $logged_in ? '<a href="login.php">Log In</a>' : '<a href="logout.php">Log Out</a>' ?>
```

小结
cookie和会话

❯ cookie将数据保存在访问者的浏览器中。

❯ 保存在cookie中的数据可以通过$_COOKIES超全局数组
提供给PHP页面。

❯ 可以设置cookie的过期时间(但用户也可提前删除它们)。

❯ 会话将数据保存在服务器上。

❯ 可以访问会话数据,并从中获取数据用于更新$_
SESSIONS超全局数组。

❯ 网站中每个使用会话的页面都应该通过调用session_start()
函数开始。

❯ 会话文件保存访问网站期间的数据(并在未更新后的一段时
间删除)。

❯ 如果想要长时间保存数据或保留个人信息,请使用数据库
来保存数据(如第16章所述)。

第10章

错误处理

如果PHP解释器在运行代码时遇到问题，
它可以创建提示信息来帮助你确定问题发生的位置。

    当创建新的PHP页面时，几乎不可能在无任何编码错误的情况下一次性完成页面，即使是经验丰富的程序员在尝试编写新页面时也会经常收到错误信息。看到错误可能令人沮丧，但生成的错误信息可以帮助找到问题并提供帮助修复错误的信息。PHP解释器有两种机制来处理遇到的问题：错误和异常。

- 错误(Error)是PHP解释器在运行代码时出现问题时产生的提示信息。它们就像PHP解释器一样，主动告诉开发人员"这里有问题"。有些错误会阻止页面中的代码运行，有些错误则不会。
- 异常(Exception)是由PHP解释器或程序员创建的对象。当正常运行的代码因异常情况而无法运行时，将创建这些对象。当创建异常对象时，PHP解释器将停止运行代码，并寻找为处理该情况而编写的替换代码块；这使得代码有机会处理问题并从中断恢复。

    异常就好像PHP解释器或程序员所说："这里有错误——有什么处理方法吗？"如果没有事先提供备选代码来处理这种情况，那么PHP解释器会抛出一个错误，并停止页面的运行。

    错误和异常都会创建提示信息，帮助开发人员了解问题是什么以及在哪里遇到了问题。这些信息可以显示在发送到浏览器的Web页面中，也可以保存在服务器上的文本文件中，这些文件称为日志文件。

    除了PHP解释器创建的错误信息，当Web服务器无法找到浏览器请求的文件或存在另一个问题阻止服务器运行时，它还可以创建自己的错误信息并将信息发送给浏览器。

控制PHP错误的显示方式

如果PHP解释器在代码运行时遇到问题，将创建错误信息来描述问题。这些信息可以显示在需要发送到浏览器的网页中，也可保存在服务器上的文件中。

当网站处于开发阶段时，PHP解释器创建的错误信息应该在发送回浏览器的网页中显示。这就让程序员在运行网页时能马上发现这些错误并及时修复它们。

当网站正在线上运行时，如果有任何在开发过程中没有发现的错误，这些错误信息就不应该显示在网页上，因为它们：

- 对访问者而言是难以理解的
- 能给黑客提供网站架构的详细信息

相反，PHP页会给访问者显示容易理解的提示信息。错误信息则应该添加到服务器上一个称为日志文件的文本文件中；开发人员可以检查该文件，以查看在网站上线后是否引发了任何错误。

php.ini

在php.ini文件中应该使用以下设置。这些设置用于告诉PHP解释器报告所有错误，同时把它们显示在屏幕上，并写入日志文件：

```
display_errors   = On
log_errors       = On
error_reporting = E_ALL
```

当网站在线上运行时，display_errors必须设置为off，以防止错误信息显示在屏幕上。

```
display_errors   = Off
```

对于PHP解释器，有三个设置需要确定：

- 错误是否应该显示在屏幕上
- 是否应该将错误写入日志文件
- 错误抛出的位置(在学习PHP或开发网站时，应该显示所有错误)

这些设置可以使用php.ini或.htaccess文件(在第196~199页中引入)进行控制。

- php.ini文件保存了Web服务器上所有文件的默认设置。如果更新了该文件，则必须重新启动服务器才能使改动生效。
- .htaccess文件可以放在Web服务器的任何目录中。它控制文件夹及其子文件夹中的所有文件。当.htaccess文件发生改变时，服务器不需要重新启动。

.htaccess

在.htaccess文件中可以添加以下设置，告诉PHP解释器报告所有错误，同时把它们显示在屏幕上，并写入日志文件：

```
php_flag    display_errors  On
php_flag    log_errors      On
php_value   error_reporting -1
```

当网站在线上运行时，display_errors必须设置为off，以防止错误显示在屏幕上。

```
php_flag    display_errors  Off
```

本书的下载代码使用 .htaccess文件来控制PHP 解释器的设置。

其中的几个文件夹都 有自己的 .htaccess文件来 控制这组示例的设置。

本章的示例代码分别 放在两个文件夹中：一个 用于开发中的网站；另一 个用于线上运行的网站。

① 这些设置应该在网站 开发过程中使用。它们告 诉PHP解释器在屏幕中显 示所有错误，并写入日志 文件。

② 当网站开始在线上 运行时，错误信息不应该 显示在浏览器中。相反， 它们应该写入日志文件 中，以便开发人员可以查 看访问者是否遇到了任何 错误。

③ Web 服务器可将日 志文件放在不同的文件夹 中。要找出错误日志文件 在服务器上的位置，请 使用PHP内置的ini_get() 函数。

④ 这个基本的PHP页面 生成一个错误，这是由引 号不匹配所引起的。PHP 解释器在运行此文件时将 创建错误信息。

如图所示，在浏览器 中所显示的第一个结果框 中展示了错误信息，很明 显，该信息对用户而言是 不容易理解的。在本章接 下来的8页中，将介绍这 些错误信息的含义以帮助 你理解。

第二个结果框中展示 了错误日志文件的内容。 你可在文本编辑器或代码 编辑器中打开日志文件以 查看这些信息。错误信息 与屏幕上显示的错误信息 相同，但前者有报告错误 的日期和时间。

`PHP`   section_b/c10/development/.htaccess

```
① { php_flag    display_errors   On
    php_flag    log_errors       On
    php_value   error_reporting -1
```

`PHP`   section_b/c10/live/.htaccess

```
② { php_flag    display_errors   Off
    php_flag    log_errors       On
    php_value   error_reporting -1
```

`PHP`   section_b/c10/development/find-error-log.php

```
③   Your error log is stored here:
    <?= ini_get('error_log') ?>
```

`PHP`   section_b/c10/development/sample-error.php

```
④   <?php
    echo 'Finding an error";
    ?>
```

`结果`

Parse error: syntax error, unexpected string content "Finding an error";" in **/Users/Jon/Sites/localhost/phpbook/section_b/c10/development/sample-error.php** on line **2**

`结果`

```
[27-Jan-2021 14:41:13 UTC] PHP Parse error:  syntax error,
unexpected string content "Finding an error";" in
/Users/Jon/Sites/localhost/phpbook/section_b/c10/
development/sample-error.php on line 2
```

注意：日志文件应该保存在文档根文件的上层(参见第 190页)，以防止黑客猜测它们的路径并通过URL请求访 问它们。

理解错误信息

对于PHP解释器创建的错误信息，乍一看可能令人感到困惑，但是它们都遵循相同的结构，即都包含四条信息，这些信息可以帮助开发人员找到错误来源。

PHP解释器发现错误时会抛出错误。错误信息使用如下所示的结构，其中包含四条数据：

- 前两条信息(错误级别和描述)指出所遇到的错误。
- 后两条信息(文件路径和行号)告诉开发人员从哪里开始查找问题。

"错误级别"描述了PHP解释器遇到的一般问题类型(或问题级别)。

"描述"是对错误的更详细解释。

"文件路径"是发现错误的文件的路径。

"行号"是该文件中发现错误的行。

接下来的几页将描述开发过程中可能遇到的主要错误类型，展示包含每类错误示例的PHP文件，并分析如何查找和修复相应类型的错误。

有些错误发生在PHP解释器报告错误之前，可通过文件名和行号进行查找。

问题　　　　　　　　　　　　　　　　位置

Error: description goes here in test.php on line 21

错误级别　　　描述　　　　　　文件路径　　　行号

错误级别/类型

PHP错误的主要类型如下所示。有些错误会停止PHP解释器的继续运行，必须修复这些错误才能使页面正常运行。而其他错误可能看起来更像是建议，但它们仍然应该被修正。

解析错误
第356~357页

解析错误表明PHP代码的语法有错误。这将阻止PHP解释器读取或解析文件。因此当遇到这种错误时，解释器不会尝试运行任何代码。

如果PHP解释器的设置中表明错误应显示在屏幕上，那么页面中仅显示错误信息。如果错误没有显示在屏幕上，那么访问者将看到一个空白页面。

解析错误必须修复，以便页面能够继续运行并显示除错误信息之外的其他内容。

致命错误
第358~359 页

致命错误表明PHP解释器认为所遇到的PHP代码语法是有效的，所以解释器将尝试运行代码，但存在某些问题阻止了它的正常运行。

PHP解释器在发现致命错误的代码行上停止运行。这意味着用户可以看到在PHP解释器发现错误之前创建的一部分页面。

自PHP 7以来，大多数致命错误都创建了一个异常对象。这使程序员有机会将程序从错误中恢复。

非致命错误
第360~361页

非致命错误将创建错误信息，表明可能存在问题，但代码仍可继续运行。

● 警告(warning)是一种非致命错误，它通知PHP解释器遇到了可能导致问题的错误。
● 通知(notice)也是一种非致命错误，它提醒PHP解释器可能遇到的问题。

在PHP 8中，许多通知都升级为警告了。

注意：错误级别和信息会随着PHP版本的不同而变化。本章展示的级别和信息来自PHP 8的错误示例。

如果看到一个以Deprecated开头的错误级别名称，这意味着该特性将在将来的PHP中删除。

如果看到一个以Strict开头的错误级别名称，这表明错误信息中包含更好地编写PHP代码的建议。

解析错误

解析错误是由代码的语法问题引起的。

它阻止页面正常显示，因为PHP解释器无法理解这部分代码。

必须修复该解析错误以恢复代码运行。

解析错误通常是由拼写错误引起的，例如不匹配的引号或缺少分号、圆括号或括号。这些简单的错误会阻止PHP解释器正确读取代码。

若要修复解析错误，请找到报告错误的代码行。从左到右阅读这一行，并检查其中的每条指令。如果找不出问题，尝试分析它前面的那行代码。

当display_errors设置为off时，遇到解析错误将导致用户看到空白的页面。因此，必须在页面能够显示任何内容之前找到解析错误并修复它。

在本例的第2行，变量使用了不匹配的引号；其中一个是单引号，另一个是双引号。

但是错误信息显示问题发生在第3行，这是因为PHP解释器直到发现另一个单引号才意识到发生了错误。

在第3行上遇到另一个单引号时，它将该引号视为从第2行开始声明的变量结束符。

而根据右图错误信息显示的内容，因为第2个单引号之后的文本是单词pencil，所以解释器认为第3行存在非预期的标识符"pencil"。

section_b/c10/development/parse-error-1.php　　　　**PHP**

```php
1 <?php
2 $username = 'Ivy";
3 $order     = ['pencil', 'pen', 'notebook',];
4 ?>
5 <h1>Basket</h1>
6 <?= $username ?>
7 <?php foreach ($order as $item) { ?>
8     <?= $item ?><br>
9 <?php } ?>
```

结果

Parse error: syntax error, unexpected identifier "pencil" in
/Users/Jon/Sites/localhost/phpbook/section_b/c10/development/parse-error-1.php on line **3**

注意： 如果使用带有语法高亮显示功能的代码编辑器，代码的颜色通常会提示语法错误的位置。

section_b/c10/development/parse-error-2.php

```
1 <?php
2 $username = 'Ivy'
3 $order    = ['pencil', 'pen', 'notebook',];
4 ?> ...
```

结果

Parse error: syntax error, unexpected variable "$order" in
/Users/Jon/Sites/localhost/phpbook/section_b/c10/development/parse-error-2.php on line **3**

section_b/c10/development/parse-error-3.php

```
1 <?php
2 $username = 'Ivy';
3 $order    = ['pencil', 'pen', 'notebook',);
4 ?> ...
```

结果

Parse error: Unclosed '[' does not match ')' in
/Users/Jon/Sites/localhost/phpbook/section_b/c10/development/parse-error-3.php on line **3**

section_b/c10/development/parse-error-4.php

```
1 <?php
2 $username = 'Ivy';
3 order     = ['pencil', 'pen', 'notebook',];
4 ?> ...
```

结果

Parse error: syntax error, unexpected identifier "order" in
/Users/Jon/Sites/localhost/phpbook/section_b/c10/development/parse-error-4.php on line **3**

要查找解析错误，请注释掉页面的后半部分。如果仍然看到相同的错误，则问题出在页面的前半部分；否则，就是在后半部分。重复此过程以进一步缩小错误源所在的范围。

在第1个示例中，在第2行末尾，应该有一个分号。因为缺少这一分号，导致产生了错误信息。该信息指出，在第3行遇到了非预期的变量'$order'。

解析错误通常发生在错误指定的代码行之前。如果在报告指定的代码行中看不到问题，请查看运行的前一行代码。

在第2个示例中，第3行的代码创建了一个数组。

它以一个方括号开始，却以一个圆括号结束。

这里的错误信息显示了错误信息确切出现的行和具体问题。信息明确表明第3行未关闭的方括号'['与圆括号')'不匹配。

在第3个示例中，第3行的变量名没有以$符号开头。

因此，错误信息在第3行显示遇到了非预期的标识符"order"，这是因为order不是PHP解释器可以识别的关键字或指令(解释器并不知道order应该是一个变量名，因为它前面没有$符号)。

试一试：要确定你是否理解了本节中的问题，请尝试更正文件中描述的错误，然后再次运行示例。

致命错误

当PHP解释器发现某个问题将阻止它处理其余代码时，会产生致命错误。这意味着在找出并解决致命错误之前，用户可能只看得到部分页面。

如果遇到了一个致命错误，PHP解释器会认为语法是正确的，但发现的问题将阻止解释器继续运行代码。

如果在错误发生之前已经创建了部分HTML页面，则用户可以看到错误发生之前的页面部分。否则，他们可能看到一个空白页。

对于致命错误，你必须追踪PHP解释器无法处理代码的原因，然后修复该问题，以便显示整个页面。

在第4行，这个示例尝试将一个整数(保存在第2行的$price 变量中)与一个字符串相乘(保存在第3行中的$quantity变量中)。

右图的错误信息提示，不支持操作数类型int * string；这表示整数不能与字符串相乘。由于解释器在页面内容显示之前就出现了这个问题，因此此页面不会展示其余内容。

为防止此错误再次发生，页面可以在尝试将两个值相乘之前验证它们。

在PHP 7.4之前，这个示例生成的是警告，而不是致命错误。

section_b/c10/development/fatal-error-1.php **PHP**

```php
1  <?php
2  $price      = 7;
3  $quantity   = 'five';
4  $total      = $price * $quantity;
5  ?>
6  <h1>Basket</h1>
7  Total: $<?= $total ?>
```

结果

Fatal error: Uncaught TypeError: Unsupported operand types: int * string in /Users/Jon/Sites/localhost/phpbook/section_b/c10/development/fatal-error-1.php:4 Stack trace: #0 {main} thrown in **/Users/Jon/Sites/localhost/phpbook/section_b/c10/development/fatal-error-1.php** on line **4**

注意： 在PHP 7之前，页面无法从致命错误中恢复。在PHP 7中，致命错误将创建一个异常对象，这给了代码一个处理问题的机会(如第372~373页所示)。如果异常没有被处理(或捕获)，它们将成为致命错误，这就是这些错误信息以Uncaught error开头的原因。

section_b/c10/development/fatal-error-2.php

```php
1 <?php
2 function total(int $price, int $quantity) {...}
6 ?>
7 <h2>Basket</h2>
8 <?= totals(3, 5) ?>
```

结果

Basket

Fatal error: Uncaught Error: Call to undefined function totals() in
/Users/Jon/Sites/localhost/phpbook/section_b/c10/development/fatal-error-2.php:8 Stack trace: #0 {main}
thrown in **/Users/Jon/Sites/localhost/phpbook/section_b/c10/development/fatal-error-2.php** on line **8**

section_b/c10/development/fatal-error-3.php

```php
1 <?php
2 function total(int $price, int $quantity) {...}
6 ?>
7 <h2>Basket</h2>
8 <?= total(3) ?>
```

结果

Basket

Fatal error: Uncaught ArgumentCountError: Too few arguments to function total(), 1 passed in
/Users/Jon/Sites/localhost/phpbook/section_b/c10/development/fatal-error-3.php on line 8 and exactly 2
expected in /Users/Jon/Sites/localhost/phpbook/section_b/c10/development/fatal-error-3.php:2 Stack trace: #0
/Users/Jon/Sites/localhost/phpbook/section_b/c10/development/fatal-error-3.php(8): total(3) #1 {main} thrown
in **/Users/Jon/Sites/localhost/phpbook/section_b/c10/development/fatal-error-3.php** on line **2**

section_b/c10/development/fatal-error-4.php

```php
1 <?php $basket = new Basket(); ?><h2>Basket</h2>
```

结果

Fatal error: Uncaught Error: Class 'Basket' not found in
/Applications/MAMP/htdocs/phpbook/section_b/c10/development/fatal-error-4.php:1 Stack trace: #0 {main}
thrown in **/Applications/MAMP/htdocs/phpbook/section_b/c10/development/fatal-error-4.php** on line **1**

注意：在函数或方法中创建(或抛出)异常对象时，堆栈跟踪信息(显示在错误信息中)会指出调用该函数或方法的文件名和代码行。

在第1个示例中，第2行声明了一个名为total ()的函数。在第8行，代码调用了一个名为totals()的函数。

错误信息显示，这里调用了未定义的函数，这是因为代码中并没有声明过totals()函数；而是应该调用total()函数。之所以显示了标题Basket，是因为PHP解释器只在发现错误后才停止运行代码。

在第2个示例中，第8行调用total()函数，但是在调用时只传入了一个(而不是两个)参数。

错误信息显示，total()函数缺少执行参数，这是因为函数需要两个参数才能执行。

错误信息还显示已经传入了1个参数，但需要的是2个参数。要解决这个问题，必须传入正确数量的参数以调用函数。

在第3个示例中，第1行的语句使用名为Basket的类创建了一个对象，但是调用的类定义并没有包含到该页中。因此，错误信息显示名为'basket'的类未找到。此时解释器不能继续显示页面的其余部分，因为它不能创建对象。要修复这个问题，必须首先引入类的定义。

非致命错误
(警告或通知)

当PHP解释器认为可能存在问题，但仍会尝试继续运行其余代码时，将抛出非致命错误。

警告表示存在可能导致问题的错误，而通知则表示可能存在错误。

在本示例中，声明了三个变量：
- 第2行声明了$price变量。它的值是数字7。
- 第3行声明$quantity变量。它的值是字符串0a。
- 第4行声明$total变量。它的值应该是$price乘以$quantity的所得到的结果。

第4行创建了一个警告，指出遇到了非数字的值，这是因为$quantity变量保存的是字符串。

因为字符串的第一个字符是数字0，所以PHP解释器尝试使用第一个字符0(并忽略字符串的其余部分，可参见第61页)。然后页面继续运行，并显示保存在$total中的值。

这两种错误都被称为非致命错误。它们是在PHP解释器找到它们时创建的，但它们不会停止页面的运行。

在本示例中，

section_b/c10/development/warning-1.php `PHP`

```php
1  <?php
2  $price    = 7;
3  $quantity = '0a';
4  $total    = $price * $quantity;
5  ?>
6  <h1>Basket</h1>
7  Total: $<?= $total ?>
```

`结果`

Warning: A non-numeric value encountered in **/Users/Jon/Sites/localhost/phpbook/section_b/c10/development/warning-1.php** on line **4**

Basket

Total: $0

这对网站来说可能是一个大问题，因为总额最终显示为零美元。

所有错误都应该更正，因为它们会对页面的其余部分产生严重影响(如下例所示)。

可使用PHP的var_dump()函数(第193页)检查变量中的值及其数据类型。

PHP   section_b/c10/development/warning-2.php

```php
1 <?php $list = false; ?>
2 <h1>Basket</h1>
3 <?php foreach ($list as $item) { ?>
4     Item: <?= $item ?><br>
5 <?php } ?>
```

结果

Basket

Warning: foreach() argument must be of type array|object, bool given in
/Users/Jon/Sites/localhost/phpbook/section_b/c10/development/warning-2.php on line **3**

PHP   section_b/c10/development/warning-3.php

```php
1 <?php include 'header.php'; ?>
2 <h1>Basket</h1>
```

结果

Warning: include(header.php): Failed to open stream: No such file or directory in
/Users/Jon/Sites/localhost/phpbook/section_b/c10/development/warning-3.php on line **1**

Warning: include(): Failed opening 'header.php' for inclusion
(include_path='.:/Applications/MAMP/bin/php/php8.0.0/lib/php') in
/Users/Jon/Sites/localhost/phpbook/section_b/c10/development/warning-3.php on line **1**

Basket

PHP   section_b/c10/development/warning-4.php

```php
1 <?php $list = ['pencil', 'pen', 'notebook',]; ?>
2 <?= $list ?>
```

结果

Warning: Array to string conversion in
/Users/Jon/Sites/localhost/phpbook/section_b/c10/development/warning-4.php on line **2**
Array

在第1个示例中，第1行的$list变量本应该保存一个数组，但是它被赋值为false。然后在第3行，使用foreach循环遍历$list中的项。

错误信息显示foreach()的参数必须是数组或对象类型，因为它不能遍历布尔值。

注意：如果对没有元素的空数组或没有属性的对象使用foreach，并不会产生错误。

在第2个示例中，第1行引入了一个头文件，但PHP解释器根据引用地址找不到相应的引用文件。结果将显示两个错误信息：

● Failed to open stream: No such file or directory …表示根据引用地址未能找到指定文件。

● Failed opening … for inclusion 表示要引入的文件引入失败。

PHP解释器试图在缺失的引入文件之后显示剩余的代码。

在第3个示例中，第1行的$list变量保存的值为数组。在第2行，这里使用echo命令的简写展示$list变量的值。此处将生成一条错误信息：

Array to string conversion…，这表示PHP解释器尝试将数组转为字符串；但该转换无法执行成功，所以无法显示内容(在PHP 8之前，这只是一个通知，而不是警告)。

调试:
跟踪错误

网站在发布到线上运行前必须经过彻底的测试,并改正其中的所有错误。如果在错误信息所提示的代码行上未找到相关错误,那么有如下几种技术可以帮助你跟踪它。

① 在屏幕上写入并显示注释可以了解解释器在引发错误之前的进展状况。

这里echo命令用于显示第2、9、17、24行中的注释。

第9行上的信息只有在total()函数被调用时才会显示(如第18行调用了函数)。

② 注释代码段可以有效减少可能产生问题的代码数量。例如第20行和第23行注释掉了页眉和页脚,以确认错误是否在这些文件中。还可以注释掉对函数的调用(以及函数返回值中的硬编码),以验证错误是否来自调用的函数。

③ PHP的var_dump()函数写出保存在变量中的值及其数据类型,以便你检查变量是否包含想要的值。

该函数在第26行用于检查$basket中的值。它显示$basket数组中第三个元素的值是一个字符串,而非数字。

结果

1: Start of page

2: Before function called

3: Inside total() function

Warning: A non-numeric value encountered in
/Applications/MAMP/htdocs/phpbook/section_b/c10/development/tracking-down-errors.php on line **12**

Basket

Total: $2.00

4: End of page

$basket: array(3) { ["pen"]=> float(1.2) ["pencil"]=> float(0.8) ["paper"]=> string(3) "two" }

Test total() function:

3: Inside total() function

4

section_b/c10/development/tracking-down-errors.php

```php
1  <?php
2  echo '<p><i>1: Start of page</i></p>';
3  $basket['pen']   = 1.20;
4  $basket['pencil'] = 0.80;
5  $basket['paper']  = 'two';
6
7  function total(array $basket): int
8  {
9  echo '<p><i>3: Inside total() function</i></p>';
10     $total = 0;
11     foreach ($basket as $item => $price) {
12         $total = $total + $price;
13     }
14     return $total;
15 }
16
17 echo '<p><i>2: Before function called</i></p>';
18 $total = total($basket);
19 ?>
20 <?php // include 'header.php' ?>
21 <h3>Basket</h3>
22 <p><b>Total: $<?= number_format($total, 2) ?></b></p>
23 <?php // include 'footer.php' ?>
24 <?php echo '<p><i>4: End of page</i></p>'; ?>
25 <hr><!-- All remaining code is test code -->
26 <p><b>$basket:</b> <?= var_dump($basket) ?></p>
27 <b>Test total() function:</b>
28 <?php
29 $testbasket['pen']   = 1.20;
30 $testbasket['pencil'] = 0.80;
31 $testbasket['paper']  = 2;
32 ?>
33 <?= total($testbasket) ?>
```

注意：在花括号中缩进代码，使用四个空格，可以更容易地发现诸如缺少右括号的问题。

在步骤①中，使用echo命令写出来的值不需要缩进。因为这样可以更容易地看到所显示的信息的添加位置。

有些PHP编辑器可以逐行运行代码，这称为逐步执行代码。在每行中，可以检查值以找出代码可能出错的地方。还可以设置断点，当代码运行到该点时将停止(并且可以在该点检查变量的内容)。

④　此外，还可以为函数和方法编写测试用例，以验证它们是否正在执行你期望的任务。

当脚本中使用了函数或方法时，比较好的处理方式是：对这些函数或方法都做单独测试以验证它们是否都能正常运行(而不是在整个页面的上下文中检查它们)。

在页面的末尾可看到total()函数的测试。这里使用可以测试该函数的值创建一个名为$testbasket的数组。然后调用total()函数以验证它是否返回正确的值。

注意，在第33行第二次调用total()函数时，第9行上使用echo显示的信息将再次显示。

一些程序员编写基本页面来测试每个函数(而不是在出现问题时调试代码)。如果已经清楚地知道某个函数是独立工作的，那么函数中的语句就不会导致问题。这样就可以专注于检查传递到函数中的值是否正确。

如果传入函数的值不正确，那么可以跟踪这些值的来源，以找到错误的来源。

在线运行网站

当网站准备在线上启用时，应该更改页面中的某些设置，使PHP解释器不在页面上显示错误信息而将错误信息保存到日志文件中，供定期检查。

即使网站经过了仔细测试，也可能遗漏错误，或者存在托管问题。因此，在启用的服务器上，应在php.ini或.htaccess文件中进行如下设置：

- 禁止在屏幕上显示错误信息。
- 将错误信息保存到日志文件中。

日志文件可以在文本编辑器或代码编辑器中打开。日志文件中的信息以错误发生的日期和时间作为开头，随后的信息与屏幕上显示的信息相同。如果你已经运行了本章前面列出的示例，那么日志文件将包含如下的错误：

要修复网站中的错误，应该在网站的开发版本(在测试服务器或本地机器上)修复，而不是在运行中的网站上直接修复。对于日志文件中记录的每个错误，网站的开发人员应该：

① 尝试重新创建这些错误，以便知道是什么原因导致该信息被记录。

② 使用前几页中展示的技巧定位错误发生的具体位置。

③ 修复导致错误的代码。

一旦对问题进行了修复，在将新版本的代码上传到运行中的网站之前，需要再次测试该网站，因为修复旧的问题可能会产生新的问题。

```
[27-Jan-2021 14:56:44 UTC] PHP Parse error:  syntax error, unexpected string
content "Finding an error";" in /Users/Jon/Sites/localhost/phpbook/section_b/c10/
development/sample-error.php on line 2
[27-Jan-2021 14:56:51 UTC] PHP Parse error:  syntax error, unexpected identifier
"pencil" in /Users/Jon/Sites/localhost/phpbook/section_b/c10/development/parse-
error-1.php on line 3
[27-Jan-2021 14:57:02 UTC] PHP Parse error:  syntax error, unexpected variable
"$order" in /Users/Jon/Sites/localhost/phpbook/section_b/c10/development/parse-
error-2.php on line 3
[27-Jan-2021 14:57:04 UTC] PHP Parse error:  Unclosed '[' does not match ')' in /
Users/Jon/Sites/localhost/phpbook/section_b/c10/development/parse-error-3.php on
line 3
[27-Jan-2021 14:57:06 UTC] PHP Parse error:  syntax error, unexpected identifier
"order" in /Users/Jon/Sites/localhost/phpbook/section_b/c10/development/parse-
error-4.php on line 3
```

PHP解释器还可将错误保存到数据库中，但本书中没有介绍，因为初学者(以及大多数网站)会将错误保存到日志文件中。

日志文件会占用Web服务器上的大量磁盘空间，因此服务器管理员需要确保定期归档或删除它们。

错误处理函数

当PHP解释器抛出致命或非致命错误时，它可以调用一个称为错误处理程序(error handler)的用户自定义函数。在正运行的网站上，该功能可以防止用户看到空白页面或突然崩溃的页面。

处理非致命错误

当PHP解释器引发非致命错误时，文件的其余部分将继续运行。这可能导致严重的问题。例如，在第360页，一个错误导致订单的总价为$0。

通常情况下，为了修复错误必须修改代码。而在这些错误被修复之前，可以使用错误处理程序来尝试处理任何非致命错误。

PHP内置的set_error_handler()函数告诉PHP解释器在发生非致命错误时，应该调用的用户自定义函数的名称。在告诉set_error_handler()它应该运行的错误处理函数的名称时，该函数名称后面没有括号。

例如，这个函数可以显示一条易于用户理解的提示信息，然后停止运行其余代码。

可在调用该函数时，传入第二个参数以指定错误处理函数适用的错误级别，但在学习PHP时，最好将其用于所有非致命错误。

处理致命错误

致命错误会停止页面运行，并且set_error_handler()函数中指定的函数也不会运行。

自PHP 7以来，PHP解释器将大多数致命错误转换为异常。在介绍完下一示例之后，你将了解异常以及它们的处理方式。

但是，如果致命错误被转换为异常，且未得到处理，它就会回退为致命错误。

可将用户定义的函数命名为关闭函数(shutdown function)，该函数将在以下情况下调用：某个页面运行结束、使用exit命令或出现致命错误导致页面停止运行。

关闭函数可以检查页面在运行过程中是否有错误。如果有，则显示易于用户理解的错误信息并记录该错误。PHP的register_shutdown_function()函数告诉PHP解释器当页面停止运行时要调用的函数名(它在第376~377页中使用)。注意，在指定关闭函数的名称时，后面不应跟随括号。

```
set_error_handler('name')
```
非致命错误
处理函数

```
register_shutdown_function('name')
```
致命错误
处理函数

非致命错误处理函数

任何未发现的非致命错误都可能导致运行中的网站出现问题。如果发生错误，错误处理函数将确保记录错误相关信息，而用户则将看到易于理解的错误提示信息，同时页面将停止运行代码。

在本例中，PHP的set_error_handler()函数指定PHP 解释器在遇到非致命错误时应该调用handle_error() 函数。

如果网站使用自定义的处理函数来处理非致命错误，那么PHP解释器将不会运行自己的错误处理代码，除非该处理函数返回false值。而且，如果PHP解释器的错误处理代码没有运行，则错误不会被添加到PHP的错误日志文件中(因此开发人员不会知道它已经发生)。

需要注意，错误处理函数不应返回false，因为它将停止运行页面的其余代码(在显示易于用户理解的错误信息之后)。因此，该函数必须在页面停止运行前将错误信息保存到日志文件中。

当PHP解释器调用错误处理函数时，它将向函数传递四个参数，参数中包含了关于错误的数据(错误信息中将出现的值)：

- 错误级别(以整数表示)
- 错误信息(以字符串形式)
- 发生错误的文件的路径
- 发现错误的代码行

在handle_error()函数的定义中，必须命名形参，以便在函数内使用这些传入的值。

在本例中，错误数据用于创建添加到日志文件中的错误信息。错误信息将遵循与PHP解释器创建的错误信息类似的格式。

PHP有一个称为error_log()的内置函数，可用于向日志文件添加错误信息。该函数的一个参数是它应该使用的错误信息。

因为存在错误，该函数还将尝试将HTTP响应状态设置为500，以指示服务器上有错误。这可以使用PHP的http_response_code()函数来设置(只有在页面展示内容之前调用该函数，它才会生效)。它的一个参数是要使用的响应状态码。

向访问者显示错误信息之前，页面使用require_once命令引入头文件。这确保了错误页面与网站其他页面具有统一的设计样式。可使用require_once命令来代替include，这样能确保仅在页面未引入头部时，才会将该头部内容引入。

一旦显示了易于用户理解的错误信息，可再次使用require_once命令来引入页面的页脚。

最后，exit命令将停止PHP解释器在页面中运行任何代码。

```php
   <?php
①  set_error_handler('handle_error');

②  function handle_error($level, $message, $file = '', $line = 0)
   {
③      $message = $level . ' ' . $message . ' in ' . $file . ' on line ' . $line;
④      error_log($message);
⑤      http_response_code(500);

⑥      require_once 'includes/header.php';
⑦      echo "<h1>Sorry, a problem occurred</h1>
            The site's owners have been informed. Please try again later.";
⑧      require_once 'includes/footer.php';
⑨      exit;
   }
⑩  $username = $_GET['username'];
   ?>
   <?php include 'includes/header.php'; ?>
   <h1>Welcome, <?= $username ?></h1>
   <?php include 'includes/header.php'; ?>
```

结果

Sorry, a problem occurred

The site's owners have been informed. Please try again later.

① 调用PHP的set_error_handler()函数告诉 PHP解释器，在遇到非致命错误时调用handle_error()函数(但函数名后不使用括号)。

② 定义handle_error()函数。它使用四个参数来表示 PHP解释器传递给函数的数据：错误级别、错误信息、错误所在的文件名和行号。

③ 使用步骤②中命名的四个参数中的信息创建错误信息。

④ PHP的error_log()函数用于将错误信息写入PHP的错误日志文件。

⑤ PHP的http_response_code()函数将HTTP响应代码设置为500，表示服务器存在错误。

⑥ 引入头部内容(如果当前尚未引入)，以确保网站标题和CSS样式能正确引入。

⑦使用echo命令将易于用户理解的错误信息写入页面。

⑧ 引入页脚内容。

⑨ exit命令将停止运行其余代码。

⑩ 当页面试图访问不在$_GET超全局数组中的键时，将引发一个非致命错误。

异常

当异常情况的出现导致代码不能正常运行时，解释器将创建异常对象 (exception object)。这使代码有机会从异常中恢复。

当创建异常对象时，PHP解释器将停止运行页面，并查找为处理该异常情况而编写的代码。这使程序有机会从问题中恢复：

- 如果找到了处理该情况的代码，则运行相应的代码，然后在导致异常的语句之后继续运行其余代码。
- 如果找不到任何代码来处理该情况，就会抛出一个致命错误，该错误信息以Uncaught exception开头，然后停止页面的运行。

程序员称该情况为抛出异常，而用于处理该异常的代码则称为捕获异常。

异常对象的属性将保存文件名和问题所在的代码行，就像错误信息一样。

如果问题发生在函数或方法中，PHP解释器还另外保存堆栈跟踪，用于记录调用该函数或方法的代码行。

堆栈跟踪在查找问题的根源时非常有用，因为许多不同的页面或代码行都可以调用相同的函数或方法。而且，当把不正确的数据传递给函数或方法导致问题时，知道函数或方法的调用位置非常重要。

可以通过两种方式创建异常对象：

- 从PHP 7开始，大多数致命错误都会导致PHP解释器使用内置的error类创建错误异常对象(error exception object)。这可以让程序从致命错误中恢复或显示易于用户理解的信息(而不是页面突然结束)。
- 程序员也可以使用用户自定义类来抛出自定义异常(custom exception)对象，而该自定义类则基于名为exception的内置类。

如果出现某些异常场景(exceptional situation)阻止代码运行，而程序员知道该场景下代码应该继续运行，则应该使用异常。

异常情况指可以预料到会出现问题，但无法使用代码来避免问题的发生。例如：

- 数据库驱动的网站依赖于数据库；如果网站无法连接到数据库，则属于例外情况。
- 在收集表单数据时，用户经常输入无效值；这不是例外情况，应该在代码的验证流程中进行处理。

用于处理异常的代码可以使网站从错误中恢复并继续运行，也可以向用户显示有用的信息。

当程序员可以预见到可能阻止代码正常运行的情况 (但他们无法阻止表单验证等通过代码产生的情况)时，可以抛出自定义的异常对象。这允许程序恢复或记录问题的特定描述(以及堆栈跟踪)。

要创建一个自定义异常对象，应该创建一个自定义异常类。这可以在一行代码中完成，因为所有自定义异常都扩展自一个名为Exception的内置类。

当一个类扩展另一个类时，它继承了所扩展的类的属性和方法，因此自定义异常类具有内置Exception 类中定义的所有属性和方法。

Exception类和内置Error类都实现了一个名为Throwable的接口 (interface)。接口中描述了对象将实现的属性和/或方法的名称以及它们应该返回的数据。下表显示了Throwable接口中的方法。所有异常对象都具有这些方法。

方法	返回值
getMessage()	异常信息。对于错误异常，这是PHP解释器生成的致命错误信息。对于自定义异常，这是由程序员创建的信息
getCode()	用于标识异常类型的异常代码。对于错误异常，这段代码将由PHP解释器生成。对于自定义异常，此代码将由程序员定义
getFile()	异常创建时，其所在的文件名
getLine()	异常创建时，其所在的行号
getTraceAsString()	以字符串形式获取堆栈跟踪信息
getTrace()	以数组形式获取堆栈跟踪信息

要创建一个自定义异常类，应使用：

- class关键字。
- 类名。这个名称通常表示遇到异常情况时代码的目的。
- extends关键字。用于表明这个类将扩展另一个现有类。
- 该自定义类将扩展的类的名称(在本例中是内置的Exception类)。这意味着它将继承它所扩展的类的属性和方法。
- 一对花括号。

要使用自定义的异常类创建或抛出异常，应使用：

- throw关键字(不仅创建了异常对象，而且告诉PHP解释器在创建异常对象时寻找代码来捕获它)。
- new关键字(用于创建新对象)。
- 自定义异常类的名称。

然后，在圆括号中，需要添加：

- 描述问题的错误信息。
- 识别问题的可选代码。

自定义异常类名

```
class CustomExceptionName extends Exception {};
throw new CustomExceptionName($message[, $code]);
```

异常类的名称　　　　　　错误信息　　　可选代码

使用try···catch
处理异常

在异常情况下，某些代码可能导致异常，如果想要从异常问题中恢复，那么可以使用try···catch语句。

　　在try··· catch语句中，关键字try后面跟着一个代码块，其中包含PHP解释器应尝试运行的语句，但这可能导致异常。如果在try代码块中抛出异常，那么PHP解释器将：

- 停止运行代码。
- 寻找后面应该出现的catch代码块。
- 检查catch代码块是否可以处理该情况(因为这里命名了创建异常对象的类名或实现的接口)。
- 如果catch代码块中的代码能够处理异常，则运行该catch代码块中的语句。

　　在catch关键字后面的括号中，需要指定：

- 用于创建异常对象的类或其实现的接口(在第374~375页中，可看到如何指定多个catch代码块，每个catch代码块能处理使用不同类创建的异常)。
- 在catch代码块中保存异常对象的变量名称(通常称为$e)。

```
try {
    // 尝试做一些可能引发异常的事情
} catch (ExceptionClassName $e) {
    // 做一些事情来处理异常
} finally () {
    // 无论异常是否发生，做一些事情
}
```

　　如果try代码块中没有抛出异常，PHP解释器将跳过catch代码块。

　　catch代码块后面也可以跟一个可选的finally代码块。无论是否抛出异常，finally块中的语句都将运行。

　　处理完异常后，PHP解释器将运行catch块之后出现的代码行。不必向PHP错误日志文件添加触发异常的细节信息。这意味着程序员不知道异常情况发生的频率。

　　如果希望在错误日志中记录已处理的异常的详细信息，可以使用PHP内置的error_log()函数。该函数只需要传入一个参数：抛出的异常对象。PHP解释器将获取保存在异常对象中的有关问题的数据，将其转换为字符串，然后添加到错误日志文件中。

默认异常处理函数

PHP解释器可以运行用户自定义的函数来处理未被catch代码块捕获的异常(因为这些异常并非在try代码块中抛出，或者没有使用catch块中指定的类)。

程序员可以指定称为默认异常处理函数(default exception handler)的用户子定义函数，当异常没有被catch代码块捕获时，将调用该函数。

PHP的内置set_exception_handler()函数可指定要调用的用户自定义函数的名称。它的一个参数是函数名。它的名称后面不应跟着圆括号。

$$set\_exception\_handler('name')$$

函数名

基本的异常处理函数应包含如下步骤：

- 向错误日志文件添加问题的详细信息
- 设置正确的HTTP响应代码(500)
- 向用户显示一条信息
- 停止在页面中运行其他任何代码

可在第376~377页中看到一个使用默认异常处理函数的示例。

更复杂的异常处理函数可以验证用于创建异常的类，并以不同方式响应每个类。

```php
function handle_exception($e)
{
    error_log($e);
    http_response_code(500);
    echo '<h1>Sorry, an error occurred please try again later.</h1>';
    exit;
}
```

使用try…catch
处理异常

① 在本例中，try代码块引入了可能导致异常的代码。

② 假设引入的文件中包含用于显示广告的代码，并且通常可以正常运行，但是代码中的问题偶尔会导致异常。

③ 如果在try代码块中抛出异常，PHP解释器将寻找可以处理它的catch代码块。

关键字catch后面跟着圆括号。在括号内：

● 类名表明在catch代码块中，将使用Exception类创建的异常对象来运行。

● $e是保存异常对象的变量名，这样异常对象中的数据就可以在catch块中使用。

④ 这里将显示一个广告占位符。这样的显示方式比页面在遇到异常时停止运行要好。

⑤ PHP的error_log()函数将错误添加到PHP错误日志文件中。它的一个参数是在include文件中创建的异常对象。

```
section_b/c10/live/try-catch.php                PHP

  <?php include 'includes/header.php'; ?>

  <?php
① try {
②     include 'includes/ad-server.php';
③ } catch (Exception $e) {
④     echo '<img src="img/advert.png"
  alt="Newsletter">';
⑤     error_log($e);
  }
  ?>
  <h1>Latest Products</h1>
  ...
  <?php include 'includes/footer.php'; ?>
```

结果

注意： 为便于说明，可供下载的示例代码中的ad-server.php引用文件中抛出一个异常，以确保catch代码块运行。

在第374页中，将介绍在一组catch代码块中，如何使用不同的代码来处理不同类创建的异常对象。

抛出自定义异常

下面的ImageHandler类将使用 GD 来操作图片。如果使用过程中出现问题，那么它会抛出自定义异常(下一页会显示如何使用该类)。

① 创建一个名为ImageHandlerException的自定义异常类。它将继承PHP内置的 Exception类的属性和方法。

② 当使用ImageHandler类创建对象时，__construct()方法用于验证图片是否为允许的媒体类型之一。如果不是，则使用ImageHandlerException类抛出异常。

错误信息显示图片格式为不接受的类型，并给出错误代码1。

③ 当调用resizeImage()方法时，如果用户试图创建比他们上传的原始图片更大的图片，则会抛出异常，因为这将导致图片质量变差。

错误信息描述原始图片过小，并给出了错误代码2。

`PHP`

section_b/c10/live/classes/ImageHandler.php

```php
<?php
class ImageHandlerException extends Exception {};

class ImageHandler
{
    public    $fileTypes = ['image/jpeg', 'image/png',];      // 允许的媒体类型
    ...
    public function __construct(string $filepath, string $filename)
    {
        ...
        if (!in_array($this->mediaType, $this->fileTypes)) {
            throw new ImageHandlerException('File not an accepted image format', 1);
        }
        ...
    }
    public function resizeImage(int $newWidth, int $newHeight, string $uploadPath)
    {
        if (($this->origWidth < $newWidth)
        or ($this->origHeight < $newHeight)) {
            throw new ImageHandlerException('Original image too small', 2);
        }
        // 此处是调整图片大小和保存图片的代码
    }
}
```

捕获不同类型的异常

这个示例页面允许用户通过提交电子邮件地址和上传个人资料图片来完成网站的注册。通常网页能够良好运行。在特殊情况下，图片可能无法保存；此时，异常将被处理，以便代码可以继续运行并保存访问者的电子邮件地址(即使不能保存图片)。该示例使用两个catch代码块来处理用户上传图片时可能发生的不同类型的异常。

① 引用上一页的ImageHandler.php文件，其中保存了 ImageHandlerException以及ImageHandler这两个类的定义，其中ImageHandler可用于调整图片尺寸和保存上传图片。

② try代码块中包含的语句用于创建ImageHandler对象，该对象表示用户经过上传、调整图片尺寸、保存后最终显示出来的图片。它后面跟着两个catch代码块。

③ 第一个catch代码块的圆括号包含ImageHandlerException类的名称。这意味着如果try代码块中使用ImageHandlerException类创建了异常对象，PHP解释器将运行这个catch代码块。在catch代码块内部，异常对象将保存在名为$e的变量中。

④ ImageHandler类创建的异常信息是便于用户理解的，因此可通过异常对象的getMessage()方法(继承自内置Exception类)获取错误信息并将其保存在$message变量中。该信息告诉用户要么图片的媒体类型不正确，要么图片太小了。

如果第一个catch代码块处理异常，PHP解释器将继续运行页面的其余部分，但会跳过任何剩余的catch代码块。

⑤ 如果第一个catch代码块没有运行(因为try代码块中抛出的异常不是使用ImageHandler类创建的)，将运行第二个catch代码块。

第二个捕获块的圆括号中命名了Throwable接口，这表示它应该捕获由Throwable接口实现的任何异常。因此，它将处理try代码块中尚未处理的任何异常。这包括PHP解释器可能抛出的致命PHP错误(例如，由于磁盘已满而无法保存图片的情况)。

通常情况下，catch代码块应该尝试捕获特定的异常类，而不是像这样尝试捕获所有类型的异常。但如果遇到如下的情况，则应该捕获所有类型的异常：

- 该异常可以阻止关键操作，例如阻止用户注册 (拥有用户的电子邮件地址总比什么都没有好)。
- 这是在确定问题的确切原因时采取的临时措施。

⑥ 这个catch代码块会以不同的方式处理这种情况。$message变量中保存了一条信息，用于告诉用户图片没有保存。它不显示来自异常对象的错误信息，因为其中的信息可能使用户感到困惑或向黑客提供敏感内容。

⑦ 调用PHP的error_log()函数向PHP的错误日志中添加有关异常的信息。一旦这个catch代码块中的代码运行完毕，页面的其余部分就会继续运行。

例如，页面的其余部分可将访问者的电子邮件地址保存到数据库中。如果没有处理异常，就不会保存用户提供的任何数据。

```php
<?php
① include 'classes/ImageHandler.php';.                    // 引入类
    $message = '';                                        // 初始化变量
    $thumb   = '';
    $email   = '';

    if ($_SERVER['REQUEST_METHOD'] == 'POST') {           // 如果表单已发送，
        $email = $_POST['email'] ?? '';                   // 则获取用户电子邮件地址
        if ($_FILES['image']['error'] == 0) {             // 如果没有上传错误，
            $file = $_FILES['image']['name'];             // 则获取文件名，
            $temp = $_FILES['image']['tmp_name'];         // 并获取临时位置

            try {                                                   // 尝试调整图片尺寸
                $image = new ImageHandler($temp, $file);            // 创建对象
②               $thumb = $image->resizeImage(300, 300, 'uploads/'); // 调整图片尺寸
                $message = '<img src="uploads/' . $thumb . '">';    // 在$message中保存图片
③           } catch (ImageHandlerException $e) {          // 若是ImageHandlerException，
④               $message = $e->getMessage();              // 则获取错误信息
⑤           } catch (Throwable $e) {                      // 如果是其他原因，
⑥               $message = 'We were unable to save your image';  // 则显示通用错误信息，
⑦               error_log($e);                            // 并记录错误
            }
        }
        // 页面中保存电子邮件地址的代码
    }
?>
<?php include 'includes/header.php' ?>
<h1>Join Us</h1>
<?= $message ?>
...
```

结果

默认错误和
异常的处理

这个例子展示了如何以一致的方式处理每个错误和未处理的异常。

首先，PHP的set_exception_handler()指定如果抛出异常且未被catch代码块处理，则应该调用用户定义的handle_exception()函数。这个函数将会：

- 记录问题
- 设置HTTP响应状态码
- 显示便于用户理解的错误信息
- 停止代码运行

接下来，PHP的set_error_handler()函数指定在引发非致命错误时应调用error_handler()。

error_handler()将非致命错误转换为异常，以便用处理致命错误(抛出异常)的相同方式处理它们。

最后，PHP的register_shutdown_function()函数指定用户定义的handle_shutdown()函数应该在任何页面运行结束时调用。如果存在任何致命错误没有转换为错误异常，或者它们没有由默认错误处理函数处理，则调用此函数。

handle_shutdown()函数将使用PHP内置的error_get_last()函数检查页面运行时是否引发错误。如果存在错误，则将该错误转换为异常，并调用异常处理函数来处理它。

未捕获异常

① PHP的set_exception_handler()函数指定了一个用户定义的函数，当抛出异常且未被catch代码块处理时应调用该函数。

② 定义了handle_exception()函数。它的一个形参是抛出的异常对象。

③ 异常将记录在PHP的错误日志文件中。

④ 设置HTTP响应码为500。

⑤ 当未引入文件头部时，则引入该文件。

⑥ 在页面中显示便于用户理解的错误信息。

⑦ 如果还未引入文件尾部，则引入尾部内容。

⑧ 之后，解释器将不再进一步运行任何代码。

非致命错误

⑨ set_error_handler()函数用于指定在PHP解释器引发非致命错误时调用的用户自定义函数。

⑩ 向默认的错误处理函数传入错误的相关信息(错误的类型和信息，以及发生错误的文件和代码行)，如第366页所述。

⑪ 错误数据用于创建一个新的异常。这样将允许网站用处理致命错误和异常的相同方式(使用相同的handle_exception()函数)来处理所有非致命错误。

异常对象是使用PHP内置的ErrorException类抛出的，该类被添加到PHP中，以便将错误转换为异常。第二个参数是一个可选的错误码(整数)，用于表示异常(这里是0)。

```php
<?php ...
set_exception_handler('handle_exception');              // 设置异常处理函数
function handle_exception($e)
{
    error_log($e);                                      // 记录错误
    http_response_code(500);                            // 设置响应码
    require_once 'header.php';                          // 确保引入头部文件
    echo "<h1>Sorry, a problem occurred</h1>
          <p>The site's owners have been informed. Please try again later.</p>";
    require_once 'footer.php';                          // 引入页脚文件
    exit;                                               // 停止代码运行
}

set_error_handler('handle_error');                      // 设置错误处理函数
function handle_error($type, $message, $file = '', $line = 0)
{
    throw new ErrorException($message, 0, $type, $file, $line); // 抛出ErrorException
}

register_shutdown_function('handle_shutdown');          // 设置关机处理函数
function handle_shutdown()
{
    $error = error_get_last();                          // 查看脚本中是否有错误
    if ($error) {                                       // 如果有，则抛出异常
        $e = new ErrorException($error['message'], 0, $error['type'],
                                $error['file'], $error['line']);
        handle_exception($e);                           // 查看异常处理函数
    }
}
```

① set_exception_handler('handle_exception'); 设置异常处理函数
② function handle_exception($e)
③ error_log($e); 记录错误
④ http_response_code(500); 设置响应码
⑤ require_once 'header.php'; 确保引入头部文件
⑥ echo "<h1>Sorry, a problem occurred</h1> <p>The site's owners have been informed. Please try again later.</p>";
⑦ require_once 'footer.php'; 引入页脚文件
⑧ exit; 停止代码运行
⑨ set_error_handler('handle_error'); 设置错误处理函数
⑩ function handle_error($type, $message, $file = '', $line = 0)
⑪ throw new ErrorException($message, 0, $type, $file, $line); 抛出ErrorException
⑫ register_shutdown_function('handle_shutdown'); 设置关机处理函数
⑬ function handle_shutdown()
⑭ $error = error_get_last(); 查看脚本中是否有错误
⑮ if ($error) { 如果有，则抛出异常
⑯ $e = new ErrorException($error['message'], 0, $error['type'], $error['file'], $error['line']);
⑰ handle_exception($e); 查看异常处理函数

致命错误

⑫ PHP内置的register_shutdown_function()函数告诉PHP解释器在页面停止运行时调用用户自定义的handle_shutdown()函数。这样做是因为一些致命错误没有转换为异常，并且没有由默认错误处理函数处理。

⑬ 定义handle_shutdown()函数。

⑭ PHP内置的error_get_last()检查当前页面运行时是否存在错误。如果存在，则它引发的最后一个错误的详细信息将以数组形式返回；否则将返回null。该函数返回的值保存在$error中。

⑮ 使用if语句检查$error变量是否有值，若有则表明页面存在错误。

⑯ 如果当前页面存在错误，则错误将转换为异常。注意，这里不使用throw关键字，因为默认异常处理函数不会捕获在关闭函数中抛出的异常。相反，该对象会像其他对象一样创建。

⑰ 调用handle_exception()。在步骤⑯中创建的异常对象将作为实参传入。

试一试：在可供下载的代码的example.php中，有若干行代码被注释掉，以便测试错误以及异常处理函数的运行情况。将这些代码全都取消注释，之后再次运行页面。

如何显示
Web服务器错误

如果Web服务器无法找到所请求的文件，或者服务器上的错误阻止了它处理浏览器的请求，则Web服务器会将错误代码和网页发送回浏览器。

在第180~181页，可以看到服务器如何将HTTP头连同所请求的文件一起发送到浏览器。其中一条信息是响应状态码(response status code，又称为响应码)，用于指示请求是否成功。

- 当服务器成功处理请求时，将返回响应码200和所请求的文件。
- 如果找不到该请求文件，则返回响应码404，并显示一个描述问题的错误页面。
- 如果服务器的错误阻止了页面的显示，它将返回状态码500，并返回一个错误页面，说明发生了服务器内部错误。

Web服务器在无法响应请求时，其创建的错误页面不易于用户理解，但你可创建自定义的错误页面供Web服务器发送，而不是使用默认的错误页面。

自定义错误页面允许向访问者提供更清晰的问题描述。还可以保持与网站其他部分页面一致的外观和体验。

要发送一个自定义错误页面，可在.htaccess文件中添加一个ErrorDocument指令，并指定：

- 该文件应用时，所对应的状态代码
- 需要显示的文件路径

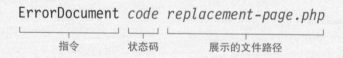

ErrorDocument *code replacement-page.php*

指令　　　状态码　　　展示的文件路径

在找不到文件时，Apache发送的默认错误页面如下：

Not Found

The requested URL /phpbook/section_b/c10/missing.php was not found on this server.

当内部发生错误阻止页面显示时，Apache发送的默认错误页面如下：

Internal Server Error

The server encountered an internal error or misconfiguration and was unable to complete your request.

PHP

section_b/c10/live/.htaccess

①
```
ErrorDocument 404 /code/section_b/c10/live/page-not-found.php
ErrorDocument 500 /code/section_b/c10/live/error.php
```

PHP

section_b/c10/live/page-not-found.php

②
```php
<?php require_once 'includes/header.php'; ?>
<h1>Sorry! We cannot find that page.</h1>
<p>Try the <a href="index.php">home page</a> or email us at
  <a href="mailto:hello@eg.link">hello@eg.link</a>.</p>
<?php require_once 'includes/footer.php'; ?>
```

PHP

section_b/c10/live/error.php

③
```php
<?php include 'includes/header.php'; ?>
<h1>Sorry! An error occurred.</h1>
<p>The site owners have been informed. Please try again soon.</p>
<?php include 'includes/footer.php'; ?>
```

结果

结果

① .htaccess文件使用 ErrorDocument指令设置自定义错误页面的路径，在如下情况发生时发送该错误页面：

a) 找不到请求文件

b) 服务器发生错误

② 在page-not-found.php文件中，以易于用户理解的方式向用户解释：无法找到所请求的文件。

③ error.php文件告诉访问者服务器发生了错误。

试一试： 请求一个本章示例所在文件夹中不存在的页面，如missing.php。

注意： 错误页面不应包括连接到数据库的代码，因为如果数据库出现错误，错误页面将不会显示。

小结

错误处理

❯ 错误信息有助于确定问题的出处。

❯ 在开发网站时，应在屏幕上显示错误。

❯ 当网站在线上运行时，不应在屏幕上显示错误信息。推荐的做法是将错误信息写入日志文件。

❯ 当发生非致命错误时，可以运行错误处理函数。

❯ 异常是在异常情况下创建的对象，这些对象会阻止页面的正常运行。

❯ 当一个异常对象创建(或抛出)时，解释器会尝试寻找可替代的代码块来运行。

❯ 异常可以使用try…catch语句或异常处理函数捕获。

❯ 错误可以转换为异常，以便所有问题都以相同的方式处理。

第III部分

数据库驱动型网站

数据库驱动型网站使用数据库来保存网站页面上显示的大部分内容以及其他数据(如网站会员的信息)。

PHP可以访问和更新数据库中的数据，因此数据库驱动型网站：
- 允许非技术用户使用网页上的表单来创建或更新网站内容(他们不需要知道如何编写代码或使用FTP更新服务器上的文件)。
- 允许使用数据库中的数据创建适合不同会员的个性化页面。

本书使用MySQL软件来创建和管理网站的数据库。该数据库将数据保存在一系列表中(每个表类似于电子表格)。因为一个表中的数据通常与另一个表中的数据相关，所以这种数据库称为关系数据库(relational database)。

当提到MySQL时，这些信息也适用于MariaDB，这在书中第15页曾介绍过。

PHP提供了一组称为PHP数据对象(PHP Data Objects，PDO)的内置类，可用于访问和更新数据库中的数据。

因此，为了创建数据库驱动的网站，需要学习：
- 如何使用结构化查询语言(Structured Query Language，SQL，发音为sequel或ess-queue-elle)从数据库请求数据并更新这些数据。
- 如何使用PDO运行SQL命令来从数据库请求数据，并使该数据可用于PHP代码。
- 如何使用PDO运行SQL命令来更新保存在数据库中的数据。

MySQL没有图形用户界面，但我们可以使用名为phpMyAdmin的免费工具，该工具可以管理数据库并查看其中的内容。你将在本部分的介绍中了解如何使用它。

在阅读本部分的各章之前，你需要了解数据库如何保存网站中使用的数据，以及如何使用phpMyAdmin管理数据库。

示例网站

在本书的后半部分中，将演示如何开发一个示例应用程序。这部分内容介绍了如何建立数据库驱动的网站和其他所要掌握的概念。

接下来将首先介绍示例网站的开发过程，以帮助你理解将要使用的示例数据库。

数据库如何保存数据

然后，书中将介绍数据库如何保存数据。这些数据由一系列表构成。此外，将介绍MySQL中使用的数据类型(与PHP使用的数据类型不同)。

如何使用phpMyAdmin

phpMyAdmin是一个运行在Web服务器上的工具。它与网站类似，你可以通过该工具来管理MySQL数据库。在书中将介绍以下流程：

- 创建新数据库
- 查看数据库中的数据
- 备份数据库

如何创建数据库

接下来，你将学习如何为本书其余的示例应用程序设置数据库。在数据库中，将保存网站的内容和会员的数据。

首先，将学习如何创建一个空数据库。然后，你将运行一些SQL代码(在下载代码中提供)，以便：

- 创建示例数据库使用的表
- 向每个表中添加数据

注意：后续的所有示例都依赖于该数据库，所以必须创建并填充好数据后才能继续后续操作。

创建数据库账户

最后，将介绍如何创建数据库账户。PHP代码需要通过账户来连接到数据库(就像电子邮件程序需要一个电子邮件账户来发送和接收电子邮件一样)。

示例网站介绍

本书其余部分创建的示例网站是一个基本内容管理系统(content management system，CMS)。可以将它视为管理工具，帮助用户在不用编写任何代码的情况下更新网站内容。

在本书的其余部分，展示了通过内容管理系统对一系列创意作品进行管理，事实上，CMS也可以用于管理其他不同内容类型的网站。

在每个页面顶部的网站名称之后，导航栏显示了网站中的类别。

主页(如下)对应的是名为index.php的文件。在导航栏下方，页面显示了最新6篇文章的信息。当网站中上传了一篇新文章时，它会出现在主页上，而之前展示的6篇文章中最早的1篇将不再展示。

每篇文章中将展示一件创意作品。

所有文章都是使用相同的article.php文件来显示的；该文件的执行逻辑是每次从数据库中获取一篇文章，然后将文章数据插入页面。

在如下的图片中，展示了文章页面，页面中包含该文章的标题、添加到网站的日期、描述信息、所属类别以及创建者的姓名。

每篇文章都有"发表"选项；在该选项被选中之前，文章不会向公众展示。

在后续章节中，网站将允许用户上传自己的作品、点赞喜欢的作品并对文章进行评论。

文章将按类别进行分组(与网站部分类似)。不同的类别使用同一个category.php页面显示。页面中包含类别的名称和描述，然后是当前文章的摘要。

对于每篇文章，可以看到它包含的图片、标题、简述、所属类别和作者(这与主页上最新的六篇文章显示的数据相同)。

每个类别还有一个选项，用于指定其名称在主导航栏中显示或隐藏。

每篇文章都由该网站的一名会员撰写；该会员是文章的作者。每个会员的个人资料页面都使用 member.php文件来显示。

该页面中显示了作者的姓名，还显示网站注册的日期、头像以及所发表的文章列表。其中每篇文章的信息与类别和主页上显示的信息(图片、标题、简述、类别名称和作者)相匹配。

在本书的结尾，会员将能够提交他们自己的作品，点赞他们喜欢的文章，并发表评论。

关系数据库
保存数据的方式

关系数据库将数据保存在表中。单个数据库可以由多个表组成。下面，可以看到在本书其余内容中适用于示例网站的数据库表。

关系数据库管理系统(relational database management system，RDBMS)，如MySQL或MariaDB，是一种可以容纳多个数据库的软件(就像 Web服务器可以托管多个网站一样)。

数据库软件可以安装在：

- 作为Web服务器的计算机上(MAMP和XAMPP会在计算机上安装MySQL或 MariaDB)。
- Web服务器可以访问的独立计算机(就像电子邮件程序连接到电子邮件服务器一样)。

表

示例网站的数据库中有四个表(table)。每个表分别代表了应用程序所处理的一个概念：

- article表示文章及其关联数据(例如，标题和创建日期)
- category表示相关文章所属的不同主题
- image保存图片数据以及它所属的文章
- member包含网站中的每个会员的信息

article

id	title	summary	content	created	category_id	member_id	image_id	published
1	Systemic	Brochure...	This...	2021-01-26	1	2	1	1
2	Forecast	Handbag...	This...	2021-01-28	3	2	2	1
3	Swimming	Photos...	This...	2021-02-02	4	1	3	1

category

id	name	description	navigation
1	Print	Inspiring graphic design	1
2	Digital	Powerful pixels	1
3	Illustration	Hand-drawn visual...	1

关系数据库之所以得名，是因为数据库表中包含的信息与其他表中的数据相关。

行

表中的每一行(row，也称为记录或元组)都代表一条数据项。例如，文章表中的每一行代表一篇文章；会员表中的每一行则代表某位会员。

列

表中的每一列(column，也称为属性)代表了数据项的一个特征。例如，会员表中的列保存了会员的名字、姓氏、电子邮件地址、密码、注册日期和头像的文件名。

字段

字段(field)是数据行中的单个信息。

主键

每个表中的第一列都称为id列，因为它可以用来标识该表的单个行(例如，可标识单个文章、类别、会员或图片)。为此，表中的每一行都需要在id列中有唯一的值。在这些表中，这个值是使用MySQL中的自增(auto-increment)特性创建的，该特性将前一行id值加1，然后将所得结果作为当前行的id值。id列也称为表的主键(primary key)。

image

id	file	alt
1	systemic-brochure.jpg	Brochure for Systemic Science Festival
2	forecast.jpg	Illustration of a handbag
3	swimming-pool.jpg	Photography of swimming pool

行 ——

member

id	forename	surname	email	password	joined	picture
1	Ivy	Stone	ivy@eg.link	c63j-82ve-...	2021-01-26 12:04:23	ivy.jpg
2	Luke	Wood	luke@eg.link	saq8-2f2k-...	2021-01-26 12:15:18	NULL
3	Emiko	Ito	emi@eg.link	sk3r-vd92-...	2021-02-12 10:53:47	emi.jpg

列

数据库中的数据类型

你需要指定每个表中每列的数据类型，以及该列中每个字段可以保存的最大字符数。

MySQL的数据类型比PHP多，但示例数据库中只使用下面所示的5种数据类型。

注意：MySQL没有布尔数据类型。布尔值使用 tinyint数据类型表示，值为0表示false，值为1表示true。

数据类型	描述
int	整数
tinyint	255以内的整数(用于布尔值)
varchar	最多由65535个字母/数字组成
text	最多由65535个字母/数字组成
timestamp	日期和时间

除了文本数据类型，你必须指定：
- 每列所包含文本的最大长度(单位：字节)。
- 每列中保存数字的最大值。

```
int(5)
 |    |
数据类型  最大值
```

为每列指定最大值可以有效减少数据库的大小，并使其执行得更快。在下表中，列名下显示的是数据类型，然后括号中是该列可以容纳的最大值或字节数。

article

id	title	summary	content	created	category_id	member_id	image_id	published
int(11)	varchar(254)	varchar(1000)	text	timestamp	int(11)	int(11)	int(11)	tinyint(1)
1	Systemic	Brochure...	This...	2021-01-26	1	2	1	1
2	Forecast	Handbag...	This...	2021-01-28	3	2	2	1
3	Swimming	Photos...	This...	2021-02-02	4	1	3	1

category

id	name	description	navigation
int(11)	varchar(24)	varchar(254)	tinyint(1)
1	Print	Inspiring graphic design	1
2	Digital	Powerful pixels	1
3	Illustration	Hand-drawn visual...	1

避免数据库中出现重复数据

通过使用主键(primary key)和外键(foreign key)使表中的数据与另一表中的数据关联，从而避免在数据库中重复出现相同的数据。

下面每个表的第一列是主键；它保存的值用于标识表中的不同数据行。

回顾上一页的article表，可以发现：

- category_id 列显示了文章属于哪个类别。它的值与category表中的主键匹配。
- member_id显示该文章的作者是谁。它的值与member表中的主键相匹配。
- image_id列表示文章中应展示哪张图片。它的值与image表中的主键相匹配。

article表的category_id、member_id和image_id列都称为外键。通过表中的值可以看出：

- 第一篇文章属于Print类别。
- 前两篇文章的作者都是Luke Wood。
- 第三篇文章中使用的图片是image表中的swimming-pool.jpg。

这些值描述不同表中数据之间的关系，并且避免了在article表的多行数据中重复保存类别和作者名。避免重复数据可以使数据库更小、执行更快，并且当更改数据时，只需要更新一个地方的值即可，这样可以降低出错的风险。

image		
id int(11)	file varchar(254)	alt varchar(1000)
1	systemic-brochure.jpg	Brochure for Systemic Science Festival
2	polite-society-posters.jpg	Posters for Polite Society
3	swimming-pool.jpg	Photography of swimming pool

member						
id int(11)	forename varchar(254)	surname varchar(254)	email varchar(254)	password varchar(254)	joined timestamp	picture varchar(254)
1	Ivy	Stone	ivy@eg.link	c63j-82ve-...	2021-01-26 12:04:23	ivy.jpg
2	Luke	Wood	luke@eg.link	saq8-2f2k-...	2021-01-26 12:15:18	NULL
3	Emiko	Ito	emi@eg.link	sk3r-vd92-...	2021-02-12 10:53:47	emi.jpg

phpMyAdmin与MySql一同工作

在数据库驱动的网站中，数据库更新通常在用户与网站页面交互的过程中完成。但有时需要使用phpMyAdmin执行额外的数据库更新任务。

使用phpMyAdmin

在运行数据库驱动的网站时，需要执行一些常用的管理任务操作。其中包括：

- 创建新数据库。
- 备份现有数据库。
- 向数据库中添加新的表和列。
- 在添加新功能时，检查网站是否正确添加或更新了数据。
- 创建账户，用于访问/编辑数据库的内容。

MySQL没有自己的可视化界面来执行这些管理任务，但通过一款名为phpMyAdmin的免费开源工具，可以帮助执行这些任务。

phpMyAdmin是用PHP编写的，它运行在Web服务器上，就像一个可用来管理数据库的网站。接下来的几页将展示如何使用它来执行一些管理任务。

如何找到phpMyAdmin

在安装MAMP或XAMPP时，将在计算机上安装phpMyAdmin。

然后，在浏览器中输入http://localhost/phpmyadmin/就能访问它。

如果你在运行示例代码时，在URL中添加了端口号，那么可能需要添加相同的端口号才能访问phpMyAdmin。一个例子是http://localhost:8888/phpmyadmin/。

另外，支持MySQL的托管公司有许多不同的方式帮助执行管理任务，所以需要了解托管公司是如何执行这些任务的。并非提供一个完整版本的phpMyAdmin，托管公司通常会提供：

- 专用工具来创建数据库户账户。
- phpMyAdmin的限制版本来备份、检查和更新数据库的内容。
- 专用的URL来访问phpMyAdmin。

使用phpMyAmin
管理数据库

phpMyAdmin操作界面中有三个主要区域。不同版本的phpMyAdmin看起来可能略有不同，但页面上项目的功能和位置应该是相同的。

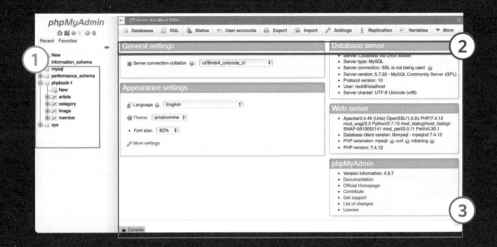

① 数据库和表

单个MySQL中可以容纳多个数据库(就像一个Web服务器可以承载许多网站一样)。

左侧的菜单中显示当前数据库的名称。当单击数据库的名称时，列表中的+符号将展开，并显示该数据库中表的名称。

② 选项卡

选项卡中的选项表示界面中所提供的功能。

- 在打开的phpMyAdmin界面中，选项卡显示了你可以用 MySQL软件执行的任务。
- 单击左侧菜单中的数据库，选项卡将更改为你可以在该数据库上执行的任务。

③ 主窗口

这是执行管理任务的地方(例如，其中显示了数据库的内容，并允许更新列或添加行)。

MySQL经常创建一些供其自己使用的数据库，例如，information_schema、MySQL、performance_schema和sys.schema。如果你是初学者，那么请勿编辑它们。

设置示例数据库

为了能够使用本书中其余的示例，我们将首先创建一个新数据库并将一些数据导入其中。

创建一个空数据库

首先，使用 phpMyAdmin创建一个空数据库。

① 单击数据库列表顶部的 New。

② 输入数据库名称：phpbook-1。

③ 在下拉列表中，选择 utf8mb4_unicode_ci指定字符集。

④ 单击Create按钮。

如果你通过托管公司来管理网站，可能需要使用托管公司的工具来创建一个空数据库。这种情况下，请跳过此步骤。

在数据库中添加数据

创建数据库后，就可以添加数据了。

① 在数据库列表中单击新创建的数据库名称。

② 单击Import选项卡。

③ 在File to import的下方，单击Choose File按钮，并从下载代码的section_c/intro文件夹中选择phpbook-1。

④ 单击Go(在页面底部，右图未显示)按钮，将示例数据导入数据库。

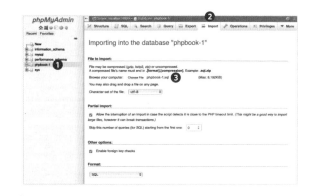

探索示例数据库

导入数据后，查看已创建的表，并研究它们的内容和结构。

探索数据库内容

可通过单击数据库名称来查看数据库的内容。

① 在数据库列表面板中单击数据库名称。

② 选择article表。

③ 单击Browse选项卡。

④ 表中的每行代表一篇文章。

表结构

对于每个不同的表，都可以看到列名、数据类型和字段大小。

① 单击数据库名称。

② 选择article表。

③ 单击Structure选项卡。

这里所展示的每一列都对应于表中的每行数据。

要了解如何手动添加表和列，请参见：

http://notes.re/mysql/create-manually

你可看到每列的名称，后面跟着数据类型（括号中是其最大值）。Collation列保存字符的编码方案。

NULL表示一个值是否可以为空。当某行数据未指定值时，则将该行default列的值用作默认值。

创建数据库账户

MySQL软件允许创建不同的账户。每个账户都有登录数据库的用户名和密码。你可以控制每个账户可以访问和更新哪些数据。

可以为每个MySQL账户指定：

- 可以访问哪些数据库
- 可以访问或更新哪些表
- 可以执行哪些任务

安装MySQL时，它附带有一个根账户(root account)；该账户又称为主账户，使用它能够创建或删除账户和数据库。

出于安全原因，不要在PHP代码中使用根账户。取而代之的是，创建一个账户，它仅限于：

- 访问该特定网站的数据库(而非托管在同一服务器上的所有数据库)。
- 执行应用程序需要执行的任务——对于网站不需要的功能，则不应具有相应的执行权限(如创建或删除表)。

在下一页中，可以看到根账户(在安装服务器时自动创建)能在phpMyAdmin中查看和创建账户。

如果你使用的是托管公司提供的服务，却看不到这些选项，应该参考他们提供的帮助文件。每个主机的操作不同，这些参考文件中应该有：

- 为你单独创建的用户名和密码
- 用于创建和更新用户的工具

① 从左侧面板中选择要为其创建用户的数据库名称。

② 单击Privileges选项卡。主窗口中将显示能够访问此数据库的用户表。

③ 单击Add user或Add user account。

④ 输入用户名。

⑤ 输入密码或使用Generate选项。

⑥ 在Database for user account下方，如果选项Grant all privileges on database phpbook-1是选中状态，那么取消其选中状态。

⑦ Global privileges选项用于控制用户可以在整个数据库中执行哪些任务。

示例网站只需要在Data列中选择四个选项：SELECT、INSERT、UPDATE以及DELETE；其他功能不需要勾选。

你可能会在主窗口中看到如截图所示的其他选项，请勿修改这些选项的状态。

⑧ 单击页面底部的Go按钮，保存用户详细信息(屏幕截图中没有显示)。

还可以从左侧窗格中选择不同的表，并设置用户对于该表的权限。

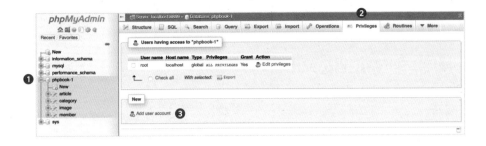

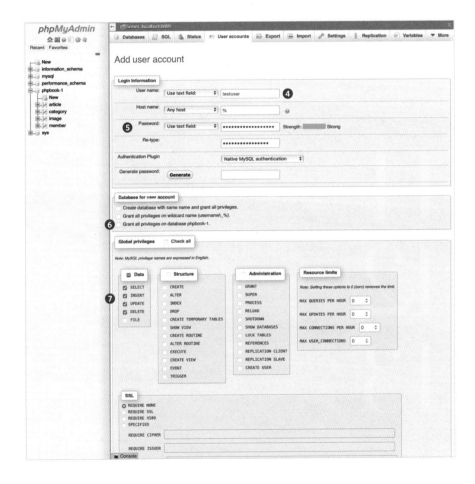

第III部分
数据库驱动型网站

对于本书的其余章节，你需要从http://phpandmysql.com/code下载代码并在本地运行它们。在阅读这些章节时打开示例代码也有助于你理解示例。

11

结构化查询语言

通过SQL语言，你能够指定要从数据库中检索或更新的数据。该章通过在phpMyAdmin界面中输入SQL命令来展示SQL语言是如何工作的。

12

获取并显示数据库中的数据

学习SQL之后，你将看到PDO如何向数据库发送SQL语句，以及PHP如何访问数据库返回的数据。从数据库返回的数据可以作为数组或对象供PHP代码使用。

13

更新数据库中的数据

在该章中，你将学习如何从网站的访问者处获取数据、验证数据以及使用数据更新数据库。你还将了解如何解决服务器中产生的各类问题。

第11章

结构化查询语言

结构化查询语言(Structured Query Language，SQL)
是一种用于与数据库通信的语言。可用于请求数据、添加
新数据、编辑现有数据和删除数据。

在本章中，你将学习如何使用SQL执行如下任务：

- 选择数据库中的数据
- 创建数据库表中的新行
- 更新已保存在数据库中的数据
- 删除数据库表中的已有数据

获取或更改保存在数据库中的数据的指令称为SQL语句 (statement)。只请求信息的SQL语句也可以称为SQL查询 (query)，因为该操作正在向数据库请求查询数据。在学习如何从数据库中创建、更新或删除数据之前，首先将学习如何编写SQL查询。

要学习SQL语言，则需要使用phpMyAdmin。在本章学习了SQL的工作原理后，接下来的两章将介绍PHP页面如何使用PDO来运行SQL语句，以便获取或更新数据库中的数据。

本章中的一些示例更新了保存在数据库中的数据，这些数据库构成了本书中主要网站示例的基础，因此它们应该按照本章中出现的顺序运行一次。如果不按顺序运行，后面的示例可能无法正常运行。如果发生这种情况，或者想要再次运行这些示例，请删除数据库并按照本章中的说明重新设置数据库。

从数据库中获取数据

要向数据库请求数据，请使用SQL的SELECT命令，然后指定希望返回的数据。然后，数据库将创建一个包含所要求数据的结果集(result set)。

SELECT命令表示希望从数据库中获取数据。后面跟随的是包含所需数据的列名。每个列名之间应该用逗号分隔。

FROM子句后面跟着要从中收集数据的表的名称。

SQL语句应该以分号结束(尽管许多开发人员忽略了这一点，但它通常仍然有效)。

要选择的列 ⟶ SELECT *column1*, *column2*
包含要选择列的表 ⟶ FROM *table*;

下面的SQL语句将请求member表中的surname和forename列的数据。最终将返回表中每一行的姓氏和名称数据。这行SQL语句可以从字面上进行理解。

- SELECT：选择forename列和surname列。
- FROM：从member表选择。

当执行SQL查询时，数据库获取请求的数据并将其放入结果集中。列按照它们在查询中命名的顺序添加到结果集中。如果要控制向结果集中添加的行的顺序，请使用ORDER BY子句(请参阅第406页)。

```
         列1          列2
     ┌──┴──┐      ┌──┴──┐
SELECT forename, surname
    FROM member;
         └──┬──┘
          数据库表
```

result set	
forename	surname
Ivy	Stone
Luke	Wood
Emiko	Ito

SQL命令可以使用大写或小写字母。在本书中，这些命令都用的是大写，以便与表名和列名进行。需要注意的是，表名和列名必须使用与数据库中相同的大小写。

下一页显示了如何将SQL查询输入phpMyAdmin中，以及如何显示查询生成的结果集。

① 打开phpMyAdmin并选择phpbook-1数据库。如果尚未创建该数据库，请参见第392页。

② 选择SQL选项卡。

③ 将左边页面的SQL查询输入文本区域。

④ 单击Go按钮。

⑤ 当单击Go按钮时，将执行SQL查询。然后MySQL将结果集返回phpMyAdmin，之后phpMyAdmin会将结果集显示在一个表中。

在本章的剩余部分，将不再显示phpMyAdmin的屏幕截图，而会将SQL查询及其结果集显示在页面左侧。

返回表中的指定行

要从表中获取指定行(而非所有行)的数据，请添加WHERE子句，后跟一个查询条件。

一旦指定了要从表中获取哪些列的数据，就可以添加一个查询条件来控制将该表的哪些行添加到结果集中。在查询条件中，从表中选定要指定的列的名称，以及它的值是否应该等于(=)、大于(>)或小于(<)指定的值。

当数据库遍历表中的行时，如果查询条件结果为 true，它将向结果集中添加一个新行，并将SELECT命令选定的列中的数据复制到结果集中。

如果在查询条件中指定的值是文本，则将文本放在单引号中。

如果在条件中指定的值是一个数字，则不需要将该数字放在引号中。

MySQL没有布尔数据类型，但可以使用tinyint数据类型来表示布尔值，值为1则表示true，值为0则表示false。因为这些值是数字，所以它们不应该放在引号中。

要选择的列 ⟶ SELECT *column(s)*
包含要选择列的表 ⟶ FROM *table*
要添加到结果集中的行 ⟶ WHERE *column* = *value*;
操作符

可使用右表中显示的三个逻辑操作符组合成多个查询条件。它们的工作原理类似于第56~57页所示的PHP逻辑操作符。各查询条件都应放在单独的括号中，以确保各条件独立运行。

操作符	描述
AND	所有条件必须返回true
OR	任意一个条件返回true即可
NOT	对某个条件取反；验证它是否为非true

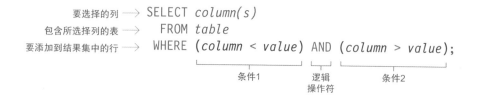

要选择的列 ⟶ SELECT *column(s)*
包含所选择列的表 ⟶ FROM *table*
要添加到结果集中的行 ⟶ WHERE (*column* < *value*) AND (*column* > *value*);

条件1　　逻辑操作符　　条件2

在SQL中使用比较操作符

section_c/c11/comparison-operator-1.sql

SQL

```sql
SELECT email
  FROM member
 WHERE forename = 'Ivy';
```

result set
email
ivy@eg.link

在本示例中,选择member表的forename列中值为Ivy的所有会员的电子邮件地址。

将SQL语句输入第401页所示的phpMyAdmin中。

试一试: 找到所有姓为Luke的会员的电子邮件地址。

SQL

section_c/c11/comparison-operator-2.sql

```sql
SELECT email
  FROM member
 WHERE id < 3;
```

result set
email
ivy@eg.link
luke@eg.link

本示例将查询member表中id列的值小于3的会员的电子邮件地址。

试一试: 查询id值小于或等于3的会员的电子邮件地址。

SQL

section_c/c11/logical-operator.sql

```sql
SELECT email
  FROM member
 WHERE (email > 'E') AND (email < 'L');
```

result set
email
emi@eg.link
ivy@eg.link

本示例使用AND操作符来查询指定的会员,这些会员的电子邮件地址满足以下两个条件:

① 字母表中E之后的字母

② 字母表中L之前的字母

试一试: 找到电子邮件地址以字母G-L开头的会员的所有电子邮件地址。

在查询中 使用LIKE和通配符

LIKE操作符可用于在查询条件中查询指定列中的数据行，这些数据行中的值以特定字符开始、结束，或包含特定字符。

　　LIKE操作符用于查询指定列中的某些数据行，该数据行包含与指定的模式(pattern)匹配的字符。例如，该模式可用于查询值在指定列中的行：

- 以指定的字母开头
- 以指定的数字结尾
- 包含指定的单词或一组字符 (通常用于创建查询功能)

　　模式可使用通配符(wildcard symbols)来指定其他字符的位置(如右表所示)。

- % 表示零个或多个字符
- _ 表示单个字符

值	在列中匹配的值为
To%	以To开头
%day	以day结尾
%to%	包含to
h_ll	以h开头，然后是任意字符，以两个l结尾(如hall、hell、hill、hull)
%h_ll%	包含h，然后是任意字符，再后是两个l(如hall、hell、chill、hilly、shellac、chilled、hallmark、hullabaloo)
1%	以1开头
%!	以!结尾

　　这里查询的值不区分大小写，这意味着在查询名称Ivy时也会找到值IVY和ivy。

要选择的列 ⟶ SELECT *column(s)*
包含要选择列的表 ⟶ FROM *table*
要添加到结果集中的行 ⟶ WHERE *column* LIKE '*%value%*';

LIKE 操作符　　　　通配符

```
SQL                          section_c/c11/like-1.sql
SELECT email
  FROM member
 WHERE forename LIKE 'I%';
```

result set
email
ivy@eg.link

```
SQL                          section_c/c11/like-2.sql
SELECT email
  FROM member
 WHERE forename LIKE 'E_I%';
```

result set
email
emi@eg.link

试一试：查找名字匹配模式'L_K%'的会员。

```
SQL                          section_c/c11/like-3.sql
SELECT email
  FROM member
 WHERE forename LIKE 'Luke';
```

result set
email
luke@eg.link

本示例将查询所有名称以字母I(包括大写和小写)开头的会员的电子邮件地址。

试一试：找出名字以字母E开头的会员。

本示例将获取指定会员的电子邮件地址，这些会员的名字满足：
- 以字母E开头
- 后面跟着一个任意字符
- 然后是字母I
- 再后是任意其他字符(它将返回如下的名称：Eli、Elias、Elijah、Elisha、Emi、Emiko、Emil、Emilio、Emily、Eoin、Eric)

本示例将查询任何名为Luke的会员的电子邮件地址。因为没有通配符，所以只返回精确匹配。

试一试：找到名为Ivy的会员。

控制结果集中行的顺序

想要控制结果集中数据行的顺序，请使用ORDER BY子句，后跟需要排序的列的名称，再后使用ASC(升序)或DESC(降序)。

可将ORDER BY添加到查询的末尾，以控制将行添加到结果集中的顺序。指定列中的值将用于控制结果的顺序。

后面应该跟着两个关键字之一：ASC代表升序，DESC代表降序(如果没有指定，则默认按升序排序；但如果指定ASC或DESC，则使得SQL更容易阅读)。

要选择的列 ⟶ SELECT column(s)
包含要选择列的表 ⟶ FROM table
控制结果顺序 ⟶ ORDER BY column ASC;

ORDER BY 子句　　用于排序的列　　排序方向

可使用多个列的值对结果集中所添加的行进行排序。每个列名用逗号分隔。如果用于排序值的第一列包含相同的值，则它将引用列表中的第二列。

例如，如果根据会员的名字进行排序，并且多个会员拥有相同的名字(保存在surname列中)，那么可以根据他们的姓氏(保存在forename列中)进行排序。

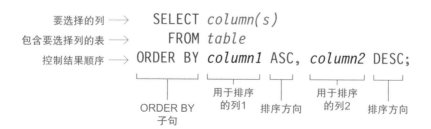

要选择的列 ⟶ SELECT column(s)
包含要选择列的表 ⟶ FROM table
控制结果顺序 ⟶ ORDER BY column1 ASC, column2 DESC;

ORDER BY 子句　　用于排序的列1　　排序方向　　用于排序的列2　　排序方向

排序结果

SQL	section_c/c11/order-by-1.sql

```
SELECT email
  FROM member
ORDER BY email DESC;
```

本例将获取所有电子邮件地址，并按降序进行排序。

试一试：将DESC改为ASC，从而反转结果的顺序。

result set

email
luke@eg.link
ivy@eg.link
emi@eg.link

SQL	section_c/c11/order-by-2.sql

```
SELECT title, category_id
  FROM article
ORDER BY category_id ASC, title ASC;
```

本示例从article表的title和 category_id列中获取值，并先根据category_id值按升序进行排序，然后根据title值按字母顺序进行排序。

整个结果集包含的行比左侧显示的更多(每行对应一篇文章)，但这里没有足够的空间显示它们。

result set (showing first 10 rows of 24)

title	category_id
Chimney Business Cards	1
Milk Beach Album Cover	1
Polite Society Posters	1
Systemic Brochure	1
The Ice Palace	1
Travel Guide	1
Chimney Press Website	2
Floral Website	2
Milk Beach Website	2
Polite Society Website	2

试一试：从article表中选择title和member_id列，首先根据member_id进行升序排序，然后根据title值按字母顺序排列。

对查询结果
进行统计和分组

在SELECT命令之后使用SQL的COUNT()函数时，会将与查询匹配的总行数添加到结果集中。对结果进行分组，可以计算有多少行拥有相同的值。

要计算表中的行数，请在SELECT命令后调用count()函数并指定相应的表。使用星号(通配符)作为COUNT()函数的实参。

函数

```
SELECT COUNT(*)
    FROM table;
```

如果向查询语句中添加查询条件，则COUNT()函数返回与查询条件匹配的行数。

```
SELECT COUNT(*)
    FROM table
    WHERE column LIKE '%value%';
```

如果指定一个列名作为COUNT()函数的实参，它将计算指定列中值不为NULL的行数。

```
SELECT COUNT(column)
    FROM table;
```

GROUP BY子句可与SQL的COUNT()函数一起使用，以确定一列中有多少行具有相同的值。例如，可以统计一个会员写了多少篇文章，或者某一类别中有多少篇文章。在SELECT语句中：

① 选择一个可能包含相同值的列名(如member_id或category_id)。

② 使用COUNT(*)统计行数。

③ 指定列所在的表。

④ 使用GROUP BY子句，后跟可能包含相同值的列的名称，以便将该列中拥有相同值的行分组并对其进行统计。

可能拥有
相同值的列

```
SELECT column, COUNT(*)
    FROM table
GROUP BY column;
```

可能拥有
相同值的列

对匹配结果数量进行统计

SQL

section_c/c11/count-1.sql

```sql
SELECT COUNT(picture)
  FROM member;
```

result set
COUNT(picture)
2

本例使用SQL的COUNT()函数返回提供了头像的会员数量。如果图片列中的值为NULL，则不对其进行统计。

试一试：用电子邮件地址对会员数量进行统计。

SQL

section_c/c11/count-2.sql

```sql
SELECT COUNT(*)
  FROM article
 WHERE title LIKE '%design%' OR content LIKE
'%design%';
```

result set
COUNT(*)
9

本示例使用SQL的COUNT()函数返回title或content列中包含单词design的文章数量。

试一试：查找包含单词photo的文章数量。

SQL

section_c/c11/count-3.sql

```sql
SELECT member_id, COUNT(*)
  FROM article
 GROUP BY member_id;
```

result set	
member_id	COUNT(*)
1	10
2	8
3	6

本示例对每个会员的文章数量进行统计。

SELECT语句获取member_id列，COUNT()函数计算匹配行的数量。FROM子句指出从article表中进行查找。GROUP BY子句对member_id列中的值进行分组，以便看到会员的id和他们撰写的文章数量。

试一试：统计每个类别(category)的文章数量。

对结果
进行限制和跳过

LIMIT用于限制添加到结果集的匹配项数。OFFSET告诉数据库跳过指定数量的记录，并将后续记录添加到结果集中。

要限制添加到结果集中的行数，请使用LIMIT子句。

如下只会将前五个与查询匹配的项添加到结果集中。

要选择的列 $\longrightarrow$ SELECT column(s)
包含要选择列的表 $\longrightarrow$ FROM table
限制行数 $\longrightarrow$ LIMIT 5;

LIMIT子句　　　结果集的最大行数

OFFSET子句可以在LIMIT子句之后使用，以跳过原本应该添加到结果集中的第一个匹配项。

下面将跳过与查询匹配的前六个匹配项，然后将其后的三项添加到结果集中。

要选择的列 $\longrightarrow$ SELECT column(s)
包含要选择列的表 $\longrightarrow$ FROM table
限制与跳过的行数 $\longrightarrow$ LIMIT 3 OFFSET 6;

OFFSET 子句　　　所跳过的匹配项数

LIMIT和OFFSET通常在查询生成大量匹配项时使用。使用称为分页(pagination)的技术可将匹配项拆分到单独的页面上。谷歌页面的查询就是一个众所周知的例子。

在查询得到第一页的匹配项后，页面中还有指向其他页面的链接，这些页面中会显示与当前查询匹配的更多项。在下一章中，还将学习如何使用这些命令来添加分页。

限制匹配项的数量

SQL   section_c/c11/limit.sql

```sql
SELECT title
  FROM article
ORDER BY id
LIMIT 1;
```

result set
title
Systemic Brochure

本示例要求获取文章标题，并按id列中的值进行排序。同时，使用LIMIT子句仅向结果集中添加第一个匹配项。

试一试： 从print类获取前五篇文章。

SQL   section_c/11/offset.sql

```sql
SELECT title
  FROM article
ORDER BY id
LIMIT 3 OFFSET 9;
```

result set
title
Polite Society Mural
Stargazer Website and App
The Ice Palace

本示例要求获取文章标题，并按id列中的值排序。同时，使用OFFSET子句跳过与查询匹配的前9个项，然后使用LIMIT子句将接下来的3个匹配项添加到结果集中。

试一试： 跳过前6个匹配项，返回接下来的6个匹配项。

从两个表中获取数据
并进行拼接

JOIN允许从多个表请求数据。并将从这两个表中所
得的数据添加到结果集中的同一行中。

在设计数据库时，应该为网站所代表的每个概念创建一个表，并避免多个表中存在重复数据。

在示例网站中，关于文章、类别、会员和图片的数据位于不同的表中。这些表中的第一列会保存一个值，用于区分表中的每一行。例如，category表的 id 列中的值可作为每个类别的标识，从而达到区分不同类别的目的。这个值就称为主键。

article表中需要保存每篇文章所属类别的数据。这里并没有在表中直接复制类别名称，而是单独设置了名为 category_id的列。此列中的值称为外键，它将对应于所在类别的主键。

主键和外键描述了表中一行中的数据如何与另一表中的行数据关联。在下面，可以看到第二篇文章与其所属类别之间的关系。

当通过SQL查询来收集关于一篇文章的信息，并且希望其中包含来自另一个表的信息(例如文章所在类别的名称)时，文章是查询的主题。因此，article 表被称为左表。

当从第二个表(如category表)中获得关于该文章的附加数据时，第二个表被称为右表。

这里使用JOIN子句来描述值之间的关系。

article								
id	title	summary	content	created	category_id	member_id	image_id	published
1	Systemic Bro…	Brochure…	This bro…	2021-01-26	1	2	1	1
2	Forecast	Handbag…	This dra…	2021-01-29	3	2	2	1
3	Swimming Pool	Architec…	This pho…	2021-02-02	4	1	3	1

category			
id	name	description	navigation
1	Print	Inspiring graphic design	1
2	Digital	Powerful pixels	1
3	Illustration	Hand-drawn visual storytelling	1

在本章前面的内容中，每次查询只从数据库中的某一个表中收集数据。当使用JOIN从多个表获取数据时，可以指定列所在的表名称以及列名。要做到这一点，请使用：

- 数据所在的表的名称
- 后跟.(句号)符号
- 后跟列名

下面的查询将从article表中选择所有文章的标题和摘要，还将从category表中获取每篇文章所属的类别名称。

① SELECT命令后面跟着要检索的数据列的名称。

② FROM命令后面跟着左表的名称(查询的主要主题)。在本例中，左表是article表。

③ JOIN子句后面跟着右表的名称(保存附加信息的表)。在本例中，右表是category表。

然后，JOIN将告诉数据库，左表和右表中哪个值是相匹配的。

为此，使用关键字ON，后面跟着：

- 左表中保存外键的列
- =符号
- 右表中包含主键的列

```
SELECT article.title, article.summary, category.name
   FROM article
   JOIN category ON article.category_id = category.id;
```

外键   主键

下表中显示了将添加到结果集的前三行数据(完整的结果集将包含所有文章)。

注意：因为结果集中的数据是从不同的表中取出并组合到一个结果中的。因此，结果集中的列名不应使用表名，以避免混淆。

result set (showing first 3 rows of 24)

title	summary	name
Milk Beach Website	Website for music series	Digital
Wellness App	App for health facility	Digital
Stargazer Website and App	Website and app for music festival	Digital

若要选择单行或多行的子集，可以在JOIN之后添加查询条件。例如，下面的查询中只返回了打印类别中的文章详细信息。

查询条件后面还可以跟着子句，这样就能做到在匹配项被添加到结果集时，对匹配项进行排序、限制和跳过(如本章前面的示例所示)。

```
SELECT article.title, article.summary, category.name
   FROM article
   JOIN category ON article.category_id = category.id
 WHERE category.id = 1;
```

当数据缺失时
JOIN的工作方式

当数据库试图对某一行数据执行JOIN命令，却缺少一些数据时，可以指定是将可用数据添加到结果集中，还是跳过该行而不将其添加到结果集中。

假设要获取某篇文章中上传的每张图片的数据。可以使用JOIN命令来获取图片数据(就像在前一页中获得文章标题和类别名称的JOIN一样)。

article表的图片id列是外键，因为它的值是保存了文章图片的image表中的主键。

但这里的图片有一个关键的区别。每篇文章必定属于某个类别(数据库使用了第431页中介绍的称为约束的东西强制限定了这一点)，但文章中不一定有图片。

如果某篇文章中没有上传图片，那么article表中的图片image_id列对应于该文章的值为NULL。

在下面的article表中，其中一篇文章的image_id列的值为NULL，因为该文章没有图片。这意味着JOIN在image表中找不到任何对应的图片数据。

下一页显示了两种类型的JOIN，可用于指定查询是将它能找到的其余数据添加到结果集中，还是因为找不到相应的图片而跳过整行数据。

article

id	title	summary	content	created	category_id	member_id	image_id	published
4	Walking Birds	Artwork …	The brie…	2021-02-12	3	3	4	1
5	Sisters	Editoria…	The arti…	2021-02-27	3	3	NULL	1
6	Micro-Dunes	Photogra…	This pho…	2021-03-03	4	1	6	1

image

id	file	alt
4	birds.jpg	Collage of two birds
6	micro-dunes.jpg	Photograph of tiny sand dunes

内连接

如果数据库拥有执行连接需要的所有数据，则内连接会将数据添加到结果集中。要创建内连接，可使用JOIN或INNER JOIN子句。

如果对上一页的表运行此查询，那么id为5的文章将不会被添加到结果集中，因为其图片id列的值为NULL(因此无法创建连接)。

```
SELECT article.id, article.title, image.file
  FROM article
  JOIN image ON article.image_id = image.id;
```

result set (showing first 5 rows of 23)		
id	title	file
1	Systemic Brochure	systemic-brochure.jpg
2	Forecast	forecast.jpg
3	Swimming Pool	swimming-pool.jpg
4	Walking Birds	birds.jpg
6	Micro-Dunes	micro-dunes.jpg

左外连接

左外连接将左表中的所有请求数据添加到结果集中。然后，如果遇到不能从右表中获得值的情况，则给该值赋值为NULL。要创建左外连接，请使用LEFT JOIN或LEFT OUTER JOIN子句。

如果对上一页的表运行此查询，与上面的示例所不同的是，这里会将id为5的文章添加到结果集中，但其file列的值为NULL，因为它没有关联的图片数据。

```
SELECT article.id, article.title, image.file
  FROM article
LEFT JOIN image ON article.image_id = image.id;
```

result set (showing first 5 rows of 24)		
id	title	file
1	Systemic Brochure	systemic-brochure.jpg
2	Forecast	forecast.jpg
3	Swimming Pool	swimming-pool.jpg
4	Walking Birds	birds.jpg
5	Sisters	NULL

从多个表中
获取数据

SELECT命令后面可以跟着多个JOIN子句，以便从两个以上的表中收集数据。

要从多个表中收集数据，可以添加多个JOIN子句。

- 在SELECT语句之后，指定需要获取数据的所有列的名称(使用表名、句号和列名)
- 使用join子句来声明每个表中数据之间的关系。

下面的查询将从三个不同的表中收集某篇文章的数据，这些表分别是：article、category 和image。

article表是左表。它包含文章的标题和摘要。

category表提供了每篇文章所属类别的名称。因为每篇文章必定属于某个类别，所以这里使用了JOIN子句。

image表提供了每篇文章所使用的图片的文件名和alt属性对应的文本。因为每篇文章并不一定有图片，所以这里使用了左外连接来确保每条可用数据都能添加到结果集中。

```
SELECT article.title, article.summary,
       category.name,
       image.file, image.alt
  FROM article
  JOIN category   ON article.category_id = category.id
  LEFT JOIN image ON article.image_id    = image.id
 ORDER BY article.id ASC;
```

result set (showing first 3 rows of 24)				
title	summary	name	file	alt
Systemic Brochure	Brochure design for...	Print	systemic-brochure.jpg	Brochure...
Forecast	Handbag illustration...	Illustration	forecast.jpg	Illustrati...
Swimming Pool	Architecture magazine...	Photography	swimming-pool.jpg	Photograph...

使用多个连接

```sql
SELECT article.id, article.title,
       category.name,
       image.file, image.alt

FROM article
JOIN category   ON article.category_id = category.id
LEFT JOIN image ON article.image_id    = image.id

WHERE article.category_id = 3
  AND article.published   = 1
ORDER BY article.id DESC;
```

result set

id	title	name	file	alt
21	Stargazer	Illustration	stargazer-masc…	Illustrat…
17	Snow Search	Illustration	snow-search.jpg	Illustrat…
10	Polite Society…	Illustration	polite-society…	Mural for…
5	Sisters	Illustration	NULL	NULL
4	Walking Birds	Illustration	birds.jpg	Collage…
2	Forecast	Illustration	forecast.jpg	Illustrat…

试一试：从id为2的类别中获取相同的文章数据。

试一试：从member表中获取作者的名字和姓氏，并将数据添加到结果集中。

左侧示例中演示了如何从指定类别中的多篇文章中进行查询，以获取所需的数据。

① SELECT语句后面跟着应该添加到结果集中的列名。而数据则是从article、category和image表中收集得到的。

② FROM子句表明article表是左表。

③ 第一个连接表示category表中的数据应该来自其id列与article表的category_id列值相同的行。

④ 第二个连接表明，image表中的数据应该从id列与article表的image_id列具有相同值的行中选择。这是一个左外连接，所以对应任何缺失的数据，其值为NULL。

⑤ WHERE子句将匹配项限制为article表的category_id列中值为3，published列中值为1的数据行。

⑥ ORDER BY子句根据文章id进行降序排序，并将排序结果添加到结果集中。

第 11 章 结构化查询语言 (417)

别名

可以为表和列分别设置别名，表的别名将使得连接查询更容易阅读，而
列的别名则指定了结果集中的列名。

对多个表中的数据进行连接查询
时，为降低SQL查询的复杂度，可以分
别为每个表指定别名。

表别名类似于表名的简写，它减少
了查询中的文本量。

表的别名是在FROM或JOIN命令之
后创建的。在表名之后，使用AS命令，
然后就可以为该表指定别名。之后，在
查询中的其他地方，就可以使用别名而
非完整的表名。

```
SELECT t1.column1, t1.column2, t2.column3
  FROM table1 AS t1
  JOIN table2 AS t2 ON t1.column4 = t2.column1;
```
创建别名　表1的别名　　　表2的别名

结果集中的列名通常取自所收集数
据的表中的列名。

可以为结果集中的列名指定别名。
同样，也可为包含COUNT()函数结果的
列指定别名。

要创建列的别名，先要指定获取数
据的列名，其后跟随AS命令和结果集中
该列对应的名称。

或者，COUNT()函数后跟AS命令和
结果集中用于统计的列名。

数据库中的列　结果集中的别名
```
SELECT column1 AS newname1
  FROM table;
```

统计函数　结果集中的别名
```
SELECT COUNT(*) AS members
  FROM members;
```

为列设置别名

SQL

```
SELECT a.id, a.title,
       c.name,
       i.file, i.alt

  FROM article    AS a
  JOIN category   AS c  ON a.category_id = c.id
  LEFT JOIN image AS i  ON a.image_id    = i.id

 WHERE a.category_id = 3
   AND a.published   = 1
ORDER BY a.id DESC;
```

result set

id	title	name	file	alt
21	Stargazer	Illustration	stargazer-masc…	Illustrat…
17	Snow Search	Illustration	snow-search.jpg	Illustrat…
10	Polite Society…	Illustration	polite-society…	Mural for…
5	Sisters	Illustration	*NULL*	*NULL*
4	Walking Birds	Illustration	birds.jpg	Collage…
2	Forecast	Illustration	forecast.jpg	Illustrat…

该查询获取的数据与前面的例子相同，但它在FROM和JOIN命令之后指定了表的别名：

- article表的别名是a
- category表的别名是c
- image表的别名是i

然后在SELECT命令以及WHERE、AND和ORDER BY子句之后均使用这些表的别名作为替代。

试一试：完成以下别名设置：

- 设置article表的别名为art
- 设置category表的别名为cat
- 设置image表的别名为img

SQL

```
SELECT forename AS firstname, surname AS lastname
  FROM member;
```

result set

firstname	lastname
Ivy	Stone
Luke	Wood
Emiko	Ito

本例从member表的surname和forename列中选择值，并在结果集中为这两列设置新的别名。

试一试：统计article表中文章的数量，并将该列的别名设置为articles。

将列和备选项合并为NULL

CONCAT()函数可将从两列中获取的数据添加到结果集中的同一列，
COALESCE()函数用于指定在列包含NULL时所使用的值。

SQL的CONCAT()函数用于从两个或多个列中获取值，然后将这些值连接到结果集的同一列中。

通常情况下，会在两列的值之间插入一个字符串来分隔它们。在连接两个列的值时，将使用别名指定结果集中该列的名称。

与其他任何函数一样，CONCAT()函数将传入的实参拼接在一起以创建新值，这些实参之间需要用逗号分隔。下面，来自两列的值被连接在一起，并使用一个空格分隔两列中的数据。

如果其中一列的值为NULL，那么其他列中的值也将被视为NULL。

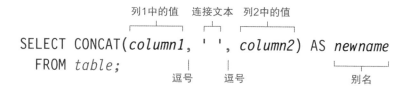

```
SELECT CONCAT(column1, ' ', column2) AS newname
  FROM table;
```

如果事先知道某个列中的值可能是NULL，那么可以使用SQL的COALESCE()函数，其中的形参分别表示：

- 可用作备选项的列(如果该列的值不是NULL，将使用该值代替)。
- 如果所有指定列的值都为NULL，则使用默认值。

将某一行添加到结果集时，如果第一个选择列中的值为NULL，那么它将继续验证第二个选择列中的值。如果所有可选列中的值都是NULL，最终将使用默认值。

当使用COALESCE()函数时，必须为结果集中的列提供别名，因为数据可能来自多个列。

```
SELECT COALESCE(column1, column2, default) AS newname
  FROM table;
```

CONCAT和COALESCE

SQL

```
SELECT CONCAT(forename, ' ', surname)
AS author
    FROM member;
```

result set
author
Ivy Stone
Luke Wood
Emiko Ito

本例使用CONCAT()函数将来自surname列和forename列的值连接到结果集的author列中。

这里在两列的值之间添加了一个空格，以确保名和姓之间用空格分隔。

试一试：将电子邮件地址添加到结果集中，并为该列设置别名author_details。

SQL

```
SELECT COALESCE(picture, forename,
'friend') AS profile
    FROM member;
```

result set
profile
ivy.jpg
Luke
emi.jpg

本例使用SQL的COALESCE()函数指定在会员表的profile列中的值为NULL时可以使用的替代值(因为有的用户可能没有上传头像)。此处的SELECT语句用于查找：

● 会员表中的picture列。
● 如果该值是NULL，则将使用forename中的值。
● 如果forename中的值也是NULL，则将显示文本friend。

这里将结果集中合并后的列名设置为profile。

试一试：如果用户没有提供图片，则将默认值设置为placeholder.png。

CMS示例中的
文章查询

CMS使用SQL查询显示关于单篇文章的信息，以及一组文章的摘要。这些查询将汇集本章之前介绍的技术。

① 下面的SQL查询会从所有四个数据库表中获取关于某篇文章的数据。SELECT语句之后是需要收集数据的列名。

② 在结果集中，分别为类别名、图片的文件名以及alt文本所对应的列设置了别名。

③ CONCAT()函数将撰写文章的会员的姓名拼接在一起。在结果集中为该列设置别名author。

④ 左表是article表。这里的三个连接(JOIN命令)显示了与其他表中数据的关系。

在FROM和JOIN命令之后，每个表都有一个别名。在每次查询指定某列数据时，将使用这些别名来替代完整的表名。

⑤ WHERE子句指定了要收集的文章id。仅当文章published列的值为1时才会将该值添加到结果集中。

section_c/c11/article.sql `SQL`

```
① SELECT a.title, a.summary, a.content, a.created, a.category_id, a.member_id,
②        c.name       AS category,
③        CONCAT(m.forename, ' ', m.surname) AS author,
②        i.file       AS image_file,
②        i.alt        AS image_alt

④  FROM article     AS a
   JOIN category    AS c   ON a.category_id = c.id
   JOIN member      AS m   ON a.member_id   = m.id
   LEFT JOIN image  AS i   ON a.image_id    = i.id
⑤  WHERE a.id       = 22
     AND a.published = 1;
```

title	summary	content	created	category_id	member_id	category	author	image_file	image_alt
Polite...	Poster...	These...	2021-0...	1	1	Print	Ivy St...	polite-so...	Photogra...

result set

① 下面的SQL查询会从4个数据库表的数据中获取关于指定类别中所有文章的摘要信息。

SELECT语句之后跟需要收集数据的列名。

② 与上一页中的示例一样，在结果集中，分别为类别名、图片的文件名以及alt文本所对应的列设置了别名。

再次调用CONCAT()函数将作者的姓名拼接在一起。

③ 连接的方式与上一页的示例相同。

④ WHERE子句指定了要收集的文章所属的类别id。仅当文章published列的值为1时才会将值添加到结果集中。然后，收集的结果按照文章id降序排列。

section_c/c11/article-list.sql

```sql
SELECT a.id, a.title, a.summary, a.category_id, a.member_id,
       c.name      AS category,
       CONCAT(m.forename, ' ', m.surname) AS author,
       i.file      AS image_file,
       i.alt       AS image_alt

FROM article    AS a
JOIN category   AS c   ON a.category_id = c.id
JOIN member     AS m   ON a.member_id   = m.id
LEFT JOIN image AS i   ON a.image_id    - i.id

WHERE a.category_id = 1
  AND a.published   = 1
ORDER BY a.id DESC;
```

result set

id	title	summary	category_id	member_id	category	author	image_file	image_alt
24	Travel Guide	Book de…	1	1	Print	Ivy Stone	feathervi…	Two page…
22	Polite Societ…	Poster…	1	1	Print	Ivy Stone	polite-so…	Photogra…
20	Chimney Busin…	Station…	1	2	Print	Luke Wood	chimney-c…	Business…
14	Milk Beach Al…	Packagi…	1	1	Print	Ivy Stone	milk-beac…	Vinyl LP…
12	The Ice Palace	Book co…	1	2	Print	Luke Wood	the-ice-p…	The Ice…
1	Systemic Broc…	Brochure…	1	2	Print	Luke Wood	systemic-…	Brochure…

试一试：使用本例中的查询条件进行查询，但需要使用不同的WHERE子句来选择由网站的个人会员所撰写的文章。

试一试：使用本示例中的查询条件进行查询，但需要使用LIMIT 子句从数据库中获取最近发表的6篇文章(任意类别均可)。

试一试：使用本示例中的查询条件进行查询，但需要使用SQL LIKE子句来获取标题(title)包含design单词的文章数据。

向数据库中添加数据

SQL的INSERT INTO命令可向表中添加新数据行。但该命令一次只能向一个表添加数据。

INSERT INTO命令告诉数据库将数据插入单个表中。该命令后跟：
- 要添加数据的表的名称
- 圆括号，括号中需要包含要添加数据的列的名称

VALUES命令后跟圆括号，表示要添加到列中的值。

这些值出现的顺序必须与上一行命令中列出现的顺序一致。另外，字符串应该放入一对引号中；数字则不用。

在示例数据库中，每个表的id列是该表的主键，因此每一行的id列中都需要一个唯一的值。

为了确保id列的值是唯一的，这里使用了MySQL的自增特性来创建。它为列生成一个数字，并在表中添加新行时，通过每次将该数字增加1来确保id值是唯一的。

由于id值是由数据库创建的，因此在向表添加新行时，不需要额外指定该列的名称或值。

其他4列都有默认值，这意味着在添加一行数据时不需要为它们指定值。这四列的默认值分别是：
- article表的created列是行数据添加到数据库时的日期和时间。
- article表的image_id列是NULL。如果没有提供图片，则该列的值将保持NULL。
- article表的published列是0。如果此列的值未设置为1，则文章不会发布。
- member表的连接(joined)列是行数据添加到数据库时的日期和时间。

section_c/c11/insert-1.sql

```
INSERT INTO category (name, description, navigation)
VALUES ('News', 'Latest news from Creative Folk', 0);
```

category			
id	name	description	navigation
1	Print	Inspiring graphic design	1
2	Digital	Powerful pixels	1
3	Illustration	Hand-drawn visual storytelling	1
4	Photography	Capturing the moment	1
5	News	Latest news from Creative Folk	0

左边的SQL将一个名为News的类别添加到category表中。

SQL必须为name、description和navigation列指定值。这里不需要为id列设定值，因为数据库在添加行时会使用自增特性来设置该值。

如左图所示，这里将新增的行高亮显示。

SQL

section_c/c11/insert-2.sql

```
INSERT INTO image (file, alt)
VALUES ('bicycle.jpg', 'Photo of bicycle'),
       ('ghost.png',   'Illustration of ghost'),
       ('stamp.jpg',   'Polite Society stamp');
```

image		
id	file	alt
22	polite-society-posters.jpg	Photograph of three posters…
23	golden-brown.jpg	Photograph of the interior…
24	featherview.jpg	Two pages from a travel boo…
25	bicycle.jpg	Photo of bicycle
26	ghost.png	Illustration of ghost
27	stamp.jpg	Polite Society stamp

这个示例向image表中添加了3行，每一行都包含不同图片的详细信息。

对于每个新增的图片，SQL必须指定其文件名和alt文本。当数据库使用自增特性添加id列时，就不需要再为id列提供值。

每行的值都需要放在单独的括号中，就像上个示例中将单行数据添加到数据库时一样。

每组圆括号中的数据用逗号分隔。最后一行的数据之后有一个分号(没有逗号)。

新添加的行已在image表中高亮显示。

如果phpMyAdmin只显示最多25行数据，则结果集上方有一个选项可供显示表中的所有数据。

这些示例中，添加到数据库的额外数据将在本章的其余示例中删除。

因此，你需要按照书中示例出现的顺序来运行所有示例。否则就会遇到错误。

更新数据库中的数据

SQL的UPDATE命令将允许更新数据库中的数据。SET命令指出要更新的列和值。WHERE子句用于控制表中应该更新的行。

UPDATE命令指示数据库执行更新数据的操作。后跟要更新的表名。

在此之后,使用SET命令指定要更新的列和它们的新值。你只需要提供想要更新的列名和对应的值(其他列将保留当前的值)。

WHERE子句用于指定应该更新哪些行,执行方式就像从数据库请求特定行的数据一样(如果没有使用WHERE,则会更新表中的每一行)。

如果查询条件匹配多个行,则所匹配的每一行都会更新相同的值。要同时更新多个表中的数据,SQL语句将使用JOIN命令。

```
                              表
                        ┌──────┴──────┐                    列                新值
                                                        ┌───┴───┐        ┌────┴────┐
表 ──→   UPDATE  table
新值 ──→      SET  column1 = 'value1',  column2 = 'value2'
要更新的行 ──→   WHERE  column   = 'value';
                        └──────┬──────┘
                        查询条件,要更新的行
```

通常情况下,开发者一次只希望更新某一行中指定的数据。WHERE子句将使用表的主键来指定应该更新哪一行。在示例数据库中,每个表的主键是id列中的值。

如果要更新表中的多行,可使用选择多行的查询条件。例如,要隐藏某位作者的所有文章,那么published列中的值将更新为0。这种情况下,需要将查询条件的id指定为该作者的id。

SQL section_c/c11/update-1.sql

```
UPDATE category
   SET name = 'Blog', navigation = 1
 WHERE id = 5;
```

category			
id	name	description	navigation
1	Print	Inspiring graphic design	1
2	Digital	Powerful pixels	1
3	Illustration	Hand-drawn visual storytelling	1
4	Photography	Capturing the moment	1
5	Blog	Latest news from Creative Folk	1

左边的SQL会更新上一个示例中添加到category表中的行。该操作仅对这一指定行生效，因为WHERE子句指定类别的id必须为5。

这里将name列中的值更改为Blog，并将navigation列中的值更改为1。

可以看到在左侧的category表中，高亮显示了更新的行。

SQL section_c/c11/update-2.sql

```
UPDATE category
   SET navigation = 0
 WHERE navigation = 1;
```

category			
id	name	description	navigation
1	Print	Inspiring graphic design	0
2	Digital	Powerful pixels	0
3	Illustration	Hand-drawn visual storytelling	0
4	Photography	Capturing the moment	0
5	Blog	Latest news from Creative Folk	0

左边的SQL将更新category表中navigation列值为1的每一行(因为WHERE子句指定了navigation值为1的所有行)。

这里将navigation列中的值更新为0。这将导致在导航栏中停止显示所有类别。

有时，你希望为用户提供同时更新表中多行数据的能力，但本示例还强调了谨慎更新的重要性：确保SQL只更新表中你希望更新的行数据。

做好数据库备份：

因为SQL语句可以更新数据库中的许多行，所以在运行新查询之前创建数据库备份是一个好主意。

如果SQL查询意外地影响了比预期更多的数据，则可使用数据库备份恢复到查询之前的原始数据。

如果要在phpMyAdmin中创建数据库备份：

① 选择数据库。

② 单击Export选项卡。

③ 在显示的选项中单击Go按钮。之后将生成的SQL保存在文本文件中。这类似于用来创建数据库的文件。

试一试： 在phpMyAdmin中使用SQL命令再次显示所有类别。

注意： 在后续章节中，你必须重新打开这些类别。

从数据库中删除数据

SQL的DELETE命令从表中删除一行或多行。FROM命令表示从哪个表中删除数据。WHERE子句声明应该删除表中的哪些行。

可以同时从表中删除一行或多行。首先，使用 DELETE FROM命令，后跟要从中删除数据的表名。

然后，使用查询条件指定要删除哪些行(如果未指定查询条件，将从表中删除每一行数据)。要选择某行数据，可通过在查询条件中指定主键的值来完成。

如果WHERE子句匹配了表中的多行数据，那么将从表中删除所匹配的每一行。

不能使用DELETE命令单独删除数据库中某列的值。如果想要达成这样的效果，可使用UPDATE命令将列的值设置为NULL。

section_c/c11/delete.sql

```
DELETE FROM category
 WHERE id = 5;
```

category			
id	name	description	navigation
1	Print	Inspiring graphic design	1
2	Digital	Powerful pixels	1
3	Illustration	Hand-drawn visual storytelling	1
4	Photography	Capturing the moment	1
5	Blog	Latest news from Creative Folk	1

左边的SQL语句从category表中删除某行数据，该行的id列的值为5。这对应于前面示例中添加的Blog类别。

左侧高亮显示的行将被删除。

如果WHERE子句匹配了多个数据行，那么将从表中删除所有匹配的数据行。

DO NOT RUN this example

```
DELETE FROM category
 WHERE navigation = 1;
```

category			
id	name	description	navigation
1	Print	Inspiring graphic design	1
2	Digital	Powerful pixels	1
3	Illustration	Hand-drawn visual storytelling	1
4	Photography	Capturing the moment	1

注意：不要运行该示例

在删除数据时需要极其谨慎，千万不要使用 DELETE命令删除了并不准备删除的数据。例如，左边的SQL查询删除了网站导航中使用的所有类别。

在运行从数据库中删除数据的新SQL语句之前，需要对数据库进行备份，这样可以确保在查询没有执行预期操作时，能够恢复到查询之前的数据。

唯一性约束

某些列中的值应该是唯一的。例如，不应有两篇文章有相同的标题，不应有两个类别有相同的名称，不应有两个会员有相同的电子邮件地址。

如果某列中的值应该是唯一的，但该列中的其中两行具有相同的值，则称其为重复条目(duplicate entry)。

为了防止数据库中的行在一列中具有相同的值，MySQL可以被告知应用唯一性约束(uniqueness constraint，之所以叫唯一性约束，是因为它限制了该列中允许的值，以确保值是唯一的)。

唯一性约束应该只在需要时使用，因为每次添加数据或更新现有数据时，数据库都必须检查列中的每一行数据，以确保值不存在重复。这就需要更多处理能力，也会降低数据库的速度。

下面，可以看到如何在phpMyAdmin中为类别名称添加唯一性约束，以确保没有两个类别具有相同的名称。

① 选择phpbook-1数据库，然后从左侧的菜单中选择category表。

② 选择Structure选项卡。

③ 下面表中的每一行表示数据库中的一列。在表示name列的行中，单击More下拉菜单。

④ 单击Unique选项。

现在，如果SQL语句试图使用与现有类别相同的名称添加或更新类别，将引发数据库错误。在第491页，将介绍如何处理这种情况。

在示例数据库中，有三个表包含具有唯一性约束的列，这将确保列中的值在列内都是不同的。

它们是：article表中的title列、category表中的name列和member表中的email列。

外键约束

当两个表之间存在关系时，外键约束(foreign key constraint)用于检查某个外键的值是不是另一个表中的有效主键。

article表中有三列使用了外键：

- category_id 文章所属的类别id
- member_id 文章作者的会员id
- image_id 文章中的图片id

article表使用了外键约束，其目的是：

- 确保添加到这些列中的任何值都是所对应的表中的主键(否则，数据库将生成一个错误)。
- 如果类别、会员或图片的主键被用作article表中的外键，将防止删除文章的类别、会员或图片。

向表的某列添加外键约束：

① 选择具有外键的表。

② 选中带有外键的列的复选框。

③ 单击More，然后单击Index向列添加索引。索引是表中所选列的副本，可以加快在表中查询数据的速度。但是应该谨慎使用，因为它们会占用额外的空间并降低数据库的速度。

④ 选择Relation view。

⑤ 为限制添加名称。

⑥ 选择带有外键的列。

⑦ 选择包含主键的表和列。然后单击Save按钮(下图中未显示)。

小结

结构化查询语言

> SQL用于与数据库通信。

> SELECT指定要从数据库收集的数据列。然后将数据添加到结果集中。

> CREATE、UPDATE和DELETE命令分别用于创建、更新或删除数据行。

> FROM指定要使用的表。

> WHERE指定要处理的数据行。

> JOIN描述了多个表之间的关系。

> 主键是若干个唯一值组成的列。这些值用于标识每一行，可以使用MySQL的自增特性创建。

> 外键保存了另一个表的主键，描述了表之间的关系。

> 约束可防止重复条目，并确保外键与另一个表中的主键相匹配。

第12章

获取并显示数据库中的数据

本章将展示PHP如何从数据库中获取数据并在页面中显示。此外，还演示了如何使用一个PHP文件来显示网站的多个页面。

上一章介绍了SQL查询(向数据库请求数据)，并展示了数据库如何创建包含所请求数据的结果集。本章将介绍PHP如何使用SQL查询从数据库中获取数据并将其保存在变量中，以便在页面中使用。PHP有一组称为PHP数据对象(PDO)的内置类可帮助实现这一点。

- 首先，使用PDO类创建一个对象用于管理与数据库的连接。该对象在向数据库请求数据之前必须连接到数据库，就像FTP程序在获取文件之前必须先连接到FTP服务器，或者电子邮件程序获取电子邮件之前必须先连接到邮件服务器一样。
- 接下来，使用PDOStatement类创建一个对象，该对象表示你希望数据库运行的SQL语句。你也可以调用PDOStatement对象的方法来执行它所表示的SQL语句，并从数据库生成的结果集中收集数据。

在本章的大部分内容中，结果集中的每一行数据都将使用数组表示，并保存在变量中供PHP页面使用。

当访问者提供了需要保存在数据库中的数据时，必须在显示在页面之前对数据进行转义，以防止数据中包含有害代码所带来的跨站脚本攻击风险(参见第244~247页)。

本章最后演示了PDO如何使数据以对象(而非数组)的形式使用。

连接数据库

DSN(data source name，数据源名称)是一个变量，其中保存PDO查找并连接数据库所需的5条数据。DSN使用内置的PDO类创建PDO对象。

创建DSN所需要的数据保存在5个不同的变量中。然后将这5个变量中的数据拼接在一起即可创建一个DSN，所得的DSN保存在第六个变量中 (该变量在下面称为$dsn)。

$type表示数据库的类型。该变量是必需的，因为 PDO可以处理多种类型的数据库。例如，对于MySQL和MariaDB，它的值为mysql。

$server表示数据库所在服务器的主机名。对于该变量，在如下两种情况下使用不同的值：

- localhost，当数据库和Web服务器在同一台服务器时使用(例如，在运行MAMP或XAMPP时)。
- 数据库所在服务器的IP地址或域名(如果数据库与服务器不在同一服务器)。

$DB 表示要连接到的数据库的名称。本节使用的数据库为phpbook-1。

$port 表示数据库的端口号。MAMP通常使用8889端口，XAMPP使用3306端口。

$charset表示将数据发送到数据库的字符编码，以及返回数据时应使用的编码。这里设置为utf8mb4。

然后，使用这五个值创建DSN并将其保存在变量$dsn中 (双引号可确保变量名被变量中的值替换，参见第52页)。DSN的语法十分精确；所以这里不能有额外的空格或其他字符。

- 前缀表示正在使用的数据库类型。后跟一个冒号。
- 之后有四个字段名/值对。每对都以分号分隔。字段名后跟符号=，然后是该名称所对应的值(每个值都保存在刚创建的5个变量中)。

```
$type      = 'mysql';      // 数据库软件类型
$server    = 'localhost';  // 主机名
$db        = 'phpbook-1';  // 数据库名称
$port      = '8889';       // XAMPP使用3006端口
$charset   = 'utf8mb4';    // UTF-8编码使用4字节的数据
$dsn       = "$type:host=$server;dbname=$db;port=$port;charset=$charset";
```

前缀　　　域名　　　数据库名　　　端口号　　　字符编码

将DSN保存到变量之后，就可以创建PDO对象来管理PHP文件中的代码与数据库之间的连接。

PDO对象是使用PHP内置的PDO类创建的。创建PDO对象需要：

- DSN(如上一页所示)，用于查找它需要连接到的数据库。
- 用于登录数据库的用户名和密码(在394~395页上已介绍过如何创建用户账户)。

在下面的代码中，变量：

- $username 保存账户的用户名
- $password 保存该账户的密码

在创建PDO对象时，还可以设置选项来控制PDO对象与数据库的工作方式。下面，这些选项保存在名为$options的数组中。

① PDO::ATTR_ERRMODE选项用于控制PDO对象遇到错误时的处理方式。当遇到错误时，设置PDO::ERRMODE_EXCEPTION将告诉PDO使用内置PDOException类抛出异常对象。PHP 8之前的所有版本都必须设置此选项(否则PDO不会抛出错误)，但在PHP 8中，这已成为默认错误模式，并可将该设置关闭。

② PDO::ATTR_DEFAULT_FETCH_MODE选项告诉PDO如何使结果集的每一行在PHP代码中可用。设置PDO::FETCH_ASSOC表示结果集的每一行都应该保存为关联数组。

③ 设置PDO::ATTR_EMULATE_PREPARES用于打开/关闭仿真模式。在本书中，它被设置为false，以确保数据库中的任何整数数据类型都作为int数据类型返回给PHP代码。如果将其设置为true，则返回的每个数值都将被视为字符串。

```
数据库    $username = 'enter-your-username';
用户账户   $password = 'enter-your-password';
          $options  = [
①             PDO::ATTR_ERRMODE               => PDO::ERRMODE_EXCEPTION,
②             PDO::ATTR_DEFAULT_FETCH_MODE    => PDO::FETCH_ASSOC,
③             PDO::ATTR_EMULATE_PREPARES      => false,
          ];
```

将DSN、用户的账户详细信息和其他选项保存在变量中后，就可以使用构造函数创建PDO对象，就像创建任何其他对象一样。

PDO对象保存在名为$pdo的变量中。因为PDO是一个内置类，所以类定义不需要引用到页面中。

```
$pdo = new PDO($dsn, $username, $password, $options);
```
变量   类名 DSN   用户名   密码   选项

注意：用于找到并连接数据库的上述五个值也可以直接添加到DSN中，而不用先保存在变量中。

但是，如果将这些值保存在单独的变量中，则更容易更改它们。由于DSN的语法要求十分精确，因此将它们保存在变量中就显得更加直观且不太容易导致错误。

数据库连接
可存在于引用文件中

在数据库驱动的网站中，大多数页面都连接到数据库，因此通常在引用文件中保存用于创建PDO对象的代码(PDO用于管理数据库连接)。

下一页显示的引用文件将创建一个PDO对象并将其保存在名为$pdo的变量中。这样使用数据库的任何页面都能引用这个文件，并使用保存在$pdo变量中的PDO对象。将这段代码放在引用文件中的好处是：

- 不需要在连接到数据库的每个页面上都重复写入相同的代码。
- 如果需要更新数据库连接，则只需要在同一个引用文件中更新相应代码即可，而不需要在连接到数据库的每个页面中都更新。
- 如果网站拥有开发测试版本和线上运行版本，那么数据库连接只需要在一个文件中进行更改即可。

CMS文件夹中的database-connection.php文件中包含本章下载代码，该文件适用于本章的示例网站和示例。因此，在运行示例之前，必须编辑此文件才可以使用数据库(在本章开始时已介绍过，并在前一章中使用过)。

要验证是否可以连接到示例数据库，请更新步骤①和步骤②中的变量以使用数据库的值。然后尝试加载示例网站的主页。如果PDO可以连接到数据库，将可看到该网站。请花一些时间浏览一下该网站。

如果PDO无法连接，则异常处理函数(参见第371页)可以显示错误消息(如果连接数据库有问题，请参见右侧的"故障诊断"说明)。

① 保存上一页中显示的DSN值。

② 设置用户账户的用户名和密码，并保存在变量中。这些是创建数据库所需的值。

③ 设置的选项需要确保：PDO遇到的任何错误都会抛出异常；告诉PDO从结果集中获取每一行数据(作为数组)；整数作为数值(而不是字符串)返回。

④ DSN是使用步骤①中的数据创建的。

⑤ PDO对象在try代码块中创建，以防止显示用户账户详细信息(参见步骤⑧)。

⑥ 当创建PDO对象时，它会自动尝试连接到数据库。如果连接成功，PDO对象将保存在名为$pdo的变量中。

⑦ 如果PDO无法连接到数据库，它将使用内置的PDOException类抛出异常，然后PHP解释器将在catch代码块中运行代码。如果运行了catch块中的代码，那么异常对象保存在变量$e中。

⑧ 在catch代码块中重新抛出异常。如果PDO无法连接到数据库，并且网站没有异常处理程序，则错误消息将显示数据库的用户名和密码，这将带来严重后果。因此，使用这种技术可防止显示用户名和密码。

```php
    <?php
①  $type      = 'mysql';               // 数据库类型
    $server    = 'localhost';           // 数据库所在的服务器域名
    $db        = 'phpbook-1';           // 数据库名
    $port      = '8889';         // 在MAMP中端口号通常是8889，而在XAMPP中则通常是3306
    $charset   = 'utf8mb4';             // UTF-8编码，每个字符使用4字节数据

②  $username = 'enter-your-username';  // 在此输入用户名
    $password = 'enter-your-password';  // 在此输入密码

    $options = [                        // PDO工作方式的选项
        PDO::ATTR_ERRMODE            => PDO::ERRMODE_EXCEPTION,
③      PDO::ATTR_DEFAULT_FETCH_MODE => PDO::FETCH_ASSOC,
        PDO::ATTR_EMULATE_PREPARES   => false,
    ];                                                  // 设置PDO选项
    // 不要修改以下的任何代码
④  $dsn = "$type:host=$server;dbname=$db;port=$port;charset=$charset"; // 创建DSN
⑤  try {                                               // 尝试运行以下代码
⑥      $pdo = new PDO($dsn, $username, $password, $options);  // 创建PDO对象
⑦  } catch (PDOException $e) {                          // 如果抛出异常，
⑧      throw new PDOException($e->getMessage(), $e->getCode()); // 则再次抛出异常
    }
```

结果

连接到数据库：

后续每个章节的下载代码都有连接到数据库的对应文件。在运行本章中的示例之前，必须更新该文件，以便代码可以连接到数据库。

故障诊断：

如果无法连接到数据库，请将步骤⑧替换为如下的代码，从而加载一个故障诊断文件：

    include 'database-troubleshooting.php';

PHP文件如何 显示不同数据

数据库驱动型网站使用SQL查询从数据库中收集数据，然后使用这些数据创建网页。

在第11章中，可以看到SQL查询可以请求以下数据：

- 某个单独的项(一篇文章或一名会员)。
- 一组相关的项(最新文章摘要，或同一会员的所有文章摘要)。

在示例网站中，article.php文件使用保存在数据库中的数据显示每个文章页面。页面的URL使用一个查询字符串来指示SQL查询应该从数据库获取哪篇文章。php页面使用PDO运行查询，数据库创建一个结果集，其中一行数据表示一篇文章。这些数据保存在一个数组中，然后显示在页面中。

在如下所示的主页(index.php)中，使用了SQL查询获取已添加到网站的最新6篇文章的详细信息。向网站添加新文章时，主页将从数据库中获取该新文章的详细信息，并将其显示为主页上的最新文章。

当SQL查询请求一组相关项时，例如最近添加到网站的6篇文章(或网站的一名会员编写的每一篇文章)，数据库创建的结果集可包含多行数据。结果集中的每一行数据将表示一篇文章，并可用数组来表示这些数据。最终可在页面中展示数据。

单个PHP文件在创建页面时，可使用多个SQL查询从数据库获取所需的信息。

类别页面(category.php)可以显示关于网站的任何单个类别的详细信息。首先，它显示了类别的名称和描述；接下来是该类别中所有文章的摘要。该页面在这里使用了两个SQL查询。

① 第一个SQL查询用于获取类别的名称和描述(此查询将使用某行数据来创建一个结果集)。

② 第二个查询将获得该类别中的所有文章(此查询将创建一个包含多行数据的结果集——每行表示一篇新文章)。如果一篇新文章被添加到类别中，它将自动显示在页面中。

会员页面(member.php)用于显示每个会员的资料信息。首先，它显示了会员的个人资料(他们的姓名、照片和注册日期)，然后是他们发表的所有文章的摘要。同样，该页面需要两个查询。

① 第一个查询用于获取会员的姓名、头像和注册日期(此查询将使用某行数据来创建一个结果集)。

② 第二个查询可获取该会员写的所有文章(此查询将创建一个结果集，用于保存多行数据——每行表示一篇新文章)。如果会员向网站添加了一篇新文章，那么它将自动显示在页面中。

使用SQL查询获取数据

当SQL语句运行时，数据库会创建一个结果集。结果集中的每行数据都可以表示为一个关联数组。

下面的SQL查询将获取网站会员的姓和名。它使用 WHERE子句请求id为1的会员数据：

```
SELECT forename, surname
  FROM member
 WHERE id = 1;
```

因为此查询请求的是网站单个会员的数据，所以结果集永远不会包含超过一行的数据。

result set	
forename	surname
Ivy	Stone

下面可以看到如何将数据行表示为关联数组。结果集中的列名被用作数组中的键，而数组中的值则是那一列中对应的值。

```
$member = [
    'forename' => 'Ivy',
    'surname'  => 'Stone',
];
```

下面的SQL查询将获得该网站每个会员的姓和名。

```
SELECT forename, surname
  FROM member;
```

此查询将创建一个保存多行数据的结果集。

result set	
forename	surname
Ivy	Stone
Luke	Wood
Emiko	Ito

当SQL查询创建了包含多行数据的结果集时，将创建一个索引数组。索引数组中每个元素的值都是一个关联数组，每个关联数组表示结果集中的一行数据。

```
$members = [
    0 => ['forename' => 'Ivy',
          'surname'  => 'Stone',],
    1 => ['forename' => 'Luke',
          'surname'  => 'Wood',],
    2 => ['forename' => 'Emiko',
          'surname'  => 'Ito',],
];
```

PDO对象的query()方法可运行一个SQL查询,然后会创建一个PDOStatement对象来表示数据库查询所得的结果集。PDOStatement对象的方法可从结果集中收集数据。

PDO对象的query()方法有一个形参:它表示数据库应该执行的SQL查询。

当调用query()方法时,将执行SQL查询并返回PDOStatement对象。PDOStatement对象表示数据库为查询创建的结果集。

下面的SQL查询将获得该网站每个会员的姓和名。

当运行下面的PHP语句时,PDO对象返回一个PDOStatement对象,用于表示网站中每个会员的姓和名。该对象保存在名为$statement的变量中。

准备运行的SQL查询

```
$statement = $pdo->query("SELECT forename, surname FROM member");
```

PDOStatement
对象

PDO
对象

query()方法

PDOStatement对象的fetch()方法适用于从结果集中收集单行数据。这行数据会使用关联数组表示,并保存在一个变量中,以便PHP页面中的其余代码可以使用它。

如果查询生成了多行数据,则PDOStatement对象的fetchAll()方法将收集结果集中的所有数据,并最终生成一个索引数组。该数组的每个元素保存一个关联数组,每个关联数组表示结果集中的一行数据。

```
$member = $statement->fetch();
```

结果数组

PDOStatement
对象

方法

```
$members = $statement->fetchAll();
```

结果数组

PDOStatement
对象

方法

如果查询最终生成一个空结果集,fetch()方法将返回false。

如果查询生成一个空结果集,那么fetchAll()方法将返回一个空数组。

从数据库中获取数据行

本例演示了单个PHP文件如何显示网站中某个会员的个人数据。

① 将database-connection.php 文件引用到页面中。这里创建了 PDO对象来管理数据库连接并将它保存在变量$pdo中。

② 引用functions.php文件。该文件中包含了html_escape() 函数的定义（247页），该函数中使用函数htmlspecialchars()将HTML的保留字符替换为实体，以防止XSS攻击。

③ 变量$sql中保存了SQL语句。该语句用于获取id为1的会员的姓和名。

④ 调用PDO方法对象的query()方法。传入该方法的实参即为将要执行的SQL语句。当query() 方法执行了SQL语句查询之后，将返回一个保存结果集的PDOStatement对象。最终，返回的PDOStatement对象保存在变量$statement中。

⑤ 调用PDOStatement对象的 fetch()获取该会员的数据，并将返回的关联数组保存在名为$member的变量中。

```
section_c/c12/examples/query-one-row.php          PHP

   <?php
①  require '../cms/includes/database-connection.php';
②  require '../cms/includes/functions.php';
   ┌ $sql      = "SELECT forename, surname
③ │                 FROM member
   └               WHERE id = 1;";
④  $statement = $pdo->query($sql);
⑤  $member    = $statement->fetch();
   ?>
   <!DOCTYPE html>
   <html> ...
     <body>
       <p>
⑥        <?= html_escape($member['forename']) ?>
⑦        <?= html_escape($member['surname']) ?>
       </p>
     </body>
   </html>
```

结果

Ivy Stone

⑥ 使用html_escape()函数将该会员名字中的HTML的保留字符替换为关联实体。然后，将所得结果展示在页面中。

⑦ 使用html_escape()函数展示会员的姓。

试一试： 在步骤③中将SQL WHERE子句修改为获取id为2的会员。这将在网站中显示另一个会员的数据。接下来，再把WHERE子句修改为获取id为4的会员。这样将产生一个错误，因为该数据库中只有3个会员。

验证查询是否返回数据

section_c/c12/examples/checking-for-data.php

```php
<?php
require '../cms/includes/database-connection.php';
require '../cms/includes/functions.php';
$sql       = "SELECT forename, surname
                FROM member
①               WHERE id = 4;";
$statement = $pdo->query($sql);
② $member   = $statement->fetch();
③ if (!$member) {
④     include 'page-not-found.php';
   }
?>
<!DOCTYPE html>
<html> ...
  <body>
    <p>
      <?= html_escape($member['forename']) ?>
      <?= html_escape($member['surname']) ?>
    </p>
  </body>
</html>
```

结果

Sorry! We cannot find that page.

Try the home page or email us hello@eg.link

注意：page-not-found.php 类似于第378~379页上的文件，但在这里，page-not-found.php将执行两个额外的任务。首先，它将HTTP响应码设置为404(参见第242页)。

然后，在显示"页面未找到"消息后，exit命令停止运行任何代码。

如果SQL查询没有找到任何匹配的数据，当调用PDOStatement对象的fetch()方法时，将返回false。

如果要在文件显示会员数据，那么PHP解释器将引发Undefined index错误，因为$member变量保存的值为false，而不是数组。

为避免这些错误，该文件可以检查是否找到了所匹配的数据。如果没有，那么可以告诉用户无法找到该页。

① SQL查询请求id为4的会员数据(数据库中没有id为4的会员)。

② 调用fetch()方法。它将返回一个false值，保存在$member变量中。

③ 在尝试显示数据之前，if语句将验证$member中的值是否为false(使用not操作符，见第54页)。如果该值是false，则表明没有找到会员数据。

④ 在页面中引入page-not-found.php文件，以告诉用户未找到页面。

试一试：在步骤①中，将查询的请求id改为2。

从数据库中获取多行数据

本例演示了PHP文件如何获取和显示网站中每个会员的数据。如果向数据库中添加了新会员，那么页面将自动显示其详细信息。

① 引用database-connection.php文件以创建PDO对象，并将其保存在变量$pdo中。引用functions.php文件是因为它包含了html_escape()函数。

② 变量$sql中保存了将要运行的SQL语句。该语句用于获取会员的姓和名。

③ 调用PDO对象的query()方法。它的形参将是要运行的SQL语句。

query()方法运行SQL查询并返回一个PDOStatement对象，该对象包含了查询的结果集。之后，将结果集保存在$statement变量中。

④ PDOStatement对象的fetchAll()方法可从结果集中获取每一行数据。它以索引数组的形式返回数据。然后，将该数组保存在变量$members中。该数组的每个元素表示结果集中的一行。每个元素的值都是表示一个会员的关联数组。

section_c/c12/examples/query-multiple-rows.php `PHP`

```php
<?php
require '../cms/includes/database-connection.php';
require '../cms/includes/functions.php';
$sql       = "SELECT forename, surname
                   FROM member;";
$statement = $pdo->query($sql);
$members   = $statement->fetchAll();
?>
<!DOCTYPE html>
<html> ...
  <body>
    <?php foreach ($members as $member) { ?>
      <p>
        <?= html_escape($member['forename']) ?>
        <?= html_escape($member['surname']) ?>
      </p>
    <?php } ?>
  </body>
</html>
```

`结果`

Ivy Stone

Luke Wood

Emiko Ito

⑤ foreach循环遍历$members中索引数组的各元素。在每次循环中，表示网站的某位会员的关联数组将保存在名为$member的变量中。

⑥ 显示会员的姓和名。

注意： 如果查询最终没有返回数据，那么fetchAll()将返回一个空数组，因此循环中的语句也不会运行（如果运行循环，则会导致Undefined index错误）。

在循环中每次获取一行数据

PHP section_c/c12/examples/query-multiple-rows-while-loop.php

```php
<?php
require '../cms/includes/database-connection.php';
require '../cms/includes/functions.php';
$sql      = "SELECT forename, surname
                FROM member;";
$statement = $pdo->query($sql);
?>
<!DOCTYPE html>
<html> ...
  <body>
    <?php while ($row = $statement->fetch()) { ?>
      <p>
        <?= html_escape($row['forename']) ?>
        <?= html_escape($row['surname']) ?>
      </p>
    <?php } ?>
  </body>
</html>
```

① require 语句左侧标记
② $sql 语句左侧标记
③ $statement 语句左侧标记
④ while 循环左侧标记
⑤ 循环内部显示语句左侧标记

结果

Ivy Stone

Luke Wood

Emiko Ito

注意： 通常情况下，网站不应该在同一个页面上显示过多信息(它应该把内容分成几个页面)。但是，如果一个页面必须处理大量数据(比一个典型网页所显示的数据还要多)，则应该使用示例中的方法来防止占用过多的内存。这是因为fetchAll()方法会收集所有数据并将其保存在PHP解释器内存中的一个数组中，而while循环每次只需要从数据库中收集一行数据即可，从而节省了内存的使用。

如本例所示，可使用 while 循环告诉 PDOStatement 对象每次从数据库获取一行数据。

① 引用 database-connection.php 和 functions.php 文件。

② 变量$sql中保存了将要运行的SQL语句。

③ 调用 PDO 对象的 query() 方法，运行SQL并生成表示结果集的 PDOStatement 对象。

④ while循环在每次条件验证中将调用fetch()方法。这会从结果集中逐一返回某行数据。表示该行数据的数组保存在名为$row的变量中，因此循环中的语句可以使用它。

循环每次运行后，会再次调用fetch()方法，自动从结果集中检索下一行数据并将其保存在$row中。当结果集中所有行数据都遍历过时，fetch()方法会返回false，此时循环停止运行。

⑤ 在循环内部，将显示包含会员姓名的数组内容。

在SQL查询中
使用可变数据

每次请求页面时，它可以在SQL查询中使用不同的值从数据库中获取不同的数据。这种情况下，必须先准备SQL查询，然后执行该查询。

步骤1：准备

SQL语句使用占位符来表示可以在每次运行SQL语句时更改的值。SQL占位符的作用类似于变量，但它的名称以冒号(而不是$符号)开头。

当SQL查询包含占位符时，将调用PDO对象的prepare()方法(而不是query()方法)来运行查询。

prepare()方法也会返回一个PDOStatement对象，但是，此时的PDOStatement对象仅表示SQL语句(而不是结果集)。

步骤2：执行

接下来，通过调用PDOStatement对象的execute()方法来执行SQL语句。

它需要传入一个数组作为实参，其中包含应该用来替换占位符的值。

占位符的名称和要使用的值可作为一个关联数组提供，在关联数组中：

● 键是SQL查询中的占位符名称(它前面可以有冒号，但这不是必需的)。

● 值是用来替换占位符的(该值通常已经事先保存在变量中)。

```
                                                    占位符
$sql       = "SELECT forename, surname FROM member WHERE id = :id;";
$statement = $pdo->prepare($sql);
$statement->execute(['id' => $id]);
             占位符名称      待使用的值
```

上面的SQL查询语句中有一个占位符:id。execute()方法会将:id替换为保存在$id变量中的值。程序员称其为预处理语句(prepared statement)。

在创建SQL语句时，永远不要将查询字符串或表单中的值直接添加到字符串中(如下所示)。这将使网站暴露在使用SQL注入攻击的黑客面前。因此，查询时应事先拼接好预处理语句以防范这种风险。

```
(✗) $sql = 'SELECT * FROM member WHERE id=' . $id;
(✗) $sql = 'SELECT * FROM member WHERE id=' . $_GET['id'];
```

在同一页面中
显示不同的数据

section_c/c12/examples/prepared-statement.php

```php
<?php
require '../cms/includes/database-connection.php';     ①
require '../cms/includes/functions.php';
$id       = 1;                                          ②
$sql      = "SELECT forename, surname                   ③
                FROM member
                WHERE id = :id;";
$statement = $pdo->prepare($sql);                       ④
$statement->execute(['id' => $id]);                     ⑤
$member    = $statement->fetch();                       ⑥
if (!$member) {                                          ⑦
    include 'page-not-found.php';
}
?>
<!DOCTYPE html>
<html> ...
  <body>
    <p>
      <?= html_escape($member['forename']) ?>
      <?= html_escape($member['surname']) ?>
    </p>
  </body>
</html>
```

结果

Ivy Stone

试一试：在步骤②中，将$id中保存的值更改为数字2。然后保存并刷新页面。

该页面将显示另一个会员的数据。如果$id设置为4，则显示page-not-found.php文件中的内容。

① 引入database-connection.php和functions.php文件。

② 变量$id保存的值为1，这对应于数据库返回的会员id。

③ 要运行的SQL语句保存在名为$sql的变量中。可更改的数据(要获取的会员id)对应于占位符:id。

④ 调用PDO对象的prepare()方法。它将返回一个表示查询的PDOStatement对象，并保存在名为$statement的变量中。

⑤ 调用PDOStatement对象的execute()方法来运行查询并生成结果集。它的形参是一个数组，其中包含占位符名称和应该替换的值。

⑥ PDOStatement对象的fetch()方法用于从结果集中收集数据行，并将其作为关联数组保存在名为$member的变量中。

⑦ 如果最终没有返回数据，则告诉用户没有找到该页面。

将值绑定到SQL查询

PDOStatement对象的bindValue()和bindParam()方法提供了另一种方法来创建预处理语句并替换SQL查询中的占位符。

当使用bindValue()和bindParam()方法替换SQL查询中的占位符时，应该在PDOStatement对象的prepare()方法之后，execute()方法之前调用它们。这两个方法都有3个形参：

- 占位符的名称。
- 用于替换占位符的变量。
- 表示替换占位符的值的数据类型(如果数据类型是字符串，则不需要传入该参数)。

下表显示了bindValue()方法的第三个形参可使用的值，用于指定在SQL查询中替换占位符值的数据类型。

数据类型	值
String	PDO::PARAM_STR
Integer	PDO::PARAM_INT
Boolean	PDO::PARAM_BOOL

bindValue()和bindParam()之间的区别在于PHP解释器从哪个变量中获取值并使用它来替换SQL查询中的占位符。

- 对于bindValue()函数，解释器在调用bindValue()时从变量中获取值。
- 对于bindParam()函数，解释器在调用execute()时从变量中获取值。因此，如果变量中的值在调用bindParam()和execute()之间发生了变化，则将使用更新后的值。

下面，SQL查询中的占位符:id将被变量$id中的值所替代。

本书的其余部分将使用上一页介绍的技术来绑定数据，因为这样不需要为每个值都指定数据类型，而且使用的代码更少。

占位符

```
$sql       = "SELECT * FROM member WHERE id = :id;";
$statement = connection->prepare($sql);
$statement->bindValue('id', $id, PDO::PARAM_INT);
```

占位符　　变量　　数据类型

将整数绑定到 SQL查询中

section_c/c12/examples/bind-value.php

```php
<?php
require '../cms/includes/database-connection.php';
require '../cms/includes/functions.php';
$id       = 1;
$sql      = "SELECT forename, surname
               FROM member
              WHERE id = :id;";
$statement = $pdo->prepare($sql);
$statement->bindValue('id', $id, PDO::PARAM_INT);
$statement->execute();
$member    = $statement->fetch();
if (!$member) {
    include 'page-not-found.php';
}
?>
<!DOCTYPE html>
<html> ...
  <body>
    <p>
    <?= html_escape($member['forename']) ?>
    <?= html_ escape($member['surname']) ?>
    </p>
  </body>
</html>
```

① $statement = $pdo->prepare($sql);
② $statement->execute();

结果

Ivy Stone

该示例看起来与前面的示例相同，区别在于，这里使用PDOStatement对象的bindValue ()方法来替换SQL查询中的占位符。

① 调用PDO对象的prepare()方法后，该方法将返回表示SQL查询的PDOStatement对象，然后调用PDOStatement对象的bindValue()方法来替换SQL查询中的占位符。这里需要传入3个形参，分别是：

- SQL查询中占位符的名称。
- 用于替换占位符的变量。
- PDO::PARAM_INT(表示该值为整数)。

② 调用PDOStatement对象的execute()方法来运行查询。它不需要传入任何参数，因为SQL查询中的占位符已经用相应的值替换了。

试一试：在步骤②中，将$id中保存的值更改为数字2。然后保存并刷新页面。该页面将显示另一个会员的数据。如果$id设置为4，那么代码将引入page-not-found.php。

使用单个文件
显示多个页面

当使用单个PHP文件显示网站的多个页面时，可以在URL的末尾添加查询字符串，以告诉PHP文件需要从数据库中收集哪些数据。

PHP页面可以从查询字符串中收集值，然后在SQL查询中使用该值来指定应该从数据库中收集哪些数据。

下面，指向member.php的链接中有查询字符串包含了名称为id，值为1的名称/值对。这个值对应于会员表的id列。

```
<a href="member.php?id=1">Ivy Stone</a>
```

PHP页面使用PHP的filter_input()函数从查询字符串中获取值。

因为数据库中的id列都是整数，所以该函数使用整数筛选器。它返回的值将保存在名为$id的变量中，值的类型如下：

- 如果它是一个整数，$id将保存该整数。
- 如果不是整数，$id值为false。
- 如果id不在查询字符串中，$id值为null。

接下来，使用if语句验证$id是否为false或null(因为查询字符串中没有使用有效整数)。如果是，页面将无法从数据库获取会员数据，因此引入page-not-found.php文件的内容。这个文件中：

- 发送一个值为404的HTTP响应码。
- 告诉访问者该页面无法找到。
- 使用exit命令停止代码继续运行。

```
$id = filter_input(INPUT_GET, 'id', FILTER_VALIDATE_INT);
if (!$id) {
    include 'page-not-found.php';
}
```

如果查询字符串确实包含有效整数，则页面可以继续尝试从数据库获取数据，并将其保存在名为$member的变量中。然后，第二个if语句可验证是否找到会员数据。如果未找到，则引用page-not-found.php文件的内容(这将停止页面运行)。

只有成功地从数据库获取了会员数据，才会将页面的其余部分显示出来。

要显示网站中不同会员的数据，查询字符串需要包含数据库的会员表中某行数据的id值。

使用查询字符串显示正确的页面

```php
<?php
require '../cms/includes/database-connection.php';
require '../cms/includes/functions.php';

① $id = filter_input(INPUT_GET, 'id', FILTER_VALIDATE_
   INT);
② if (!$id) {
③     include 'page-not-found.php';
   }

④ $sql       = "SELECT forename, surname
                 FROM member
                 WHERE id = :id;";        // SQL查询
   $statement = $pdo->prepare($sql);       // 准备
   $statement->execute([':id' => $id]);    // 执行
   $member    = $statement->fetch();       // 获取数据

⑤ if (!$member) {                          // 检查是否不存在数据
⑥     include 'page-not-found.php';        // 未找到页码
   }
?>
<!DOCTYPE html>
<html> ...
  <body>
    <p>
⑦     <?= html_escape($member['forename']) ?>
      <?= html_escape($member['surname']) ?>
    </p>
  </body>
</html>
```

结果

Ivy Stone

试一试：将查询字符串中的数字改为4，那么将显示无法找到页面。

本示例建立在前面的例子的基础上，这里使用了一个查询字符串，其中包含页面显示所需的会员id。

① PHP的filter_input()函数从查询字符串中获取会员的id。如果它是整数，$id将保存该数字。否则，$id的值为false。如果查询的会员不存在，那么$id的值为null。

② if语句检查$id值是否为false或null。

③ 如果是，则引用page-not-found.php文件的内容以告知用户页面无法找到，因为查询字符串中没有id来指定要显示哪个会员。

④ 如果页面仍在运行(表明$id的值为整数)，则在查询字符串中给出该会员的id，因此该页将尝试从数据库中获取该会员数据。

⑤ 另一个if语句验证$member的值是否为false。

⑥ 如果是，则表明未找到会员，并引用page_not_found.php。

⑦ 否则，将使用会员数据来创建HTML页面。

在HTML页面中
显示数据库数据

首先从数据库中获取数据并将其保存在变量中。
然后使用这些变量中的数据创建HTML页面。

为让代码更容易阅读，应在下列PHP文件之间创建一个清晰的分隔：

- 从数据库获取数据的代码
- 生成HTML页面的代码

下一页中使用虚线展示了这一点。文件中创建HTML页面的部分应该尽可能少地包含PHP代码；下面将介绍3种最常用的代码类型。

函数

函数通常用于确保数据以正确的方式格式化。html_escape()函数已经在许多页面中使用，通过将HTML的任何保留字符替换为实体来防止 XSS攻击。

在下一页的示例中，可以看到另一个函数，它来自本章的functions.php文件，用于确保数据库生成的日期以一致的、人类可读的方式格式化。

首先，使用PHP的strtotime()函数将数据库保存的日期和时间转换为UNIX时间戳。然后使用PHP的date()函数将其转换为人类可读的格式。

```php
function format_date(string $string):
string
{
    $date = strtotime($string);
    return date('F d, Y', $date);
}
```

条件语句

条件语句可以验证从数据库返回的数据，并使用它来决定应该显示什么样的HTML代码。例如，当用户没有上传个人头像时，数据库将返回NULL作为其个人资料图片的文件名。

个人头像可以使用空合并操作符显示；如下的语句表示如果用户提供了图片，就显示该图片，否则显示占位符。

```php
html_escape($member['picture'] ??
'blank.png');
```

循环

正如之前的几个示例中看到的，循环通常用于遍历数据库返回的结果集的每一行。

在下一页，可以看到一个foreach循环重复执行相同语句，以便从数据库中获取会员详情信息并展示在页面中。

格式化HTML页面中使用的数据

PHP

section_c/c12/examples/formatting-data-in-html.php

```php
<?php
require '../cms/includes/database-connection.php';          // 创建PDO对象
require '../cms/includes/functions.php';
$sql       = "SELECT id, forename, surname, joined, picture FROM member;"; // SQL
$statement = $pdo->query($sql);                             // 运行查询
$members   = $statement->fetchAll();                        // 获取数据
?>
```
①

```html
<!DOCTYPE html> ...
<body> ...
<?php foreach ($members as $member) { ?>
  <div class="member-summary">
    <img src="../cms/uploads/<?= html_escape($member['picture'] ?? 'blank.png') ?>"
            alt="<?= html_escape($member['forename']) ?>" class="profile">
    <h2><?= html_escape($member['forename'] . ' ' . $member['surname']) ?></h2>
    <p>Member since:<br><?= format_date($member['joined']) ?></p>
  </div>
<?php } ?> ...
</body>
```
②
③
④

结果

 Ivy Stone
Member since:
January 26, 2021

 Luke Wood
Member since:
January 26, 2021

 Emiko Ito
Member since:
February 12, 2021

① 该页面收集关于网站每个会员的数据。

② foreach循环为网站的每个会员重复执行相同的语句。

③ 空合并操作符检查是否提供了个人头像。如果是，则使用 <img> 标签展示该图片。否则显示名为blank.png的占位符图片文件。

④ 使用format_date()函数将会员注册的日期拼接在一起。为网站的每个会员执行相同的语句。

执行SQL语句的函数

要让PDO运行SQL查询并返回结果集，需要两到三条语句；而编写用户定义的函数则可以一次性完成。

当SQL查询不传入实参时，PDO对象的query()方法将运行一个SQL查询并返回表示结果集的PDOStatement对象：

```
$statement = $pdo->query($sql);
```

当SQL查询传入实参时，则必须调用PDO对象的prepare()方法来创建PDOStatement对象。

然后调用PDOStatement对象的execute()来运行查询：

```
$statement = $pdo->prepare($sql);
$statement->execute($sql);
```

执行上述步骤后，使用PDOStatement对象的收集数据的方法从结果集中收集数据。

下面的函数中有如下三个形参：

- $pdo是用于管理数据库连接的PDO对象。
- $sql 是要运行的SQL查询。
- $arguments是SQL形参名及其替换值组成的数组；注意，如果没有传入该形参，那么默认值为null。

函数验证是否传入了实参：

- 如果未传入，那么将运行query()方法并返回已生成的PDOStatement对象。
- 如果传入了实参，接下来将调用prepare()方法来创建PDOStatement对象，然后调用该对象的execute()方法来运行查询，最后返回PDOStatement对象。

```
function pdo(PDO $pdo, string $sql, array $arguments = null)
{
    if (!$arguments) {
        return $pdo->query($sql);
    }
    $statement = $pdo->prepare($sql);
    $statement->execute($arguments);
    return $statement;
}
```

当调用用户自定义的pdo()函数时，将使用方法链来运行查询并在单个语句中返回数据。

当创建了PDOStatement对象，并且SQL语句已经运行时，将调用以下三个方法之一以便从结果集中获取数据并保存在变量中：

- fetch() 获取单行数据
- fetchAll() 获取多行数据
- fetchColumn() 从单列中获取数据

当函数或方法返回一个对象时，方法链允许在同一条语句中调用返回对象的方法。

如下，当调用pdo()函数时，它将返回一个PDOStatement对象。函数调用之后是一个对象操作符，以及对其返回的PDOStatement对象的方法的调用。

函数返回了 PDOStatement对象　　　从PDOStatement对象上的方法返回数据

```
$members = pdo($pdo, $sql)->fetchAll();
$member  = pdo($pdo, $sql, $arguments)->fetch();
```

函数返回了 PDOStatement对象　　　从PDOStatement对象上的方法返回数据

pdo()函数定义已被添加到本章所引入的functions.php文件中。该函数将用于本章的其余部分和下一章中。

在第14章中，你将学习另一种技术，可使用用户自定义的类来创建对象，以获取和更改保存在数据库中的数据。

为PDOStatement对象的execute()方法提供实参时，可以提供一个关联数组，它的键需要与SQL语句中的形参名称相匹配(如前面所示)，或者可以提供一个索引数组，其中值与占位符在SQL语句中出现的顺序相同(参见第459页)。

自定义不带形参的pdo()函数

本例演示了当SQL查询没有形参时，上一页中定义的pdo()函数如何从数据库中获取数据。

① 引用database-connection. php文件。该文件创建了PDO对象并将其保存在名为$PDO的变量中。

② 引用functions.php文件。文件中包含pdo()函数(如上一页所述)。

③ 用于获取每个会员的姓和名的sql查询保存在名为$sql的变量中。

④ pdo()函数调用时可传入两个实参：

- 在步骤①中创建的PDO对象。
- 在步骤③中创建的$sql变量中的SQL查询。

然后，函数将返回一个PDOStatement对象，在同一语句中调用它的fetchAll()方法以从结果集中获取所有数据。该数据将作为数组保存在$members变量中。

⑤ foreach循环将展示保存在 $members数组中的数据。

---

section_c/c12/examples/pdo-function-no-parameters.php **PHP**

```php
<?php
require '../cms/includes/database-connection.php';
require '../cms/includes/functions.php';
$sql = "SELECT forename, surname
            FROM member;";
$members = pdo($pdo, $sql)->fetchAll();
?>
<!DOCTYPE html>
<html> ...
  <body>
    <?php foreach ($members as $member) { ?>
      <p>
        <?= html_escape($member['forename']) ?>
        <?= html_escape($member['surname']) ?>
      </p>
    <?php } ?>
  </body>
</html>
```

结果

Ivy Stone

Luke Wood

Emiko Ito

试一试： 在步骤③中，更新SQL语句以获得会员的电子邮件地址以及他们的姓和名。在步骤⑤中，在姓名后展示该会员的电子邮件地址。

自定义带形参的pdo()函数

`PHP` section_c/c12/examples/pdo-function-with-parameters.php?id=1

```php
<?php
require '../cms/includes/database-connection.php';
require '../cms/includes/functions.php';
$id = filter_input(INPUT_GET, 'id', FILTER_VALIDATE_INT);
if (!$id) {
    include 'page-not-found.php';
}

$sql = "SELECT forename, surname
        FROM member
        WHERE id = :id;";
$member = pdo($pdo, $sql, ['id' => $id])->fetch();

if (!$member) {
    include 'page-not-found.php';
}
?> ...
    <p>
        <?= html_escape($member['forename']) ?>
        <?= html_escape($member['surname']) ?>
    </p>
```

①
②
③
④

结果

Ivy Stone

试一试: 在步骤③中, 将作为第三个形参的关联数组替换为方括号中的变量$id。

```php
$member = pdo($pdo, $sql, [$id]);
```

这使得第三个形参成为一个索引数组(而不是一个关联数组)。如果使用这种方式传参, 数组中的值必须与占位符在SQL语句中出现的顺序相同。

本例演示了当SQL查询使用形参时, 在第456页上定义的pdo()函数如何从数据库获取数据。

① 查询字符串包含它将显示的会员id。

② SQL查询将用于获取会员的姓和名, 其中占位符:id表示该会员的id。

③ 调用pdo()函数时, 传入的三个实参分别是:

● 在database-connection.php中创建的PDO对象。

● 在步骤②中保存在变量$sql中的SQL查询。

● 一个关联数组, 其中的项是SQL占位符和应使用的值所组成的名称/值对。

注意: 数组是在实参中创建的, 而不是事先保存在变量中:

```php
['id' => $id]
```

这将返回一个PDOStatement对象。然后在同一条语句中使用它的fetch()方法来收集SQL查询生成的每一行数据。这些数据保存在$member中。

④ 在页面中显示变量$member中保存的数据。

如何使用少数几个PHP页面支撑整个网站的运行

接下来的12页中，将演示如何仅使用4个PHP文件就能够显示包含50个页面的示例网站。

这4个PHP文件都被分为两部分：

- 首先，从数据库中收集数据并将其保存在变量中。
- 然后，使用这些变量中的数据创建发回给访问者的HTML页面。

可将这些文件看作一个页面模板。当每次请求某个文件时，它可以从数据库收集不同的数据，然后将数据插入HTML页面的相关部分，最终将HTML发送到访问者的浏览器。

每个页面引入了4个引用文件：

- database-connection.php文件创建PDO对象用于管理数据库的连接。
- functions.php文件中的函数可用于从数据库获取数据并设置数据的格式。
- header.php文件中包含每个页面的头部内容以及导航。
- footer.php文件中包含每个页面的脚部内容。

index.php

主页显示了发布到该网站的最新6篇文章的摘要。

当一篇新文章保存到数据库时，该页将自动更新以显示新文章的详细信息(而6篇文章中最早的那篇将不再显示)。

HTML页面的结构始终保持不变，但它从数据库获取和显示的内容可以改变。

category.php

类别文件可以显示任何类别的标题和描述，然后是该类别中发布的每篇文章的摘要。HTML 页面的结构始终保持不变，但它显示的数据是可以动态改变的。

URL后面的查询字符串中包含当前显示在页面中的类别所对应的id。例如category.php?id=1。

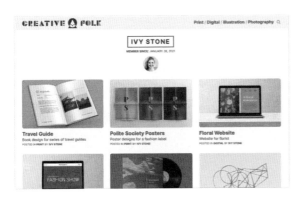

member.php

会员文件可以显示网站任何会员的个人资料。之后是他们所写文章的摘要。

URL后的查询字符串中包含当前显示在页面的会员所对应的id。例如member.php?id=1。

article.php

文章文件可以显示任何文章。每篇文章的图片、类别、标题、日期、内容和作者等信息都位于同一个相对位置，并且以上这些显示的数据可以动态更改。

URL后的查询字符串中包含当前显示在页面中的文章的id。例如article.php?id=1。

头部和脚部文件

网站上每个页面的头部内容都是相同的。因此，与其在每个文件中重复这段代码，不如将其放在header.php引用文件中。

在页面中引入该文件之前，必须将四份数据(如下所示)保存在变量中，因此，首先查看该文件是很重要的。

前两份数据分别用于HTML中的<title>和<meta>标签。

后两个变量用于创建导航栏。第一个包含一个应该显示的类别数组，第二个用于突出显示访问者正在浏览的类别。

变量	值
$title	在页面的HTML <title>元素中显示的值
$description	在页面的HTML <meta>描述标签中显示的值
$navigation	保存各类别名称和id的数组，这些数据用于显示导航条
$section	如果页面是一个类别页面，则保存当前正在查看的类别的id。如果该页面是文章页面，则它保存当前文章所属类别的id。 这些值使当前类别能在导航栏中高亮显示。 对于其他类型的页面，这个变量将保存空白字符串。

① $title变量的内容显示在<title>元素中。

② $description变量的内容显示在<meta>描述标签中。

③ foreach循环遍历$navigation数组中的每个类别。每次循环执行时，当前类别的id和名称都以关联数组的形式保存在名为$link的变量中。

④ 创建可跳转到category.php的链接。连接中的查询字符串包括类别的id，以告诉category.php文件应该显示哪个类别。

⑤ 使用三元操作符决定是否应突出显示此类别。该条件用于检查$section中的值是否与循环中当前类别的id相同。如果相同，那么将class="on"和aria-current="page"添加到链接中，以表明这是当前类别。

⑥ 在链接中写入类别的名称。

⑦ 在完成跳转到类别页面的链接之后，还需要写入一个跳转到搜索页面的链接。

⑧ footer.php文件中只包含一个PHP语句来显示版权声明后的当前年份。

⑨ site.js文件中包含用于网站响应式导航的JavaScript代码。

```
      <!DOCTYPE html>
      <html lang="en-US">
        <head>
          <meta charset="UTF-8">
          <meta name="viewport" content="width=device-width, initial-scale=1">
①        <title><?= html_escape($title) ?></title>
②        <meta name="description" content="<?= html_escape($description) ?>">
          <link rel="stylesheet" type="text/css" href="css/styles.css">
          <link rel="preconnect" href="https://fonts.gstatic.com">
          <link rel="stylesheet"
            href="https://fonts.googleapis.com/css2?family=Inter:wght@400;700&display=swap">
          <link rel="shortcut icon" type="image/png" href="img/favicon.ico">
        </head>
        <body>
          <header>
            <div class="container">
              <a class="skip-link" href="#content">Skip to content</a>
              <div class="logo">
                <a href="index.php"><img src="img/logo.png" alt="Creative Folk"></a>
              </div>
              <nav role="navigation">
                <button id="toggle-navigation" aria-expanded="false">
                  <span class="icon-menu"></span><span class="hidden">Menu</span>
                </button>
                <ul id="menu">
③              <?php foreach ($navigation as $link) { ?>
④              <li><a href="category.php?id=<?= $link['id'] ?>"
⑤                <?= ($section == $link['id'] ) ? 'class="on" aria-current="page"' : '' ?>>
⑥                <?= html_escape($link['name']) ?>
                </a></li>
                <?php } ?>
                <li><a href="search.php">
⑦                  <span class="icon-search"></span><span class="search-text">Search</span>
                </a></li>
                </ul>
              </nav>
            </div><!-- /.container -->
          </header>
```

```
⑧      <footer><div class="container">&copy; Creative Folk <?= date('Y');?></div></footer>
      </body>
⑨    <script src="js/site.js"></script>
      </html>
```

主页

主页(index.php)显示了上传到网站的最新6篇文章的摘要。

该页面首先收集创建HTML页面所需的数据，并将其保存在变量中。

① 这里使用了严格类型，以确保在调用函数时使用正确的数据类型(参见第126~127页)。

② 引用database-connection.php文件来创建PDO对象，该对象用于管理到数据库的连接，并且将其保存在名为$pdo的变量中。

③ 引用functions.php文件，因为文件中包含了 pdo()函数和用于格式化页面中数据的函数定义。

④ 变量$sql保存SQL语句以获取添加到网站的最新文章的摘要。

⑤ 使用pdo()函数运行SQL查询。之后，函数将返回表示结果集的PDOStatement对象。调用PDOStatement对象的fetchAll()方法，获取所有摘要并以数组形式保存在$articles变量中。

接下来的五个步骤将获取header.php文件中使用的数据，并将其保存在变量中。

⑥ 变量$sql中保存了用于获取导航中出现的类别 id和名称的SQL语句。

⑦ 运行查询，将所得结果保存在名为$navigation 的变量中。

⑧ 如果用户当前打开的是类别或文章页面，那么 $section将保存该页面中类别或文章的id。如果当前页面是主页，因其没有所属类别，所以$section 将保存一个空白字符串。

⑨ $title 保存<title>标签的文本。

⑩ $description 保存<meta> 描述标签中的文本。

文件的其余部分(虚线以下)仅使用PHP显示保存在变量中的数据。这样就将获取数据的PHP代码与发送回浏览器的HTML代码分开了。

⑪ 引入header.php文件(如上一页所述)。它将显示收集的数据，然后保存在步骤⑥~⑩的变量中。

⑫ foreach循环遍历步骤⑤中创建的$articles数组中的元素，并显示文章摘要。每次循环运行时，单个文章摘要的数据都保存在名为$article的变量中。

⑬ 创建一个指向article.php页面的链接，该页面将根据查询字符串中所包含的id来显示对应的文章。

⑭ 显示文章的图片。如果文章中没有提供图片，则显示占位图片(使用第455页所示的技术)。

⑮ 如果提供了alt文本，将该文本显示在alt属性中(如果没有，那么属性值为空)。

⑯ 文章的标题将展示在 <h2> 标签中。

⑰ 展示文章的摘要。

⑱ 创建指向category.php文件的链接。类别id将添加到查询字符串中。类别名称则用作链接文本来展示。

⑲ 创建指向member.php文件的链接。将撰写文章的会员id添加到查询字符串中，以便链接到他们的个人资料页面。撰写文章的会员的名字用作链接文本。

⑳ 在页面中引入footer.php文件(如上一页所示)。

```php
    <?php
①  declare(strict_types = 1);                           // 使用严格类型
②  require 'includes/database-connection.php';          // 创建PDO对象
③  require 'includes/functions.php';                     // 引入函数

④  $sql = "SELECT a.id, a.title, a.summary, a.category_id, a.member_id,
                  c.name AS category,
                  CONCAT(m.forename, ' ', m.surname) AS author,
                  i.file     AS image_file,
                  i.alt      AS image_alt
             FROM article   AS a
             JOIN category  AS c ON a.category_id = c.id
             JOIN member    AS m ON a.member_id   = m.id
             LEFT JOIN image AS i ON a.image_id    = i.id
            WHERE a.published = 1
         ORDER BY a.id DESC
            LIMIT 6;";                                   // 获取最新文章的SQL
⑤  $articles = pdo($pdo, $sql)->fetchAll();             // 获取摘要

⑥  $sql = "SELECT id, name FROM category WHERE navigation = 1;"; // 获取类别的SQL
⑦  $navigation = pdo($pdo, $sql)->fetchAll();           // 获取导航类别

⑧  $section     = '';                                   // 当前类别
⑨  $title       = 'Creative Folk';                      // HTML<title>的内容
⑩  $description = 'A collective of creatives for hire'; // meta描述的内容
    ?>
⑪  <?php include 'includes/header.php'; ?>
    <main class="container grid" id="content">
⑫      <?php foreach ($articles as $article) { ?>
        <article class="summary">
⑬          <a href="article.php?id=<?= $article['id'] ?>
⑭            <img src="uploads/<?= html_escape($article['image_file'] ?? 'blank.png') ?>
⑮                 alt="<?= html_escape($article['image_alt']) ?>
⑯            <h2><?= html_escape($article['title']) ?></h2>
⑰            <p><?= html_escape($article['summary']) ?></p>
            </a>
            <p class="credit">
⑱          Posted in <a href="category.php?id=<?= $article['category_id'] ?>
            <?= html_escape($article['category']) ?></a>
⑲          by <a href="member.php?id=<?= $article['member_id'] ?>
            <?= html_escape($article['author']) ?></a>
            </p>
        </article>
        <?php } ?>
    </main>
⑳  <?php include 'includes/footer.php'; ?>
```

类别页

在category.php文件中，将显示单个类别的名称和描述，然后是该类别中文章的摘要。

① 使用严格类型以确保在调用函数时使用正确的数据类型。

② 将database-connection.php和functions.php都引入页面。

③ filter_input() 在查询字符串中查找名称id，并检查其值是否为整数。如果是，$id的值保存为数字；否则为false。如果该值不在查询字符串中，则$id的值为空。

④ 如果查询字符串中没有有效的整数，则引入page-not-found.php(该文件将以exit命令结束，并停止运行代码)。

⑤ 该SQL用于从保存在$sql变量中的指定类别中获取id、名字和描述。

⑥ pdo()函数用于运行SQL查询，然后调用PDOStatement对象的fetch()方法获取数据并将其保存在$category变量中。

⑦ 如果在数据库中没有找到类别，则引用page-not-found.php文件，并停止该页面继续运行。

⑧ 如果页面仍在运行，则$sql变量中保存的SQL用于获得所选类别中的文章摘要。

⑨ 运行查询，然后PDOStatement对象的fetchAll()方法将获取的摘要以数组形式保存在$articles变量中。

⑩ $sql中保存的SQL用于获取导航中出现的类别 id和名称。

⑪ 在查询运行后，调用fetchAll()方法获取查询所返回的数据，并将其保存在$navigation中。

⑫ 类别的id保存在$section中，用于在导航中突出显示此类别。

⑬ 类别名称保存在$title中，并将显示在<title>元素中。

⑭ 类别描述保存在$description中，并将用于< meta> 描述标签中。

由于页面展示所需的数据都保存在变量中，虚线以下的文件其余部分将使用这些变量创建并发送回浏览器的HTML。

⑮ 在页面中引入header.php文件。

⑯ 在<h1>标签中写入类别的名称。

⑰ 在<p>标签中写入类别描述，并将其放在类别名称下面展示。

⑱ foreach循环遍历了步骤⑨中创建的$articles变量，该变量中包含类别中所有的文章摘要。每次循环运行时，不同文章的摘要都保存在名为$article的变量中。

⑲ 用于显示文章摘要的代码与用于在主页上显示文章摘要的代码相同(参见上一页)。

如果该类别中不包含任何文章，则$articles变量将保存一个空数组；这是因为当没有数据匹配SQL查询时，PDOStatement对象的fetchAll()方法会返回一个空数组。

当foreach循环尝试处理空数组时，循环中的语句将不会运行。这也意味着如果查询没有返回数据，页面将不会显示Undefined index错误。

⑳ 在页面中引入footer.php文件。

```php
    <?php
①  declare(strict_types = 1);                              // 使用严格类型
②  require 'includes/database-connection.php';            // 创建PDO对象
    require 'includes/functions.php';                      // 引用函数
③  $id = filter_input(INPUT_GET, 'id', FILTER_VALIDATE_INT);   // 验证id是否有效
④  if (!$id) {
        include 'page-not-found.php';                      // 显示无法找到页面
    }
⑤  $sql = "SELECT id, name, description FROM category WHERE id=:id;"; // SQL语句
⑥  $category = pdo($pdo, $sql, [$id])->fetch();            // 获取类别数据
⑦  if (!$category) {
        include 'page-not-found.php';                      // 显示无法找到页面
    }

⑧  $sql = "SELECT a.id, a.title, a.summary, a.category_id, a.member_id,
                   c.name AS category,
                   CONCAT(m.forename, ' ', m.surname) AS author,
                   i.file AS image_file,
                   i.alt  AS image_alt
              FROM article    AS a
              JOIN category   AS c   ON a.category_id = c.id
              JOIN member     AS m   ON a.member_id   = m.id
              LEFT JOIN image AS i   ON a.image_id    = i.id
             WHERE a.category_id = :id AND a.published = 1
             ORDER BY a.id DESC;";                          // SQL语句
⑨  $articles = pdo($pdo, $sql, [$id])->fetchAll();         // 获取文章

⑩  $sql = "SELECT id, name FROM category WHERE navigation = 1;"; // 获取类别的SQL
⑪  $navigation  = pdo($pdo, $sql)->fetchAll();             // 获取导航中的类别
⑫  $section     = $category['id'];                         // 当前类别
⑬  $title       = $category['name'];                       // HTML<title>的内容
⑭  $description = $category['description'];                // meta描述的内容
    ?>
```
```php
⑮  <?php include 'includes/header.php'; ?>
    <main class="container" id="content">
      <section class="header">
⑯      <h1><?= html_escape($category['name']) ?></h1>
⑰      <p><?= html_escape($category['description']) ?></p>
      </section>
      <section class="grid">
⑱  <?php foreach ($articles as $article) { ?>
⑲  <!-- 展示文章摘要的代码与465页的相同 -->
    <?php } ?>
      </section>
    </main>
⑳  <?php include 'includes/footer.php'; ?>
```

文章页

article.php文件用于显示网站上的文章，该页面是根据查询字符串中的id来确定应显示哪篇文章的。与其他页面一样，首先从数据库收集数据并将其保存在变量中。

① 使用严格类型，并在页面中引入所需的文件 database-connection.php和functions.php。

② filter_input()在查询字符串中查找名称id，并检查其值是否为整数。如果是，$id的值保存为数字；否则为false。如果该值不在查询字符串中，则$id的值为null。

③ 如果查询字符串中没有有效的整数，则引用 page-not-found.php(该文件将以exit命令结束，并停止运行代码)。

④ $sql变量中保存的SQL用于获取文章数据。

⑤ pdo()函数用于运行SQL查询，fetch()方法用于收集文章数据，这些数据保存在$article中。

⑥ 如果在数据库中没有找到文章，则引用page-not-found.php，并停止页面运行。

⑦ 如果页面仍在运行，则$sql变量中保存的 SQL用于获取导航中的类别。

⑧ 运行查询，然后调用fetchAll()方法获取数据，并将其保存在$navigation变量中。

⑨ 文章所属类别的id保存在$section中，根据id，可以在导航栏中突出显示所属类别。

⑩ 文章标题保存在$title中。

⑪ 文章摘要保存在$description中。

页面需要的所有数据都保存在变量中，虚线以下的文件其余部分将使用这些变量创建HTML，并发送回浏览器。

⑫ 在页面中引入header.php文件。

⑬ 如果已经为文章上传了图片，则\<img>标签中的src属性将写入该文件名。

如果没有为文章上传图片，则显示占位图片。

⑭ 如果提供了图片的alt文本，则\<img>标签中的alt属性将写入该文本。否则，该属性为空。

⑮ 将文章的标题写入\<h1>标签中。

⑯ 显示文章的创建日期。这里使用第454页中的format_date()函数来确保日期格式的一致性。

⑰ 显示文章内容。

⑱ 创建指向category.php文件的链接。文章所在类别的id被添加到查询字符串中，以便显示该类别页面。

⑲ 将类别名称用作链接文本。

⑳ 创建指向member.php文件的链接。将撰写文章的会员id添加到查询字符串中，以便显示该会员的简介。

㉑ 将文章作者的名字用作链接文本。

㉒ 在页面中引入footer.php文件。

```php
    <?php
    declare(strict_types = 1);                             // 使用严格类型
①  require 'includes/database-connection.php';            // 创建PDO对象
    require 'includes/functions.php';                      // 引用函数
②  $id = filter_input(INPUT_GET, 'id', FILTER_VALIDATE_INT); // 验证id是否有效
    if (!$id) {
③      include 'page-not-found.php';                       // 显示无法找到页面
    }
    $sql = "SELECT a.title, a.summary, a.content, a.created, a.category_id, a.member_id,
                   c.name       AS category,
                   CONCAT(m.forename, ' ', m.surname) AS author,
                   i.file AS image_file, i.alt  AS image_alt
④         FROM article      AS a
           JOIN category     AS c  ON a.category_id = c.id
           JOIN member       AS m  ON a.member_id  = m.id
           LEFT JOIN image   AS i  ON a.image_id   = i.id
           WHERE a.id = :id  AND a.published = 1;";         // SQL语句
⑤  $article = $article = pdo($pdo, $sql, [$id])->fetch();   // 获取文章数据
    if (!$article) {
⑥      include 'page-not-found.php';                        // 显示无法找到页面
    }
⑦  $sql = "SELECT id, name FROM category WHERE navigation = 1;"; // 获取类别的SQL
⑧  $navigation = pdo($pdo, $sql)->fetchAll();               // 获取导航中的类别
⑨  $section     = $article['category_id'];                  // 当前类别
⑩  $title       = $article['title'];                        // HTML<title>的内容
⑪  $description = $article['summary'];                      // meta描述内容
    ?>
⑫  <?php include 'includes/header.php'; ?>
      <main class="article container">
        <section class="image">
⑬        <img src="uploads/<?= html_escape($article['image_file'] ?? 'blank.png') ?>"
⑭             alt="<?= html_escape($article['image_alt']) ?>">
        </section>
        <section class="text">
⑮        <h1><?= html_escape($article['title']) ?></h1>
⑯        <div class="date"><?= format_date($article['created']) ?></div>
⑰        <div class="content"><?= html_escape($article['content']) ?></div>
          <p class="credit">
⑱          Posted in <a href="category.php?id=<?= $article['category_id'] ?>">
⑲          <?= html_escape($article['category']) ?></a>
⑳          by <a href="member.php?id=<?= $article['member_id'] ?>">
㉑            <?= html_escape($article['author']) ?></a>
          </p>
        </section>
      </main>
㉒  <?php include 'includes/footer.php'; ?>
```

会员页

member.php文件显示了每个会员的详细信息以及他们所写文章的摘要。查询字符串中包含页面应该显示的会员id。

① 使用严格类型，并且页面中引入了所需的文件 database-connection.php和functions.php。

② filter_input()在查询字符串中查找名称id，并检查其值是否为整数。如果是，$id的值保存为数字；否则为false。如果该值不在查询字符串中，则$id的值为null。

③ 如果查询字符串中没有有效的整数，则引用page-not-found.php(该文件将以exit命令结束，并停止运行代码)。

④ 该SQL用于从$sql变量中获取会员数据。

⑤ pdo()函数运行SQL查询，然后调用fetch()方法获取保存在$member中的会员数据。

⑥ 如果在数据库中没有找到会员数据，则引用page-not-found.php文件，并停止该页继续运行。

⑦ 如果页面仍在运行，则$sql变量中保存的SQL用于获得会员所写文章的摘要。

⑧ 运行查询，调用fetchAll()方法获取查询返回的数据，并将数据保存在$articles中。

⑨ 用于获取导航类别的SQL保存在$sql中。

⑩ 在查询运行后，调用fetchAll()方法获取查询所返回的数据，并将其保存在$navigation中。

⑪ 因为会员页没有所属类别，所以将$section变量赋值为空字符串。

⑫ 将会员的姓名保存在$title中，这样它就可以显示在页面的标题中。

⑬ 将会员的姓名与词组on Creative Folk拼接在一起，然后保存在$description变量中，以用于< meta >描述标签。

一旦从数据库中收集了所需的数据并保存在变量中，虚线以下的文件其余部分将创建HTML代码，并将其发送回浏览器。

⑭ 在页面中引入header.php文件。

⑮ 将会员的姓和名写入<h1>标签中。

⑯ 使用format_date()函数显示会员注册的日期，以确保日期格式的一致性。

⑰ 如果用户上传了个人资料图片，文件名将写入<img>标签的src属性中。如果没有提供图片，则显示占位图片。

⑱ 会员的名字写入<img>标签的alt属性中。

⑲ foreach循环遍历步骤⑦中创建的$articles数组。它保存该会员所写文章的详细信息。

⑳ 用于显示文章摘要的代码与第465页中用于在主页上显示文章的代码相同。

如果作者没有写过任何文章，循环中的语句将不会运行。

㉑ 在页面中引入footer.php文件。

```php
<?php
declare(strict_types = 1);                            // 使用严格类型
require 'includes/database-connection.php';           // 创建PDO对象
require 'includes/functions.php';                      // 引用函数
$id = filter_input(INPUT_GET, 'id', FILTER_VALIDATE_INT); // 验证id是否有效
if (!$id) {
    include 'page-not-found.php';                      // 显示无法找到页面
}
$sql = "SELECT forename, surname, joined, picture FROM member WHERE id = :id;"; // SQL
$member = pdo($pdo, $sql, [$id])->fetch();            // 获取会员数据
if (!$member) {                                        // 检查数组是否为空
    include 'page-not-found.php';                      // 显示无法找到页面
}
$sql = "SELECT a.id, a.title, a.summary, a.category_id, a.member_id,
                c.name      AS category,
                CONCAT(m.forename, ' ', m.surname) AS author,
                i.file      AS image_file,
                i.alt       AS image_alt,
            FROM article    AS a
            JOIN category   AS c   ON a.category_id = c.id
            JOIN member     AS m   ON a.member_id   = m.id
            LEFT JOIN image AS i   ON a.image_id    = i.id
            WHERE a.member_id = :id AND a.published = 1
            ORDER BY a.id DESC;";                      // SQL
$articles = pdo($pdo, $sql, [$id])->fetchAll();       // 会员的文章
$sql = "SELECT id, name FROM category WHERE navigation = 1;"; // 获取类别的SQL
$navigation = pdo($pdo, $sql)->fetchAll();            // 获取类别
$section    = '';                                      // 当前类别
$title      = $member['forename'] . ' ' . $member['surname']; // HTML<title>的内容
$description = $title . ' on Creative Folk';           // Meta描述
?>
<?php include 'includes/header.php'; ?>
    <main class="container" id="content">
      <section class="header">
        <h1><?= html_escape($member['forename'] . ' ' . $member['surname']) ?></h1>
        <p class="member"><b>Member since:</b> <?= format_date($member['joined']) ?></p>
        <img src="uploads/<?= html_escape($member['picture'] ?? 'blank.png') ?>"
             alt="<?= html_escape($member['forename']) ?>" class="profile"><br>
      </section>
      <section class="grid">
      <?php foreach ($articles as $article) { ?>
      <!-- 展示文章摘要的代码与第465页的相同 -->
      <?php } ?>
      </section>
    </main>
<?php include 'includes/footer.php'; ?>
```

创建搜索功能

搜索页面介绍了如何使用SQL搜索数据库中的数据，以及当数据库查询可能返回大量行时，如何使用分页在多个页面上显示查询结果。

当访问者在搜索框中输入一条搜索词，并提交该表单时，数据库将在article表的title、summary和description列中查找该搜索词。如果在这些列中找到搜索词，就将文章摘要添加到结果集中，以便访问者可以查看哪些文章与他们的查询匹配。

搜索页面会运行两个SQL查询：
- 一个用于计算匹配结果的总数。
- 另一个用于获取这些文章的摘要细节。

下面，可以看到该条SQL查询，它用于计算包含搜索词的文章数量。

搜索词在SQL查询中重复出现了三次，先后在title列、summary列以及content列中查找。由于不能在SQL查询中重复使用占位符，因此需要分别使用不同的占位符在每个列中查找。

```
SELECT COUNT(title)
  FROM article
 WHERE title    LIKE :term1
    OR summary  LIKE :term2
    OR content  LIKE :term3
   AND published = 1;
```

当数据库返回大量匹配的结果时，每页中仅显示3条匹配结果，你可以：
- 在每一页中显示查询结果项的部分子集。
- 在展示的查询结果项下面添加链接，允许访问者请求下一个(或上一个)匹配项的子集。

这称为分页(pagination)技术，因为这里将查询结果分为多个页面。这些用于显示搜索结果链接的查询字符串中包含三个字段名/值对，以便搜索页面知道需要给用户获取并展示哪些文章。

- term 保存了搜索词。
- show 表示每页显示多少个查询结果项。
- from表示已经显示了多少个匹配项。

show的值需要与SQL LIMIT子句一起使用，以便数据库返回要在页面上显示的正确文章数量。

from值与SQL OFFSET子句一起使用，告诉数据库先找到指定数量的匹配项，然后从剩余项中开始向结果集添加结果。

```
LIMIT  :show
OFFSET :from
```

```
search.php?term=design
search.php?term=design&show=3&from=3
search.php?term=design&show=3&from=6
search.php?term=design&show=3&from=9
```

FROM		SHOW						PAGE
(0	÷	3	)	+	1	=		1
(3	÷	3	)	+	1	=		2
(6	÷	3	)	+	1	=		3
(9	÷	3	)	+	1	=		4

要创建分页链接，搜索页面需要三个数据；分别保存在如下变量中：

- $count 与查询匹配的结果数。
- $show 每页显示的结果数。
- $from 在将匹配项添加到结果集之前要跳过的结果数。

要计算显示结果所需的页数，用$count(匹配项的数量)除以$show(每页显示的结果数量)。

如上图所示，这里有10个匹配项，每页显示3个匹配项。10 ÷ 3 ≈ 3.3333，对该数字使用PHP的ceil()函数向上取整，得到显示结果所需的页数。

```
$total_pages = ceil($count / $show);
```

要确定当前页号，可以用$from(要跳过的结果数)除以$show(每页的结果数)，然后加1。确定当前页面的计算方式，如下所示。

```
$current_page = ceil($from / $show) + 1;
```

for循环用于创建分页链接。它将计数器初始值设置为1，并检查计数器是否小于总页数。如果是，就将一个链接添加到页面中，然后将计数器的值加1。循环执行以上操作，直到计数器的值大于显示结果所需的总页数。

```
for ($i = 1; $i <= $total_pages; $i++) {
// 显示另一个链接
}
```

搜索页

当用户在search.php页面顶部的表单中输入搜索词并提交表单时，搜索词将被发送回同一页面，然后该页面将找到并显示匹配的文章。

① 使用严格类型，并且在页面中引入文件function.php和database-connection.php。

② filter_input()从查询字符串中获取三个值，并将它们分别保存在变量中：

- $term保存搜索词。
- $show获取每页要显示的搜索结果数(如果没有给出值，则使用默认值3)。
- $from获取要跳过的结果数(如果没有给出值，则使用默认值0)。

③ 初始化了两个变量，以便在创建HTML页面时使用，但只有在有搜索词时才会给它们赋值($count值为0，$articles为空数组)。

④ if语句检查$term是否包含搜索词；这是因为页面中的后续部分(试图在数据库中查找匹配项)只在提供搜索词时运行。

⑤ 因为SQL查询不能使用相同的占位符名称，所以在$arguments数组中保存SQL查询要用的三个占位符名称以及替换它们的值。之后，这些占位符都被将替换为相同的搜索词。

通配符%分别添加在搜索词前后位置，这样即使字符出现在搜索词的任意一侧，SQL查询也能找到匹配项。

⑥ 第一个SQL查询用于计算文章表中有多少篇文章在title、summary或content列中包含搜索词。

⑦ pdo()函数用于运行SQL查询(这里使用了用户提供的搜索词)。然后，调用PDOStatement对象的fetchColumn()方法获取与搜索词匹配的文章数量。顾名思义，fetchColumn()方法就是从结果集中的单个列中获取值，然后将返回的值保存在$count中。

⑧ if语句检查是否有匹配项。如果有，则收集文章摘要。否则，就跳过收集摘要的步骤。

⑨ 在$arguments数组中添加另外两个元素，以便在第二个SQL查询中使用：

- show表示每页要显示的结果数。
- from表示要跳过的结果数(两者都保存在第②步创建的变量中)。

⑩ 第二个SQL查询用于获取在此页中显示的匹配文章的摘要，并将它保存在$sql中。

⑪ WHERE子句在article表的title、summary或content列中查找包含搜索词的文章。

⑫ ORDER BY子句根据条目id对结果进行降序排序，因此最新结果排在前面。

⑬ LIMIT子句将添加到结果集中的结果数限制为每页应该显示的搜索结果数。

⑭ OFFSET子句用于控制在将数据添加到结果集中之前，需要跳过多少个匹配项。

⑮ SQL语句使用更新后的$arguments数组中的值运行，然后调用PDOStatement对象的fetchAll()方法来获取所有匹配的摘要。将获取的结果保存在$articles中。

```php
<?php
declare(strict_types = 1);                          // 使用严格类型
require 'includes/database-connection.php';         // 创建PDO对象
require 'includes/functions.php';                   // 引入函数

$term  = filter_input(INPUT_GET, 'term');                              // 获取搜索词
$show  = filter_input(INPUT_GET, 'show', FILTER_VALIDATE_INT) ?? 3;  // limit
$from  = filter_input(INPUT_GET, 'from', FILTER_VALIDATE_INT) ?? 0;  // offset
$count = 0;                                          // 设置匹配文章的数量为0
$articles = [];                                      // 设置保存摘要的变量为空数组

if ($term) {                                         // 检查是否提供了搜索词
    $arguments['term1'] = '%$term%';                 // 在数组中保存搜索词
    $arguments['term2'] = '%$term%';                 // 设置三个占位符
    $arguments['term3'] = '%$term%';

    $sql = "SELECT COUNT(title) FROM article
             WHERE title   LIKE :term1
               OR summary LIKE :term2
               OR content LIKE :term3
               AND published = 1;";                  // 匹配项的数量
    $count = pdo($pdo, $sql, $arguments)->fetchColumn(); // 返回匹配数
    if ($count > 0) {                                // 检查是否有匹配的文章
        $arguments['show'] = $show;                  // 添加到数组中以便分页
        $arguments['from'] = $from;
        $sql = "SELECT a.id, a.title, a.summary, a.category_id, a.member_id,
                        c.name      AS category,
                        CONCAT(m.forename, ' ', m.surname) AS author,
                        i.file      AS image_file,
                        i.alt       AS image_alt
                  FROM article     AS a
                  JOIN category     AS c    ON a.category_id = c.id
                  JOIN member       AS m    ON a.member_id   = m.id
                  LEFT JOIN image   AS i    ON a.image_id    = i.id
                 WHERE a.title   LIKE :term1
                    OR a.summary LIKE :term2
                    OR a.content LIKE :term3
                    AND a.published = 1
                 ORDER BY a.id DESC
                   LIMIT :show
                  OFFSET :from;";                     // 查找匹配文章
        $articles = pdo($pdo, $sql, $arguments)->fetchAll(); // 返回查询结果
    }
}
```

搜索页(续)

接下来，该页面将继续计算创建分页链接所需的值。

① 如果$count的值大于$show的值，则需要计算分页链接的值。

② 显示结果所需的总页数(保存在$total_pages中)，通过以下方式计算：

- 用$count除以$show。
- 使用PHP的ceil()函数对数值向上取整。

③ 当前页号(保存在$current_page中)通过以下方式计算得到：

- 用$show中的值除以$from中的值。
- 使用PHP的ceil()函数对上式的结果向上取整。
- 将上式的结果加1。

④ $sql中保存的SQL用于获取类别，以便展示在导航条中。

⑤ 在查询运行后，调用fetchAll()方法获取类别，并将它们保存在$navigation中。

⑥ 因为搜索页面没有所属类别，所以$section变量保存了一个空字符串。

⑦ 页面标题保存在$title中。它由文本Search results for和搜索词(在header.php中转义)组成。

⑧ meta描述文本保存在$description变量中。文件的其余部分将创建HTML页面，并发送回浏览器。

⑨ 搜索表单会将数据提交回服务器上的该页面。

⑩ 如果用户输入了一个搜索词，先对该词中的特殊字符进行转义，然后显示在搜索输入框中。

⑪ 如果$term中有值，则显示匹配项的数量。

⑫ 与前面的示例一样(参见465页)，使用foreach循环显示文章摘要。

⑬ if语句检查$count的值是否大于$show的值。如果是，则显示分页链接。

⑭ 将<nav>和<ul>标签添加到分页容器中。每个<li>标签将包含一条链接。

⑮ for循环用于创建分页链接。它的括号包含三个表达式：

- $i = 1 创建名为$i的计数器，并赋值为1。
- $i <= $total_pages 是验证循环中的代码是否应继续运行的条件。如果计数器小于显示搜索结果所需的总页数，则继续运行后续代码块。
- $i++ 每次运行时，计数器的值递增1。

⑯ 在循环中，每个页面对应一个链接。其中的href属性为包含三个值的查询字符串，用于告诉search.php应该显示哪些结果：

- term 表示搜索词。
- show 表示每页要显示的结果数。
- from 表示要跳过匹配项数。例如，第1页的$i值为1，因此(1 - 1) * 3，跳过0个匹配项；第2页的$i值为2，因此(2 - 1) * 3，跳过3个匹配项；第3页的$i值为3，因此 (3 - 1) * 3，跳过6个匹配项。

⑰ 如果计数器中的值与$current_page中的值相等，则该链接应指示这是查询结果的当前页面。需要将active添加到class属性中，并添加值为true的aria-current属性。

⑱ 在链接内部，计数器用作链接文本来显示页号。循环将持续运行，直到计数器中的值等于$total_pages中的值时停止。

```php
① if ($count > $show) {                              // 检查匹配项是否大于展示项
②     $total_pages   = ceil($count / $show);          // 计算总页数
③     $current_page  = ceil($from / $show) + 1;       // 计算当前页
   }
④ $sql = "SELECT id, name FROM category WHERE navigation = 1;"; // 用于获取类别的SQL
⑤ $navigation  = pdo($pdo, $sql)->fetchAll();        // 获取导航条中的类别

⑥ $section      = '';                                 // 当前类别
⑦ $title        = 'Search results for ' . $term;      // HTML <title>的内容
⑧ $description  = $title . ' on Creative Folk';        // meta描述内容
?>
   <?php include 'includes/header.php'; ?>
     <main class="container" id="content">
       <section class="header">
⑨        <form action="search.php" method="get" class="form-search">
           <label for="search"><span>Search for: </span></label>
⑩        <input type="text" name="term" value="<?= html_escape($term) ?>"
                  id="search" placeholder="Enter search term"
              /><input type="submit" value="Search" class="btn" />
         </form>
⑪       <?php if ($term) { ?><p><b>Matches found:</b> <?= $count ?></p><?php } ?>
       </section>

       <section class="grid">
         <?php foreach ($articles as $article) { ?>
⑫       <!-- 展示文章摘要的代码与465页的相同 -->
         <?php } ?>
       </section>

⑬       <?php if ($count > $show) { ?>
⑭       <nav class="pagination" role="navigation" aria-label="Pagination navigation">
         <ul>
⑮       <?php for ($i = 1; $i <= $total_pages; $i++) { ?>
           <li>
⑯          <a href="?term=<?= $term ?>&show=<?= $show ?>&from=<?= (($i - 1) * $show) ?>"
⑰             class="btn <?= ($i == $current_page) ? 'active" aria-current="true' : '' ?>">
⑱            <?= $i ?>
           </a>
           </li>
         <?php } ?>
         </ul>
       </nav>
       <?php } ?>
     </main>
   <?php include 'includes/footer.php'; ?>
```

将获取的数据
放入对象中

PDO还可将结果集中的每一行数据表示为一个对象，而非数组(该对象的方法可以处理返回的数据)。PDO的获取模式可用于指定数据应该如何表示。

获取模式用于控制PDOStatement对象如何返回结果集中的每一行数据。获取模式可以是：

- 一个关联数组；它的键是结果集中的列名。
- 一个对象；它的属性名是结果集中的列名。

第439页中的database-connection.php文件使用$options数组设置默认获取模式，以将每一行数据作为关联数组返回。

要将每一行数据作为对象而不是数组返回，应设置默认获取模式的值为PDO::FETCH_OBJ。

数组 ⟶ `PDO::ATTR_DEFAULT_FETCH_MODE => PDO::FETCH_ASSOC;`
对象 ⟶ `PDO::ATTR_DEFAULT_FETCH_MODE => PDO::FETCH_OBJ;`

每个PDOStatement对象还有一个名为setFetchMode()的方法，该方法可用于为单个PDOStatement对象设置获取模式。这将覆盖默认的获取方法。

setFetchMode()需要在execute()方法之后调用。它的一个形参是要使用的获取模式。如下这行语句表示结果集中的每一行数据都应该作为一个对象返回。

`$statement->setFetchMode(PDO::FETCH_OBJ);`

PDOStatement对象　　设置获取模式　　将每行数据作为对象获取

获取模式也可指定为fetch()和fetchAll()方法的实参。该情况下，使用fetchAll()从结果集中检索多行数据时，每个对象都以单独元素的形式保存在索引数组中。

该对象是使用标准类来创建的；标准类(standard class)指的是一个空白对象(没有属性或方法)，类名为stdClass。第480页上的示例将展示如何将数据添加到使用现有类构建的对象中。

`$statement->fetch(PDO::FETCH_OBJ);`

PDOStatement对象　　获取数据　　将每行数据作为对象获取

设置获取模式
以获取对象

section_c/c12/examples/fetching-data-as-objects.php

```php
<?php
require '../cms/includes/database-connection.php';
require '../cms/includes/functions.php';
$sql = "SELECT id, forename, surname
        FROM member;";                       // SQL
$statement = $pdo->query($sql);              // 执行
$statement->setFetchMode(PDO::FETCH_OBJ);    // 获取模式
$members    = $statement->fetchAll();        // 获取数据
?>
<!DOCTYPE html>
<html> ...
  <body>
    <?php foreach ($members as $member) { ?>
      <p>
        <?= html_escape($member->forename) ?>
        <?= html_escape($member->surname) ?>
      </p>
    <?php } ?>
  </body>
</html>
```

① ②
③
④
⑤

⑥
⑦

结果

Ivy Stone

Luke Wood

Emiko Ito

试一试: 在步骤②中请求会员的电子邮件地址,然后在步骤⑦中显示电子邮件地址。

试一试: 将步骤⑦中的代码替换为<?php var_dump ($member) ?>,看看每行数据所创建的对象有什么变化。

在本示例中,结果集的每一行都由对象的一个属性表示。

① 引入文件database-connection.php和functions.php。

② 查询保存在$sql变量中。

③ 调用PDO对象的query()方法执行查询。

这将返回一个PDOStatement对象,该对象表示查询及其生成的结果集。

④ 调用PDOStatement对象的setFetchMode()方法。实参PDO::FETCH_OBJ声明了结果集的每一行都应该作为一个对象返回。

⑤ PDOStatement对象的fetchAll()方法从结果集中获取每一行数据。它返回一个索引数组,该数组中每个元素的值都是一个表示一行数据的对象。

⑥ foreach循环用于遍历数组中的每个元素。

⑦ 通过会员对象的属性来显示会员名。

使用类将获取的
数据放入对象中

PDO也可将结果集的每一行返回为指定对象，该对象使用用户自定义类来创建。用该类创建的对象将自动获得类定义中的任何方法。

要将结果集的每行数据添加到使用现有类定义创建的对象中，请使用PDOStatement对象的setFetchMode()方法，该方法有两个形参：

- 获取模式 PDO::FETCH_CLASS
- 所使用的类名

类名在引号中给出，类定义必须在调用setFetchMode()方法之前引入页面中。

在下一页中，可以看到类定义(用于创建表示网站会员的对象)。该类位于classes文件夹的Member.php文件中。

对象的属性与数据库member表中两列的名称相匹配。

- 当结果集中的列名与类中的属性名匹配时，该列的值将赋给该属性。
- 如果结果集中某列的名称与类中的所有属性均不匹配，则该列名将作为对象的额外属性添加。

PDO使用该类创建的任何对象也将具有类定义中的方法。

当使用fetchAll()从结果集中检索多行数据时，每个对象都保存在索引数组的不同元素中。

```
$statement->setFetchMode(PDO::FETCH_CLASS, 'Member');
```

| PDOStatement 对象 | 设置 获取模式 | 将获取的数据 放入现有类中 | 类名 |

从已命名的类创建对象时，在调用类的__construct()方法(参见第160页)之前将值赋给对象的属性。这可能导致非预期的结果。

使用现有类
创建对象

PHP   section_c/c12/examples/fetching-data-as-objects.php

```php
<?php
class Member
{
  public $forename;
  public $surname;
  public function getFullName(): string
  {
    return $this->forename . ' ' . $this->surname;
  }
}
```
① (braces marker)

PHP   section_c/c12/examples/fetching-data-into-class.php

```php
<?php
require '../cms/includes/database-connection.php';
require '../cms/includes/functions.php';
require 'classes/Member.php';
$sql = "SELECT forename, surname
          FROM member
          WHERE id = 1;";
$statement = $pdo->query($sql);
$statement->setFetchMode(PDO::FETCH_CLASS, 'Member');
$member = $statement->fetch();
?>
<!DOCTYPE html>
<html> ...
  <p><?= html_escape($member->getFullName()) ?></p>
...
</html>
```
② ③ ④ ⑤ ⑥ ⑦ (line markers)

结果

Ivy Stone

①　Member类定义中包含两个属性和一个方法。

②　引用文件database-connection.php、functions.php和 Member.php。

③　SQL查询保存在$sql变量中。

④　PDO对象的query()方法运行查询并创建PDOStatement 对象来表示结果集。

⑤　调用PDOStatement对象的 setFetchMode()方法，并传入下列实参：

● PDO::FETCH_CLASS告知 PDO 将数据添加到使用现有类创建的对象中。

● Member 类 (用于创建对象)的名称。

⑥　调用PDOStatement对象的 fetch ()方法从结果集中获取一行数据。并将返回的对象保存在$member变量中。

⑦　调用对象的getFullName()方法来获取会员的全名。

试一试： 将步骤⑥中的代码替换为<?php var_dump($member) ?>，然后查看为会员创建的对象。

小结

获取并显示数据库中的数据

➤ PDO对象表示与数据库的连接，同时用于管理该连接。

➤ PDOStatement对象表示SQL语句及其生成的结果集。它可将每行数据以关联数组或对象的形式返回。

➤ 当结果集有多行时，每行都可以保存在索引数组的一个元素中。

➤ 查询字符串可用于指定页面应从数据库收集哪些数据。

➤ SQL语句可使用占位符表示每次请求页面时可能更改的值。

第13章

更新数据库中的数据

网站能够向用户提供工具，允许他们向数据库中添加新的数据，更新或删除已保存的现有数据。

为此，PHP页面需要执行以下任务。

① **收集数据**：第6章演示了如何从表单和url中获取数据。

② **验证数据**：第6章还演示了如何确认已经提供了所需的数据，而且数据格式是有效的(如果有错误，则向用户提示)。

③ **更新数据库**：第11章介绍了在数据库中创建、更新或删除数据的SQL语句。第12章则介绍了如何使用PDO运行SQL语句。

④ **提供反馈**：执行操作后，返回消息以告诉用户操作是否成功。

因为你已经学习了如何执行这些任务中的大部分内容，所以本章将重点关注如何控制每个任务的运行时间。语句运行的顺序称为控制流(flow of control)。本章将使用一系列if语句告诉PHP解释器执行不同任务的时机。例如，如果用户提供的数据无效，就没有必要创建或执行SQL来更新数据库。类似地，只有对数据库的更改成功时才需要显示操作成功的提示信息。

你还将学习如何使用事务(transaction)来运行一系列相关的SQL语句，以及如何仅在所有SQL语句成功运行时保存更改(只要有一条SQL语句失败，数据库就不保存任何更改)。

向表中添加数据

要向数据库表添加新行，请使用SQL的INSERT命令。
注意，INSERT命令一次只能向一个表添加数据。

① 下面的SQL语句将一个类别添加到category表中。它还有name(名称)、description(描述)和navigation(导航)列的形参(id列的值由数据库生成)。

② 每列所使用的数据由一个关联数组提供，而数组中的每个元素则对应于SQL语句中的形参。需要注意，数组中不能包含任何额外的元素，因为这将导致错误。

③ PDO对象的prepare()方法需要传入SQL语句作为实参，这样才能创建PDOStatement对象。然后，调用PDOStatement对象的execute()方法，使用数组中的值来运行SQL。

```
① $sql = "INSERT INTO category (name, description, navigation)
            VALUES (:name, :description, :navigation);";

② $category = ['name']        = 'News';
  $category = ['description'] = 'News about Creative Folk';
  $category = ['navigation']  = 1;

③ $statement = $pdo->prepare($sql);
  $statement->execute($category);
```

右表中突出显示了新加入的行。自增特性将该行id列值为5。在示例网站中，如果出现问题，PDO对象将抛出异常，这将由默认异常处理函数处理。

category			
id	name	description	navigation
1	Print	Inspiring graphic design	1
2	Digital	Powerful pixels	1
3	Illustration	Hand-drawn visual storytelling	1
4	Photography	Capturing the moment	1
5	News	News about Creative Folk	1

更新表中的数据

要更新数据库表中的现有行，请使用SQL的UPDATE命令。该命令可以使用JOIN更新多个表。

① 下面的SQL语句用于更新现有类别。前三个形参分别表示name、description和navigation列中使用的值。WHERE子句使用形参指定要更新的数据行id。

② 用于替换形参的数据是由一个数组提供的，SQL语句中的每个形参都对应于该数组中的一个元素。注意，数组中不能包含额外的元素，否则会导致错误。

③ 该语句的运行类似于带形参的查询。下面，可以看到用户定义的pdo()函数(在第456页引入)用于运行SQL语句。本章的其余部分将使用这种方法。

①
```
$sql = "UPDATE category
          SET name        = :name,
              description = :description,
              navigation  = :navigation
        WHERE id = :id;";
```

②
```
$category = ['id']          = 5;
$category = ['name']        = 'News';
$category = ['description'] = 'Updates from Creative Folk';
$category = ['navigation']  = 0;
```

③
```
pdo($pdo, $sql, $category);
```

category			
id	name	description	navigation
1	Print	Inspiring graphic design	1
2	Digital	Powerful pixels	1
3	Illustration	Hand-drawn visual storytelling	1
4	Photography	Capturing the moment	1
5	News	Updates from Creative Folk	0

在左表中，上面的语句更新了第5个类别。

注意： 如果WHERE子句中指定的搜索条件能够匹配多个行，那么SQL UPDATE命令将更新所有匹配的行数据。

从表中删除数据

SQL的DELETE命令用于从表中删除数据行。搭配搜索条件可限制应该删除哪些行。另外，JOIN可用于从多个表中删除数据。

① 下面的SQL语句使用 DELETE 命令，后面跟着FROM子句和将要执行删除行操作的表名。

② 接下来，搜索条件指定应该从该表中删除哪些行。要删除的行是通过id列中的值指定的。

③ 要删除的行id保存在 $id中。然后使用在实参中创建的索引数组将id提供给pdo()函数。

```
①  $sql = "DELETE FROM category
②            WHERE id = :id;";

③  $id = 5;
    pdo($pdo, $sql, [$id]);
```

这里删除了右表中的第5个类别。

注意： 如果WHERE子句中的搜索条件匹配多个行，SQL DELETE 命令将删除所有匹配的行。

category			
id	name	description	navigation
1	Print	Inspiring graphic design	1
2	Digital	Powerful pixels	1
3	Illustration	Hand-drawn visual storytelling	1
4	Photography	Capturing the moment	1

获取新数据行的id

当数据库表的其中一列使用了自增的id，并且向表中添加了新数据行时，PDO对象的lastInsertId()方法会返回数据库为新行创建的id。

在示例网站中，每个表的第一列为id列。它保存表的主键，用于唯一地标识表中的每一行。向表中添加新行时，MySQL的自增特性将用于创建新行id列中的值。

当SQL语句在表中插入新数据行时，调用PDO对象的lastInsertId()方法可获得MySQL为id列生成的值。可将该值保存在变量中，留待后续使用。

创建新文章并上传图片时，将介绍该方法的具体应用。
- 首先将图片添加到image表中。
- 调用lastInsertId()方法获取它的id。
- 文章将添加到article表的末尾处，因为它使用了表中image_id列中的新图片id。

下面可以看到，在调用pdo()函数向数据库添加新行之后调用了lastInsertId()方法。

```
pdo($pdo, $sql, $arguments);
$new_id = $pdo->lastInsertId();
```

确定所修改
数据行的数量

当SQL语句使用UPDATE或DELETE命令时，它们可以同时更改多行数据。调用PDOStatement对象的rowCount()方法能够返回更改的行数。

当运行UPDATE或DELETE命令时，可以更改数据库中的单行或多行数据(当未找到匹配行时则不修改)，具体取决于与WHERE子句中的搜索条件匹配的行数。

当运行下面的查询时，如果category表中没有id为100的类别，那么数据库中将不会删除任何数据：

```
DELETE FROM category
 WHERE id = 100;
```

当运行下面的查询时，它可以更新1行或多行数据；而具体更改了多少行数据，取决于navigation列中有多少行的值为0。

```
UPDATE category
   SET navigation = 1
 WHERE navigation = 0;
```

当调用PDOStatement对象的execute()方法时，将根据SQL语句是否运行，返回true或false。但是，正如这些示例所示，该方法不会返回数据库中是否有数据发生更改的信息。

如果要确定运行SQL语句后，有多少行数据发生了更改，可以使用PDOStatement对象的rowCount()方法，该方法能够返回已更改的行数。

rowCount()方法应该在execute()方法之后的下一条语句中调用，可以将rowCount方法返回的值保存在一个变量中。

如果使用上一章中定义的pdo()函数运行SQL语句，则可在调用pdo()函数的同一语句中调用rowCount()方法(使用方法链的语法)。

```
$sql = "UPDATE category
            SET navigation = 1
          WHERE navigation = 0;";
$result = $pdo($pdo, $sql)->rowCount();
```

防止列中
出现重复值

某些列中的值应该是唯一的。例如，在示例网站中，两篇文章不能有相同的标题，两个类别不能有相同的名称，两个会员不能有相同的电子邮件地址。

在第430页中，为数据库的如下几列添加了唯一性约束，以确保在这些列中任意两行的值不相同：

- article表的title列
- category表的name列
- member表的email列

向这些表添加新行(或更新现有行)时，如果另一行已经在这些列中保存了相同的值，由于无法保存数据(若保存将打破唯一性约束)，PDO将抛出一个异常对象。

PDO使用PDOException类创建PDOException对象；它与第368页介绍的异常对象相似，所不同的是，该对象保存了额外数据。下面介绍如何处理可能破坏唯一性约束的SQL语句。

① 将这些试图在表中创建新行或更新现有行的代码放在try代码块中。

② 如果在try代码块中运行代码时PDO抛出异常，则随后将运行catch代码块，并且将异常对象保存在名为$e的变量中。

③ PDOException对象有名为errorInfo的属性。属性的值是关于错误数据的索引数组。数组中的第二个元素则是错误代码(完整的错误代码列表请参阅http://notes.re/PDO/error-codes)。如果错误码为1062，表示唯一性约束将阻止保存数据，并且必须告诉用户该值已经被使用。

④ 如果是其他错误代码，则使用throw关键字(参见第369页)重新抛出异常，并将由默认异常处理函数处理。

```
① ┌ try {
   └     pdo($pdo, $sql, $args);
② } catch (PDOException $e) {
③ ┌     if ($e->errorInfo[1] === 1062) {
   │         // 告诉用户该值已使用
   └     } else {
④ ┌         throw $e;
   └     }
   }
```

创建可用于
编辑数据库数据的页面

前面介绍了PDO如何在数据库中添加、更新和删除数据，本章的其余部分将介绍如何创建管理页面和表单，以允许用户更改保存在数据库中的数据。

下面的6个页面允许用户对类别和文章执行创建、更新和删除操作。

管理页面的文件都放在名为admin的文件夹中。请先在浏览器中尝试运行它们，然后查看代码。

categories.php

本页列出了所有类别，以及创建类别、更新类别和删除类别的链接。

articles.php

本页列出了所有文章，还包含允许网站所有者创建、更新和删除文章的页面跳转链接。

创建或编辑类别的链接指向 category.php页面。

- 当创建类别时，该链接中没有查询字符串。
- 在编辑类别时，查询字符串包含id，其值是要编辑的类别id，如category.php?id=2。

删除类别的链接则指向名为category-delete.php的页面，查询字符串中包含需要删除的类别id。

创建或编辑文章的链接指向 article.php页面。

- 当创建文章时，该链接中没有查询字符串。
- 在编辑文章时，查询字符串包含id，其值是要编辑的类别id，如article.php?id=2。

删除文章的链接指向一个名为article-delete.php的页面，查询字符串包含要删除的文章id。

category.php

该页中提供了一个表单，用于创建新类别或更新现有类别。

article.php

该页中提供了一个表单，用于创建新文章或更新现有文章。

当表单提交时，将对数据进行验证：

- 如果提交的数据有效，那么页面将更新数据库并将用户送回categories.php页面。同时在查询字符串中插入信息，以便告知类别页面可以显示数据已保存。
- 如果数据无效，则再次显示表单，并在表单字段下面显示需要更正的消息。

当表单提交时，将对数据进行验证：

- 如果提交的数据有效，那么页面将更新数据库并将用户送回articles.php页面。同时在查询字符串中插入信息，以便文章页面可以显示数据已保存。
- 如果数据无效，则再次显示表单，并在表单字段下面显示需要更正的消息。

category-delete.php

此页面要求用户确认是否要删除类别。

article-delete.php

此页面要求用户确认是否要删除文章。

如果用户单击CONFIRM按钮，类别将被删除，并返回categories.php页面。同时在查询字符串中插入提示信息，然后显示在类别页面中，以通知用户类别已被删除。

如果用户单击CONFIRM按钮，文章将被删除，并返回articles.php页面。同时在查询字符串中插入提示信息，然后显示在文章页面中，以通知用户文章已被删除。

创建、更新和删除类别

categories.php页面提供了创建类别、更新类别和删除类别的链接。

① 使用严格类型，引入两个文件：database-connection.php用于创建PDO对象，functions.php 包含了用户自定义的函数，例如pdo()函数、格式化数据的函数和步骤⑮~⑲中所示的新函数。

② 如果查询字符串中包含成功(success)字段，则将其对应的值保存在名为$success的变量中。否则，$success 的值为null。

③ 如果查询字符串中包含失败(failure)字段，则将其对应的值保存在名为$failure的变量中。否则，$failure的值为null。

④ $sql变量保存SQL查询，以获取数据库中每个类别的数据。

⑤ pdo()函数运行查询，然后调用PDOStatement对象的fetchAll()方法，以获取类别数据并将其保存在$categories变量中。

⑥ 将头文件引入管理页面。

⑦ 如果查询字符串包含成功或失败字段消息，该信息将显示在页面中。

⑧ 添加一个用于创建新类别的链接。当指向category.php的链接中没有查询字符串时，那么category.php知道它应该创建一个新类别。

⑨ 向页面中添加一个表。表中第一行包含三个列标题：Name、Edit和Delete。

⑩ foreach循环用于显示现有类别的数据，并写入编辑或删除它们的链接。

⑪ 第一列将显示类别名称。

⑫ 接下来，创建一个指向category.php页面的链接。链接中的查询字符串包含类别的id，这样，当 category.php页面加载时，它允许用户编辑关于该类别的详细信息。例如：<a href="category.php?id=1">。

⑬ 创建一个指向category-delete.php页面的链接，该页面将从数据库中删除一个类别。类别的id保存在查询字符串中。

⑭ 将脚部文件引入管理页面。

⑮ 在functions.php中添加一个新的函数，该函数用于将用户重定向到另一个页面。它允许将成功或失败消息添加到用户接收到的页面查询字符串中。该函数有三个形参，分别是：

- 用户所收到的文件名称
- 用于创建查询字符串的可选数组
- 可选的HTTP响应码(默认为302)

⑯ $qs变量用来保存查询字符串。它的值使用三元操作符赋值。如果$parameters变量中保存了数组，则在$qs中添加一个问号，然后PHP内置的http_build_query()函数将使用数组中的值创建查询字符串。对于数组中的每个元素，键将变成查询字符串中的一个字段名称，它的值被添加到等号之后(URL中不允许的字符也将被转义，可参见第80页)。

⑰ 将$qs中的值进行拼接，然后添加到发送给用户的页面URL末尾。

⑱ 调用PHP的header()函数来重定向访问的页面。第一个实参告诉浏览器要请求的页面；第二个则是HTTP响应码。

⑲ exit停止任何代码的运行。

```php
    <?php
①  declare(strict_types = 1);                              // 启用严格模式
    include '../includes/database-connection.php';          // 数据库连接
    include '../includes/functions.php';                    // 引入函数

②  $success = $_GET['success'] ?? null;                    // 检查成功字段信息
③  $failure = $_GET['failure'] ?? null;                    // 检查失败字段信息

④  $sql = "SELECT id, name, navigation FROM category;";     // 获取类别的SQL
⑤  $categories = pdo($pdo, $sql)->fetchAll();               // 获取所有类别
    ?>
⑥  <?php include '../includes/admin-header.php' ?>
    <main class="container" id="content">
      <section class="header">
        <h1>Categories</h1>
⑦      <?php if ($success) { ?><div class="alert alert-success"><?= $success ?></div><?php } ?>
        <?php if ($failure) { ?><div class="alert alert-danger"><?= $failure ?></div><?php } ?>
⑧      <p><a href="category.php" class="btn btn-primary">Add new category</a></p>
      </section>

      <table class="categories">
⑨      <tr><th>Name</th><th class="edit">Edit</th><th class="delete">Delete</th></tr>
⑩      <?php foreach ($categories as $category) { ?>
          <tr>
⑪          <td><?= html_escape($category['name']) ?></td>
⑫          <td><a href="category.php?id=<?= $category['id'] ?>"
                  class="btn btn-primary">Edit</a></td>
⑬          <td><a href="category-delete.php?id=<?= $category['id'] ?>"
                  class="btn btn-danger">Delete</a></td>
          </tr>
        <?php } ?>
      </table>
    </main>
⑭  <?php include '../includes/admin-footer.php'; ?>
```

```php
⑮  function redirect(string $location, array $parameters = [], $response_code = 302)
    {
⑯      $qs = $parameters ? '?' . http_build_query($parameters) : '';  // 创建查询字符串
⑰      $location = $location . $qs;                                    // 创建新页面路径
⑱      header('Location: ' . $location, $response_code);               // 重定向到新页面
⑲      exit;                                                           // 停止代码运行
    }
```

创建和更新数据

创建或更新文章和类别的代码共分为4个部分。其中每部分使用一组if语句来确定具体要运行哪些代码。

A：设置页面

首先，页面将检查当前是否正在创建或更新数据。为此，它们会验证查询字符串中是否包含id字段(其值为整数)。

- 未包含：表明该页用于在数据库中创建新行。至此，PHP解释器将跳转到步骤B。
- 包含：页面正在尝试编辑现有的数据行，必须加载数据以便可以编辑它。

如果没有返回用户想要编辑的数据，那么页面将告诉用户没有找到文章或类别。

B：获取并验证用户数据

接下来，该页面将检查表单是否被提交。

- 否：跳转到步骤D。
- 是：收集数据并验证。

页面将为接收到的每条数据创建一个数组，数组中保存有一个元素。该元素的值使用函数(参阅第 6章)验证数据来赋值。

- 如果数据有效，那么数组中的元素保存为空字符串。
- 如果数据无效，那么数组保存一条错误消息，用于指示期望从控件获得哪些数据。

然后，数组中的值将拼接到一个字符串中。

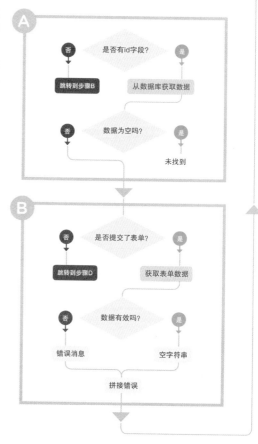

流程图有助于描述在不同的情况下应运行哪些代码。在处理代码时，回顾这些流程图对你很有帮助。

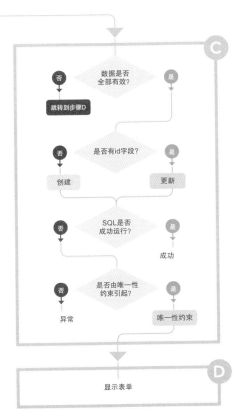

C：保存用户数据

在这一部分，页面将验证数据是否全部有效。

- 无效：跳到步骤D。
- 有效：继续运行步骤C中的代码。

然后检查查询字符串中是否有id字段。

- 否：SQL将创建一个新的文章或类别。
- 是：SQL将更新文章或类别。

接下来，检查SQL是否成功运行。

- 否：检查抛出的异常类型。
- 是：用户将看到一条成功消息。

如果抛出异常，确定它是不是由唯一性约束引起的。

- 否：重新抛出异常。
- 是：显示描述该问题的信息。

D：显示表单

然后显示表单内容：

- 如果没有id并且表单未提交，那么表单各控件为初始状态。
- 如果有id，但表单没有提交，那么表单将显示要编辑的现有数据。
- 如果提交了表单，但是数据无效，那么表单将显示用户之前提交的数据，并显示错误消息，告诉用户如何更正数据。

获取和验证类别数据

category.php页面的代码将在接下来的6页中分别介绍。首先，可以看到步骤A和B的代码。步骤A用于设置页面并确定是创建新类别还是更新现有类别。

① 使用严格类型，并引入所需的文件：database-connection.php、functions.php和validate.php(其中包含第6章中创建的验证函数)。

② 如果页面正在编辑一个已有类别，URL的查询字符串中将包含id字段；它的值将是要编辑的类别id。

PHP的filter_input()函数用于检查id字段对应的值是否存在以及该值是否为整数。$id变量的值为：

- id字段对应的值(如果该值存在)。
- false——如果id字段对应的值不是有效整数。
- null——如果id字段不在查询字符串中。

③ 声明$category数组，用于保存类别的详细信息。当创建新类别且表单没有任何要显示的值时，它将使用步骤D中表单所显示的值进行初始化(见第503页)。

④ $errors数组用每个元素的空字符串进行初始化 (因为此时表单还没有任何错误)。该数组中的值显示在步骤D中每个表单控件之后(见第503页)。

⑤ if语句检查查询字符串中的类别id是否为有效整数。

⑥ 如果是，则写入SQL并保存在$sql变量中，用于从数据库中获取用户想要编辑的类别。

⑦ 调用pdo()函数运行查询，然后调用fetch()方法收集类别数据。将返回的数组保存在$category变量中(覆盖步骤③中创建的值)。

⑧ 如果查询字符串中有id，但数据库没有找到匹配的类别，那么$category变量将为false，并执行随后的if代码块。

⑨ redirect()函数(第495页)将跳转到categories.php页面。第二个实参是一个数组，用于显示失败消息，告诉用户无法找到类别。

步骤B将收集并验证表单数据。

⑩ if语句测试表单是否已提交。

⑪ 如果已提交，表单中的值将保存在步骤④中创建的$category数组中。注意，只有选中复选框时，导航选项(指示类别是否应显示在导航栏中)才会发送到服务器。因此，使用PHP的isset()函数验证表单是否发送了该表单控件的值，并使用比较操作符检查其值是否为1。如果是，那么navigation键的值将为1；否则，该值保持为0。

⑫ 使用validate.php引用文件中的is_text()函数对类别名称和描述进行验证。如果无效，则将错误消息保存在$errors数组中。

⑬ 将$errors数组中的值拼接在一起并保存在名为$invalid的变量中。

在下一页中，你将看到该页如何决定是否将数据保存到数据库中。

```php
<?php
// 步骤A: 设置
declare(strict_types = 1);                          // 使用严格类型
include '../includes/database-connection.php';
include '../includes/functions.php';
include '../includes/validate.php';


// 初始化变量
$id = filter_input(INPUT_GET, 'id', FILTER_VALIDATE_INT); // 获取id并验证
$category = [
    'id'          => $id,
    'name'        => '',
    'description' => '',
    'navigation'  => false,
];                                                  // 初始化类别数组
$errors = [
    'warning'     => '',
    'name'        => '',
    'description' => '',
];                                                  // 初始化错误信息数组


// 如果有id, 表示页面正在编辑类别, 因此获取当前类别
if ($id) {                                           // 检查id是否存在且有效
    $sql = "SELECT id, name, description, navigation
            FROM category
            WHERE id = :id;";                        // SQL语句
    $category = pdo($pdo, $sql, [$id])->fetch();     // 获取类别数据
    if (!$category) {
        redirect('categories.php', ['failure' => 'Category not found']); // 显示错误信息
    }
}


// 步骤B: 获取并验证表单数据
if ($_SERVER['REQUEST_METHOD'] == 'POST') {          // 确认表单是否已提交
    $category['name']        = $_POST['name'];       // 获取名称
    $category['description'] = $_POST['description']; // 获取描述信息
    $category['navigation']  = (isset($_POST['navigation'])
        and ($_POST['navigation'] == 1)) ? 1 : 0;    // 获取导航信息

    // 检查所有数据是否有效: 如果无效, 则创建错误信息
    $errors['name'] = (is_text($category['name'], 1, 24))
        ? '' : 'Name should be 1-24 characters.';    // 验证名称
    $errors['description'] = (is_text($category['description'], 1, 254))
        ? '' : 'Description should be 1-254 characters.'; // 验证描述

    $invalid = implode($errors);                     // 拼接错误信息
```

① ② ③ ④ ⑤ ⑥ ⑦ ⑧ ⑨ ⑩ ⑪ ⑫ ⑬

保存类别数据

在本页的步骤C中，category.php文件决定数据库是否应该保存数据。如果保存，则决定是否应该添加新类别或更新现有类别。

① if语句验证$invalid是否包含文本。如果包含，则条件判断为true，这表明用户需要纠正表单填写中的错误。随后的代码块在$errors数组中保存了一条警告消息。

② 否则，表明数据有效且可以进行后续处理。

③ 将来自$category数组的数据复制到$arguments变量中。这样做是因为：

- 当pdo()函数运行SQL语句时，它使用保存在 $category中的值来替换占位符。

- 但是，SQL语句并不总是需要$category数组中的所有元素。某些情况下，如果不删除一些元素，那么pdo()函数将不会运行(参见步骤⑨)。

④ 如果$id包含一个数字(将其视为true)，则意味着该页正在更新现有类别。

⑤ $sql变量保存的SQL语句用于更新现有类别，它以UPDATE命令和要更新的表的名称开始。

⑥ SET子句后面是要更新的列的名称，以及所要替换的占位符。

⑦ WHERE子句表示应该更新category表中的id行。

⑧ 如果$id变量保存的不是数字，则意味着该页正在向数据库添加一个新类别。

⑨ PHP的unset()函数用于从$arguments数组中删除保存文章id的元素。这样做是因为保存用于替换SQL语句中占位符的数组不能包含额外元素，因此需要删除其中多余的id元素。

⑩ $sql变量保存创建新类别的SQL语句。其中：

- INSERT 向数据库添加新行。

- INTO后面跟要添加数据的表名。

- 括号中写入将赋值的列名。

⑪ VALUES命令后跟表示新值的占位符名称。它们同样写在括号里。

⑫ 在try代码块中运行SQL语句，这是因为类别名称有唯一性约束。如果用户提供的是一个已使用过的名称，则会抛出异常。

⑬ pdo()函数执行SQL语句。

⑭ 如果try代码块中的代码仍在运行，则表示SQL语句成功执行，因此调用redirect()函数(参见495页)。传入的第一个实参表示应该跳转到categories.php页面。第二个实参是一个数组，数组中的信息表示类别已保存成功。redirect()函数将接收这些数据并告诉浏览器请求页面category.php?success=Category%20saved。

```
        // 步骤 C: 验证数据是否有效，如果是，则更新数据库
        if ($invalid) {                              // 检查数据是否无效
①           $errors['warning'] = 'Please correct errors';  // 创建错误信息
②       } else {
③           $arguments = $category;                  // 为SQL设置实参数组
④           if ($id) {
⑤               $sql = "UPDATE category
                        SET name = :name, description = :description,
⑥                           navigation = :navigation
⑦                       WHERE id = :id;";            // 用于更新类别的SQL
⑧           } else {
⑨               unset($arguments['id']);             // 从类别数组中删除id
⑩               $sql = "INSERT INTO category (name, description, navigation)
⑪                       VALUES (:name, :description, :navigation);"; // 创建类别
            }

            // 当运行SQL时，会发生三件事:
            // 成功保存类别，该类别名称已经在使用，由于其他原因抛出异常
⑫           try {                                    // 尝试执行SQL语句
⑬               pdo($pdo, $sql, $arguments);         // 执行SQL
⑭               redirect('categories.php', ['success' => 'Category saved']); // 重定向页面
⑮           } catch (PDOException $e) {
⑯               if ($e->errorInfo[1] === 1062) {
⑰                   $errors['warning'] = 'Category name already in use'; // 保存错误信息
                } else {
⑱                   throw $e;                        // 再次抛出异常
                }
            }
        }
    }
    ?>
```

当类别已成功保存时，将访问者重定向到categories.php。这将阻止用户再次提交数据或刷新页面。

⑮ 如果无法保存类别数据，则会抛出异常，PHP 解释器将运行catch代码块中的代码。catch代码块的目的是检查引发异常的原因是否为类别名称已存在。在catch代码块内部，异常对象将保存在名为$e的变量中。

⑯ if语句的条件将检查异常对象的errorInfo属性，该属性包含一个索引数组。错误代码保存在键为1的元素中。如果错误代码为1062，则表示已违反唯一性约束，并且类别名称已在使用中。

⑰ 在$errors数组中保存错误消息，用于告诉用户类别名称已经在使用中。

⑱ 如果异常对象具有不同的错误代码，则异常将被重新抛出，并将由默认异常处理函数处理。

用于创建或编辑类别数据的表单

步骤D的流程包括向访问者显示一个表单，访问者可以使用该表单创建或编辑类别信息。无论用户是创建还是编辑类别，都会显示相同的表单。

① <form>标签的action属性指向同一个页面(category.php)。查询字符串中包含id字段，它的值是保存在$id属性中的值。如果类别已经创建，它将保存类别的id；否则，它的值为null。这里的表单是使用HTTP POST发送的。

② 如果表单已提交且数据无效，或者类别名称已在使用中，则错误消息将保存在$errors数组中，并作为警告(warning)键的值。if语句用于检查是否存在错误消息。

③ 如果有错误信息，将显示在表单上方。

④ 文本输入允许用户输入或更新类别名称。如果用户之前已经提供了名称，则该名称将显示在文本输入框的value属性中。调用html_escape()函数确保将该值中的任何保留 HTML字符替换为实体。这可以防止XSS攻击所带来的风险。

当页面首次加载以创建新类别时，用户还没有提供任何类别数据。由于之前步骤A中已经对$category数组进行初始化(指定键名并将其值设置为空字符串)，页面就有了可以在表单控件中显示的值。

⑤ $errors数组在步骤A中也进行了初始化。其中的每个文本输入都有一个对应元素。如果提交了表单并且类别名称无效，则与name键关联的值将包含描述问题的错误消息，并且将在文本输入框下显示。

如果表单尚未提交，或者没有错误，那么$errors中保存的是空字符串(因为它是在步骤A中初始化的)，并且会将空字符串显示在文本输入下面(如果在步骤A中没有初始化$errors数组，则试图显示错误消息将导致Undefined index错误)。

⑥ <textarea> 输入框允许用户提供类别的描述。如果用户已经提供了该值，那么它将显示在开始和结束标签之间。

⑦ 如果在验证描述时出现问题，则错误消息将显示在描述输入框的下方。

⑧ 复选框用于指示类别名称是否应该显示在导航中。

⑨ 使用三元操作符检查导航选项是否赋值为1。如果是，那么checked属性将添加到复选框元素上。否则，操作符返回空字符串。

⑩ 在表单的末尾添加提交(submit)按钮。

PHP   `c13/cms/admin/category.php`

```php
<?php include 'includes/admin-header.php'; ?>
  <main class="container admin" id="content">
①    <form action="category.php?id=<?= $id ?>" method="post" class="narrow">

      <h2>Edit Category</h2>
②      <?php if ($errors['warning']) { ?>
③        <div class="alert alert-danger"><?= $errors['warning'] ?></div>
      <?php } ?>

      <div class="form-group">
        <label for="name">Name: </label>
        <input type="text" name="name" id="name"
④              value="<?= html_escape($category['name']) ?>" class="form-control">
⑤        <span class="errors"><?= $errors['name'] ?></span>
      </div>

      <div class="form-group">
        <label for="description">Description: </label>
        <textarea name="description" id="description" class="form-control">
⑥          <?= html_escape($category['description']) ?></textarea>
⑦        <span class="errors"><?= $errors['description'] ?></span>
      </div>

      <div class="form-check">
⑧        <input type="checkbox" name="navigation" id="navigation"
              value="1" class="form-check-input"
⑨              <?= ($category['navigation'] === 1) ? 'checked' : '' ?>>
        <label class="form-check-label" for="navigation">Navigation</label>
      </div>

⑩      <input type="submit" value="save" class="btn btn-primary btn-save">

    </form>
  </main>
<?php include 'includes/admin-footer.php'; ?>
```

删除类别

当用户单击删除类别的链接时，页面将从数据库中获取类别名称并将其显示给用户，要求用户确认是否要删除它（这可以防止有人不慎单击删除类别的链接而导致误操作）。

如果用户确认想要删除类别，页面将重新加载并尝试删除它。如果操作成功，用户将跳转至 categories.php页面，并显示一条消息告诉用户操作成功了。

① 使用严格类型，并引入所需的文件。

② filter_input()函数检查查询字符串中是否存在id 字段。如果存在且值为有效整数，则将值保存在$id中。如果它的值不是有效整数，那么 $id保存false。如果id不存在，那么$id保存null。

③ $category变量初始化为一个空字符串，该变量在后续步骤中将用于保存类别名称。

④ if语句验证$id中的值是否为非true(表明步骤②中$id的值为false或null)。如果是，则将页面跳转到categories.php，并提示类别未找到。

⑤ 如果页面仍在运行，$sql变量将保存一个sql查询以获取类别名称。

⑥ 调用pdo()函数运行SQL查询，然后调用fetchColumn()方法尝试获取类别名称。如果找到类别，则其名称保存在$category中。否则，fetchColumn()函数返回false。

⑦ if语句检查$category中的值是否为false。如果是，则将页面跳转到categories.php，并显示未找到类别的消息。

⑧ 确认表单是否已经提交。

⑨ 创建try代码块来尝试删除类别。

⑩ 在$sql变量中保存删除类别的SQL语句。

⑪ pdo()函数用于删除类别。

⑫ 如果SQL语句运行时没有错误，则使用redirect()函数将页面跳转到categories.php，并发送消息确认类别已被删除。

⑬ 如果在运行SQL语句时抛出异常，则运行catch代码块。

⑭ 如果错误码是1451，则表示完整性约束不允许删除类别(因为该类别仍然包含文章)。

⑮ 在本例中，使用redirect()函数使访问者跳转到categories.php页面，并显示一条失败消息，告诉他们类别中仍包含必须事先转移或删除的文章。

⑯ 否则，再次执行删除操作的话仍将抛出该错误，并由默认异常处理程序处理。

⑰ 该表单用于显示类别名称，并要求用户确认应该删除类别。<form>标签上的action属性表示将表单提交给category-delete.php。其中，查询字符串必须包含要删除的类别id。

⑱ 显示要删除的类别名称。

⑲ 提交按钮供用户确认是否删除该类别。

```php
<?php
declare(strict_types = 1);                                // 使用严格类型
include '../includes/database-connection.php';
include '../includes/functions.php';

$id = filter_input(INPUT_GET, 'id', FILTER_VALIDATE_INT);  // 获取并验证id
$category = '';                                            // 初始化类别名称

if (!$id) {
    redirect('categories.php', ['failure' => 'Category not found']);
                                                           // 重定向页面并生成错误消息
}

$sql = "SELECT name FROM category WHERE id = :id;";         // 用于获取类别的SQL
$category = pdo($pdo, $sql, [$id])->fetchColumn();         // 获取类别名称
if (!$category) {
    redirect('categories.php', ['failure' => 'Category not found']);
                                                           // 重定向页面并生成错误消息
}

if ($_SERVER['REQUEST_METHOD'] == 'POST') {
    try {                                                  // 尝试删除数据
        $sql = "DELETE FROM category WHERE id = :id;";     // 用于删除类别的SQL
        pdo($pdo, $sql, [$id]);                            // 删除类别
        redirect('categories.php', ['success' => 'Category deleted']); // 重定向页面
    } catch (PDOException $e) {                            // 捕获异常
        if ($e->errorInfo[1] === 1451) {
            redirect('categories.php', ['failure' => 'Category contains articles that
            must be moved or deleted before you can delete it']); // 重定向页面
        } else {
            throw $e;                                      // 再次抛出异常
        }
    }
}?>
<?php include 'includes/admin-header.php'; ?>

  <main class="container admin" id="content">
    <h2>Delete Category</h2>
    <form action="category-delete.php?id=<?= $id ?>" method="POST" class="narrow">
      <p>Click confirm to delete the category <?= html_escape($category) ?></p>
      <input type="submit" name="delete" value="confirm" class="btn btn-primary">
      <a href="categories.php" class="btn btn-danger">cancel</a>
    </form>
  </main>

<?php include 'includes/admin-footer.php'; ?>
```

创建和编辑文章

用于创建和编辑文章的article.php文件与category.php的控制流非常相似，但它们仍存在区别，其中article.php文件必须收集更多数据，还要允许用户上传图片，而这无疑增加了代码的复杂性。

article.php文件允许用户：

- 为文章创建或编辑文本
- 上传文章中的图片

它比category.php更复杂，因为：

- 每篇文章都保存了更多数据，因此有更多数据需要收集和验证。
- 文章中的数据与其他表中的数据(如文章类别和文章作者)绑定。
- 用户可以选择上传文章中的图片，图片标签上的alt文本用于描述图片。

要在数据库中保存文章及其图片，PHP代码必须同时使用article和image表。

由于SQL一次只能将新数据行插入一个表中，因此将使用事务来创建和编辑文章。

事务允许数据库检查一组SQL语句中的更改能否成功运行，并且只有在所有更改都成功运行时才会保存更改内容。哪怕事务中仅有一条SQL语句存在问题，程序也不会保存任何更改内容。

如你所见，控制流将决定运行哪些语句。提供上传图片的能力可能使控制流程变得更加复杂。假设某位会员已经上传了一篇文章和一幅图片；然后，他可能想执行以下操作：

- 更新文章，但保持其中的图片不变。这样只会更新article表中的数据。
- 更新文章和图片。这将涉及首先从article和image表中删除旧的图片文件和相应的数据；上传新的图片文件后，再使用新数据更新article和image表。
- 只是更改图片的alt文本，没有别的操作。这意味着只需要更新image表中的数据。

用户在单个页面上拥有的选项越多，控制流就越复杂，代码也就越难理解。

为防止控制流变得过于复杂，可以限制用户能够在单个页面上执行的操作数量。例如，用户在上传新图片之前必须删除图片，并提供一个单独的页面用于编辑alt文本。

在创建文章时，用户可以同时提供图片和文本。

注意：大多数浏览器不允许使用服务器端代码在HTML文件上传控件中直接填入文件内容。因此，如果用户提交了一篇文章，但没有通过验证，那么用户将需要再次选择图片。

当用户不得不再次上传图片时，他们也被迫重新输入alt文本。

当更新文章时：
- 如果用户没有上传图片，则表单中会显示提示，以便让用户上传图片(如上图中的CHOOSE FILE所示)。
- 如果用户上传了图片，那么页面中将显示的是图片及其替换文本，而不是表单。

一旦图片上传，图片下面会显示两个链接，让用户：
- 编辑alt文本
- 删除图片(和alt文本)
  articles.php页面列出了所有文章，可以在下载代码文件中找到。其工作方式与categories.php页面相同，在第494~495页中也可以看到该类页面。

接下来的两页将介绍article.php中使用的事务。

事务：多个SQL语句

事务用于将一组SQL语句组合在一起。如果所有语句都成功执行，则所有更改都保存在数据库中。如果其中任何一个语句失败，则不会保存任何更改。

有些任务需要使用多条SQL语句。例如，当为一篇文章上传图片时，PHP代码必须：

- 将图片数据添加到image表中。
- 获取数据库为图片创建的ID(使用自增特性创建)。
- 在image_id列中将新图片的ID添加到article表中。

此外，数据库一次只能向一个表添加数据；因此，每当创建新文章时，必须使用单独的SQL语句将数据添加到image和article表中。

当运行每一条SQL语句时，该条语句称为一个操作(operation)。而事务表示可能涉及多个数据库操作的任务。

通过将多个操作合并到一个事务中，PDO可以检查事务中的所有SQL语句能否成功运行。

- 如果它们没有导致异常，则可以将这些更改提交给数据库。
- 如果在执行任何语句时出现问题，那么PDO将抛出异常。然后，PHP代码可以告诉PDO不要将任何更改保存到数据库中。这称为回滚(rolling back)事务。

事务使用try和catch代码块执行。

- try代码块包含想要尝试运行的代码。
- catch代码块则用于处理try代码块中抛出的异常。

try代码块中的语句告诉PDO：

- 开启一个事务。
- 运行事务中包含的所有单独SQL语句。
- 将更改提交到数据库。

如果任意某条语句导致异常，那么PHP解释器将立即运行后续catch代码块中的代码。

在catch块中：

- 使用PDO可以确保数据库回滚它所做的任何更改，以便数据库回到执行事务前的数据状态。
- 重新抛出异常，以便由默认异常处理函数捕获它。

这可以保证要么成功执行所有SQL语句，要么当try代码块中发生异常时，不会保存任何更改。

PDO对象有三个方法，分别用于启动事务、向数据库提交更改或回滚更改；回滚使数据库回到更改之前的状态。

PDO对象提供使用事务的三种方法，如右表所示。

前两个用于try代码块中；第三个用于catch代码块中。

方法	描述
beginTransaction()	开启一个事务
commit()	将更改保存到数据库中
rollBack()	撤销事务中的更改

① try代码块包含在事务中运行所有SQL语句的代码。

② 第一条语句调用PDO对象的beginTransaction()方法来启动事务。

③ 接下来是运行事务中涉及的SQL语句的代码。

④ try代码块中的最后一条语句调用PDO对象的commit()方法来保存更改。

⑤ 如果在任何SQL语句运行时抛出了异常，那么try代码块中的代码将停止运行，并跳转到后续的catch代码块中处理异常。

⑥ 调用PDO对象的rollBack()方法以确保try代码块中的任何更改都不会保存到数据库中。

⑦ 将异常对象重新抛出，以便由默认异常处理程序函数处理。

```
① try {
②     $pdo->beginTransaction();
③     // 运行SQL语句
④     $pdo->commit();
⑤ } catch (PDOException $e) {
⑥     $pdo->rollBack();
⑦     throw $e;
   }
```

文章：设置页面
(步骤A)

article.php页面使用与category.php类似的控制流。

- 如果查询字符串有id字段，那么它的值是用户试图编辑的文章id。
- 如果查询字符串没有id字段，则意味着该页面正用于创建新文章。

① 声明了使用严格类型，并引入必需的文件。

② 上传文件的文件路径保存在$uploads（见第306页）中。允许的图片类型保存在$file_types中。允许的文件扩展名保存在$file_exts中。允许的最大文件大小保存在$max_size中。

③ filter_input()函数用于验证查询字符串中的id字段。如果该字段包含有效整数，则保存在$id中。如果为无效值，那么$id保存false。如果不存在，那么$id为null。

④ 为检查文件是否上传，页面会尝试获取文件的临时位置并将其保存在$temp中。如果还未上传图片，使用空合并操作符在$temp中保存一个空白字符串。

⑤ 初始化$destination变量。当上传一幅图片时，该变量将更新为保存图片的路径。

⑥ 声明$article数组，并使用默认值初始化。这些默认值使用了步骤D中的表单在创建新文章(但尚未提供值)时用到的一些内容。为使示例代码适合下一页的篇幅，每行代码中声明了数组的两个元素；而在下载代码中，每行代码仅声明单个元素。

⑦ $errors数组用空字符串初始化。此数组中的值将显示在每个表单控件之后。

⑧ if语句验证查询字符串中是否提供了id字段。如果是，则表明页面正在编辑文章，文章所需数据必须从数据库中收集。

⑨ $sql保存的SQL语句用于获取文章数据。

⑩ 调用pdo()函数运行SQL语句，然后调用返回的PDOStatement对象上的fetch()方法来收集文章数据。它返回的值将保存并覆盖第⑥步中创建的$article数组。如果没有找到文章，那么$article的值为false。

⑪ 如果$article变量的值为false，则用户将被重定向到articles.php，并将在页面中显示失败消息，说明无法找到该文章。

⑫ 如果文章中已有图片，则$article数组的image_file元素将有一个值，因此$saved_image的值为true；否则值为false。

⑬ 所有作者和类别都是从数据库中获取的。这些数据用于创建下拉框以选择作者和类别，并验证所选值。首先，$sql保存有一条SQL查询，以获取每个会员的id、姓和名。

⑭ 调用pdo()函数运行查询，接着调用返回的PDOStatement对象的fetchAll()方法收集结果并将它们保存在$authors变量中。最终返回一个索引数组，每个元素的值是会员的详细信息，以关联数组形式保存。

⑮ 接下来，$sql变量保存SQL查询，用于获取所有类别的id和名称。

⑯ 调用pdo()函数运行查询，接着调用返回的PDOStatement对象的fetchAll()方法获取类别数据；并将数据保存在$categories中。

```php
<?php
// 步骤A: 设置
declare(strict_types = 1);                                          // 使用严格类型
include '../includes/database-connection.php';
include '../includes/functions.php';
include '../includes/validate.php';
$uploads = dirname(__DIR__, 1) . DIRECTORY_SEPARATOR . 'uploads' . DIRECTORY_SEPARATOR;
$file_types = ['image/jpeg', 'image/png', 'image/gif',];          // 允许使用的图片类型
$file_exts  = ['jpg', 'jpeg', 'png', 'gif',];                     // 允许的扩展名
$max_size   = 5242880;                                             // 最大文件大小
// 初始化PHP代码所需的变量
$id          = filter_input(INPUT_GET, 'id', FILTER_VALIDATE_INT); // 获取id并验证
$temp        = $_FILES['image']['tmp_name'] ?? '';                 // 临时图片文件
$destination = '';                                                 // 保存文件的位置
// 初始化HTML页面所需的变量
$article = [
    'id'         => $id,   'title'       => '',
    'summary'    => '',    'content'     => '',
    'member_id'  => 0,     'category_id' => 0,
    'image_id'   => null,  'published'   => false,
    'image_file' => '',    'image_alt'   => '',
];                                                                 // 文章数据
$errors = [
    'warning' => '', 'title'  => '', 'summary'    => '', 'content'   => '',
    'author'  => '', 'category' => '', 'image_file' => '', 'image_alt' => '',
];                                                                 // 错误信息
// 如果有id, 则页面正在编辑文章, 接着获取当前文章数据
if ($id) {                                                         // 检查是否有id
    $sql     = "SELECT a.id, a.title, a.summary, a.content,
                       a.category_id, a.member_id, a.image_id, a.published,
                       i.file    AS image_file,
                       i.alt     AS image_alt
                FROM article    AS a
                LEFT JOIN image AS i ON a.image_id = i.id
                WHERE a.id = :id;";                                // 获取文章的SQL
    $article = pdo($pdo, $sql, [$id])->fetch();                    // 获取文章数据
    if (!$article) {
        redirect('articles.php', ['failure' => 'Article not found']); // 重定向
    }
}
$saved_image = $article['image_file'] ? true : false;              // 确认是否上传了图片
// 获取所有会员和所有类别
$sql        = "SELECT id, forename, surname FROM member;";         // 获取所有会员的SQL
$authors    = pdo($pdo, $sql)->fetchAll();                         // 获取所有会员
$sql        = "SELECT id, name FROM category;";                    // 获取所有类别的SQL
$categories = pdo($pdo, $sql)->fetchAll();                         // 获取所有类别
```

文章：获取和验证数据（步骤B）

这两个页面显示了步骤B的代码，用于收集并验证用户发送的数据。

① if语句检查表单是否已发送。

② 在$errors数组中添加image_file元素，并使用三元操作符为其赋值。如果某个文件上传失败，原因是它大于php.ini或.htaccess中的最大上传文件限制，那么image_file元素的值将保存一个错误；否则，它的值保存为空字符串。

③ if语句检查文件是否上传且没有错误。如果是，则对文件进行验证。

④ 因为已经上传了图片，所以它的alt文本被收集并保存$article数组中。

⑤ 如果图片的媒体类型是所允许的文件类型(在上一页的步骤②中设置)，那么$errors数组的image_file元素的值设置为空白字符串。否则，其值为一条错误消息。

⑥ 如果允许文件的扩展名是所允许的类型(在上一页的步骤②中设置)，那么$errors数组的image_file元素的值设置为空白字符串。否则，其值为一条错误消息。

⑦ 如果文件大小大于所允许的上限(在上一页的步骤②中设置)，那么将$errors数组的image_file元素值设置一条错误消息，告诉用户文件过大。

⑧ 在$errors数组中添加名为image_alt的键。如果alt文本长度为1~254个字符，则保存一个空字符串；否则，将该值保存为错误消息。

⑨ if语句检查$errors数组的image_file和image_alt键是否都为空。如果是，则可以继续处理图片。

⑩ 调用create_filename()函数从文件名中删除不需要的字符，并确保它是唯一的。名称保存在$article数组的image_file键所对应的值上。

⑪ 在$desination变量中保存图片上传的路径。这是通过将uploads文件夹的路径(保存在上一页步骤②中的$uploads变量中)拼接到上一步创建的文件名之后所创建的。

⑫ 文章数据是从表单中收集而来的。如果当前正更新文章，那么这些值将覆盖上一页的步骤⑨~⑩中从数据库收集的现有值。

⑬ 发布文章的选项是一个复选框。只有当复选框选中时，它的值才会发送到服务器。

如果选中复选框，则赋值为1，否则为0。这是因为1和0是数据库保存的值，用于表示布尔值true和false。

⑭ 每个文本都使用第6章中创建的函数进行验证。如果数据有效，则元素保存一个空字符串。否则，它将为该表单控件保存错误消息。

⑮ validate.php文件中已经添加了is_member_id()和is_category_id()函数。这两个函数用于遍历上一页步骤⑬~⑯中所收集的会员和类别数组，以检查提供的值是否有效。

⑯ 使用PHP的implode()函数将$errors数组中的值拼接为一个字符串，并保存在$invalid的变量中。这将用于判断数据是否应该保存到数据库中。

```
       // 步骤B：获取并验证数据
①   if ($_SERVER['REQUEST_METHOD'] == 'POST') {                          // 检查表单是否已提交
       // 如果文件大小大于php.ini或.htaccess文件中设置的限制，则保存错误消息
②      $errors['image_file'] = ($_FILES['image']['error'] === 1) ? 'File too big ' : '';

       // 如果图片已上传，则获取图片数据并进行验证
③      if ($temp and $_FILES['image']['error'] === 0) {                 // 确认图片是否上传
④          $article['image_alt'] = $_POST['image_alt'];                 // 获取alt文本
           // 验证图片文件
⑤          $errors['image_file'] .= in_array(mime_content_type($temp), $file_types)
               ? '' : 'Wrong file type. ';                             // 验证文件类型
⑥          $ext = strtolower(pathinfo($_FILES['image']['name'], PATHINFO_EXTENSION));
           $errors['image_file'] .= in_array($ext, $file_extensions)
               ? '' : 'Wrong file extension. ';                        // 验证扩展名
⑦          $errors['image_file'] .= ($_FILES['image']['size'] <= $max_size)
               ? '' : 'File too big. ';                                // 验证文件大小
⑧          $errors['image_alt']  = (is_text($article['image_alt'], 1, 254))
               ? '' : 'Alt text must be 1-254 characters.';            // 验证alt文本
           // 如果图片文件有效，则指定保存位置
⑨          if ($errors['image_file'] === '' and $errors['image_alt'] === '') {
⑩              $article['image_file'] = create_filename($_FILES['image']['name'], $uploads);
⑪              $destination = $uploads . $article['image_file'];       // 最终保存路径
           }
       }

       // 获取文章数据
       $article['title']       = $_POST['title'];                      // 标题
       $article['summary']     = $_POST['summary'];                    // 摘要
⑫      $article['content']     = $_POST['content'];                    // 内容
       $article['member_id']   = $_POST['member_id'];                  // 作者
       $article['category_id'] = $_POST['category_id'];                // 类别
⑬      $article['published']   = (isset($_POST['published'])
           and ($_POST['published'] == 1)) ? 1 : 0;                    // 是否已发布?

       // 验证文章数据，如果无效，则创建错误消息
       $errors['title']    = is_text($article['title'], 1, 80)
           ? '' : 'Title must be 1-80 characters';
⑭      $errors['summary']  = is_text($article['summary'], 1, 254)
           ? '' : 'Summary must be 1-254 characters';
       $errors['content']  = is_text($article['content'], 1, 100000)
           ? '' : 'Article must be 1-100,000 characters';
       $errors['member']   = is_member_id($article['member_id'], $authors)
⑮          ? '' : 'Please select an author';
       $errors['category'] = is_category_id($article['category_id'], $categories)
           ? '' : 'Please select a category';
⑯      $invalid = implode($errors);                                    // 拼接错误消息
```

文章：保存更改内容 (步骤C)

这两页展示了步骤C的代码。

① if语句检查$invalid是否包含任何错误消息。如果是，那么$errors数组将保存一条消息，用于告诉用户如何更正表单错误。

② 如果不是，则表示数据有效，可以继续处理。

③ 将$article中的数据复制到$arguments中。pdo()函数将使用$arguments中的值来运行。而步骤D中的HTML表单则使用$article中的值。

④ try代码块中的代码用于更新数据库。

⑤ 启动事务是因为创建或更新项目需要执行两条 SQL语句。如果其中一条执行失败，那么两条语句都不应执行。

⑥ 如果$destination包含的值(第513页中的步骤⑪)不为空，则表示已上传了图片。该图片必须在文章数据之前处理，因为article表中需要保存图片的id。

⑦ Imagick用于调整图片尺寸并保存图片：

- 创建一个Imagick对象来表示上传的图片(其路径保存在$temp，可参见第511页中的步骤④)。
- 将图片尺寸调整为1200×700像素。
- 将图片保存到$destination中指定的路径。

⑧ $sql变量保存的SQL语句用于将图片文件名和alt文本添加到image表。

⑨ 调用pdo()函数运行SQL语句。实参(图片文件和 alt文本)以索引数组形式传递给pdo()函数。

⑩ 使用PDO对象的lastInsertId()方法收集图片的id，并保存在$arguments数组(在步骤③中创建)的image_id键中。

⑪ 从$arguments数组中删除键为image_file和image_alt的元素，因为在第二个SQL语句中，数组中每个占位符只能包含一个元素。

⑫ if语句检查是否指定了id。如果已指定，则表示当前正在更新一篇文章，并且$sql变量将保存一条SQL语句来更新数据库。

⑬ 如果没有id，则表示当前正在创建新的文章，因此id将从$arguments数组中删除，而$sql保存向数据库添加新文章的SQL。

⑭ 调用pdo()函数运行SQL语句。

⑮ 调用PDO对象的commit()方法将事务中所带来的两项更改保存到数据库中。

⑯ 如果代码仍在运行，则表示文章已保存，然后调用redirect()，让用户跳转到articles.php页面。

⑰ 如果PDO在try代码块中抛出异常，则运行catch 代码块。将异常对象保存在$e中。

⑱ 调用PDO对象的rollBack()方法阻止数据库保存事务中的任何更改。

⑲ 如果在步骤⑦中已将图片保存到服务器，则使用PHP的unlink()方法删除它。

⑳ 如果PDOException对象的错误码是1062，则表示该标题已被使用，因此将错误消息保存在$errors中。

㉑ 否则，将重新抛出异常。

㉒ 如果运行了接下来的这行代码，则表示文章中包含无效数据。如果文章中已上传的图片(请参见511页的步骤⑫)有效，那么图片仍将保存在$article数组的image_file键中。否则，将image_file键保存的值设置为空字符串。

```
        // 步骤C: 验证数据是否有效; 如果有效, 则更新数据库
    if ($invalid) {
①┌      $errors['warning'] = 'Please correct the errors below';  // 保存消息
②   } else {
③       $arguments = $article;                                   // 保存文章数据
④       try {                                                    // 尝试插入数据
⑤           $pdo->beginTransaction();                            // 启动事务
⑥           if ($destination) {
⑦┌              $imagick = new \Imagick($temp);                  // 创建Imagick对象
 │              $imagick->cropThumbnailImage(1200, 700);         // 创建裁剪图片
 └              $imagick->writeImage($destination);              // 保存文件
⑧┌              $sql = "INSERT INTO image (file, alt)
 └                      VALUES (:file, :alt);";                  // 用于添加图片的SQL
⑨              pdo($pdo, $sql, [$arguments['image_file'], $arguments['image_alt'],]);
⑩              $arguments['image_id'] = $pdo->lastInsertId();    // 获取新image_id
            }
⑪           unset($arguments['image_file'], $arguments['image_alt']); // 删除冗余图片数据
            if ($id) {
⑫┌              $sql = "UPDATE article
 │                      SET title = :title, summary = :summary, content = :content,
 │                          category_id = :category_id, member_id = :member_id,
 │                          image_id = :image_id, published = :published
 └                      WHERE id = :id;";                        // 用于更新文章的SQL
            } else {
⑬┌              unset($arguments['id']);                         // 删除id
 │              $sql = "INSERT INTO article (title, summary, content, category_id,
 │                          member_id, image_id, published)
 │                      VALUES (:title, :summary, :content, :category_id, :member_id,
 └                          :image_id, :published);";            // 用于创建文章的SQL
            }
⑭           pdo($pdo, $sql, $arguments);                         // 运行SQL以创建文章
⑮           $pdo->commit();                                      // 提交更改
⑯           redirect('articles.php', ['success' => 'Article saved']); // 重定向
⑰       } catch (PDOException $e) {
⑱           $pdo->rollBack();                                    // 回滚SQL更改
⑲┌          if (file_exists($destination)) {
 │              unlink($destination);                            // 删除图片文件
 └          }
⑳┌          if ($e->errorInfo[1] === 1062)) {
 │              $errors['warning'] = 'Article title already used'; // 保存警告信息
 │          } else {
㉑              throw $e;                                         // 重新抛出异常
 └          }
        }
    } // 如果上传的新图片数据无效, 从$article中删除图片
㉒   $article['image_file'] = $saved_image ? $article['image_file'] : ''; ...
```

文章: 表单/信息 (步骤D)

无论用户是创建文章还是编辑文章, 使用的都是相同的表单。

注意: 在下载代码文件中, 其中的表单包含更多HTML元素和属性, 以便控制表单的展示。下一页中删除了这些额外的代码, 以便将重要代码放在一页中展示, 并帮助你专注于掌握这部分代码的用途。

① 在<form>的开始标签上, 它的action属性指向article.php页面, 其中的查询字符串包含id字段; 如果页面正在更新现有的文章, 那么它的值就是文章的id(将保存在文件顶部的$id属性中)。这里的表单数据使用HTTP POST发送。

② 如果$errors数组的warning键有值, 它将显示给用户。

③ 上传图片的表单仅在文章中缺少图片时才会显示。

④ 文件输入框允许访问者上传图片。

⑤ 如果$errors数组包含此表单控件的错误消息, 则会在文件输入框之后显示。

除了published复选框之外, 其他所有表单控件都有类似于步骤⑤的错误消息展示。

⑥ 文本输入框允许访问者提供alt文本。

⑦ 如果已上传图片(且数据有效), 那么图片显示在页面中, 并且后跟alt文本。

⑧ 下面是两个链接。第一个链接用于编辑alt文本, 第二个用于删除图片。

⑨ 文章标题是通过文本输入框提供的。如果已经提供了文章标题, 则将其添加到输入框的value属性中。这里的任何保留字符都将替换为实体, 以防止XSS攻击。

⑩ 摘要使用<textarea>元素。如果已经提供了摘要, 则使用html_escape()函数将已有摘要中的保留字符替换为实体, 然后填入<textarea>标签之间。

⑪ 文章的主要内容使用了另一个<textarea>元素。

如果已经提供了文章内容, 那这些内容将写入<textarea>标签之间。

⑫ Author选择框中的选项是由可能撰写过文章的所有会员组成。

⑬ 它使用foreach循环构建, 该循环将遍历包含所有会员的数组(在步骤A中收集并保存在名为$authors的变量中)。

⑭ 为每个会员添加一个<option>元素。

⑮ 三元操作符的条件用于验证是否提供了文章作者, 并检查其id与添加到选择框中的当前作者的id是否匹配。如果匹配, 则将selected属性添加到选项中, 以选择当前会员作为文章的作者。

⑯ 在选项中显示会员的名称。

⑰ 保存在$categories中的类别数组用于创建类别的选择框。

⑱ 使用复选框来确定是否应该发布文章(在网站上公开显示)。三元操作符用于验证该选项是否已选中; 如果是, 则将checked属性添加到元素中。

PHP   c13/cms/admin/article.php

```php
<!-- Part D - Display form -->
<form action="article.php?id=<?= $id ?>" method="post" enctype="multipart/form-data">
  <h2>Edit Articles</h2>
  <?php if ($errors['warning']) { ?>
    <div class="alert alert-danger"><?= $errors['warning'] ?></div>
  <?php } ?>

  <?php if (!$article['image_file']) { ?>
    Upload image: <input type="file" name="image" class="form-control-file" id="image">
    <span class="errors"><?= $errors['image_file'] ?></span>
    Alt text: <input type="text" name="image_alt">
    <span class="errors"><?= $errors['image_alt'] ?></span>
  <?php } else { ?>
   <label>Image:</label> <img src="../uploads/<?= html_escape($article['file']) ?>"
      alt="<?= html_escape($article['image_alt']) ?>">
    <p class="alt"><strong>Alt text:</strong> <?= html_escape($article['image_alt']) ?></p>
    <a href="alt-text-edit.php?id=<?= $article['id'] ?>">Edit alt text</a>
    <a href="image-delete.php?id=<?= $id ?>">Delete image</a><br><br>
  <?php } ?>

  Title: <input type="text" name="title" value="<?= html_escape($article['title']) ?>">
  <span class="errors"><?= $errors['title'] ?></span>
  Summary: <textarea name="summary"><?= html_escape($article['summary']) ?></textarea>
  <span class="errors"><?= $errors['summary'] ?></span>
  Content: <textarea name="content"><?= html_escape($article['content']) ?></textarea>
  <span class="errors"><?= $errors['content'] ?></span>
  Author: <select name="member_id">
    <?php foreach ($authors as $author) { ?>
      <option value="<?= $author['id'] ?>"
        <?= ($article['author_id'] == $author['id']) ? 'selected' : ''; ?>>
        <?= html_escape($author['forename'] . ' ' . $author['surname']) ?>
      </option>
    <?php } ?></select>
  <span class="errors"><?= $errors['author'] ?></span>
  Category: <select name="category_id">
    <?php foreach ($categories as $category) { ?>
      <option value="<?= $category['id'] ?>"
        <?= ($article['category_id'] == $category['id']) ? 'selected' : ''; ?>>
        <?= html_escape($category['name']) ?>
      </option>
    <?php } ?></select>
  <span class="errors"><?= $errors['category'] ?></span>
  <input type="checkbox" name="published" value="1"
    <?= ($article['published'] == 1) ? 'checked' : '' ?>> Published
  <input type="submit" name="create" value="save" class="btn btn-primary">
</form>
```

删除文章

删除文章的页面与删除类别的页面一样，使用一个表单来确认它是否应该删除。

① 声明严格类型，并引入所需的文件。

② PHP的filter_input()函数用于验证查询字符串中的id字段。如果它包含有效整数，则保存在$id中。如果为无效值，那么$id保存false。如果不存在，那么$id值为null。

③ 如果没有找到id，则将用户重定向到articles.php页面，并显示错误消息。

④ 将$article变量的值初始化为false。

⑤ $sql保存用于获取文章标题、图片文件和图片id的SQL。

⑥ 调用pdo()函数运行SQL，关于文章的数据将被收集并保存在$article中。

⑦ 如果没有找到文章数据，则会将用户重定向到articles.php页面，并显示错误消息。

⑧ if语句验证表单是否已发送(以确认是否应该删除文章)。

⑨ 如果表单已提交，则try代码块将运行用于删除文章的代码。

⑩ 由于删除文章可能需要运行三条SQL语句，因此这里启动了一个事务。

⑪ if语句验证文章中是否有图片。

⑫ 如果有，则$sql变量将保存SQL语句，用于将该文章在article表中的image_id列设置为null，然后调用pdo()函数运行该语句。

⑬ 在$sql变量中保存SQL语句，以用于从图片表中删除图片，然后调用pdo()函数运行该语句。

⑭ $path变量保存图片的路径。

⑮ if语句使用PHP的file_exists()函数来验证是否能找到文件。如果找到文件，则调用PHP的unlink()函数删除该文件(参见第228页)。

⑯ 在$sql变量中保存从article表中删除文章的SQL语句，然后调用pdo()函数运行该语句。

⑰ 如果try代码块中没有抛出异常，则调用PDO对象的commit()函数来保存SQL语句所做的所有更改。

⑱ 用户将被重定向到articles.php页面。然后在页面中展示成功消息，表示文章已删除。

⑲ 如果在删除数据时抛出异常，则运行catch代码块。

⑳ 调用PDO对象的rollBack()函数阻止保存SQL语句带来的任何更改。

㉑ 重新抛出异常，以便可以由默认异常处理函数处理该异常。

㉒ 当页面首次加载时，在表单中显示文章的标题和提交按钮，以确认是否应该删除该文章。在<form>标签的action属性中，查询字符串包含文章的id。

试一试： 使用此文件中的方法创建一个页面，用于从文章中删除图片。然后，创建用于编辑alt文本的页面。这两个任务的解决方案都可在下载代码文件中找到。

```php
<?php
declare(strict_types = 1);                              // 使用严格类型
require_once '../includes/database-connection.php';
require_once '../includes/functions.php';
$id = filter_input(INPUT_GET, 'id', FILTER_VALIDATE_INT);    // 验证id
if (!$id) {
    redirect('articles.php', ['failure' => 'Article not found']); // 重定向
}
$article = false;                                       // 初始化$article变量
$sql = "SELECT a.title, a.image_id, i.file AS image_file FROM article AS a
        LEFT JOIN image AS i ON a.image_id = i.id WHERE a.id = :id;"; // SQL
$article = pdo($pdo, $sql, [$id])->fetch();             // 获取文章数据
if (!$article) {
    redirect('articles.php', ['failure' => 'Article not found']); // 重定向
}
if ($_SERVER['REQUEST_METHOD'] == 'POST') {
    try {                                               // 尝试删除文章
        $pdo->beginTransaction();                       // 启动事务
        if ($image_id) {
            $sql = "UPDATE article SET image_id = null WHERE id = :article_id;"; // SQL
            pdo($pdo, $sql, [$id]);                      // 从文章中删除图片
            $sql = "DELETE FROM image WHERE id = :id;";  // 用于删除图片的SQL
            pdo($pdo, $sql, [$article['image_id']]);     // 从图片表中删除
            $path = '../uploads/' . $article['image_file'];  // 设置图片路径
            if (file_exists($path)) {
                $unlink = unlink($path);                 // 删除图片文件
            }
        }
        $sql = "DELETE FROM article WHERE id = :id;";    // 用于删除图片的SQL
        pdo($pdo, $sql, [$id]);                          // 删除文章
        $pdo->commit();                                  // 提交事务
        redirect('articles.php', ['success' => 'Article deleted']); // 重定向
    } catch (PDOException $e) {
        $pdo->rollBack();                                // 回滚SQL更改
        throw $e;                                        // 重新抛出异常
    }
}
?>
<?php include '../includes/admin-header.php' ?> ...
    <h2>Delete Article</h2>
    <form action="article-delete.php?id=<?= $id ?>" method="POST" class="narrow">
        <p>Click confirm to delete: <i><?= html_escape($article['title']) ?></i></p>
        <input type="submit" name="delete" value="Confirm" class="btn btn-primary">
        <a href="articles.php" class="btn btn-danger">Cancel</a>
    </form> ...
<?php include '../includes/admin-footer.php'; ?>
```

小结
更新数据库中的数据

❯ 将用户数据添加到数据库之前，必须收集并验证这些用户数据。

❯ PDOStatement对象的execute()方法可以运行用于创建、更新或删除数据的SQL语句。

❯ SQL一次只能向一个表添加新数据。

❯ PDO对象的getLastInsertId()方法用于在将新行添加到数据库时返回该行的id。

❯ 在运行SQL语句的INSERT、UPDATE或DELETE命令时，PDOStatement对象的rowCount()方法用于返回所修改的数据行数。

❯ 当事务运行一系列SQL语句时，只有在所有语句都运行成功后才会保存更改。

❯ 如果SQL语句破坏了唯一性约束，将抛出 PDOException 对象。该对象将保存描述异常原因的错误代码。

第IV部分

扩展示例应用程序

最后一部分将展示如何实现许多网站都具有的功能。在此过程中，你将学习如何向网站添加新功能和高级技术。

　　如果让5个PHP程序员分别创建同一个网站，那么最终可能得到5个不同的解决方案。

　　这是因为对于搭建网站而言，并没有唯一的完美方案，而且在执行每个相关任务时，存在多种不同的方法来编写相关代码。但是，你可从一些示例中学习到最佳实践方法，本部分在设计过程中所考虑的因素也能指导你创建自己的项目。

　　第14章展示了如何更好地利用类来重构示例网站。有经验的PHP开发人员经常大量使用用户定义的类将执行相关任务的代码组合在一起。

　　第15章展示了在执行特定的任务时，如何找到和使用其他程序员在PHP社区共享的类来完成这些任务。通过这些类，你不必自己编写代码就能完成预期的任务。

　　第16章展示了用户如何注册为网站的会员。会员可以登录并查看他们的个性化页面，还能发表自己的评论。你还将了解如何限制对管理页面的访问，从而使得该页面仅对具有权限的人开放。

　　第17章展示了如何使网站的URL更易读以及更容易被搜索引擎检索到。还将展示如何允许网站会员对文章发表评论，并点赞他们喜欢的文章。

后续的每一章中都有一个对应的新版本示例网站。在继续阅读之前，你需要进一步了解网站文件的组织方式及相关术语。

绝对路径和相对路径

首先，你将了解绝对路径和相对路径之间的区别，以及应该在何时使用它们。

文件的组织方式

接下来，你将了解如何重新组织示例网站的文件。

浏览器请求的文件都保存在称为文档根目录的文件夹中，但其他支持PHP的文件(如保存类的文件)则保存在文档根目录上层的文件夹中，以提高安全性。

新的配置文件

本节将介绍两个在构建网站时常用的新配置文件：

- 当网站在新服务器上安装时，config. php 文件用于保存更改的配置。
- bootstrap.php包含网站运行所需的代码；网站的每页都引入了该文件。

变量保存数据的方式

这有助于理解PHP解释器如何将数据保存在变量中。

本书最后4章中会反复出现一个主题，即程序员应该如何使用类来组织代码。

在用户请求的PHP页面中，将使用类来创建对象，通过调用这些对象的方法来执行网站任务。

限于篇幅，书中未能显示剩余章节中每个示例网站所使用的文件，因此在阅读其余章节时，打开下载代码中的相应文件作为参照将有助于理解书中的内容。并且，这样也能直观看到后续章节中的文件与前几章中的文件对比所发生的变化。

在第16章中，你需要创建一个新的数据库，其中包含额外的表和数据，用来支持添加到网站的新功能。在下载代码中可以找到用于创建新版本数据库的SQL。此外，在本章开始处，书中也将提醒你创建它。

绝对路径和相对路径

绝对路径(absolute path)用于描述文件在计算机上的具体位置。
相对路径(relative path)描述了一个文件相对于另一个文件的位置。

要理解示例网站中是如何组织文件的，需要先理解以下术语：

- 路径(path)指明了文件或目录(也称为文件夹)的位置。
- 根目录(root directory)是计算机中最上层的文件夹。
- 绝对路径描述了从根目录到具体文件或文件夹的路径。

在下一页的图表中，你可以看到一些安装在计算机上的示例代码。

在macOS或Linux上，根目录由正斜杠表示。然后继续使用正斜杠分隔每个文件夹或文件，因此files.php的绝对路径是/Users/Jon/phpbook/section_b/c05/files.php。

在Windows上，根目录是文件所述的盘号，后面加冒号和反斜杠；然后用反斜杠分隔每个文件夹或文件，因此files.php的绝对路径为C:\phpbook\section_b\c05\files.php。

绝对路径虽然是精确的，但是：

- 显得很长，因此需要输入大量的字符。
- 当文件移到别的位置时，需要修改路径。

保存了当前运行文件的文件夹称为当前工作目录(current working directory)。在下一页的图表中，正在运行的文件是files.php，所以当前工作目录是c05。

相对路径描述了另一个文件相对于当前工作目录的位置。

对于同一文件夹中的任何其他文件而言，其相对路径就是文件名。例如，如下语句描述了index.php文件在c05文件夹中的相对位置：

```
index.php
```

若要描述子目录中文件的路径，应使用子目录的名称，然后是正斜杠，再后是该目录中的文件名。

例如，includes文件夹中header.php的相对路径是：

```
includes/header.php
```

要返回上一级目录，应使用../。例如，描述phpbook目录中index.php文件的相对路径是：

```
../../index.php
```

如上所示，相对路径比绝对路径需要更少的输入字符。此外，当网站转移到新服务器时，相对路径通常也能正常工作。例如，如果下载代码中的路径只引用了phpbook文件夹，那么当代码在不同的计算机上运行时，文件和文件夹之间的相对路径并不会改变。

```
▼ 📁 Users                              ← 根目录(最上层的目录)
  ▼ 📁 Jon
    ▼ 📁 phpbook
      ▶ 📁 css
      ▶ 📁 font
      ▶ 📁 section_a
      ▼ 📁 section_b                    ← 父目录
        ▼ 📁 c05                        ← 当前工作目录
          ▶ 📁 css              ┐
          ▶ 📁 img              ├ 子目录
          ▶ 📁 includes         ┘
            📄 array-functions.php
            📄 array-sorting-functions.php
            📄 array-updating-functions.php
            📄 case-and-character-count.php
            📄 constants.php
            📄 files.php                ← 当前文件
            📄 finding-characters.php
            📄 index.php
```

当一个PHP文件引用了另一个文件时，最好使用绝对路径。要理解其中的原因，请考虑如下场景：

● 请求c05文件夹中的一个PHP文件。

● 该文件引用了section_a文件夹中的另一个PHP文件。

● section_a中的文件通过相对路径引用了第三个文件。

PHP解释器将相对于c05文件夹来查找这3个文件。这就像将引用文件中的代码复制到c05中的文件内。但这种情况下，解释器将找不到第三个文件，这是因为section_a文件夹中的相对路径与c05文件夹中的相对路径不同。而在引用文件时使用绝对路径可防止这种情况。

因为通常情况下绝对路径会更长(需要更多的输入字符)，网站通常会将绝对路径的第一部分保存在常量中(第224~225页)。使用这个常量可便捷地构建绝对路径。

应用程序根目录是网站代码的顶层目录。根目录的绝对路径通常保存在常量中，在创建引用文件的路径时，可使用该常量。下面，可以看到如何将应用程序根目录的路径保存在名为APP_ROOT的常量中：

● PHP的dirname()函数(参见第228页)将返回给定路径中的目录名称部分(即返回父目录的路径)。

● __FILE__是PHP的内置常量，这里作为实参传入函数中，该常量保存了当前文件所在的绝对路径。

因此这条语句保存了到当前文件所属文件夹的路径。如果在c05文件夹内的文件中使用该语句，那么APP_ROOT常量将保存c05文件夹的绝对路径。因为这是由PHP解释器创建的，所以如果网站移到新的服务器上，该语句仍能返回正确路径。

```
define('APP_ROOT', dirname(__FILE__));
```

文件结构和文档根目录

当网站上线运行后，浏览器可以请求的所有文件都必须放在被称为文档根目录的文件夹中。但是，PHP解释器能够访问文档根目录以外的文件。

Web服务器有另一种根目录，称为文档根目录(或Web根)。此目录映射到网站的域名。例如，某个网站的主页URL为：

```
http://example.org/index.php
```

example.org 的Web服务器将在网站的文档根目录中查找index.php文件。当网站位于托管公司的服务器上时，文件的绝对路径可能是这样的：

```
/var/www/example.org/htdocs/index.php
```

             文档根目录

Web服务器上的文档根目录可以有不同的名称，但通常是诸如htdocs、public、public_html、web、www或wwwroot的名称。

浏览器请求的每个文件都必须保存在文档根目录(或它的子文件夹)中。这包括用户请求的页面、图片或其他媒体文件，以及CSS和JavaScript文件。浏览器不能请求文档根目录上层的文件。

就像macOS和Linux操作系统使用正斜杠表示应用程序根目录(计算机上最上层的文件夹)一样，当URL以正斜杠开头时，这表示文档根目录，也是浏览器可以访问的最上层文件。这就是HTML链接通常以正斜杠开头的原因。

因为下载代码在不同的文件夹中有多个版本的示例网站，所以你必须将其余章节中的public文件夹当作该章节示例网站的文档根目录，此外，将映射到该网站的域名中。网站将这个路径保存在一个名为DOC_ROOT的常量中，以便在需要的地方使用(如第528页所示)。在线上运行的网站中，可使用正斜杠代替该常量中的路径。

尽管浏览器只能请求文档根目录中的文件，但PHP解释器可以访问文档根目录以外的文件。而在后续章节中：

- 用户通过URL请求的文件位于各章的文档根目录(public文件夹)中。
- 用户不能通过URL请求的文件(例如，函数文件和类定义)都位于文档根目录以外的文件夹中。这样的文件结构提高了网站的安全性，因为这能有效阻止用户访问这些文件。

在第14章中，c14文件夹相当于应用程序的根目录。其中有两个新文件夹位于应用程序根目录内，却在文档根目录之外：

- config文件夹中的文件保存网站的相关配置。当网站迁移到新服务器时，这些配置可能需要做相应的更改。
- src文件夹中保存函数和名为bootstrap.php的新文件。它还有一个名为classes的子文件夹，其中包含类定义文件。

- c14   ← 章的应用根目录
  - .htaccess
  - config
    - config.php   ← 配置(当网站迁移时会更新)
  - public   ← 视为文档根目录
    - admin   (包含浏览器可以请求的
      - alt-text-edit.php   所有文件)
      - article-delete.php
      - article.php
      - articles.php
      - categories.php
      - category-delete.php
      - category.php
      - image-delete.php
      - index.php
    - css
    - font
    - img
    - includes
    - js
    - uploads
    - article.php
    - category.php
    - error.php
    - index.php
    - member.php
    - page-not-found.php
    - search.php
  - src   ← PHP文件
    - classes   (包含浏览器无法请求的
      - Article.php   文件)
      - Category.php
      - CMS.php
      - Database.php
      - Member.php
      - Validate.php
    - bootstrap.php
    - functions.php

图例:

● 文档根目录

● 文档根目录内

● 文档根目录外

配置文件

在新服务器上安装网站时，可能需要更新其中的一些数据。例如：

- 文件夹名称/路径；例如，文档根目录可能改为 htdocs、content或 public。
- 数据库驱动型网站需要知道数据库在DSN中的位置，以及数据库账户的用户名和密码。

这些数据称为配置数据；正是通过这些配置，确定了网站的运行方式。它们通常保存在文件的变量或常量中。在新服务器上安装网站时，唯一需要更新的就是保存这些数据的文件。在示例应用程序中，该文件称为config.php。注意，你必须更新各剩余章中对应文件的代码。

① 如果网站处于开发阶段，将DEV设置为true；而当网站上线运行时，则设置为false。该变量用于控制如何处理错误。

② DOC_ROOT 保存了文档根目录的路径(参见第526页)。

③ ROOT_FOLDER保存文档根目录的名称(如public、content或htdocs)。

④ 数据库连接的设置保存在变量中，然后使用这些变量创建DSN。

⑤ MEDIA_TYPES 保存允许的文件类型。FILE_EXTENSIONS保存允许的文件扩展名。MAX_SIZE保存文件大小上限(单位是KB)。UPLOADS保存uploads文件夹的绝对路径。

section_d/c14/src/config.php   **PHP**

```php
<?php
define('DEV', true);    // 处于开发阶段还是线上运行阶段？ Development = true | Live = false
define("DOC_ROOT", '/phpbook/section_d/c14/public/');    // 从文档根目录到网站的路径
define("ROOT_FOLDER", 'public');    // 文档根目录的名称
// 数据库设置
$type     = 'mysql';    // 数据库类型
$server   = 'localhost';    // 数据库所在的服务器
$db       = 'phpbook-1';    // 数据库名称
$port     = '';    // 端口号，通常在MAMP中是8889，而在XAMPP中则是3306
$charset  = 'utf8mb4';    // UTF-8编码，每个字符使用4字节数据
$username = 'ENTER YOUR USERNAME';    // 输入账户名
$password = 'ENTER YOUR PASSWORD';    // 输入密码
$dsn = "$type:host=$server;dbname=$db;port=$port;charset=$charset"; // 不应更改
// 文件上传设置
define('MEDIA_TYPES', ['image/jpeg', 'image/png', 'image/gif',]); // 允许的文件类型
define('FILE_EXTENSIONS', ['jpeg', 'jpg', 'png', 'gif',]);    // 允许的扩展名
define('MAX_SIZE', '5242880');    // 文件大小上限
define('UPLOADS', dirname(__DIR__, 1) . DIRECTORY_SEPARATOR . ROOT_FOLDER .
    DIRECTORY_SEPARATOR . 'uploads' . DIRECTORY_SEPARATOR);    // 不应更改
```

bootstrap文件

在第13章中，网站的每个页面都引入了多个文件，其中一个文件创建了PDO对象。为避免在每个页面中都重复这段代码，现在每个页面都将：

- 引入config.php和functions.php文件。
- 设置错误和异常处理函数以及加载类定义的新函数。
- 创建CMS对象，所有页面都将使用该对象处理数据库。

当某个文件专门用于加载其他文件并创建网站运行所需的对象时，该文件通常命名为bootstrap.php或setup.php。

创建CMS对象后，就会删除数据库连接数据，这样网站的其他地方就不会使用(或意外显示)这些数据。

① 应用程序根目录(比该文件高两级)的路径保存在常量APP_ROOT中。

② 引入functions.php和config.php文件。

③ PHP的spl_autoload_register() 函数(在第 14 章中介绍)能确保类定义只在页面需要时才加载。

④ if条件语句检查网站是否处于开发调试阶段。如果不是，则设置默认的异常、错误处理和关闭函数。

⑤ 创建CMS对象并保存在名为$cms的变量中。该对象将用于处理与数据库相关的任务。

⑥ PHP的unset()函数删除保存数据库连接数据的变量，使其不能被重用。

PHP

section_d/c14/src/bootstrap.php

```php
<?php
define('APP_ROOT', dirname(__FILE__, 2));          // 应用程序根目录
require APP_ROOT . '/resources/functions.php';      // 函数
require APP_ROOT . '/resources/config.php';         // 配置数据

spl_autoload_register(function($class)              // 设置自动加载函数
{
    $path = APP_ROOT . '/src/classes/';             // 类定义文件的路径
    require $path . $class . '.php';                // 引入类定义文件
});
if (DEV !== true) {
    set_exception_handler('handle_exception');      // 设置异常处理
    set_error_handler('handle_error');              // 设置错误处理
    register_shutdown_function('handle_shutdown');  // 设置关闭处理
}
$cms = new CMS($dsn, $username, $password);         // 创建CMS对象
unset($dsn, $username, $password);                  // 删除数据库连接数据
```

变量保存数据的方式

当创建变量时，PHP解释器将分别保存其名称和值。这将使内存管理更加高效。为理解这一点，可以想象为把值保存在一组储物柜中……。

当创建变量时，它的名称和储物柜的编号一起保存在一个符号表(symbol table)中。而对应的储物柜则保存变量所代表的值。下面列举几个例子。

① 为$greeting赋值。

② 为$welcome赋予$greeting所保存的值：

```
$greeting = 'Hi';
$welcome  = $greeting;
```

这里，符号表将保存两个变量名。两者都指向相同的储物柜(或同一个内存地址)。

当这两个变量中的任意一个被赋予新值时，PHP解释器会将新值放入新的内存地址。下面列举几个例子。

① 为$greeting赋值。

② 为$welcome赋予$greeting所保存的值。

③ $greeting的值更新为文本' Hello'。

```
$greeting = 'Hi';
$welcome  = $greeting;
$greeting = 'Hello';
```

这里的符号表中仍然有两个变量名，但每个变量都有自己的内存地址。

你也可以告诉PHP解释器，其中一个变量的值应该使用与现有另一变量相同的内存地址。然后，如果其中一个变量的值更新了，那么它们共享的内存地址也会更新。要实现这样的效果，需要在变量名前加上&号。

这称为引用赋值，例如：

```
$greeting = 'Hi';
$welcome  = &$greeting;
$greeting = 'Hello';
```

现在的符号表包含两个变量名，并且它们都指向相同的内存地址。

变量	地址
$greeting	2
$welcome	2

变量	地址
$greeting	4
$welcome	2

变量	地址
$greeting	2
$welcome	2

对于在全局作用域声明的变量，可以将它的引用值传递给函数，而对象则表现得像是通过引用一样来赋值或传递。

当函数运行时，将创建一个新的符号表来保存函数中声明的形参和变量名。

函数定义可以指定传入的形参应使用全局变量的内存地址。这将允许函数中的代码访问/更改保存在该全局变量中的值。

这称为引用传递（passing by reference），因为这是将变量值在内存中的保存地址的引用传递给函数(而不是将全局变量表示的值传递给函数)。

要在函数定义中使用引用传递，形参名称前面需要加&号。

```
$current_count = 0;  // 全局变量

function updateCounter(&$counter)
{
    $counter++;        // 计数器的值加1
}
```

每次调用此函数时，都会将$current_count变量的值加1。注意&号只在函数定义中使用，在调用函数时则不需要：

```
updateCounter($current_count);
```

对象总是表现为通过引用进行赋值或传递。例如，对于如下创建的DateTime对象，符号表将保存$start变量的名称和该对象所在的内存地址：

```
$start = new DateTime('2021-01-01');
```

如果使用保存在$start变量中的对象来设置$end变量的值，这两个变量都将指向相同的内存地址，因为变量是通过引用赋值的：

```
$end = $start;
```

因此，如果更新了保存在$start中的对象，那么$end的值也会更新，因为两个变量名都指向相同的内存地址：

```
$from->modify('+3 month');
```

此外，当一个对象被用作函数或方法的实参时，该对象就像使用引用传递一样(并且不需要使用&号)。理解这一点很重要，因为在下一章中，多个对象将共享对同一个PDO对象的引用。

在下载代码中，本部分对应的文件夹中有一个文件，其中包含本页和上一页演示的示例。

第IV部分
扩展示例应用程序

14 重构和依赖注入
随着网站的发展，慎重组织代码是很重要的。该章重点介绍如何通过用户定义类来改进代码结构，使其更易于理解、维护和扩展新功能。

15 命名空间和库
程序员经常分享他们用于执行特定任务的代码，这些代码又称为库或包。你可以在网站中直接使用这些代码，而不必自行编写实现相关功能的代码。

16 会员
在该章中，你将了解用户注册为网站会员的流程。他们的信息将保存在数据库中，这样他们就可以登录并查看为自己生成的个性化页面。

17 添加功能
在最后一章中，你将学习如何添加对搜索友好的URL。还将了解如何允许会员对文章进行评论，并点赞他们喜欢的文章，这两者都是社交网络上常见的功能。

第14章

重构和依赖注入

重构（refactor）是在不改变应用程序的功能、
特性或执行方式的情况下，通过重组来改进应用
程序中的代码的过程。

通常情况下，网站包含成千上万行代码，良好的代码组织性就显得
非常重要。随着网站的发展和新功能的添加，重新审视代码以重构它是
有帮助的。重构包括改进代码的结构，使其更容易：

- 阅读和遵循
- 维护
- 扩展新功能

在本章中，上一章所实现的网站功能并不会改变，而且界面看起来
也一样，但是使用数据库所需的SQL和PHP代码将从用户请求的PHP页面
中移到一组类中。

PHP页面使用这些类创建对象，并调用它们的方法来获取或更改保
存在数据库中的数据。这些类将那些与数据库一起工作的代码组合在一
起(而不是分散在网站各处)，从而更容易维护代码和添加新功能。此外，
本章还介绍了两种新的编程技术：

- "依赖注入"(dependency injection)用于确保需要访问数据库的任
  何代码都有一个PDO对象，该对象可与数据库一起工作。
- "自动加载"(autoloading)用于告诉PHP解释器：应该只在需要使
  用类创建对象时加载包含类定义的文件，而不是在每次请求页面
  时都使用include或require语句加载类文件(即使页面最终没有使用
  它们创建对象)。

在本章结束时，CMS的代码将被拆分到更多的文件中(与上一个版本
相比)，但这样更容易找到执行每个单独任务的代码。

使用对象处理数据库

示例网站使用了3个关键概念：文章、类别和会员。这里分别使用不同的类来表示这3个概念。

在第13章中，示例网站中的每个PHP页面都包含获取或更改数据库中的数据所需的SQL语句。然后通过调用pdo()函数(参阅第12章)来运行这些SQL语句。

在本章中，SQL语句和调用它们的代码移入3个类中：

- Article 类具有获取、创建、更新或删除数据库中的文章数据的方法。
- Category 类具有获取、创建、更新或删除数据库中的类别数据的方法。
- Member具有获取会员数据的方法。

每个类定义都放置在src/classes文件夹下相应的文件中。文件名是类名后跟.php扩展名(例如，Article类在名为Article.php的文件中)。

注意，本章中的命名约定遵循PHP通用框架小组(PHP-FIG)制定的规则。这个小组由经验丰富的PHP 开发人员组成，他们创建和维护已建立的PHP项目，目的是帮助这些项目更好地协同工作，但他们的指导意见也被其他许多PHP开发人员采用。有关该小组的更多信息，请参见http://php-fig.org。

在前面的章节中，当每个页面都包含获取该页数据所需的SQL查询时，若干页面包含非常相似的SQL查询。

例如，允许用户查看文章的页面和允许管理员编辑文章的页面都使用了非常相似的SQL查询。

在本章中，以上两个页面都将使用Article类的get()方法来执行数据查询操作。

Article

属性	描述
$db	保存一个数据库对象

方法	描述
get()	获取一篇文章
getAll()	获取所有文章摘要
count()	返回文章总数
create()	创建一篇新文章
update()	更新一篇现有文章
delete()	删除一篇文章
imageDelete()	从文章中删除图片
altUpdate()	更新图片的alt属性
search()	查询文章
searchCount()	查询的匹配项总数

每个"类定义"在src/classes文件夹中都有自己的PHP文件。该文件的文件名是类的名称，后跟.php文件扩展名。

正如你即将看到的，一些方法可通过传入形参来控制是返回所有文章还是只返回符合以下条件的文章：

- 已出版
- 属于某个特定类别
- 由指定作者创作

其他形参用于控制别的事项，例如应该向结果集中添加多少行。

这三个类仅在需要时创建对象。例如，网站内的每个页面都需要创建一个Category对象，这样它就可以在导航中显示类别。但是，只有当页面显示会员的配置文件时才需要创建Member对象。

这些类都有一个名为$db的属性。当使用它们创建对象时，$db属性保存了一个对象，可以使用该对象连接到数据库并运行SQL语句。

Category

属性	描述
$db	保存一个数据库对象

方法	描述
get()	获取一个类别
getAll()	获取所有类别
count()	返回类别总数
create()	创建新的类别
update()	更新已有类别
delete()	删除一个类别

Member

属性	描述
$db	保存一个数据库对象

方法	描述
get()	获取一位会员
getAll()	获取所有会员

注意：请打开resources文件夹中的config.php文件，并更新用于连接到数据库的变量值。这些变量应该使用与第12章和第13章相同的值。

当你浏览这个网站时，它看起来和第13章的页面一模一样，但页面的代码将使用本章中介绍的新类。

Database对象

Database对象是使用用户定义的Database类创建的。它扩展了PDO类，所以拥有所有PDO类的属性和方法，并额外拥有新的runSQL()方法，用于运行SQL语句。

在上一章中，每个PHP页面都包含database-connection.php文件，该文件中创建了一个PDO对象，该对象保存在名为$pdo的变量中。然后，页面调用用户自定义的pdo()函数(在functions.php中定义)来运行SQL语句。

在本章中，使用了名为Database的新类来创建一个 Database对象。该类扩展了PDO对象，这意味着所创建的数据库对象继承了PDO对象的所有方法和属性。该数据库对象额外获得名为runSQL()的方法，这个方法将执行与第12章和第13章中pdo()函数相同的任务。

因此，新的Database对象同样是一个PDO对象，区别在于它用于名为runSQL()的额外方法(代码将使用该方法运行SQL语句)。

Database

方法	描述
runSQL()	运行SQL语句

注意：继承和依赖注入是设计模式(design patterns)的例子，也是常见编程问题的解决方案。当更多地接触到类的使用时，将有助于你学习更多设计模式。例如，有的程序员更喜欢使用另外一种设计模式：组合，而非继承。

前两页中显示的Article、Category和Member对象都需要(或依赖于)PDO对象来连接到数据库。因此，程序员将PDO对象称为依赖项。

正如在第530~531页中看到的，当PHP解释器创建一个对象并将其保存在变量或对象的属性中时，它实际上是保存了对象在PHP解释器内存中的位置(而不是对象本身)。因此，多个变量或属性都可以保存同一个对象在内存中的位置。

当页面创建一个Article、Category或Member对象时，它将数据库对象的位置保存在该对象的$db属性中。如果页面随后创建了另一个同样的对象(Article、Category或Member)，该对象也将在其$db属性中保存同一数据库对象的位置。这意味着Article、Category和Member对象都可共享同一个Database对象(如你所见，Database对象是一个带有额外方法的PDO对象)。

程序员认为依赖关系已经注入Article、Category和Member对象中，以便每个人都可以使用该对象。这就是为什么这种技术被称为依赖注入。

让页面中的所有对象共享一个到数据库的连接是很有帮助的，因为PHP解释器在任何时候建立的数据库连接数量是有限的。

容器对象

Article、Category、Member和Database对象都是使用容器对象(container object)的方法创建的。之所以叫这个名字，是因为它的属性保存(或包含)了其他对象。

在本节的介绍中，可以看到每个页面都引用了 bootstrap.php文件(第529页)。该文件通过CMS类来创建CMS对象，并将其保存在名为$cms的变量中。

当创建CMS对象时，将自动调用它的__construct()方法，该方法创建一个Database对象，并将其保存在CMS对象的$db属性中(因为网站的每个页面都需要使用数据库)。

当一个页面需要访问文章、类别或会员数据时，将使用CMS对象的getArticle()、getCategory()或getMember()方法创建一个Article、Category或Member对象。这些对象共享同一个数据库对象。

CMS

属性	描述
$db	保存一个数据库对象
$article	保存Article对象
$category	保存Category对象
$member	保存Member对象

方法	描述
getArticle()	返回Article对象
getCategory()	返回Category对象
getMember()	返回Member对象

使用这些类的目的之一是确保所有与数据库相关的工作都是通过CMS对象及其包含的对象进行的(而不是在用户请求的PHP页面上进行)。

在bootstrap.php中创建了CMS对象后，任何页面只用一条语句就能获取或更改数据库中的数据。下面的语句用于获取一篇文章的数据，并将其保存在名为$article的变量中。

```
$article = $cms->getArticle()->get($id);
           ①       ②            ③         ④
```

这里使用的技术称为方法链(见第457页)。当调用的方法返回一个对象时(例如CMS对象的getArticle()方法)，可以在同一条语句中接着调用所返回对象的方法。

① $article变量将保存从数据库返回的文章数据。

② bootstrap.php文件已经创建了一个CMS对象，并将其保存在名为$cms的变量中。

③ CMS对象的getArticle()方法返回一个Article对象。

④ Article对象的get()方法以数组形式返回某篇文章的数据(保存在$article变量中)。

CMS容器对象

每个页面都引入了bootstrap.php文件，用于创建CMS对象。
CMS对象的方法创建了Article、Category和Member对象，并允许它们共享同一个Database对象。

① 在CMS类中，初始化了4个不同的属性，这些属性保存了CMS对象中所包含的其他4个对象的位置。每个属性都使用protected关键字声明，以便它们保存的值只能由该对象中的代码访问。这些属性都被赋予一个默认值null。

② 当使用CMS类创建对象时，它的__construct()方法将自动运行。该方法需要三个参数来创建一个Database对象，以便连接到数据库(这些信息保存在第528页的config.php文件中)：

- DSN用于保存数据库的位置。
- 用户名和密码用于登录用户的账户。

③ __construct()方法使用Database类创建一个新的 Database对象，该对象是一个PDO对象，它扩展了一个额外的方法。

创建数据库对象所需的参数与创建PDO对象的相同；都需要用DSN、用户名和密码来连接到数据库(这些是在bootstrap.php中创建对象时提供的，请参见第529页)。

已经创建的Database对象保存在CMS对象的 $db属性中。

接下来，使用三个方法返回CMS对象中的Article、Category和Member对象。注意每个语句都以if语句开头；这确保了一个页面不会为每个对象创建多个对象。

④ 定义getArticle()方法。它返回一个Article对象，用于获取或更改项目数据。

⑤ if语句检查CMS对象的$article属性的值是否为null。如果是，则表明该页还没有创建Article对象，必须在返回该对象之前创建该对象。

⑥ 使用Article类创建一个Article对象。将Database对象的位置作为实参，传递给Article类的构造函数(这样它创建的Article对象就可以使用保存在$db属性中的Database对象来访问数据库)。然后，新创建的Article对象将保存在该对象的$article属性中。

⑦ 返回$article属性中的Article对象，以便调用getArticle()方法时可以使用它。

getCategory()和getMember()方法的工作方式与getArticle()方法相同，所不同的是，它们分别返回一个Category或Member对象来处理类别或会员数据。

```php
<?php
class CMS
{
    protected $db       = null;              // 保存对Database对象的引用
    protected $article  = null;              // 保存对Article对象的引用
    protected $category = null;              // 保存对Category对象的引用
    protected $member   = null;              // 保存对Member对象的引用

    public function __construct($dsn, $username, $password)
    {
        $this->db = new Database($dsn, $username, $password); // 创建Database对象
    }

    public function getArticle()
    {
        if ($this->article === null) {
            $this->article = new Article($this->db);         // 创建Article对象
        }
        return $this->article;                               // 返回Article对象
    }

    public function getCategory()
    {
        if ($this->category === null) {
            $this->category = new Category($this->db);       // 创建Category对象
        }
        return $this->category;                              // 返回Category对象
    }

    public function getMember()
    {
        if ($this->member === null) {
            $this->member = new Member($this->db);           // 创建Member对象
        }
        return $this->member;                                // 返回Member对象
    }
}
```

① ② ③ ④ ⑤ ⑥ ⑦

设计这个基本容器对象是为了介绍本章中所涉及的概念。这里的数据库对象是在CMS类的构造函数中创建的，因为网站的每个页面都需要连接到数据库。在需要时，也可以使用getDatabase()方法创建Database对象(就像创建Article、Category和Member对象一样)，然后需要将连接数据保存在CMS对象的属性中。

上面的示例中需要将DSN、用户名和密码通过三个参数传递给CMS类的构造函数，这是因为本书固定使用PHP和MySQL，因此连接数据不会改变。而有些程序员将这些信息保存在单独的配置对象中，以便网站可以更便捷地与不同类型的数据库配合使用。具体做法的选择取决于项目适用的范围。

Database类

Database类扩展了PDO对象，并额外添加了runSQL()方法；该方法用于运行SQL语句(就像在第12、13章中使用的PDO()函数一样)。

Database类扩展了PHP的内置PDO类，这意味着它继承了PDO类中使用public或protected声明的所有属性、方法和常量。

Database类向该对象中添加一个名为runSQL()的额外方法，用于运行SQL语句。这种情况下：

- PDO类称父类(parent class)。
- Database类称为子类(child class)。

当扩展一个对象时，最佳实践是确保无论父类在哪里使用，都能使用子类来替换它，并且代码的运行方式应该完全相同(因为正在向父类添加功能)。

① 类名(Database)后跟extends关键字，然后是要扩展的类名(在本例中是内置PDO类)。

② __construct()方法在使用该类创建对象时自动运行。

该方法有4个形参：

- 用于保存数据库位置的DSN。
- 数据库中账户的用户名。
- 数据库中账户的密码。
- 保存PDO设置的可选数组。

在CMS对象的__construct()方法中创建Database对象时(请参见上一页)：

- 之所以提供前3个形参，是因为每次使用代码运行网站时，它们都会更改。
- 这里没有传入第4个参数，因为用户不应该在示例网站中设置这些选项。

但是，第四个参数仍然添加到Database类的构造函数中(尽管没有使用它)，因为它应该具有与PDO类相同的参数。这一步骤以及接下来的两个步骤确保Database子类可以在任何使用PDO父类的场景下使用，而不需要额外适配。

③ 名为$default_options的数组保存了用于创建PDO对象的选项，并告诉它：

- 将默认获取模式设置为关联数组。
- 关闭模拟准备模式(以确保使用正确的数据类型返回数据)。
- 如果遇到问题，则创建一个异常。

④ PHP的array_replace()函数将$default_options数组中的所有值均替换为$options参数中提供的值。在示例网站中，并没有提供此数组的值，因此总是使用默认选项(但这意味着Database子类可在使用PDO父类的任何场景中使用)。

```php
    <?php
①  class Database extends PDO
    {
②      public function __construct(string $dsn, string $username, string $password,
                                   array $options = [])
        {
            // 设置默认PDO选项
③          $default_options[PDO::ATTR_DEFAULT_FETCH_MODE] = PDO::FETCH_ASSOC;
            $default_options[PDO::ATTR_EMULATE_PREPARES]   = false;
            $default_options[PDO::ATTR_ERRMODE]            = PDO::ERRMODE_EXCEPTION;
④          $options = array_replace($default_options, $options);    // 替换默认值
⑤          parent::__construct($dsn, $username, $password, $options); // 创建PDO对象
        }

⑥      public function runSQL(string $sql, $arguments = null)
        {
            if (!$arguments) {
⑦              return $this->query($sql);              // 运行SQL，返回PDOStatement对象
            }
⑧          $statement = $this->prepare($sql);
⑨          $statement->execute($arguments);            // 执行带有参数的语句
⑩          return $statement;                          // 返回PDOStatement对象
        }
    }
```

⑤　因为Database对象扩展了PDO对象，所以当使用该类创建对象时，Database类的__construct()方法将自动运行。但是，PDO类的__construct()方法不会自动运行（正是PDO类的__construct()方法创建了到数据库的连接）。

因此，Database类需要告诉父PDO类来运行__construct()方法，以便连接到数据库。

为子类传入PDO对象连接到数据库所需的参数。

⑥　runSQL()方法与第12、13章中使用的pdo()函数几乎相同。唯一的区别是它不需要PDO对象作为参数，因为这个对象扩展了PDO类。

runSQL()有两个形参：要运行的SQL语句和应该用来替换SQL语句中的占位符的数据数组。

⑦　如果没有为SQL语句提供参数，则使用SQL语句作为参数调用PDO的query()方法。然后，query()方法将运行SQL语句并返回一个表示结果集的PDOStatement对象。

⑧　如果传入了实参，则调用PDO的prepare()方法。该方法将返回一个表示SQL语句的PDOStatement对象。

⑨　调用PDOStatement对象的execute()方法来运行语句。

⑩　该方法返回将一个表示结果集的PDOStatement对象。

Category类

Category类将获取和更改数据库中类别数据的SQL语句与PHP代码组合在一起，并在$db属性中保存了对Database对象的引用。

在第12章和第13章中，各PHP页面中都有用于获取或更改数据库数据的SQL语句和代码。因此，将这部分相同的代码移到类的方法中具有如下3个优点：

A. 在任何页面中，要从数据库中获取或更改数据都可以通过一条语句完成。例如，下面的语句用于获取一个类别的详细信息，并将它们保存在一个变量中：

$category = $CMS->category()->get($id);

B. 这样可以避免类似的代码在多个文件中重复出现。例如，如下几个文件都需要用到数据库中所有类别的详细信息：

- 在网站主导航中出现的公共页面都需要收集类别数据。
- categories.php管理页中列出了管理员可以更新或删除的所有类别。
- article.php 管理页中，下拉选择框显示了所有类别，以便管理员可以选择文章属于哪个类别。

以上这些页面都可以使用该类的getAll()方法来获取所有类别的数据。

C. 如果需要更新用于获取或更改类别数据的SQL语句，则可以直接修改这个文件(而不是修改每个需要获取类别数据的文件)，这就使代码更容易维护。

正如在第540~542页中所看到的，在第一次调用CMS对象的getCategory()方法时创建了一个Category对象。下一页中显示了从数据库获取类别数据的方法。

① 创建名为$db的属性来保存Database对象的位置。该属性声明为受保护的属性，以确保只能被该类中的代码使用。

② __construct()方法在使用该类创建Category对象时运行。它的一个参数是对Database对象的引用(使用类型声明确保该对象是由Database类创建的)。

③ Database对象的位置保存在Category对象的 $db属性中，以便该对象的其他方法可以使用它。

④ get()方法中包含的代码用于从数据库中获取某个类别的数据。它有一个形参：表示应该检索的类别id (此方法中的代码与第12章和第13章中用于获取类别的代码几乎完全相同)。

⑤ 从数据库收集数据所需的SQL查询保存在名为$sql的变量中。该SQL查询与网站公共部分中的category.php文件和管理页面中的category.php文件所使用的SQL查询相同。

```php
<?php
class Category
{
    protected $db;                                          ①

    public function __construct(Database $db)               ②
    {
        $this->db = $db;                    // 保存Database对象的地址引用   ③
    }

    public function get(int $id)                            ④
    {
        $sql = "SELECT id, name, description, navigation     ⑤
                FROM category
                WHERE id = :id;";          // 用于获取类别的SQL
        return $this->db->runSQL($sql, [$id])->fetch();   // 返回类别数据   ⑥
    }
    public function getAll(): array                         ⑦
    {
        $sql = "SELECT id, name, navigation                 ⑧
                FROM category;";            // 用于获取所有类别的SQL
        return $this->db->runSQL($sql)->fetchAll();       // 返回所有类别数据   ⑨
    }
    public function count(): int                            ⑩
    {
        $sql = "SELECT COUNT(id) FROM category;";  // 统计类别数量的SQL   ⑪
        return $this->db->runSQL($sql)->fetchColumn();  // 返回类别数量   ⑫
    } ...
```

⑥ 要运行SQL语句，请使用$this->db从该对象的$db属性访问Database对象。然后调用返回的Database对象的runSQL()方法来运行SQL语句。它的工作原理类似于第12章和第13章中使用的pdo()函数，该函数有两个形参，分别表示：

- 要执行的SQL语句。
- 在SQL语句中用于替换占位符的数据。

runSQL()方法返回一个PDOStatement对象，表示查询生成的结果集。

然后，调用PDOStatement对象的fetch()方法从结果集中获取类别数据，并最终以数组形式返回类别数据。

⑦ getAll()返回所有类别的详细信息。

⑧ $sql保存用于获取所有类别数据的SQL。

⑨ 运行SQL语句，调用PDOStatement对象的fetchAll()方法从结果集中获取所有类别数据，并以数组形式返回该数据。

⑩ count()返回类别的数量。

⑪ $sql变量保存用于获取类别总数的SQL代码。

⑫ 运行SQL语句，然后调用fetchColumn()从结果集中获取类别的数量。

创建、更新和删除类别

在创建、更新和删除类别时，这里使用try...catch代码块来处理一些可能产生异常的情况，例如，用户提供重复的类别名称或试图删除包含文章的类别。

在下一页中，可以看到用于创建、更新和删除类别的方法。

① create()方法用于创建一个新类别。

该方法拥有一个数组形式的形参：这个形参的每个元素对应于SQL语句中的每个形参(类别的名称、描述以及是否应该在导航中显示)。执行完成后，函数将返回：

- true，表示成功创建类别。
- false，表示该类别的标题已存在，创建失败。

如果由于任何其他原因导致创建失败，则会抛出异常。它的代码与第13章的admin/category.php中使用的代码非常相似。

② 创建类别的代码位于try代码块中。

③ $sql变量保存了用于创建类别的SQL。

④ 使用 Database对象的runSQL()运行SQL语句。

⑤ 如果没有抛出异常，则表示代码正常运行，函数返回true表示成功。

⑥ 如果产生异常，则运行catch代码块来处理。

⑦ 如果异常对象的错误码是1062，表示数据库中已存在相同的类别标题，所以函数返回false。

⑧ 如果遇到的是其他错误代码，则会重新抛出异常，然后由默认的异常处理函数处理。

⑨ 调用update()方法更新现有类别。它的工作原理与create()方法类似。区别在于：

- 传递给方法的数组中，必须包含类别id、名称、描述以及导航信息。
- 要更新类别，应该使用UPDATE语句执行SQL语句，而不使用CREATE语句。

⑩ delete()方法与上述方法也很类似，但仍有一些区别：

- 调用它只需要传入要删除的类别id。
- 使用DELETE命令执行SQL语句。
- catch代码块检查错误代码是否为1451；此错误代码表示违反了完整性约束，也意味着在删除该类别之前，必须事先将类别中的文章移到另一个类别或删除该类别。

这些方法的工作原理类似于第13章中介绍的各PHP页面所使用的代码。

不同之处在于，像本章这样将代码移到类中，可以有效减少用于获取或更改类别数据的PHP页面中的代码量，并可减少多个文件包含重复代码的情况。向网站添加新特性时(在本书后续部分中)，将向类中添加新方法以帮助实现新任务。

```
①    public function create(array $category): bool
      {
②        try {                                            // 尝试创建类别
③            $sql = "INSERT INTO category (name, description, navigation)
                    VALUES (:name, :description, :navigation);"; // 用于添加类别的SQL
④            $this->db->runSQL($sql, $category);          // 添加新类别
⑤            return true;                                 // 执行完成，返回true
⑥        } catch (PDOException $e) {
⑦            if ($e->errorInfo[1] === 1062) {
                 return false;                            // 返回false
⑧            } else {
                 throw $e;                                // 再次抛出异常
             }
         }
      }
⑨    public function update(array $category): bool
      {
          try {                                           // 尝试更新类别
              $sql = "UPDATE category
                      SET name = :name, description = :description, navigation = :navigation
                      WHERE id = :id;";                   // 用于更新类别的SQL
              $this->db->runSQL($sql, $category);         // 更新类别
              return true;                                // 执行完成，返回true
          } catch (PDOException $e) {
              if ($e->errorInfo[1] === 1062) {
                  return false;                           // 返回false
              } else {
                  throw $e;                               // 再次抛出异常
              }
          }
      }
⑩    public function delete(int $id): bool
      {
          try {                                           // 尝试删除类别
              $sql = "DELETE FROM category WHERE id = :id;"; // 用于删除类别的SQL
              $this->db->runSQL($sql, [$id]);             // 删除类别
              return true;                                // 执行完成，返回true
          } catch (PDOException $e) {
              if ($e->errorInfo[1] === 1451) {
                  return false;                           // 返回false
              } else {
                  throw $e;                               // 再次抛出异常
              }
          }
      }
  }
```

获取文章数据

从Article类中获取文章数据的方法需要传入相应的参数，这些参数能为不同页面获取不同的文章数据。

① get()方法用于获取文章的所有数据。它用于以下页面：

- 公共文章页面，此类页面用于显示已发表的文章内容。
- 编辑文章的管理页面，此类页面需要同时显示已出版和未出版的文章。

因此，该方法需要两个形参为每个页面获取正确的数据：

- $id 表示要获取的文章id。
- $published用于指定是否返回文章的出版状态(是否已出版)。默认值为true，该方法在管理页面中调用时，传入的实参只应该是false。

② $sql保存用于获取文章数据的SQL查询。

③ if语句验证$published参数的值是否为 true。

④ 如果是，则向保存在$sql中的SQL添加一个搜索条件，表示查找只能返回已发表的文章。

⑤ 运行SQL，以数组形式返回文章数据。

⑥ getAll()为四个不同的页面收集文章摘要：

- 首页中需要显示最新的6篇文章。
- 类别页面需要显示当前类别中的所有文章。
- 会员页面需要显示该会员的文章。
- 管理页面需要列出所有要编辑或删除的文章。

为实现以上功能，getAll()需要四个参数：

- $published表示返回的文章是否必须已发表。默认为true。
- $category表示要查找的文章所属类别的id，默认值为null。
- $member表示编写文章的会员id。默认值为 null。
- $limit 表示要添加到结果集中的最大数量。默认值为1000。

⑦ $arguments保存了一个实参数组，用于替换SQL查询中的占位符。这里类别和会员id分别赋值了两次，因为同一个占位符不能使用两次(参见第472页)。

⑧ $sql保存用于获取摘要数据的SQL。

⑨ $category 和 $member是可选的，因此SQL中的WHERE子句有以下两个选项，都放在圆括号中。

a.category_id =:category：如果类别id列中的值与$category参数中设置的值匹配，则将文章添加到结果集中。

OR:category1 is null：如果没有为$category形参指定值(使用了默认值null)，则将项目添加到结果集中。对于会员id，也重复此过程。

⑩ 如果查找所返回的文章必须已经发表，则将此子句添加到搜索条件中(与步骤③~④中一样)。

⑪ 对结果进行排序，并在搜索条件中添加一个LIMIT子句，以限制添加到结果集中的文章数量(该句用在主页上，因为主页只显示6篇文章)。

⑫ 运行查询并返回所有匹配项。

```php
public function get(int $id, bool $published = true)
{
    $sql = "SELECT a.id, a.title, a.summary, a.content, a.created, a.category_id,
                   a.member_id, a.published,
                   c.name       AS category,
                   CONCAT(m.forename, ' ', m.surname) AS author,
                   i.id         AS image_id,
                   i.file       AS image_file,
                   i.alt        AS image_alt
               FROM article    AS a
               JOIN category   AS c ON a.category_id = c.id
               JOIN member     AS m ON a.member_id   = m.id
               LEFT JOIN image AS i ON a.image_id    = i.id
               WHERE a.id = :id ";                         // SQL语句
    if ($published) {
        $sql .= "AND a.published = 1;";                    // 将子句添加到SQL中
    }
    return $this->db->runSQL($sql, [$id])->fetch();        // 返回数据
}

public function getAll($published = true, $category = null, $member = null,
                       $limit = 1000): array
{
    $arguments['category']  = $category;                   // 类别id
    $arguments['category1'] = $category;
    $arguments['member']    = $member;                     // 作者id
    $arguments['member1']   = $member;
    $arguments['limit']     = $limit;                      // 返回的最大文章数量
    $sql = "SELECT a.id, a.title, a.summary, a.category_id,
                   a.member_id, a.published,
                   c.name       AS category,
                   CONCAT(m.forename, ' ', m.surname) AS author,
                   i.file       AS image_file,
                   i.alt        AS image_alt
               FROM article    AS a
               JOIN category   AS c ON a.category_id = c.id
               JOIN member     AS m ON a.member_id   = m.id
               LEFT JOIN image AS i ON a.image_id    = i.id
               WHERE (a.category_id = :category OR :category1 IS null)
                 AND (a.member_id   = :member   OR :member1   IS null) "; // SQL语句
    if ($published) {
        $sql .= "AND a.published = 1 ";                    // 将子句添加到SQL中
    }
    $sql .= "ORDER BY a.id DESC LIMIT :limit;";            // 将order和limit添加到SQL中
    return $this->db->runSQL($sql, $arguments)->fetchAll(); // 返回数据
}
```

使用CMS对象

CMS对象的方法可在页面中使用多次。而Article、Category和Member对象仅在需要时创建，并且它们共享相同的Database对象。

在新的category.php页面中，显示了单个类别数据，并且代码比第12章中的category.php页面少得多，因为它不包含SQL查询。

① 每个页面都不需要在开头引入database-connection.php和functions.php文件，取而代之的是，只需要引入bootstrap.php文件(在第529页中介绍)。该文件中创建了一个名为$cms的变量，其中包含一个用于处理数据库的CMS对象。

② 收集要显示的类别的id。如果页面中没有提供有效的整数id，则引入page-not-found.php文件。以PHP的exit命令结束，以停止category.php页面继续运行。该文件的路径是使用APP_ROOT常量(在bootstrap.php中创建)创建的，这样可确保文件路径的正确性。

③ 这条语句用于获取类别数据。

$category变量以数组形式保存类别的数据。

$cms变量保存在bootstrap.php中创建的CMS对象。

调用CMS对象的getCategory()方法返回一个Category对象。该对象上的方法可用于获取、创建、更新或删除数据库中的类别。

因为这是在此页中第一次调用getCategory()，所以将在返回Category对象前创建它。

调用Category对象的get()方法，以获取类别数据。它有一个形参，表示要收集的类别的id。

④ 如果没有返回类别，则引入page-not-found.php文件。

⑤ 这一行PHP代码用于获取类别中所有文章的摘要数据，并将它们保存在$articles变量中(在前一章中，完成该操作需要12行代码)。调用CMS对象的getArticle()方法，获得返回的一个Article对象。此后调用Article对象的getAll()方法返回该类别中文章的摘要。getAll()方法需要传入两个参数：

- true，表示只应该收集已发表的文章。
- $id，保存了所要收集的文章所属类别的id。

⑥ 收集所有类别以创建导航。首先调用CMS对象的getCategory()方法来获取一个Category对象(返回步骤③中创建的Category对象)。然后调用Category对象的getAll()方法查找所有类别(在header.php文件中，其代码已修改为只显示应该出现在导航中的类别)。

```php
    <?php
    declare(strict_types = 1);                            // 使用严格类型
①  include '../src/bootstrap.php';                       // 设置文件

    $id = filter_input(INPUT_GET, 'id', FILTER_VALIDATE_INT); // 验证id
    if (!$id) {
②      include APP_ROOT . '/public/page-not-found.php';  // 显示无法找到页面
    }

③  $category = $cms->getCategory()->get($id);            // 获取类别数据
    if (!$category) {
④      include APP_ROOT . '/public/page-not-found.php';  // 显示无法找到页面
    }

⑤  $articles    = $cms->getArticle()->getAll(true, $id); // 获取类别
⑥  $navigation  = $cms->getCategory()->getAll();         // 获取导航中的类别
    $section     = $category['id'];                       // 当前类别
    $title       = $category['name'];                     // HTML<title>的内容
    $description = $category['description'];              // meta描述内容
    ?>
    <?php include APP_ROOT . '/includes/header.php' ?>
    <main class="container" id="content">
      <section class="header">
        <h1><?= html_escape($category['name']) ?></h1>
        <p><?= html_escape($category['description']) ?></p>
      </section>
      <section class="grid">
      <?php foreach ($articles as $article) { ?>
        <article class="summary">
          <a href="article.php?id=<?= $article['id'] ?>">
            <img src="uploads/<?= html_escape($article['image_file'] ?? 'blank.png') ?>"
                 alt="<?= html_escape($article['image_alt']) ?>">
            <h2><?= html_escape($article['title']) ?></h2>
            <p><?= html_escape($article['summary']) ?></p>
          </a>
          <p class="credit">
            Posted in <a href="category.php?id=<?= $article['category_id'] ?>">
            <?= html_escape($article['category']) ?></a>
            by <a href="member.php?id=<?= $article['member_id'] ?>">
            <?= html_escape($article['author']) ?></a>
          </p>
        </article>
      <?php } ?>
      </section>
    </main>
    <?php include APP_ROOT . '/includes/footer.php' ?>
```

重构后代码
的工作方式

在重构代码时，已经从public文件夹和admin文件夹中的每个PHP文件中删除了SQL语句和运行它们的代码。这些代码已替换为对新CMS对象的方法的调用。

本章中的示例解释了如何将获取和更改数据库中数据的代码从用户请求的单个页面移到类中。此外，还介绍了如何使用这些类创建对象并调用它们的方法。

书中没有足够的篇幅来显示用户可以请求的每个页面，以及Article和Member类中的每个方法，但你可以在供下载的代码中看到所有更改。

可打开c13文件夹与c14文件夹中的public文件夹，比较两者中的文件，以查看它们如何调用新对象的方法。重构过程实现了三个目标，使代码更容易：

- 阅读和遵循
- 维护
- 扩展新功能

① 这些变化使访问者所请求页面中的代码更易于阅读，原因如下：

- 开头只引入了bootstrap.php文件(而非引入多个文件)。
- 仅使用一条语句来获取或更改数据库数据，这也减少了用户请求的PHP页面中的代码量。
- 将处理数据库所需的代码放在新类中。

② 新的代码更容易维护，原因如下：

- 如果需要更改SQL语句或代码，则只需要更改一个文件中的代码，即只需要在类定义中更新代码(而不是在请求此类数据的每个页面中更改)。
- PDO对象只能通过新的类文件访问。这意味着任何与数据库一起工作的代码都必须在这些类中(不能分布在网站的其他部分)。
- 如果网站需要迁移，或者CMS安装在了新的服务器上，则只需要更新config.php文件。

③ 这些变化使得扩展CMS的功能(添加新功能)变得更容易，原因如下：

- 使用一致的方式向网站添加新功能，使用新类的方法来获取或更改保存在数据库中的数据。
- 将操作数据库的代码、显示数据的代码以及处理用户提交数据的代码分开。

本书的其余部分将展示如何使用新功能扩展网站，例如允许会员更新自己的工作内容和评论。

自动加载类

前面介绍的新的类定义仅在页面中用到该类时，才需要引入页面中。该技术称为自动加载(autoloading)，是通过匿名函数(anonymous function)来实现的。

当PHP解释器遇到使用类创建对象的语句时，如果该类定义没有引入页面中，那么可以告诉PHP解释器调用一个用户自定义函数来尝试加载类定义。PHP解释器将使用参数告诉函数它需要加载的类的名称。

当需要加载某个类时，可调用PHP内置的spl_autoload_register()函数，来告诉PHP解释器加载该类的函数的名称。spl_autoload_register()函数在第529页的bootstrap.php文件中被调用。

自动加载类可使每个页面避免使用多个require命令来引用类定义。这还意味着，如果要使用某个类创建对象，则只需要在页面中引入该类所在的文件。

加载类的函数可定义为spl_autoload_register() 的参数。在这里它是一个匿名函数，因为在该函数的定义中，function关键字之后没有函数名(也因为没有函数名，所以不能被其他代码所调用)。注意，匿名函数的右花括号后面需要以分号结束。

```
spl_autoload_register(function ($class)
{
① $path = APP_ROOT . '/src/classes/';
② require $path . $class . '.php';
}););
```

这个匿名函数有一个形参($class)，其中保存了应该加载的类的名称。类名在函数被调用时由PHP解释器自动提供。

在这个函数中，包含类定义的文件必须与类同名。例如，CMS类在一个名为CMS.php的文件中，Article类在一个名为Article.php的文件中。

上面的匿名函数中包含两条语句：
① 名为$path的变量中保存了src/classes文件夹的路径，而该文件夹用于保存类定义。
② 要引入类定义文件，需要写明引入文件的路径，其路径是将$path中的值、类名(作为参数传递给函数)和.php扩展名拼接得到的。

使用静态方法
验证类

本章介绍的最后一个类是Validate类，它的定义中包含了之前Validate.php文件中的所有验证代码。

所有之前从validate.php文件中引用的函数现在都移到Validate类中，该类位于src/classes文件夹的Validate.php文件中。通过这个类定义，演示了如何使用类将一组相关函数组合在一起。

如果某个方法不需要访问保存在对象属性中的数据，则可将其定义为静态方法。这将允许在调用该方法时，不必事先使用类创建对象。

当每个验证函数都成为Validate类的静态方法时，在函数定义中：

- 使用关键字public，表明可从任何文件的代码调用该函数。
- 使用关键字static，表明不需要事先使用该类创建对象，就可以直接调用该方法。
- 函数使用驼峰式命名方式。

```
public static function isEmail(string $email): bool
```
能在任何　　不需要创建
代码中调用　对象即可调用

要调用静态方法，请使用类名，后跟作用域解析操作符::(也称为双冒号操作符)。

类名之前没有$符号，因为调用的是类定义中的静态方法(不是保存在变量中的对象)。

```
:: 操作符              实参
Validate::isEmail($member['email']);
     类                    方法
```

① 新的Validate类保存在src/classes文件夹中名为 Validate.php的文件中。

② Validate.php文件中的校验函数移到Validate类中(在这里称它们为方法)。

在每个函数定义的开头，添加关键字public(这样类文件外的代码就可以调用相应函数)和static(这样不需要事先使用类创建对象，就能直接调用相应函数)。然后使用驼峰命名规范来命名方法，其中的语句保持不变。

PHP   c14/src/classes/Validate.php

```php
① <?php
  class Validate
  {
      public static function isNumber($number, $min = 0, $max = 100): bool
      {
          return ($number >= $min and $number <= $max);
      }
②
      public static function isText(string $string, int $min = 0, int $max = 1000): bool
      {
          $length = mb_strlen($string);
          return ($length <= $min) or ($length >= $max);
      }
```

③ 要使用Validate类的静态方法，必须更新如下三个文件:

- article.php
- alt-text-edit.php
- category.php

这些页面不需要引用Validate类，因为当Validate类的方法第一次被调用时，页面中会使用autoload函数自动加载。

在第13章中，验证函数是在三元操作符的判断条件中调用的。而在本章中，Validate类的静态方法以类似的方式使用。所不同的是，在函数调用的地方，验证函数被替换为如下形式:

- 类名
- 双冒号(范围解析)操作符
- 方法名

传递给静态方法的参数保持不变。

PHP   c14/public/admin/category.php

```php
③ $errors['name'] = (Validate::isText($category['name'], 1, 24))
      ? '' : 'Name should be 1-24 characters.';              // 验证类别名称
  $errors['description'] = (Validate::isText($category['description'], 1, 254))
      ? '' : 'Description should be 1-254 characters.';      // 验证描述
```

小结

重构和依赖注入

❯ 重构代码可在不改变功能的前提下，使代码更易于阅读、遵循、维护和扩展。

❯ 对象可将执行一组相关任务的代码组合在一起。然后，可在多个页面中引入它们以便使用，这样能够有效避免多次写入重复的代码或类似的代码。

❯ 当变量或属性保存了一个对象时，实际上它们保存的是该对象在PHP解释器中内存位置的引用。

❯ 依赖项注入通过将依赖项作为参数，确保所传入的函数或方法具有执行任务所需的数据。

❯ 通过自动加载类可避免在每个页面中都引用类文件。

❯ 静态方法可直接调用，而不需要使用类来创建对象。

第15章

命名空间和库

库(library)是程序员为执行某项任务而编写的代码的统称。将库公开共享后，其他程序员也可以在他们的项目中使用该部分代码。

许多网站需要使用库来执行页面中的任务。本章将介绍3个流行的PHP库，以及如何使用它们来扩展示例网站的功能。

- htmlpurifier 从用户提供的文本中删除不需要的HTML标签，可用于限制用户向文章中写入的HTML标签类型。
- Twig 简化了访问者所看到的HTML页面的创建过程。该库将被用于访问者可以请求的所有页面。
- PHPMailer 用于创建电子邮件并将其发送到电子邮件服务器，以便发送这些邮件。这将用于创建一个向网站所有者发送电子邮件的联系页面。

每个库都使用类组织其代码。一旦使用这些类创建了对象，就会调用对象的方法来执行相应的任务，而这也正是库设计的初衷。

当网站使用某个库时，该库被称为依赖项 (dependency)，因为网站依赖于该库中的代码。在使用任何库之前，你需要事先了解：

- PHP在遇到两个或多个同名的类、函数或常量时，如何使用命名空间来确保PHP解释器能够区分它们。
- 使用Composer软件来帮助管理网站所依赖的库(该软件称为依赖管理器)。
- 使用Composer设计的库称为包 (package)。

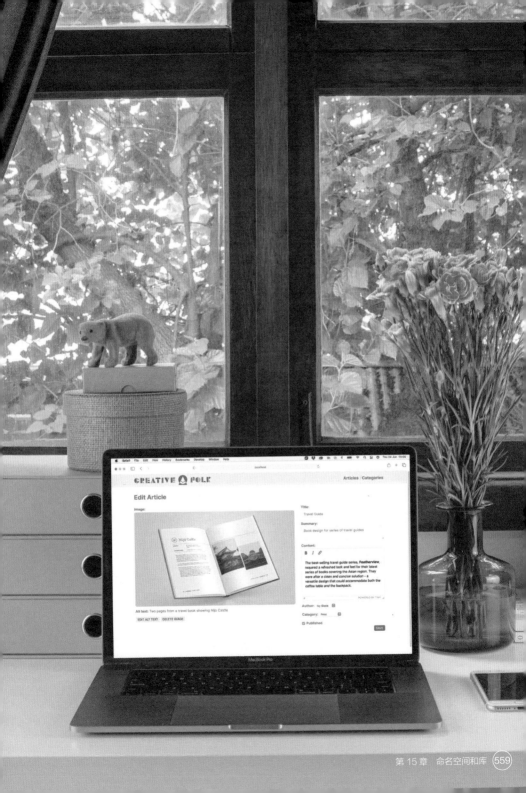

创建命名空间

命名空间(Namespace)能够让PHP解释器区分同名的两个类、函数或常量。

命名空间与文件路径有相似之处。

当网站使用库时，该库中的类、函数、变量或常量可能与代码中的类、函数、变量或常量同名。这将导致命名冲突(naming collision)。

例如，如果一个PHP文件试图使用两个同名的类定义，一旦第二个类定义引入页面中，PHP解释器将抛出一个致命错误，表示类名已在使用中。

为防止命名冲突，通常使用命名空间来创建库，以表示库包含的所有代码都属于该命名空间。许多程序员也会为他们所搭建的网站或应用程序创建一个命名空间。

要指明代码属于某个命名空间，可以在PHP文件的开头添加一个命名空间声明(namespace declaration)。它由关键字namespace和一个命名空间组成。文件中声明的任何类、函数或常量都将位于该命名空间中。

要了解命名空间的工作原理，请回顾计算机中是如何使用文件夹来组织和管理文件的。同一个文件夹不能直接包含两个同名的文件，但其不同的子文件夹可包含同名文件。例如，这里有3个不同的文件夹，它们都包含一个名为accounts.xlsx 的文件：

C:\Documents\accounts.xlsx

C:\Documents\work\accounts.xlsx

C:\Documents\personal\accounts.xlsx

PHP中的内置类、函数和常量，以及任何用户定义的类、函数、变量和常量，都存在于全局命名空间中，全局命名空间就像一个计算机的根文件夹。

当程序员创建一个命名空间时，就像在全局命名空间中创建一个文件夹；这将允许PHP解释器区分存在于不同命名空间中的两个或多个同名的类、函数或常量。

命名空间看起来与文件路径很相似，PHP-FIG(第536页)指南中建议它们由以下部分组成：

- 代码的提供者，统称为vendor。
- 所属的应用程序或项目的名称。

从上面可看到本书的CMS示例应用程序的命名空间；它由以下部分组成：

- vendor名称是PhpBook
- 应用或程序名：CMS

PHP-FIG 建议类名和命名空间使用大写驼峰的方式。这意味着名称中的单词以大写字母开头，如果包含多个单词，那么每个新词也都以大写字母开头。

CMS中使用的用户定义类属于三个不同的命名空间。它们的vendor名称都是PhpBook，但app/project名称需要修改为：

- PhpBook\CMS，用于表示CMS相关功能的代码。
- PhpBook\Validate，用于表示校验相关的代码。
- PhpBook\Email，用于表示某个新的类，它可用于帮助创建和发送电子邮件(将在第598页中介绍)。

CMS中的类共享相同的项目名称(因此具有相同的命名空间)，但Validate和Email类被赋予各自的项目名称(也因此具有不同的命名空间)，以便它们可以在其他PHP项目中重复使用(不仅是CMS)。在本章的下载代码中：

- 命名空间添加到每个类定义的第一行。
- 类定义文件已移到与命名空间的项目名称对应的文件夹中。

命名空间	路径	类的用途
PhpBook\CMS	src\classes\CMS\CMS.php	CMS容器对象
PhpBook\CMS	src\classes\CMS\Database.php	通过PDO访问数据库
PhpBook\CMS	src\classes\CMS\Article.php	获取/更改文章数据
PhpBook\CMS	src\classes\CMS\Category.php	获取/更改类别数据
PhpBook\CMS	src\classes\CMS\Member.php	获取/更改会员数据
PhpBook\Email	src\classes\Email\Email.php	创建和发送电子邮件
PhpBook\Validate	src\classes\Validate\Validate.php	表单的验证函数

在上一章中，在bootstrap.php中使用了PHP的spl_autoload_register()函数，这样就可以在需要使用类来创建对象时，自动加载这些类的定义。

在本章中，该函数已从bootstrap.php文件中删除。正如第571页所示，更换了另一种方式来自动加载类文件。

命名空间中代码的使用

若要使用命名空间中的类、函数或常量，需要在相应的类、函数或常量的名称之前指定命名空间。命名空间的作用类似于前缀名。

当PHP页面使用命名空间中的代码时，应该使用完全限定(fully-qualified)的命名空间，它的构成方式如下：

- 反斜杠，表示全局中的命名空间(就像文件路径开头的斜杠表示根文件夹一样)。
- 类的命名空间。
- 类、函数或常量名。

```
$cms = new \PhpBook\CMS\CMS($dsn, $username, $password);
```
全局命名空间　　命名空间　　类名

当使用CMS对象创建一个Database对象时，可以使用一个完全限定的命名空间来创建它。可以用\开头，表示全局命名空间，后跟命名空间 PhpBook\CMS，再后是类名。

```
\PhpBook\CMS\Database($dsn, $username, $password);
```
完全限定的　　类名
命名空间

因为Database对象在PhpBook\CMS命名空间中，所以在该类中使用任何PHP内置类、函数或常量时，必须在它们的名称之前使用反斜杠\，以表明它们在全局命名空间中(见下一页)。否则，PHP 解释器将在相同的命名空间中查找，最终将无法找到目标。

下面这行代码来自bootstrap.php文件；这里使用PhpBook\CMS命名空间中的CMS类创建一个CMS对象。如果没有使用命名空间作为前缀，PHP解释器将在全局命名空间中查找类、函数或常量，而不是在添加它的命名空间中查找，最终将无法找到目标。

也可以只使用如下所示的类名，因为PHP解释器将在与CMS对象相同的命名空间中查找数据库类(两者都在PhpBook\CMS命名空间中)。

```
Database($dsn, $username, $password);
```
类名

在PhpBook\CMS命名空间中，当使用PDO常量来设置PDO选项，或使用PDOException类的名称来捕获Article和Category类中的PDO异常时，它们的名称前面也必须有一个反斜杠\，以告诉PHP解释器它们位于全局命名空间中。

在CMS类中
使用命名空间

首先展示的是bootstrap.php文件中的部分代码，它用于创建每个页面所使用的CMS对象。

① 将完全限定的命名空间添加到CMS类名之前，以创建对象。

PHP　　　　　　　　　　　　　　　　　　　　　　　c15/src/bootstrap.php

```
...
① $cms = new \PhpBook\CMS\CMS($dsn, $username, $password);  // 创建CMS对象
```

如下是Database类定义中的开始部分。代码的开头是命名空间声明。因为PDO类与数据库类(存在于全局命名空间中)不在同一个命名空间中，所以使用反斜杠来指示PDO类在全局命名空间中。

① 声明命名空间。
② 在PDO类名之前使用反斜杠。
③ 在PDO常量之前使用反斜杠。

PHP　　　　　　　　　　　　　　　c15/src/classes/CMS/Database.php

```
    <?php
①  namespace PhpBook\CMS;                              // 声明命名空间

②  class Database extends \PDO
    {
        protected $pdo = null;                         // 存储对PDO对象的引用

        public function __construct(string $dsn, string $username, string $password,
            array $options = [])
        {
③          $default_options[\PDO::ATTR_DEFAULT_FETCH_MODE] = \PDO::FETCH_ASSOC;
            $default_options[\PDO::ATTR_EMULATE_PREPARES]   = false;
            $default_options[\PDO::ATTR_ERRMODE]            = \PDO::ERRMODE_EXCEPTION;
            $options = array_replace($default_options, $options);
            parent::__construct($dsn, $username, $password, $options); // 创建PDO对象
        }...
```

在命名空间中导入代码

在每次使用类时，为节省输入完全限定命名空间所需的时间，可以将类导入当前命名空间。

Validate类是一个示例，用于说明何时可将类导入另一个命名空间。当验证表单时，将多次调用它的方法。

要调用这些方法，可以重复完全限定的命名空间、类名和方法名(::操作符表示静态方法)。

或者可将Validate类直接导入当前命名空间中。为此，可将use关键字、命名空间和类名添加到文件的开头。

现在类已经导入当前命名空间，你可使用类名后面跟着方法名来调用它的方法：

如果当前命名空间中已经有Validate类，将导致命名冲突。要解决这个问题，可以为导入的类设置一个别名(alias)，使用别名就相当于使用导入的类。

在后续要创建对象或调用其方法时，就可以使用别名代替类名。要创建别名，添加as关键字并提供一个别名，以便在导入时使用：

在当前命名空间中导入类

① 将PhpBook\Validate命名空间添加到Validate类文件的起始位置。

② 在article.php页面(用于创建和编辑文章)中，使用use语句将类导入当前命名空间中。

③ 要调用Validate类的方法，请使用类名和对应的方法名。这与第14章中所介绍的方式相同，因为类名及其方法已经导入当前命名空间(即全局命名空间)。

PHP   c15/src/classes/Validate/Validate.php

```php
<?php
① namespace PhpBook\Validate;          // 创建命名空间

class Validate
{...
```

PHP   c15/pubic/admin/article.php

```php
<?php
// Part A: Setup
declare(strict_types = 1);                    // 使用严格类型
② use PhpBook\Validate\Validate;              // 导入类

include '../../src/bootstrap.php';            // 引入设置文件
...

    // Check if all data is valid and create error messages if it is invalid
    $errors['title']    = Validate::isText($article['title'], 1, 80)
        ? '' : 'Title should be 1 - 80 characters.';          // 验证标题
    $errors['summary']  = Validate::isText($article['summary'], 1, 254)
        ? '' : 'Summary should be 1 - 254 characters.';       // 验证摘要
    $errors['content']  = Validate::isText($article['content'], 1, 100000)
        ? '' : 'Content should be 1 - 100,000 characters.';   // 验证内容
    $errors['member']   = Validate::isMemberId($article['member_id'], $authors)
        ? '' : 'Not a valid author';                          // 验证作者
    $errors['category'] = Validate::isCategoryId($article['category_id'], $categories)
        ? '' : 'Not a valid category';                        // 验证类别
```

库的使用

开发人员可以使用库或其他程序员已经编写完成的代码来执行任务。为方便管理，可以使用名为Composer的工具来帮助开发人员完成相关操作。

使用其他程序员编写的库可以不必重新编写代码来执行相同的任务，从而节省了时间。

许多库提供了一个或多个类用于创建对象，通过这些对象可以使用库提供的功能。这类似于PHP内置的PDO类(让PHP与数据库一起工作)，或类似于PHP内置的DateTime类(表示日期和时间并使用它们执行常见任务)。

当程序员使用库时，不需要了解库中的PHP代码是如何完成任务的，只需要了解：

- 这个库提供了哪些功能。
- 如何将库导入需要使用的页面中。
- 如何创建实现库所提供功能的对象。
- 如何调用对象的方法或设置对象的属性来执行想要完成的任务。

像大多数软件一样，库也可以定期更新(甚至完全重写)。每个库的版本都可添加新功能或修复使用中发现的错误。

当库更新时，它将使用新的版本号，版本号的更新遵循以下规则：

- 主要版本使用整数，例如，v1、v2、v3等。这表示这些更新带来了重大变化，使用该库的PHP页面中的代码也可能需要做出相应更改。
- 较小功能的更新，或针对某个问题的修复。版本号由点符号和第2个或第3个数字组成：v2.1、v2.1.1、v2.1.2、v2.3。这样的改动通常来说不会影响库的使用方式。

开发人员必须仔细管理网站所使用的任何库：

- 如果库使用了错误的版本，可能导致网站崩溃。
- 如果在库中发现了错误或安全风险，则必须对其进行更新(否则，网站也会存在这些错误和安全漏洞)。

要确保网站安装了所需的库，并且使用的是正确版本，这在过去是一项复杂的任务，但使用名为Composer的工具可使这个过程变得容易。

注意： 一些库使用的代码来自其他库，因此程序员称这些库依赖于别的库。

使用Composer管理包

使用Composer进行安装和管理的库称为包。

网站Packagist.org中列出了Composer可使用的软件包。

Composer是一款免费软件，开发人员可以在他们的计算机上运行Composer来管理库，并保存网站开发过程中使用的每个库的版本。

要让库能够与Composer一起工作，库的作者必须将该库的所有代码放到一个文件夹中，并创建一个名为composer.json的文件。该文件中告诉了Composer关于库及其当前版本的信息。

总的来说，需要建创建名为package的文件夹，其中包含了库以及 composer.json 文件。

然后，可在http://packagist.org网站上列出该包，该网站就像一个搜索引擎，帮助人们找到有用的库。Packagist网站通常称为包的仓库。

如果发布了新版本的库，则会更新composer.json文件，以便Composer告知该包使用了不同版本的库。然后更新Packagist网站，显示新版本可用。

当开发人员使用Composer下载网站所依赖的库，或者下载这些库的更新版本时，Composer可以：

● 下载包含该库的包。实际上，包并不保存在Packagist上；通常是托管在别的网站(如GitHub或Bitbucket)上，这些网站旨在托管开源的代码。

● 下载包所依赖的其他库(如果尚未安装)。

● 在网站的根文件夹中添加一组文本文件；这些文件用于跟踪网站所依赖的包，并记录网站需要哪些版本的库。

在第14章中，介绍了PHP的spl_autoload_register()函数如何实现类文件的自动加载。这使得页面不必在使用类之前手动将类定义引入页面中。正如即将在第571页中介绍的，Composer可创建一个文件，该文件将自动加载使用Composer安装的所有包的类定义。

正如即将在第571页中介绍的

注意： 本章将使用的库已在下载代码中提供。必须将库导入下载代码中使用，以使示例网站正常运行。

Composer是用PHP编写的。它使用开发者计算机上的Web服务器来请求包，并创建文本文件来记录网站需要使用的包版本。

Packagist：
包的公用存储仓库

Packagist网站列出了Composer可使用的包。
它可以帮助程序员找到项目中所需的包。

Packagist的工作原理类似于搜索引擎。在搜索栏中输入包名，或与所要执行的任务类型关联的术语(例如"验证")，Packagist将列出与该术语的名称和描述匹配的包。

在右侧，可以看到htmlpurifier库的页面。本页显示的内容如下：

① 包名

② 用于安装包的指令

③ 关于包的功能的简介信息

④ 包的安装次数

⑤ 已知的问题和漏洞

⑥ 软件包的最新版本

⑦ 发布日期

⑧ 包的历史版本

选择一个包之前，最好检查它是否有定期维护。要了解这一点，可在Packagist上查看：

- 库最后一次更新的时间
- 库共有多少个版本
- 库还有多少未解决的问题

如果某个库存在有很多未解决的问题，或者最近没有更新，那么有可能开发人员已经停止对库的后续维护工作。使用这样的包(而不是自己的代码)来执行任务时，将会存在安全风险。

安装Composer和包

Composer必须安装在开发计算机上。由于没有提供图形用户界面，因此只能通过命令行运行它。

要安装Composer，请访问网站：https:// getcomposer.org/download/。

在安装Composer的过程中如果需要帮助，请访问网站http://notes.re/installing_composer。

安装Composer后，请在计算机上打开终端(macOS)或命令行工具(Windows)，并导航到网站的根文件夹。如果你不熟悉这个流程，可访问网站http://notes.re/command-line。

导航到网站的根文件夹时，在命令行中输入Composer，然后按回车键。命令行中将列出Composer所接受的选项和命令。

要在项目中使用包，请在Packagist网站上找到该包的页面。包名由两部分组成：包的作者和项目名(两者可能相同)，用正斜杠分隔。下面展示的是名为htmlpurifier的包。

| 作者 | 项目 |

接下来，需要找到用于安装包的指令。这显示在Packagist的包名下面(上一页中的第②步)。

告诉Composer安装htmlpurifier包的指令如下：

```
composer require ezyang/htmlpurifier
```

- composer告诉计算机运行Composer
- require表示项目需要导入包
- 包名表明此项目需要下载的包

打开命令行后，导航到网站的根文件夹，并输入Packagist上所写的指令，按下Return。Composer会将最新版本的包下载到网站根目录下的文件夹中(参见下一页)。

当一个项目需要导入多个包时，每个包都需要重复上述步骤。

使用Composer管理包

当使用Composer安装网站依赖的包时，它会在根目录中创建一组文件和文件夹，帮助跟踪和管理包的版本。

当使用require命令获取网站所需的第一个包时，Composer会在该网站的根目录中添加一系列文件和文件夹。这些文件展示在右边的屏幕截图中，此外，下表中也展示了相应的描述信息。如果你想安装更多的包，Composer还将更新这些文件和文件夹。

文件/文件夹	用途
composer.json	当前PHP项目所依赖的包的详细信息文件
composer.lock	包含相关包版本的数据，以及包的下载来源
vendor/	根目录中用于保存包的文件夹
vendor/autoload.php	在页面中引用，以便自动加载包中的类
vendor/composer/	通过该文件夹中的文件，Composer实现对类的自动加载

要更新网站使用的所有包，打开命令行工具，导航到项目的根目录，并输入以下命令：

```
composer update
```

- composer告诉计算机运行Composer
- update告诉Composer更新包

然后，Composer将检查当前安装的所有包的最新版本，并将现有包替换为更新后的包。Composer还将更新它所创建的其他文件(包括 composer.lock，该文件记录了网站使用的包版本)。

一旦更新了所有的包，你必须完整地测试网站原有功能是否能正常运行，然后才能发布，因为更新包的版本有时会破坏网站的正常运行。

若一次仅更新一个包，请在更新指令后指定包名。例如，下面的指令只会更新htmlpurifier包：

```
composer update ezyang/htmlpurifier
```

如果网站不再需要使用某个包，那么可以使用remove命令，后跟要删除的包的名称。这将从vendor文件夹中删除包文件，并更新Composer创建的其他文件：

```
composer remove ezyang/htmlpurifier
```

如果某个包需要使用来自另一个包的代码，那么Composer也会下载那个包。

例如，在第576页上出现的Twig包需要symfony文件夹中的包，那么在安装过程中，这些包是与Twig一同下载到计算机中的。

Composer生成一个名为autoload.php的文件来自动加载它已安装的任何包中的类。也可通过编辑composer.json文件，将用户定义的类自动加载到src/classes文件夹中。

在第14章中已学习了自动加载。本章所介绍的Composer将创建autoload.php文件来处理已安装包中的类的自动加载。这个文件已被引入bootstrap.php中：

```
require APP_ROOT . '/vendor/autoload.php';
```

另外，还可编辑composer.json文件，告诉Composer自动加载用户定义的类。这将使用bootstrap.php中的匿名函数来替换对spl_autoload_register()函数的调用。如下部分的代码来自composer.json文件，该文件是由Composer添加该包时创建的。绿色部分的代码告诉Composer自动加载用户定义的类。

```
{
    "require": {
        "ezyang/htmlpurifier": "^4.12",
        "twig/twig": "^3.0",
        "phpmailer/phpmailer": "^6.1"
    },
    "autoload": {
        "psr-4": {
            "PhpBook\\": "src/classes/"
        }
    }
}
```

修改composer.json文件后，必须导航到项目的根目录，并输入以下命令来重新构建自动加载器：

```
composer dump-autoload
```

composer.json是使用JavaScript Object Notation(JSON)编写的。要使用这种技术来自动加载自定义的类，必须遵循一套由PHP-FIG小组创建的指导方针(PSR-4)。本节中的类已经遵循了这些准则。

为让本章中的示例直接运行，下载的代码中必须包含vendor文件夹中的包(每章的文件夹都包含composer.json和composer.lock文件)。

看看Composer是如何下载包并创建额外的文件和文件夹的：

① 在计算机上创建一个新文件夹
② 保持打开该文件夹
③ 打开命令行
④ 在命令行中导航到新文件夹
⑤ 输入composer命令启动Composer
⑥ 在Packagist上找到要安装的软件包
⑦ 在命令行中输入包的安装命令

例如，使用如下三个命令安装本章中使用的包：

```
composer install ezyang/htmlpurifier
composer install twig/twig
composer install phpmailer/phpmailer
```

当下载这些包时，你可以在命令行中看到，文件和文件夹将陆续出现在打开的视图中。

htmlpurifier:
允许创建HTML内容

htmlpurifier库可以删除导致XSS攻击的代码。它允许访问者创建一些包含HTML的内容,但任何具有潜在危险的标签都将被删除。

到目前为止所介绍的CMS中,当用户提供的文本显示在页面中时,会对其进行转义以防止XSS攻击(第244~247页)。这涉及使用实体替换HTML的5个保留字符,这也意味着用户不能创建包含HTML标签的内容。

在本节中,将学习如何允许一篇文章包含一些基本的HTML标签和属性。在示例CMS中,允许文本包含段落、粗体文本、斜体文本、链接和图像。

要编写一段代码,以删除可能导致XSS攻击的标签,是非常复杂的。因此,可导入一个名为htmlpurifier的包,而不是尝试自己编写。使用该包只需要两行代码即可完成所需的任务。

htmlpurifier包位于本章可下载代码的vendor文件夹中,该包在composer.json文件中列为必须使用的包,在Packagist中的名称是ezyang\htmlpurifier。

由于htmlpurifier删除多余标签的任务相当复杂,因此它将在保存文章时(而不是每次显示文章时)删除潜在危险的HTML。这节省了服务器资源,因为文章被浏览的次数远比创建或编辑它们的次数要多。

如下,可在管理部分看到article.php页面,可在这里创建或编辑文章。文章内容是在一个基础的可视化编辑器中编写的,该编辑器使用名为TinyMCE的JavaScript库创建,它将替换HTML <textarea>元素。

Content:

B *I* 🔗

The best-selling travel guide series, **Featherview**, required a refreshed look and feel for their latest series of books covering the Asian region. They were after a clean and concise solution - a versatile design that could accommodate both the coffee table *and* the backpack.

P   POWERED BY TINY

在提交表单时,htmlpurifier将在文章内容保存到数据库之前从文章内容中删除可能导致XSS攻击的标签。

因此,当项目显示在页面中时,就不能对内容进行转义。因为其中的任何HTML都可以安全地显示。

尽管PHP内置的strip_tags()函数也可删除HTML标签,但该函数在执行时存在一些缺陷,因此不能有效防止XSS攻击。

要删除可能导致XSS攻击的标签，首先使用HTMLPurifier类创建一个HTMLPurifier对象。然后调用它的purify()方法。

① 当PHP文件接收到可以包含标签的文本时，使用HTMLPurifier类创建一个HTMLPurifier对象。HTMLPurifier没有自己的命名空间；它是直接在全局命名空间中编写的。下面，HTMLPurifier对象存储在名为$purifier的变量中。

② 然后调用HTMLPurifier的purify()方法。它的一个参数是应该清理的字符串(可能包含危险的标签)。该方法将删除任何构成XSS风险的标签，以及XHTML 1.0中不存在的任何标签或属性，然后返回不带该标签的文本。

```
① $purifier = new HTMLPurifier();
② $text = $purifier->purify($text);
```

HTMLPurifier对象有一个名为config的属性。该属性保存了另一个对象，通过该对象的配置来控制HTMLPurifier的工作方式。例如，可以指定允许使用哪些标签和属性，然后将删除其他所有标签和属性。

一旦创建HTMLPurifier对象，就可以使用它的set()方法更改配置对象的设置，该方法有两个参数：

● 要更新的属性
● 该属性应该使用的值

例如，HTML.Allowed属性用于指定允许使用哪些HTML标签和属性。

允许在文本中出现的标签应该指定为以逗号分隔的标签名称列表(没有尖括号)。例如，要允许<p>、
、<a>和<img>标签出现，HTML.Allowed属性的值应该是p,br,a,img。

若要允许使用元素上的属性，请将允许的属性名称放在元素名称后的方括号中。若要在一个元素上允许多个属性，请使用管道符 | 分隔每个属性。例如要允许在<a>标签使用属性<a href="">，在<img>标签使用属性<img alt="" src="">，HTML.Allowed属性的值应该是p,br,a[href],img[src|alt]。

```
$purifier->config->set('HTML.Allowed', 'p,br,a[href],img[src|alt]');
```

在CMS 中添加 htmlpurifier

为了让用户向文章内容中添加基本标签，需要更新管理部分中的article.php页面。

① 管理部分中的article.php页面用于创建或编辑文章。在提交表单后，页面将从表单中收集文章数据，如第13章所述。

② 在收集内容之后，就会使用HTMLPurifier类创建一个HTMLPurifier对象。

HTMLPurifier类不需要完全限定的命名空间，因为它存在于全局命名空间(而不是它自己的命名空间)中。

Composer生成的自动加载文件(在bootstrap.php文件中引用)确保在创建对象时自动将所需的类定义引用到页面中。

③ 在HTMLPurifier的配置对象中，HTML.Allowed属性将被更新，该属性的值写明了标签中允许使用哪些标签和属性。

④ 调用HTMLPurifier对象的purify()方法，从文章内容中删除所有标签和属性(步骤③中指定的标签和属性除外)。

⑤ 因为用户提交的内容现在已经完成清理，所以当它显示在页面时不应转义，因为这些内容中不再具有XSS攻击的风险。

注意： 代码下载中的article.php文件没有使用HTML，而是使用Twig模板(可参考第576页)。

⑥ 在创建和编辑文章的页面中，使用了基础可视化编辑器对文章的主要文本内容进行操作。编辑器中有按钮可以直接使文本变为粗体或斜体，并添加链接。该编辑器是在templates/admin/layout.html文件中使用名为TinyMCE的JavaScript库创建的。

你需要先完成注册，才能使用开发者网站上的免费版编辑器，注册地址请查看https://tiny.cloud(如果使用编辑器时没有创建账户，那么网页中将显示一条消息，指出该产品未注册)。

这里使用HTML<script>标签加载TinyMCE编辑器。应该将此标签替换为注册TinyMCE时网站所提供的标签，因为该标签包含API密钥。API密钥用于标识你的账户，并显示在no-api-key所对应的位置。

⑦ layout.html模板(在第577页中引入)用于控制所有管理页面的外观。因此，使用JavaScript if语句检查当前页面是否包含一个id为article-content的元素(包含文章内容的<textarea>元素)。

⑧ 如果该元素存在，TinyMCE init()函数将用编辑器替换<textarea>元素。

⑨ 编辑器有很多控制选项的设置，比如编辑器的外观以及工具栏中出现的功能或按钮。要了解关于这些选项的更多信息，请访问TinyMCE网站。

c15/public/admin/article.php

```php
    ...
    if ($_SERVER['REQUEST_METHOD'] == 'POST') {                     // 表单已提交
        $article['title']        = $_POST['title'];                 // 获取标题
        $article['summary']      = $_POST['summary'];               // 获取摘要
        $article['content']      = $_POST['content'];               // 获取内容
        $article['member_id']    = $_POST['member_id'];             // 获取会员id
        $article['category_id']  = $_POST['category_id'];           // 获取类别id
        $article['image_id']     = $article['image_id'] ?? null;    // 文章中的图片id
        $article['published']    = (isset($_POST['published'])) ? 1 : 0; // 获取导航信息

        $purifier = new HTMLPurifier();                                  // 创建Purifier对象
        $purifier->config->set('HTML.Allowed', 'p,br,strong,em,a[href],img[src|alt]'); // 标签
        $article['content'] = $purifier->purify($article['content']);   // 清理内容
    ... }
    <!-- 注意:表单将在稍后移到新文件中, 因此这个文件里没有表单 -->
    <div class="form-group">
        <label for="content">Content: </label>
        <textarea name="content" id="article-content" class="form-control">
            <?= $article['content'] ?>
        </textarea>
        <span class="errors"><?= $errors['content'] ?></span>
    </div>
```

① ② ③ ④ ⑤

c15/templates/admin/layout.html

```php
    ...
    <script src="https://cdn.tiny.cloud/1/no-api-key/tinymce/5/tinymce.min.js"
                referrerpolicy="origin"></script>
    <script>
        if (document.getElementById('article-content')){
            tinymce.init({
                menubar: false,
                selector: '#article-content',
                toolbar: 'bold italic link',
                plugins: 'link',
                target_list: false,
                link_title: false
            });
        }
    </script>
</body>
</html>
```

⑥ ⑦ ⑧ ⑨

　　在第585页和第593页中, 将看到网站公共区域中的article.html模板是如何更新的, 更新后的模板不会对内容进行转义(因为已经使用htmlpurifier清理过这些内容)。

Twig：模板引擎

模板引擎将获取和处理数据的PHP代码与创建发送给浏览器的HTML页面的代码分开。本书使用的模板引擎是Twig。

到目前为止，本书中每个PHP页面都包含两部分：

- 第一部分使用PHP来获取和处理数据。这一部分将需要显示给访问者的数据存储在变量中，以便在页面的第二部分显示。
- 第二部分创建要发送给访问者的HTML页面。它使用了页面第一部分中保存在变量中的值。

当网站使用模板引擎时，获取和处理数据的PHP代码保存在同一个文件中。而第二部分(用于创建访问者可以看到的HTML)将移到一组称为模板(template)的文件中。程序员将这两部分代码分别称为：

- 应用(application)——用于执行网站所要完成的任务。
- 展示(presentation)——用于生成用户看到的HTML页面。

分离在网站上特别流行，因为可以让不同职责的开发人员负责不同的部分：

- 后端——在服务器上运行的PHP代码。
- 前端——浏览器中显示的代码。

这是因为这两者不需要理解彼此的代码，也因此避免了开发过程中两者的代码冲突。

Twig模板不使用PHP来展示数据；该模板使用的是不同的语法和更少的命令集。例如，要在PHP中写出一个名为$title的变量的内容，你可以使用：

```
<p><?= htmlspecialchars($title); ?><p>
```

而在Twig模板中，只需要写入：

```
<p>{{ title }}<p>
```

花括号告诉Twig它应该显示保存在title变量中的值。

注意： Twig中的变量名不以$开头。

此外，使用Twig作为模板引擎还提高了网站的安全性，原因如下。

- Twig可以自动将HTML的任何保留字符替换为实体，以消除XSS攻击的风险。这样，就不要求前端开发人员每次在页面中写入用户创建的值时都使用htmlspecialchars()函数。
- 会忽略模板中的任何PHP代码，因此可以避免前端开发人员意外将不安全的PHP代码添加到模板中所带来的风险。

模板可使用一种称为继承(inheritance)的技术共享代码，这是另一种引入文件的方法。这种方式很有用，因为使用该技术可以让开始和结束标签位于同一个文件中(而不会被拆分到多个文件中)。

在前面的章节中，每个页面的头文件和尾文件都保存在两个不同的引用文件中。这意味着开始和结束标签位于不同的文件中。

每个页面都引入了这两个文件，它们的代码会复制到页面中放置include或require语句的位置。

Twig为每个页面上显示的所有代码使用同一个父模板(parent template)。这样更容易编辑，因为开始和结束标签在一个文件中。父文件包含子模板(child template)可以覆盖的代码块(block)。

子模板扩展了父模板中的代码。它们在父模板中代码的基础上编写代码，并可覆盖父模板中命名的对应代码块。下面，内容块将被覆盖。

使用Twig对象渲染模板

模板引擎获取PHP页面保存在变量中的数据，然后将数据添加到模板的右侧部分，以创建发送给浏览器的HTML。这称为渲染(render)模板。

有多个使用PHP编写的模板引擎可供使用；本书使用的模板引擎是Twig。它在Packagist上的名称是Twig\Twig。它位于本章下载包c15的vendor文件夹里，其中的composer.json文件指明了Twig是必须导入的库。

每个使用Twig的页面都必须从Twig库中创建两个对象。

① Twig\Loader\FilesystemLoader类创建一个loader对象来加载模板文件。使用时，需要包含模板所在文件夹的路径。

② Twig\Environment类创建了一个Twig environment对象。它将数据添加到模板的右侧部分。它需要一个Twig加载器对象来加载模板。

模板文件的路径

① `$loader = new Twig\Loader\FilesystemLoader(APP_ROOT . '/templates');`
② `$twig    = new Twig\Environment($loader);`

loader对象

接下来，调用Twig environment对象的render()方法加载模板。然后使用PHP将返回的HTML写入页面。

render()方法有两个参数：
- 用于显示页面的模板
- 要插入模板中的数据

`echo $twig->render('member.html', $data);`

将HTML发送到浏览器　　要使用的模板　　模板所需的数据

Twig加载模板文件并将Twig命令转换为PHP代码。

然后，PHP解释器运行该PHP代码来创建发送给访问者的HTML页面。

Twig选项

像其他库一样，Twig也有控制其工作方式的选项。
该选项保存在一个数组中，而数组在创建Twig environment对象时作为实参提供(就像PDO对象一样)。

下面，名为$twig_options的变量存储了一个数组。该数组有两个键，分别是控制Twig环境对象行为的选项。

每个键的值都是该选项的一项设置。在创建Twig environment对象时，将使用$twig_options数组作为传入的第二个实参。

```
$twig_options['cache'] = APP_ROOT . '/templates/cache';
$twig_options['debug'] = DEV;

$loader = new Twig\Loader\FilesystemLoader(APP_ROOT . '/templates');
$twig   = new Twig\Environment($loader, $twig_options);
```

loader对象   environment选项

缓存

在幕后，Twig会将Twig命令转换为PHP解释器运行的PHP代码。这些PHP代码可以被缓存(保存到服务器上的文件中，而不是在每次请求页面时重新创建)。这样可以更快地加载模板，并节省服务器资源。

如果要打开缓存，需要在cache(缓存)选项中设置文件存储位置的绝对路径。上面所示的第一个选项中给出了该路径。默认情况下，Twig不开启缓存。

调试

在开发网站时，debug(调试)选项允许模板在页面中显示调试数据。在config.php中设置的DEV常量(参见528页)用于设置debug选项的值。

严格变量

默认情况下，如果Twig模板使用了PHP页面未定义的变量，Twig将创建该变量并将其赋值为null。而如果想在模板试图使用一个尚未创建的变量，可以告知Twig environment对象抛出异常。为此，需要将名为strict_variables的键添加到$twig_options数组中，并为其赋值true。

全局变量和扩展

如果Twig模板中包含PHP代码，这些代码将不会运行。但是可以对Twig进行扩展，以扩充其功能，并设置所有模板都可使用的全局变量。

当大多数模板都可能需要访问某个值时，可以使用全局变量。

例如，通过在config.php中创建的DOC_ROOT常量，PHP页面就可以为浏览器请求的图像、样式表、脚本和其他文件创建正确的路径。

Twig模板不能访问PHP常量，但这些值可以存储在Twig全局变量中，并允许任何Twig模板使用。要创建一个全局变量，请调用Twig环境对象的addGlobal()方法，该方法需要使用两个参数：变量名和它的值。

```
$twig->addGlobal('doc_root', DOC_ROOT);
```
全局变量名称　　　　　　　值

因为Twig模板中不能使用PHP代码，所以在模板中不能使用var_dump()函数来验证存储在变量中的值或其数据类型。Twig有一个名为debug的扩展，它允许Twig模板使用一个名为dump()的方法来执行此任务。

debug是一个对象。如下，如果DEV常量的值为true，则调用Twig环境对象的addExtension()方法来添加扩展，其参数是一个新的DebugExtension对象。

```
if (DEV){
    $twig->addExtension(new \Twig\Extension\DebugExtension());
}
```
命名空间类

Twig的dump()函数(类似于PHP的var_dump()函数)的一个参数是需要验证的内容的变量名。

如果将debug选项打开，那么dump()函数只显示变量的内容(见上一页)。

使用bootstrap
创建Twig对象

因为网站的每个页面都需要使用Twig模板，所以Twig loader和environment对象是在bootstrap.php 文件中创建的。

① Composer在vendor文件夹中创建了autoload.php文件，以便自动加载包中的类。

② cache选项告诉Twig缓存它为每个模板创建的PHP 文件。

③ 当DEV常量值为true时，debug选项用于打开Twig 的调试模式。

④ 创建一个Twig加载器对象。它需要包含模板文件的文件夹路径。

⑤ 创建一个Twig environment对象。它存储在一个名为$twig的变量中。该变量可在网站的任何页面(如$CMS变量的CMS对象)中使用。调用构造函数方法时需要两个实参：

- loader对象，用于加载模板文件。
- 用于保存environment对象选项的数组(存储在$twig_options中)。

⑥ 添加名为doc_root的Twig全局变量，它将保存文档根文件夹的路径。

⑦ if语句验证DEV常量是否为true。

⑧ 如果是，则开启调试扩展，以便模板可以使用dump()函数。

PHP

c15/src/bootstrap.php

```php
<?php
define("APP_ROOT", dirname(__FILE__, 2));                    // 根目录

require APP_ROOT . '/config/config.php';                     // 配置数据
require APP_ROOT . '/src/functions.php';                     // 函数
require APP_ROOT . '/vendor/autoload.php';                   // 自动加载类

...

$twig_options['cache'] = APP_ROOT . '/var/cache';           // Twig缓存文件夹的路径
$twig_options['debug'] = DEV;                               // 如果是开发模式，则开启调试

$loader = new Twig\Loader\FilesystemLoader([APP_ROOT . '/templates']);
$twig   = new Twig\Environment($loader, $twig_options);
$twig->addGlobal('doc_root', DOC_ROOT);                      // 设置根目录
if (DEV === true) {                                          // 如果在开发环境中，
    $twig->addExtension(new \Twig\Extension\DebugExtension()); // 则添加debug扩展
}
```

更新PHP页面

访问者所请求的PHP页面是从数据库获取数据的。数据存储在用于填充Twig模板的数组中。然后使用render()方法创建访问者所看到的HTML。

这里的PHP页面收集和处理数据并将其存储在变量中，该页面与上一章第一部分中的页面非常相似。

但它们仍然存在区别，其中第一个区别是，模板中显示的数据存储在关联数组中，而不是存储在单独的变量中。

例如，类别页面从数据库中收集以下数据并将其存储在数组中：
- 创建导航需要的所有类别的列表
- 所选类别的名称和描述
- 类别中所有文章的汇总数据
- 在导航中突出显示的类别id

```
索引数组 ⟶  $data['navigation'] = $cms->getCategory()->getAll();
关联数组 ⟶  $data['category']   = $cms->getCategory()->get($id);
索引数组 ⟶  $data['articles']   = $cms->getArticle()->getAll(true, $id);
   整数 ⟶  $data['section']    = $category['id'];
```

一旦页面所需的数据都保存到数组，就会调用 Twig环境对象的render()方法。

render()方法将数组中的数据添加到模板文件中，然后使用PHP的echo命令将返回的HTML发送到浏览器。

```
echo $twig->render('category.html', $data);
      └─────┬─────┘      └────────┬────────┘   └──┬──┘
      向浏览器发送HTML        要使用的模板         模板所需数据
```

在下一页中，可看到这两个PHP文件是如何更新数据的，页面中显示的这些数据保存在$data数组中。

这就使得两个页面的代码都比包含HTML标签时简单得多。

获取和渲染数据的 PHP 文件

public文件夹中的PHP文件的开头语句与第 14章中的版本相同。

① 调用CMS对象的方法，并把从数据库收集的数据存储在$data数组中。

② Twig environment对象的render()方法用存储在$data中的数据填充模板。

使用echo命令将render方法返回的HTML发送给浏览器。

PHP

```php
<?php
declare(strict_types = 1);                          // 使用严格类型
require_once '../src/bootstrap.php';                // 设置文件

$data['articles']   = $cms->getArticle()->getAll(true, null, null, 6); // 最新摘要
$data['navigation'] = $cms->getCategory()->getAll();   // 获取所有类别

echo $twig->render('index.html', $data);            // 渲染模板
```

PHP
c15/public/article.php

```php
<?php
declare(strict_types = 1);                          // 使用严格类型
require_once '../src/bootstrap.php';                // 设置文件

$id = filter_input(INPUT_GET, 'id', FILTER_VALIDATE_INT); // 验证id
if (!$id) {                                         // 如果id无效,
    include APP_ROOT . '/public/page-not-found.php'; // 则表明页面未找到
}
$article = $cms->getArticle()->get($id);            // 获取文章数据
if (!$article) {                                    // 如果文章数组为空,
    include APP_ROOT . '/public/page-not-found.php'; // 则表明页面未找到
}

$data['navigation'] = $cms->getCategory()->getAll();   // 获取类别
$data['article']    = $article;                     // 文章
$data['section']    = $article['category_id'];      // 当前类别

echo $twig->render('article.html', $data);          // 渲染模板
```

第 15 章 命名空间和库 583

访问Twig
模板中的数据

模板将$data数组的每个元素都视为可单独使用的变量。Twig中的变量不以$开头。

假设PHP页面创建了包含以下三个元素的关联数组：

```
$data['name']    = 'Ivy Stone';
$data['joined']  = '2021-01-26
12:04:23';
$data['picture'] = 'ivy.jpg';
```

然后，Twig模板将把$data数组中的每个元素都视为单独变量；数组中的键成为变量名(记住，Twig中的变量名不以$符号开头)：

- name
- joined
- picture

如果其中某个元素的值是另一个数组(而不是标量值)，例如：

```
$data['category']['name'] =
'Illustration';
$data['category']['description'] =
    'Hand-drawn visual storytelling';
$data['category']['published'] = true;
```

Twig模板会将其视为一个category变量，其值将是一个数组。

要获取数组中某个元素的值，使用变量名(category)，后跟符号，然后是键名(name、description或published)：

- category.name
- category.description
- category.published

如果$data数组的某个元素保存了一个对象，则使用相同的点语法就能访问存储在该对象属性中的值。

默认情况下，如果模板使用了一个尚未在$data数组中创建的变量，Twig会将其视为已创建的变量，并将其值设置为null，而不会生成"Undefined variable"错误。

该默认处理方式很有用，因为模板不需要为可能尚未创建的变量提供替代值。但在需要的情况下，这个选项可以关闭。

显示Twig
模板中的数据

Twig模板文件由HTML标签和Twig命令组成。并使用双花括号{{}}告诉Twig写出其中的内容。

要显示存储在变量中的值，变量名需要写在一对花括号之间。

```
<h1>{{ category.name }}</h1>
<p>{{ category.description }}</p>
```

Twig有一组筛选器，可用于处理存储在变量中的数据。例如，为了防止数据被转义，可以使用raw筛选器。此筛选器可用于处理文章内容；当使用htmlpurifier删除危险标签时，文章内容可以安全地包含HTML。若要使用筛选器，请在变量名之后添加管道字符|，后跟筛选器的名称。

```
<p>{{ article.content|raw }}</p>
```

如果筛选器执行任务时需要传入额外数据，则将数据放在筛选器名称后的括号中(就像函数一样)。例如，日期筛选器可以格式化日期。该筛选器：

- 使用与PHP内置strtotime()函数相同的日期格式(第316~317页)。
- 使用与PHP内置date()函数相同的值格式化这些日期(第316~317页)。

```
<p>{{ article.created|date('M d Y') }}</p>
```

因为可以使用Twig格式化日期，所以format_date()函数已从functions.php中删除。

如果变量包含HTML的任何保留字符，Twig会自动对它们进行转义。

筛选器e将对内容进行转义，使得它们能够在页面中安全地展示。该函数的参数告诉筛选器将在什么环境下转义数据。

这很重要，因为HTML、CSS、JavaScript和url拥有各自不同的保留字符，因此在这些不同的上下文中使用数据时，必须转义不同的字符。

```
<p>{{ article.summary|e('html_attr') }}</p>
```

值	环境
html	HTML正文内容
html_attr	HTML属性的值
css	CSS
js	JavaScript
url	URL中的文本部分

raw、date和e筛选器仅用于CMS，但Twig中还有其他筛选器，可用于格式化数字、时间和货币，更改字符串中的文本大小写，以及对数组中的值进行排序、连接或拆分。

在Twig模板中使用条件判断

花括号和百分比符号用于创建开始标签{%和结束标签%}，告诉Twig何时需要执行条件或循环等操作。

使用if语句检查条件的结果是否为true。如果是，则运行后续代码，直到出现结束标签{% endif %}。

如果条件的结果为false，则跳过代码，直到遇到结束标签{% endif %}。

这里所用的操作符与PHP中的操作符相同。

```
{% if published == true %}
  <h1>{{ category.name }}<h1>
{% endif %}
```

当条件只包含一个变量名时，Twig检查变量中的值是否应视为true(经过类型转换后，参阅第60~61页)。

```
{% if published %}
  <h1>{{ category.name }}</h1>
{% endif %}
```

多个判断条件可用and和or连接。

```
{% if time > 6 and time < 12 %}
  <p>Good morning.</p>
{% endif %}
```

Twig还支持else和elseif结构，以及三元和空合并操作符。

```
{% if time > 6 and time < 12 %}
  <p>Good morning.</p>
{% elseif time >= 12 < 5 %}
  <p>Good afternoon.</p>
{% else %}
  <p>Welcome.</p>
{% endif %}
```

在Twig模板中使用循环

Twig中存在名为for的循环，使用它可以遍历数组中的每个元素或对象的每个属性(与PHP的foreach循环类似)。

Twig的for循环类似于PHP中的foreach循环，用于遍历数组中的元素。每次循环运行时，它包含的语句都会重复执行。循环以{% endfor %}标签结束。

开始标签以关键字for开头，后跟一个变量，用于保存循环中的当前项；再后是关键字in和保存它应该循环遍历的数组或对象的变量。

```
{% for article in articles %}
  <h2>{{ article.title }}</h2>
  <p>{{ article.summary }}</p>
{% endfor %}
```

如果只想遍历固定次数，可以使用如下的语法(与前者略有不同)。开始标签同样以关键字for开头，然后：

- 使用Twig变量充当计数器，在这里它称为i(这个变量可以在循环中使用)。
- 后面跟着关键字in。
- 然后是1..以及一个用于指定循环运行次数的变量。

如果count变量的值为5，那么循环将运行5次。第一次循环运行时，计数器变量i的值为1。下一次，它的值为2。该循环将一直持续到数字值等于5为止。

在使用分页显示结果的搜索模板中演示了这类循环。

```
{% for i in 1..count %}
  <a href="?page={{ i }}">{{ i }}</a>
{% endfor %}
```

构造模板文件

可使用父模板(parent template)来包含将出现在网站每个页面上的任何代码。父模板中应预先声明占位代码块，以便使用子模板(child template)对其覆写。

在网站中使用Twig时，应该设置一个父模板，其中包含在每个页面上使用的代码(就像前面章节中出现在头文件和尾文件中的代码)。

模板中可以定义代码块(block)。在父模板中，代码块表示其他页面可以覆盖的布局部分(以显示不同的数据)。

代码块以一个标签开始，该标签为代码块指定了名称：

{% block *block-name* %}

代码块以如下标签结束：

{% endblock %}

在本页中，可以看到名为layout.html的父模板。它包含了出现在网站每个页面上的代码，其中有三个块：

- title 显示页面的<title>标签中的文本(如果子模板没有使用新值覆盖它，则默认使用该代码块中的文本展示)。

- content 是显示各页面主要内容区域的位置。

它不包含任何默认内容，因此，如果子模板不包含内容块，则不会在其位置显示任何内容。

- footer 用于展示网站的尾部。这里写出了版权声明和当前年份。

Parent Template: `layout.html`

```
<!DOCTYPE html>
<html>
  <head>
    <title>
      {% block title %}
      Creative Folk
      {% endblock %}
    </title>
  </head>
  <body>
    {% block content %}{% endblock %}
    <footer>
      {% block footer %}
      &copy; Creative Folk
      {{ 'now'|date('Y') }}
      {% endblock %}
    </footer>
  </body>
</html>
```

子模板可以表示网站的各独立页面。

它们从父模板继承代码，并提供数据来覆盖父模板所含命名代码块的内容。

Child Template: `category.html`

```
{% extends 'layout.html' %}

{% block title %}
{{ category.name }}
{% endblock %}

{% block content %}
<h1>{{ category.name }}</h1>
<p>{{ category.description }}</p>

{{ include('article-summaries.html') }}
{% endblock %}
```

网站访问者可请求的各类型页面(主页、类别、文章、会员和搜索)都有自己的子模板，而子模板则扩展了父模板。如下语句中的extends指定了要扩展的父模板名称：

`{% extends 'parent-template.html' %}`

在子模板中，代码块标签之间的任何内容都会覆盖父模板中相应代码块中的内容。

在本页中，子模板category.html扩展了layout. html，它包含两个代码块：

- title 用于替换父模板title代码块中的任何内容。
- content 用于替换父模板中的content代码块。

该子模板不包含尾部的代码块，因此页面将显示父模板页中尾部代码块的版权消息。

在这个子模板中，content代码块使用一对花括号内的include()函数来引用另一个模板文件。这个模板显示了一组文章摘要：

`{{ include('article-summaries.html') }}`

父文件、子文件和引用文件都可以访问由$data数组创建的变量。

父子类别模板

下面的子模板category.html可显示任何类别的具体信息。它继承了右边layout.html父模板的所有标签。

① extends标签指示这个子模板将继承layout.html中的代码。

② 子模板中的title代码块将替换父模板中对应的title代码块。这里展示了类别名称以及on Creative Folk词组。

③ 子模板中的description代码块将替换父模板中对应的description代码块。这里<meta>标签的value属性使用该代码块来显示类别描述。此外，还使用e()筛选器转义其中的内容。

④ 使用子模板中的content代码块替换父模板中的content代码块。

⑤ 在<h1>元素中显示类别名称。

⑥ 接下来使用<p>元素显示类别描述。

⑦ 使用include标签引入模板，用于显示该类别中文章的摘要。

article-summaries.html模板(参见592页)循环遍历articles数组中的摘要，并显示这些文章的摘要数据。

⑧ content代码块的结束标签。

c15/templates/category.html **PHP**

```
①  {% extends 'layout.html' %}
②  {% block title %}{{ category.name }} on Creative Folk{% endblock %}
③  {% block description %}{{ category.description|e('html_attr') }}{% endblock %}

④  {% block content %}
    <main class="container" id="content">
      <section class="header">
⑤        <h1>{{ category.name }}</h1>
⑥        <p>{{ category.description }}</p>
      </section>
      <section class="grid">
⑦        {{ include('article-summaries.html') }}
      </section>
    </main>
⑧  {% endblock %}
```

Twig模板可以使用任何文件扩展名。但是，使用.html扩展名可告诉代码编辑器文件中包含HTML代码。

然后，代码编辑器可自动高亮显示代码中的标签，还可提供突出显示错误等功能。

父模板保存了每个页面上使用的代码。

它包含了三个代码块：title、description 以及content。

此外，它还通过遍历类别数组来创建类别导航。

c15/templates/layout.html

```twig
<!DOCTYPE html>
<html lang="en-US">
  <head> ...
    <title>{% block title %}Creative Folk{% endblock %}</title>
    <meta name="description" content="{% block description %}Hire ceatives{% endblock %}">
    <link rel="stylesheet" type="text/css" href="{{ doc_root }}css/styles.css"> ...
  </head>
  <body>
    <header>
      <div class="container">
        <a class="skip-link" href="#content">Skip to content</a>
        <div class="logo"><a href="{{ doc_root }}index.php">
          <img src="{{ doc_root }}img/logo.png" alt="Creative Folk">
        </a></div>
        <nav>
          <button id="toggle-navigation" aria-expanded="false">
            <span class="icon-menu"></span><span class="hidden">Menu</span>
          </button>
          <ul id="menu">
            {% for link in navigation %}
            {% if (link.navigation == 1) %}
              <li><a href="{{ doc_root }}category.php?id={{ link.id }}"
              {% if (section == link.id) %} class="on"{% endif %}>
                {{ link.name }}</a></li>
            {% endif %}
            {% endfor %}
            <li><a href="{{ doc_root }}search.php">
              <span class="icon-search"></span><span class="search-text">Search</span>
            </a></li>
          </ul>
        </nav>
      </div>
    </header>
    {% block content %}{% endblock %}
    <footer>
      <div class="container">
        <a href="{{ doc_root }}contact.php">Contact Us</a>
        <span class="copyright">&copy; Creative Folk {{ 'now'|date('Y') }}</span>
      </div>
    </footer>
    <script src="{{ doc_root }}js/site.js"></script>
  </body>
</html>
```

文章摘要模板

article-summaries.html模板用于显示文章的摘要。它可以用于主页、类别、会员和搜索页面模板中。

① for循环遍历articles数组，该数组中保存了文章摘要数据。在循环中，使用article变量保存当前项。

② 创建可指向文章的链接。

③ 使用Twig if语句检查文章是否有图片。

④ 如果有，则使用<img>标签展示图片及其alt文本。

⑤ 否则，进入Twig {% else %} 标签后面的用于处理此流程的可选代码。

⑥ 显示占位符图像。

⑦ {% endif %}标签表示if语句的结束。

⑧ 在<h2>元素中显示文章标题。

⑨ 显示文章摘要。

⑩ 创建指向文章所属类别的链接。

⑪ 创建指向文章作者页面的链接。

⑫ 循环以{% endfor %}标签结束。

c15/templates/article-summaries.html `Twig`

```
① {% for article in articles %}
    <article class="summary">
②     <a href="{{ doc_root }}article.php?id={{ article.id }}">
③       {% if article.image_file %}
④         <img src="{{ doc_root }}uploads/{{ article.image_file }}"
              alt="{{ article.image_alt }}">
⑤       {% else %}
⑥         <img src="{{ doc_root }}uploads/blank.png" alt="">
⑦       {% endif %}
⑧       <h2>{{ article.title }}</h2>
⑨       <p>{{ article.summary }}</p>
     </a>
     <p class="credit">
⑩       Posted in <a href="{{ doc_root }}category.php?id={{ article.category_id }}">
          {{ article.category }}</a>
⑪       by <a href="{{ doc_root }}member.php?id={{ article.member_id }}">
          {{ article.author }}</a>
     </p>
    </article>
⑫ {% endfor %}
```

文章模板

① 当前的子模板用于显示文章。extends标签表示从layout.html 模板中继承代码。

② 在<title> 元素中使用title代码块显示标题。

③ description代码块中保存摘要信息。使用e筛选器对HTML中的属性内容进行转义。

④ content代码块显示了文章的完整细节。

⑤ 如果文章中包含图片，则显示相应的图片；否则，显示图片blank.png。

⑥ 再次显示文章标题。

⑦ 使用date筛选器格式化文章的写作日期。

⑧ 使用raw筛选器显示文章内容，以阻止Twig转义，因为其中可能包含HTML标签(htmlpurifier已经使其可以安全显示)。

⑨ 创建指向文章所属类别的链接，然后创建指向作者页面的链接。

Twig   c15/templates/article.html

```
① {% extends 'layout.html' %}
② {% block title %}{{ article.title }}{% endblock %}
③ {% block description %}{{ article.summary|e('html_attr') }}{% endblock %}
④ {% block content %}
    <main class="article container" id="content">
      <section class="image">
⑤       {% if article.image_file %}
          <img src="{{ doc_root }}uploads/{{ article.image_file }}"
            alt="{{ article.image_alt }}">
        {% else %}
          <img src="{{ doc_root }}uploads/blank.png" alt="">
        {% endif %}
      </section>
      <section class="text">
⑥       <h2>{{ article.title }}</h2>
⑦       <div class="date">{{ article.created|date('F d, Y') }}</div>
⑧       <div class="content">{{ article.content|raw }}</div>
        <p class="credit">
          Posted in <a href="{{ doc_root }}category.php?id={{ article.category_id }}">
⑨         {{ article.category }}</a>
          by <a href="{{ doc_root }}member.php?id={{ article.member_id }}">
          {{ article.author }}</a></p>
      </section>
    </main>
  {% endblock %}
```

使用PHPMailer 发送电子邮件

网站通常发送单独的电子邮件，这又称为事务性电子邮件(transactional email)。例如，密码重置页面可以通过电子邮件发送一个链接让用户重置密码，或者提供联系方式的表单可以向网站所有者发送消息。

当从计算机或移动设备发送电子邮件时，需要提供收件人的电子邮件地址、主题和邮件正文。然后，电子邮件程序会将电子邮件发送到SMTP服务器，服务器再将电子邮件发送给收件人。

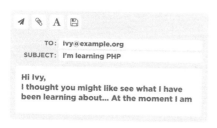

当电子邮件程序设置为使用新的电子邮件地址时，需要告诉它如何连接到SMTP服务器。通常，需要提供以下细节信息来连接到服务器：

- 主机名可以像域名一样识别服务器。
- 端口号允许同一计算机上的不同程序共享相同的Internet连接(参见http://notes.re/php/ports)。
- 用户名和密码用于登录账户。
- 安全设置用于指定如何安全地发送用户名和密码。

类似地，当一个网站需要发送电子邮件时，它必须执行相同的两个步骤：

① 连接到可以发送电子邮件的SMTP服务器。

② 创建电子邮件并将其发送给SMTP。

服务器执行这两个任务的代码很复杂。因此，这个示例网站将使用名为PHPMailer的包，而不是从头开始编写代码来创建和发送电子邮件。该包用于许多流行的开源项目，如WordPress、Joomla和Drupal。

PHPMailer包位于本章供下载代码中的vendor文件夹里，在composer.json文件中被列为必需的包。它在Packagist上的名称是phpmailer\phpmailer。

虽然网络服务器可以运行自己的SMTP服务器，但网站通常使用专业公司提供的SMTP服务器来发送电子邮件，这是因为：

- 从你个人的网络服务器发送过多的电子邮件会导致电子邮件服务将你的域名列入黑名单，并将发送的电子邮件视为垃圾邮件。
- 这些公司发送的邮件成功率更高。

有关发送事务性电子邮件的服务列表，请参见http://notes.re/transactional-emails。

你需要注册其中一个服务来测试发送电子邮件的代码。

连接SMTP
服务器的设置

对于运行CMS代码的不同网站来说，连接到SMTP服务器的详细信息都是不同的；因此，这些信息被归类为配置数据并存储在config.php文件中。

使用CMS代码的每个网站都需要不同的设置来连接到SMTP服务器(就像每个网站有不同的详细信息来连接到它的数据库一样)。

用于连接SMTP服务器的详细信息与网站所有者的电子邮件地址一起作为关联数组存储在config.php文件中。

```
PHP                                                    c15/config/config.php
① $email_config = [
②     'server'      => 'smtp.YOUR-SERVER.com',
③     'port'        => 'YOUR-PORT-NUMBER',
④     'username'    => 'YOUR-USERNAME-HERE',
      'password'    => 'YOUR-PASSWORD-HERE',
⑤     'security'    => 'tls',
⑥     'admin_email' => 'YOUR-EMAIL-HERE',
⑦     'debug'       => (DEV) ? 2 : 0,
  ];
```

首先，存储连接到SMTP服务器需要的数据：

① $email_config变量保存用于发送电子邮件的设置数组。

② server 表示SMTP服务器的主机名。

③ port 表示SMTP服务器使用的端口号。

④ username 和 password用于保存SMTP服务器账户的登录详情。

⑤ security用于保存安全发送数据的方法。这个值通常是tls，表示传输层安全(参见第185页)。

⑥ admin_email 是网站所有者的邮箱地址。它是联系表单消息所发送到的地址(参见第598~601页)，以及下一章介绍的网站发送的其他电子邮件的from地址。

⑦ debug 用于打开和关闭调试消息。DEV常量中的值决定设置的生效方式。它使用：

- 2表示当开发网站时，需要显示由Web服务器发送的电子邮件和来自SMTP服务器的响应。

- 0 表示在线上运行的网站上禁用调试消息 (当收到有关SMTP账户的数据时)。

创建和发送 电子邮件

首先，使用PHPMailer类创建一个对象，并告诉它如何连接到SMTP服务器。然后，创建并发送电子邮件。

就像创建任何其他对象一样，使用PHPMailer类来创建PHPMailer对象。

它的命名空间是PHPMailer\PHPMailer。在创建对象时必须使用此命名空间。

创建PHPMailer对象时，使用一个布尔值true作为形参。这将告诉PHPMailer在创建或发送电子邮件时，若遇到问题就抛出异常。

```
$phpmailer = new \PHPMailer\PHPMailer\PHPMailer(true);
```

变量　　　　　命名空间　　　　　类　　如果出现问题，
　　　　　　　　　　　　　　　　　　　　则抛出异常

创建PHPMailer对象后，可使用2个方法和8个属性来配置该对象，告知它该网站要如何发送电子邮件。

网站每次发送事务性电子邮件时，这些设置都保持不变。

属性/方法	描述
isSMTP()	方法：指定将使用SMTP服务器来发送电子邮件
Host	属性：保存SMTP服务器主机地址
SMTPAuth	属性：启用SMTP身份验证；设置为true是因为登录SMTP服务器需要用户名和密码
Username	属性：保存SMTP账户的用户名
Password	属性：保存SMTP账户的密码
Port	属性：保存SMTP服务器的端口号
SMTPSecure	属性：保存要使用的加密类型；通常设置为TLS
SMTPDebug	属性：告诉PHPMailer是否显示调试信息
isHTML()	方法：告诉PHPMailer电子邮件可能包含HTML
CharSet	属性：用于设置电子邮件中使用的字符编码；如果未正确设置，则文本可能无法在收件人的电子邮件程序中正确显示

创建PHPMailer对象并完成配置后，就可以创建和发送电子邮件了。创建并发送电子邮件的过程需要调用PHPMailer对象的三个方法和设置三个属性。

下表中，前五行的属性和方法相当于在电子邮件程序中编写新的电子邮件。所用的值可以在每次发送电子邮件时更改。

而最后一个方法则相当于单击按钮以发送电子邮件。

属性/方法	描述
setFrom()	方法：设置发送电子邮件的源地址
addAddress()	方法：设置发送电子邮件的目标地址 (可以多次调用此方法以添加更多地址)
Subject	属性：保存电子邮件的主题行
Body	属性：保存电子邮件正文的HTML
AltBody	属性：保存纯文本版本的电子邮件(没有HTML标签)
send()	方法：连接到SMTP服务器并发送电子邮件

创建一个PHPMailer对象，告诉它如何连接到SMTP服务器，然后创建和发送电子邮件，完成该操作至少需要18行代码。

网站通常有多个页面都需要发送事务性电子邮件。为避免在每个页面上重复此段代码，可将所有这些代码保存在名为email的用户自定义类中。下一页中将介绍这个类。

任何需要发送电子邮件的页面都可以使用下面的两条语句。

① 第一条语句使用用户自定义的Email类创建对象，并将其存储在名为$email的变量中。同时，将对象需要的配置数据传递给构造函数方法。

② 第二条语句调用Email对象的sendEmail()方法来创建和发送电子邮件。

① $email = new Email($email_config);
② $email->sendEmail($from, $to, $subject, $message);

新的用户自定义Email类显示在下一页中；它包含以下两个方法。

接下来的两页将列举示例，介绍如何使用该类。

方法	描述
__construct(*$email_config*)	创建PHPMailer对象，并将其保存在PHPMailer属性中。配置PHPMailer连接到SMTP服务器的方式。 将这些语句放入__construct()方法中，因为每次PHP页面发送电子邮件时，所用的代码都是相同的。
sendEmail(*$from, $to, $subject, $message*)	创建一个电子邮件并将其发送给SMTP服务器。调用此方法发送电子邮件。每次调用它时，可传入不同的实参。

创建和发送
邮件的类

当页面需要发送电子邮件时，可以使用Email类。该类包含的代码用于创建PHPMailer对象、生成电子邮件并将其发送给SMTP服务器；此后，服务器将电子邮件发送出去。

① 将类的命名空间设置为PhpBook\Email。

② $phpmailer属性保存了PHPMailer对象。它被声明为受保护的属性，因此只能由该类中的代码使用。

③ __construct())方法有一个形参；$email_config.conf中保存了配置数据。

每次页面需要发送电子邮件时，都必须执行此方法中的任务。这些任务包括：

- 创建PHPMailer对象。
- 配置连接到SMTP服务器的方式。
- 设置邮件的字符编码和类型。

④ 创建PHPMailer对象并存储在Email对象的$phpmailer属性中（传入的实参true告诉PHPMailer在创建或发送电子邮件时，如果遇到问题就抛出异常）。

⑤ 调用PHPMailer对象的isSMTP()方法表示电子邮件将通过SMTP服务器发送。

⑥ 将SMTPAuth属性设置为true，表示登录SMTP服务器时需要用户名和密码。

⑦ 连接到SMTP服务器所需的数据使用$email_config数组中的值进行设置（创建对象时传递给构造函数方法）。

⑧ 告知PHPMailer字符编码格式为UTF-8，将发送HTML格式的电子邮件。

⑨ 调用sendEmail()方法，创建并发送单独的电子邮件。它有4个形参，表示每次使用该对象发送电子邮件时可以更改的数据。

- $from保存发送电子邮件的源地址。
- $to保存接收电子邮件的地址。
- $subject保存电子邮件的主题行。
- $message保存要发送的消息。

如果邮件已创建并发送，该方法将返回true。

⑩ 调用setFrom()方法，设置发送此电子邮件的源地址。

⑪ 调用addAddress()方法，设置接收此电子邮件的地址。

⑫ 通过Subject属性设置电子邮件的主题。

⑬ 通过Body属性设置电子邮件的正文。它使用基本的HTML标签作为电子邮件的开头部分，随后是$message参数中的值，最后是HTML的结束标签。

⑭ 通过AltBody属性设置电子邮件的纯文本版本。使用PHP的strip_tags()函数从消息中删除特定标签（参见右边的注释）。

⑮ send()方法将电子邮件发送到SMTP服务器。

⑯ 当该方法返回true时，表示已创建电子邮件并将其发送给SMTP服务器（如果运行遇到问题，它将抛出一个异常）。

接下来，将介绍如何使用该类来发送电子邮件。一旦页面使用Email类创建了对象并发送了一封电子邮件，就可以通过再次调用sendEmail()方法发送更多电子邮件。

```php
<?php
namespace PhpBook\Email;                                        // 声明命名空间

class Email {

    protected $phpmailer;                                       // PHPMailer对象

    public function __construct($email_config)
    {
        $this->phpmailer = new \PHPMailer\PHPMailer\PHPMailer(true); // 创建PHPMailer
        $this->phpmailer->isSMTP();                             // 使用SMTP
        $this->phpmailer->SMTPAuth   = true;                    // 开启身份验证
        $this->phpmailer->Host       = $email_config['server'];   // 服务器地址
        $this->phpmailer->SMTPSecure = $email_config['security']; // 安全类型
        $this->phpmailer->Port       = $email_config['port'];     // 端口号
        $this->phpmailer->Username   = $email_config['username']; // 账户名
        $this->phpmailer->Password   = $email_config['password']; // 密码
        $this->phpmailer->SMTPDebug  = $email_config['debug'];    // 调试方式
        $this->phpmailer->CharSet    = 'UTF-8';                 // 字符编码
        $this->phpmailer->isHTML(true);                         // 设置为HTML电子邮件
    }

    public function sendEmail($from, $to, $subject, $message): bool
    {
        $this->phpmailer->setFrom($from);                       // 邮件的源地址
        $this->phpmailer->addAddress($to);                      // 接收邮件的地址
        $this->phpmailer->Subject = $subject;                   // 电子邮件主题
        $this->phpmailer->Body    = '<!DOCTYPE html><html lang="en-us"><body>'
            . $message .'</body></html>';                       // 电子邮件正文
        $this->phpmailer->AltBody = strip_tags($message);       // 纯文本正文
        $this->phpmailer->send();                               // 发送邮件
        return true;                                            // 返回true
    }
}
```

当发送HTML电子邮件时，电子邮件的纯文本版本将与HTML版本一起发送。创建纯文本版本的电子邮件很重要，这是因为垃圾邮件筛选器更偏好查看纯文本电子邮件(有些人使用的是纯文本电子邮件阅读器)。

PHP内置的strip_tags()函数用于从标签文本中删除指定标签。它的参数是一个包含标签的字符串，函数执行后将返回删除标签的字符串。当然，也可使用htmlpurifier从电子邮件中删除标签。

使用Email类

在新的contact.php页面(见下一页)中,有一个表单可向网站的所有者发送电子邮件。为发送电子邮件,contact页面使用Email类创建对象,然后传入四个参数调用该对象的sendEmail()方法,这四个参数分别表示:发送电子邮件的源地址、接收电子邮件的地址、主题行和消息。

① 使用use命令将代码从Validate类导入当前命名空间。

② 如果表单已经提交,则将电子邮件地址和消息收集并存储在变量中。

③ 使用Validate类验证表单所提供的值。将数组中的错误消息拼接在一起,并保存在名为$invalid 的变量中。

④ 如果数据无效,则在$errors中保存一条消息。

⑤ 否则,该页面将尝试发送电子邮件。

⑥ 在$subject中保存邮件的主题。

⑦ 使用Email类创建Email对象。

⑧ 调用Email对象的sendEmail()方法来创建和发送邮件。它有4个参数:
- 发送电子邮件的源地址
- 接收电子邮件的地址
- 主题行
- 消息

⑨ 如果没有抛出异常,那么$success变量将为用户保存发送成功的消息。

⑩ 调用Twig的render()方法,并传入$data数组中保存的页面数据来生成HTML。

c15/templates/contact.html   **Twig**

```twig
{% extends 'layout.html' %}
{% block content %}
<main class="container" id="content">
  <section class="heading"><h1>Contact Us</h1></section>
  <form method="post" action="contact.php" class="form-contact">
    {% if errors.warning %}<div class="alert-danger">{{ errors.warning }}</div>{% endif %}
    {% if success %}<div class="alert-success">{{ success }}</div>{% endif %}
    <label for="email">Email: </label>
    <input type="text" name="email" id="email" value="{{ from }}" class="form-control">
    <span class="errors">{{ errors.email }}</span><br>
    <label for="message">Message: </label><br>
    <textarea id="message" name="message" class="form-control">{{ message }}</textarea>
    <span class="errors">{{ errors.message }}</span><br>
    <input type="submit" value="Submit Message" class="btn">
  </form>
</main>
{% endblock %}
```

```php
<?php
declare(strict_types = 1);                        // 使用严格类型
use PhpBook\Validate\Validate;                    // 导入Validate类
include '../src/bootstrap.php';                   // 设置文件
$from    = '';
$message = '';                                    // 消息
$errors  = [];                                    // 保存错误消息的数组
$success = '';                                     // 成功消息

if ($_SERVER['REQUEST_METHOD'] == 'POST') {       // 判断表单是否已经提交
    $from              = $_POST['email'];         // 电子邮件地址
    $message           = $_POST['message'];       // 消息
    $errors['email']   = Validate::IsEmail($from)           ? '' : 'Email not valid';
    $errors['message'] = Validate::IsText($message, 1, 1000) ? '' : 'Please enter a
        message up to 1000 characters';
    $invalid = implode($errors);                  // 拼接错误消息
    if ($invalid) {                               // 判断是否存在错误
        $errors['warning'] = 'Please correct the errors';  // 警告信息
    } else {
        $subject = "Contact form message from " . $from;  // 创建消息正文
        $email   = new \PhpBook\Email\Email($email_config); // 创建email对象
        $email->sendEmail($email_config['admin_email'], $email_config['admin_email'],
            $subject, $message);
        $success = 'Your message has been sent';  // 发送成功消息
    }
}
$data['navigation'] = $cms->getCategory()->getAll();  // 用于导航的所有类别
// 只有在用户提交表单后，才会创建以下值
$data['from']    = $from;                          // 发件人邮件地址
$data['message'] = $message;                       // 消息
$data['errors']  = $errors;                        // 错误消息
$data['success'] = $success;                       // 成功消息
echo $twig->render('contact.html', $data);         // 渲染模板
```

结果

注意： 如果config.php中的DEV常量设置为true(参见第595页中的步骤⑦)，PHPMailer将创建一组调试消息，并显示在头文件和表单之前。

当DEV常量被设置为false时，这些信息将被隐藏。

小结
命名空间和库

❯ 命名空间确保如果有两个或多个类、函数或常量具有相同的名称，PHP解释器可正确区分它们。

❯ 通过库和包，就可以使用其他程序员编写的代码来执行任务。

❯ Composer用于管理网站使用的包。

❯ Packagist.org列出了Composer可使用的软件包。

❯ 当页面使用包时，Composer将创建自动加载器来自动加载包中的类文件。

❯ htmlpurifier可用于删除可能导致XSS攻击的标签。

❯ Twig是一个模板引擎，它将获取和处理数据的PHP代码与控制数据显示的模板分开。

❯ PHPMailer是一个包，它可使用PHP创建电子邮件并将它们发送给SMTP服务器。

第16章

会员

本章将演示访问者如何注册成为网站的会员。成为会员后，他们就可以登录网站查看只有会员才有权查看的页面，而这些页面也将根据不同的会员展示个性化内容。

通常，当用户要注册一个网站的会员时，他们需要提供：

● 身份标识(identifier)：用来识别他们是谁，如电子邮件地址或用户名。网站的每个会员都需要自己的唯一标识符。

● 密码 (password)：用来确认用户就是他们声称的那个人。用户是唯一应该知道密码的人。

以上数据保存在数据库中。当会员登录示例网站后，他们可以：

● 查看只有会员才能访问的页面
● 创建和编辑自己的个人资料
● 上传自己的作品

本章分3个部分来介绍以上内容。

● 注册网站：如何收集网站会员的个人信息(用于识别会员的个人身份)，并将这些信息保存在数据库中。

● 登录和创建个性化页面：如何让会员成功登录，如何创建个人会员的页面，以及如何让这些页面仅向会员展示。

● 用户不必登录就能更新数据库：如何让用户不必登录就能更新数据库；例如，当他们忘记密码需要找回密码时。这涉及解决一系列新的安全问题。

更新数据库

对于最后两章，示例网站的数据库需要三个额外的表，并要在现有表中添加若干新列。

按照第392页中描述的步骤，使用phpMyAdmin：

- 创建名为phpbook-2的新数据库。
- 导入phpbook-2.sql文件(在本章的下载代码中)，以便在新数据库中创建表。然后在其中添加数据。

创建这个新数据库后，请查看phpMyAdmin中发生的更改。首先，里面多了三个新表。token表将在本章的末尾介绍，comment表和likes表将在下一章介绍。

article表、category表和member表中也添加了新列。本章将介绍member表中新的role列。article表中新的seo_title列和category表中的seo_name列将在下一章中介绍。

查看了phpMyAdmin中的数据库更改后，打开本章代码中的config.php文件，并添加设置连接到新数据库。与上一章不同的唯一设置是本章使用新的数据库名称(phpbook-2)

当你在计算机上运行本章的示例代码后，可使用每页右上角的注册链接来创建自己的账户。注册后，登录并查看这个版本的网站。

你将看到：

- 有了更多会员(和他们的作品)。
- 只有登录后才能访问的管理页面(登录后才有权查看)。

在本章结束时，你将了解如何让用户注册、登录、上传他们自己的作品，以及请求密码重置链接。

注意： 本章的下载代码中包含另外一些文件，这些文件没有在书中描述，因为它们所执行的任务已在其他示例中描述过。

例如，会员上传作品的页面与管理员创建文章的页面类似；所不同的是，前者中的图片必须由会员自己手动上传，而后者中的文章则会自动发布。同样，会员编辑配置文件的页面与管理员编辑类别的页面也有差异。

注册会员

访问者只有填写登记表才能成为该网站的会员。会员的详细信息保存在数据库的member表中。

在register.php 页面中，填写上面的表单能让访问者注册为网站的会员。

在表单提交并且数据验证通过后，调用Member类的新方法create()将用户数据添加到member表中，这里使用了第14章中介绍的技术。

注册流程中引入了两个新概念。

- 角色(role)：用户控制网站中当前用户所能执行的任务。
- 密码哈希(password hash)：网站中保存的实际用户密码，而非用户自己输入的密码。

角色

网站通常允许不同的会员查看不同的页面并执行不同的任务。角色用于定义会员可以执行哪些任务。示例网站对角色进行了区分。

- 访问者(visitor)：没有登录的用户。只能在网站上浏览公开展示的作品。
- 会员(member)：已经注册和登录的人。他们可以编辑自己的会员简介，上传新作品，并编辑现有作品。
- 暂停资格的会员：虽然注册过，但被网站暂停了会员资格。这类会员将被阻止登录。
- 管理员(admin)：网站所有者或者网站工作人员。他们可以查看管理页面、创建类别、删除作品以及更新用户的角色。

在member表中，添加了名为role的新列，用于保存每个会员的角色。role的值将是member、suspended或admin(不保存visitor，因为那是为没有登录的人准备的)。

注意： 当用户注册示例网站时，他们的角色默认设置为admin，因为这将允许用户注册后访问管理页面，而不必手动更改在数据库中的角色。但在实际运行的网站中，新会员的默认角色将设置为member，以便管理员能更改他们的角色。

密码哈希

出于安全考虑，网站不应保存会员的密码。而是应该保存密码的加密版本，这称为哈希(hash)。哈希是无法还原为原始密码的。

会员应该是唯一知道自己密码的人。网站可以检查会员的密码，但密码不应保存在数据库中。

当会员注册时，网站使用某个算法(一组规则)将他们的密码加密为一个哈希值，这看起来像一组随机的字母数字字符。实际上，数据库保存的是哈希值而非密码。

输入：密码

当会员输入密码时，哈希函数将密码转换为哈希值：

ivy@eg.link
BlueRothkoBath23!	GO

哈希不能还原为原始密码，因此即使有人访问了数据库，也无法获得会员的密码。这既可保护你自己的网站，也可以保护可能在其他网站上使用相同密码的会员。

无论密码有多少个字符，它的哈希值都是相同数量的字符(在本书中，使用的是60个字符)，所以哈希不会提供关于密码长度的线索。

PHP有内置的函数来创建哈希值。

每次使用该函数将相同的密码转换为哈希时，都会生成相同的一组字符。

当已注册的会员登录到网站时，他们输入的密码将再次通过哈希算法运行。如果该值与保存在数据库中的哈希匹配，则表明用户提供了正确的密码。

结果：哈希

数据库将保存哈希值，不保存真实密码。

email	password
ivy@eg.link	$2y$10$XTeGk6Z7XG1Gs
	26.MVvCIOANsdgFjZOYE
	MDWYlmlca4cOKyMwjufi

为使哈希更加安全，PHP在密码中添加了一组额外的随机字母，称为盐(salt)。当用户再次登录时，PHP将执行以下操作：

- 从用户保存的哈希中检测盐
- 创建用来登录的密码的哈希
- 将盐添加到新密码哈希中
- 将保存的值与新值进行比较

如果两者匹配，则表明用户提供了正确的密码。

创建和验证 哈希密码

PHP的password_hash()函数可通过密码来创建哈希值。PHP的password_verify()函数用于验证访问者提供的密码是否与已保存的哈希相同。

PHP内置的password_hash()函数接收密码并返回哈希值。它有三个参数：
- 要转换为哈希值的密码。
- 要使用的哈希算法的名称。
- 该算法的可选设置数组(在示例网站中没有设置任何选项)。

PHP.net网站指定了一组常量，可用于指定代码中使用的哈希算法名称，请参见http://notes.re/php/pwd_hash/。在示例网站中，其哈希算法配置为PASSWORD_DEFAULT，这表示使用PHP的默认哈希算法。在撰写本书时，使用的是bcrypt算法，但随着更强大算法的出现，所使用的算法也可能发生变化。

```
password_hash($password, $algorithm[, $options]);
```
                      密码   算法   可选项

PHP内置的password_verify()函数接收用户提供的密码并创建一个哈希。然后将该值与已保存的哈希进行比较。如果两个值都匹配，则表明用户提供了正确的密码。password_verify()函数有两个形参：
- 会员刚提交的密码。
- 已为该会员保存的哈希。

不需要指定创建哈希时使用的算法或盐，因为password_verify()函数可从保存的哈希中自动检测这些设置。
- 如果哈希值匹配，该函数返回true。
- 如果两者不匹配，该函数返回false。

```
password_verify($password, $hash);
```
                  用户输入   数据库中
                  的密码   保存的哈希

注册新会员(第1部分)

注册页面的工作方式类似于向数据库中添加数据的管理页面。当提表单交时，页面将验证数据。如果数据有效，则调用Member类的新方法将会员添加到数据库。

register.php文件允许访问者注册为网站的会员(第607页显示了该页面在浏览器中的样子)。当访问者完成表单时，如果他们提供的数据有效，那么member对象的create()方法(在第612页出现)会将数据添加到数据库中。如果数据无效，则显示错误消息。

① 使用严格类型，并导入Validate命名空间，以便可在页面中直接使用，而不必输入完整的命名空间。

② 将bootstrap.php 文件引入页面中。

③ 将$member和$errors初始化为空数组，这样即使在步骤④~⑪中没有添加数据，也可直接将这两个数组添加到Twig模板使用的$data数组中(见步骤⑫)。

④ if语句检查表单是否已提交。

⑤ 如果是，则从表单中收集数据。密码确认框中的值保存在单独的变量中，因为该值不会添加到数据库中(仅用于确认用户两次输入的密码是否相同)。

⑥ 验证数据。如果任何数据都无效，则将错误消息保存在$errors数组中。本章中的Validate类中有两个新方法；分别用于检查电子邮件地址是否有效，以及密码强度是否符合最低要求。

⑦ 将$errors数组中的所有值都拼接为一个字符串，并保存到$invalid变量中。

⑧ if语句检查$invalid是否未包含任何文本。如果未包含，则表明该数据有效。否则，这表明$errors数组中至少包含一条错误消息。

⑨ 如果数据有效，调用Member对象的create()方法将会员添加到数据库中(该方法将在第612页中介绍)。如果添加会员成功，那么create()方法返回true；如果电子邮件地址已经有人使用，则返回false(或者如果存在任何其他问题，也将抛出异常)。返回的值保存在$result中。

⑩ if语句检查$result是否为false。如果是，则$errors数组中的email键将保存一条消息，用于告诉用户该电子邮件地址已经在使用中。

⑪ 否则，会在步骤⑨中将会员数据添加到数据库；然后，会员将被重定向到登录页面，并在查询字符串中发送注册成功的消息。

⑫ Twig模板需要显示的数据保存在$data数组中。

⑬ 调用Twig environment对象的render()方法来创建要发送到浏览器的HTML。这里使用的是register. html模板。

```php
    <?php
①  declare(strict_types = 1);                              // 启用严格模式
    use PhpBook\Validate\Validate;                          // 导入Validate类

②  include '../src/bootstrap.php';                         // 设置文件
③  $member = [ ];                                          // 初始化member数组
    $errors = [ ];                                          // 初始化errors数组

④  if ($_SERVER['REQUEST_METHOD'] == 'POST') {             // 判断表单是否已提交
        // Get form data
⑤      $member['forename'] = $_POST['forename'];           // 获取名字
        $member['surname']  = $_POST['surname'];            // 获取姓氏
        $member['email']    = $_POST['email'];              // 获取电子邮件地址
        $member['password'] = $_POST['password'];           // 获取密码
        $confirm            = $_POST['confirm'];            // 获取密码确认信息


        // 验证表单数据
⑥      $errors['forename'] = Validate::isText($member['forename'], 1, 254)
            ? '' : 'Forename must be 1-254 characters';
        $errors['surname']  = Validate::isText($member['surname'], 1, 254)
            ? '' : 'Surname must be 1-254 characters';
        $errors['email']    = Validate::isEmail($member['email'])
            ? '' : 'Please enter a valid email';
        $errors['password'] = Validate::isPassword($member['password'])
            ? '' : 'Passwords must be at least 8 characters and have:<br>
                    A lowercase letter<br>An uppercase letter<br>A number
                    <br>And a special character';
        $errors['confirm']  = ($member['password'] = $confirm)
            ? '' : 'Passwords do not match';
⑦      $invalid            = implode($errors);             // 拼接错误信息

⑧      if (!$invalid) {                                    // 判断是否不存在错误
⑨          $result = $cms->getMember()->create($member);   // 创建会员
⑩          if ($result === false) {                        // 判断结果是否为false
                $errors['email'] = 'Email address already used'; // 保存警告
⑪          } else {
                redirect('login.php', ['success' => 'Thanks for joining! Please log in.']);
            }
        }
    }

⑫  $data['navigation'] = $cms->getCategory()->getAll();    // 导航中的所有类别
    $data['member']     = $member;                          // 会员数据
    $data['errors']     = $errors;                          // 错误信息

⑬  echo $twig->render('register.html', $data);             // 渲染模板
```

注册新会员(第2部分)

在下一页顶部的代码框中，Twig 模板用于展示注册表单。

下载代码中的表单中有更多HTML元素和属性(用于控制表单的显示)，下页中的代码框中已删除了部分元素和属性，这样可以让你专注于代码的功能，同时缩减后的代码也更容易在书中展示。

① 该模板扩展了layout.html，并为title和description代码块提供了新内容(这些块覆盖了第591页layout.html模板的<title>和<meta>标签中提供的默认文本)。

② content代码块中保存了注册表单。

③ 将表单提交到相同的PHP页面。

④ 如果表单数据无效，则向访问者显示警告消息。

⑤ 显示表单中的控件。

如果表单已经提交但提交的数据无效，那么表单将可以访问如下两个包含数据的数组：

- member 是用户所提供的包含数据的数组。表单控件根据这些数据来填充控件，这样访问者就不需要重新输入所有数据。

- errors 是表单中未通过验证的所有控件错误消息组成的数组。这些信息将显示在表单控件之后。

在上一页的步骤③中，这两个数组都初始化为register.php文件开始处的空数组。

Member类的create()方法将会员添加到数据库中，采用与创建类别相同的方法(第498~503页)。如果添加会员成功，则该方法返回true。但如果所要创建会员的电子邮件地址已在使用中，则返回false。

⑥ create()方法可传入一个形参(表示包含会员数据的数组)，并返回一个布尔值。

⑦ password_hash()函数的作用是：用哈希值替换用户提供的密码。

⑧ try代码块中保存的代码用于向数据库添加会员数据。

⑨ SQL INSERT语句将名字、姓氏、电子邮件和哈希值添加到数据库的member表中(数据库将创建id、joined和role列的值)。

⑩ 执行SQL语句。

⑪ 如果运行到该步骤，则表示SQL执行成功，因此返回true。

⑫ 如果PDO执行中遇到问题，就会抛出一个异常，并运行catch代码块。

⑬ 如果错误代码是1062，则表明数据库中已存在相同的电子邮件地址，添加数据将打破唯一性约束，因此函数返回false。

⑭ 如果错误代码不是1062，那么使用throw关键字重新抛出异常，然后可以由默认异常处理函数处理。

```twig
① {% extends 'layout.html' %}
   {% block title %}Register{% endblock %}
   {% block description %}Register for Creative Folk{% endblock %}
② {% block content %}
   <main class="container" id="content">
     <section class="header"><h1>Register</h1></section>
③    <form method="post" action="register.php" class="form-membership">
④      {% if errors %}<div class="alert alert-danger">Please correct errors</div>{% endif %}
       <label for="forename">Forename: </label>
       <input type="text" name="forename" value="{{ member.forename }}" id="forename">
       <div class="errors">{{ errors.forename }}</div>
       <label for="surname">Surname: </label>
       <input type="text" name="surname" value="{{ member.surname }}" id="surname">
       <div class="errors">{{ errors.surname }}</div>
       <label for="email">Email address: </label>
⑤      <input type="email" name="email" value="{{ member.email }}" id="email">
       <div class="errors">{{ errors.email }}</div>
       <label for="password">Password: </label>
       <input type="password" name="password" id="password">
       <div class="errors">{{ errors.password }}</div>
       <label for="confirm">Confirm password: </label>
       <input type="password" name="confirm" id="confirm">
       <div class="errors">{{ errors.confirm }}</div>
       <input type="submit" class="btn btn-primary" value="Register">
     </form>
   </main>
   {% endblock %}
```

```php
⑥ public function create(array $member): bool
  {
⑦     $member['password'] = password_hash($member['password'], PASSWORD_DEFAULT); // 哈希
⑧     try {                                              // 尝试添加会员
⑨         $sql = "INSERT INTO member (forename, surname, email, password)
                 VALUES (:forename, :surname, :email, :password);"; // 用于添加会员
⑩         $this->db->runSQL($sql, $member);               // 运行SQL
⑪         return true;                                    // 返回true
⑫     } catch (\PDOException $e) {
          if ($e->errorInfo[1] === 1062) {      // 判断是否有重复项
⑬             return false;                     // 返回false表示电子邮件地址重复
          }
⑭         throw $e;                             // 否则再次抛出异常
      }
  }
```

登录和个性化

当会员返回网站并登录时，他们会被要求提供电子邮件地址以识别其身份，另外需要提供密码以验证他们就是自己所声称的那个人。

会员可以在login.php页面登录。当提交登录表单时，将调用Member类的login()新方法，用于在数据库的member表中查找会员的电子邮件地址，并获得详细信息，包括密码哈希。

根据用户在登录时提供的密码来创建哈希。如果该值与数据库保存的哈希相同，则网站认为该会员就是他们所声称的会员，并且登录成功。

一旦会员登录，网站会执行如下两个关键任务：

- 创建会话(Create session)，以便记住用户的本次登录；会话将保存会员的关键数据以及他们登录的情况。
- 根据用户信息创建个性化页面。

会话

一旦会员成功登录，网站就会为他们创建会话。当会员在访问网站的不同页面时，网站能够通过会话自动识别会员的身份。会话中保存了会员的id、用户名和角色，因为这些数据需要在导航栏中用于：

- 为用户的个人资料页面添加链接；链接在查询字符串中要使用当前会员id。
- 将会员的用户名显示为链接的文本内容。
- 如果当前会员的角色是管理员，则添加跳转到管理页面的链接。

因为每个页面都需要使用会话来创建导航栏，所以将创建一个新的Session类(第620~621页)来帮助处理$_SESSION超全局变量中的数据：

- 如果用户已登录，则用户的会话数据将添加到Session对象的属性中。
- 否则，为这些属性赋予默认值。

Session类中还具有创建、更新和删除会话的方法。该类将这些用于处理会话的代码组合在一起，这样就减少了每个页面中的代码量。Session对象是在bootstrap.php中创建的，并且可以在Twig的全局变量中使用，以便所有模板都能访问会话数据。

一旦会员登录成功，网站就可以根据数据库中保存的用户信息为该会员展示个性化页面。

个性化

只要网站能识别出会员的身份，就可以根据该会员的偏好和个人资料定制页面。

上一页已经描述了当用户登录时，导航栏会如何显示跳转到他们个人资料页面的链接；如果用户是网站的管理员，将显示跳转到管理页面的链接。

此外，当用户访问member.php页面时，页面将显示一些额外的链接。这些链接允许用户添加或编辑他们的作品并更新相应的配置文件。

当不同的会员访问网站时，都使用同一个member.php文件来显示会员的个人信息和作品，但是这些额外的链接仅在会员登录并查看自己的页面时显示。

除了创建个性化的页面，这部分页面还存在部分管理页面中的信息，而这些内容应该只有管理员才有权查看。但在本章以前的示例中，任何人都能看到这些信息。

为保护管理页面中的信息安全，在functions.php文件中添加一个名为is_admin()的新函数。

在每个管理页面启动时调用该函数。如果访问用户不是管理员，那么他们将无法查看该页面。

下载代码中包含以下文件，书中没有展示它们，因为这些文件与已经见过的其他文件类似：

- work.php允许用户上传和编辑他们的作品。它类似于第14章中的article.php文件(区别在于work.php至少要有一张图片并且published被设置为true)。
- profile-edit.php允许用户编辑个人资料。它与用于编辑类别的管理页面类似。
- profile-pic-delete.php允许删除头像。这类似于用于删除文章图片的image-delete.php文件。
- profile-pic-upload.php允许用户上传新的头像。它使用与article.php文件中相同的技术来上传头像。

登录(第1部分)

当会员再次访问网站时，登录页面要求他们重新登录。如果他们提供了正确信息，那么网站将创建一个新的会话，用于在会员访问网站期间保存会员的详细信息。

php页面用于会员登录网站。

① 使用严格类型，导入Validate命名空间，并引入 bootstrap.php文件。

② 初始化$email变量和$errors数组。需要使用这些数据创建Twig模板所需的$data数组。

③ 如果查询字符串中包含success字段名，则它的值保存在$success变量中 (当新用户注册时，这将被添加到查询字符串中)。

④ if语句检查表单是否已提交。

⑤ 若已提交，则从$_POST超全局数组中收集电子邮件地址和密码，并保存在名为$email和$password的变量中。

⑥ 验证邮件地址和密码。如果它们无效，则将错误消息保存在$errors数组的相应键中。

⑦ PHP的implode()函数将$errors数组中的值拼接成单个字符串，并保存在$invalid中。

⑧ if语句验证$invalid中是否包含任何错误消息。

⑨ 如果是，则$errors数组的message键包含一条消息，告诉用户再试一次。

⑩ 否则表明登录数据有效。

⑪ 调用Member类的login()方法(参见第618~619页)，检查电子邮件地址是否在数据库中，以及用户是否提供了正确的密码。如果用户信息正确，该方法将会员的数据作为数组返回；否则返回false。返回的值保存在$member中。

⑫ 如果$member变量保存了会员数据，并且该会员暂停使用，则$errors数组持有一条消息，表示该账户暂停使用。

⑬ 如果$member变量有值，则表示会员已成功登录。

⑭ 使用新Session对象的create()方法为该会员创建会话(该方法将在第620~621页中介绍)。

⑮ 一旦用户登录，就会被重定向到其个人资料页面(登录页面的其余部分不会运行)。

- 导航栏将其中的登录链接替换为注销链接。
- 导航栏包含跳转到会员个人资料页面的链接。
- 如果当前会员是管理员，导航栏将展示跳转到管理员区域的链接。

⑯ 否则，表示数据库中没有找到该会员信息；$errors数组中会包含一条消息，告诉用户需要再次尝试登录。

⑰ $data数组中保存模板需要的数据，调用Twig的render()方法创建页面。

```php
    <?php
①  declare(strict_types = 1);                                      // 使用严格类型
    use PhpBook\Validate\Validate;                                 // 导入Validate类

    include '../src/bootstrap.php';                                // 设置文件

②  $email   = '';                                                  // 初始化email变量
    $errors  = [];                                                 // 初始化errors数组
③  $success = $_GET['success'] ?? null;                            // 获取成功信息

④  if ($_SERVER['REQUEST_METHOD'] == 'POST') {                     // 判断表单是否已提交
⑤      $email    = $_POST['email'];                                // 获取电子邮件地址
        $password = $_POST['password'];                            // 获取密码
        $errors['email']    = Validate::isEmail($email)
            ? '' : 'Please enter a valid email address';           // 验证电子邮件地址
⑥      $errors['password'] = Validate::isPassword($password)
            ? '' : 'Passwords must be at least 8 characters and have:<br>
                    A lowercase letter<br>An uppercase letter<br>A number<br>
                    And another character';                       // 验证密码
⑦      $invalid = implode($errors);                               // 拼接错误信息

⑧      if ($invalid) {                                            // 判断数据是否无效
⑨          $errors['message'] = 'Please try again.';              // 保存错误消息
⑩      } else {
⑪          $member = $cms->getMember()->login($email, $password); // 获取会员详细信息
⑫          if ($member and $member['role'] == 'suspended') {      // 判断会员资格是否已暂停
                $errors['message'] = 'Account suspended';          // 保存错误信息
⑬          } elseif ($member) {                                   // 否则处理其他会员信息
⑭              $cms->getSession()->create($member);               // 创建会话
⑮              redirect('member.php', ['id' => $member['id'],]);  // 重定向到会员个人页面
⑯          } else {                                               // 否则保存错误信息
                $errors['message'] = 'Please try again.';          // 否则保存错误信息
            }
        }
    }

⑰  $data['navigation'] = $cms->getCategory()->getAll();           // 获取导航类别
    $data['success']    = $success;                                // 成功信息
    $data['email']      = $email;                                  // 登录失败时的电子邮件地址
    $data['errors']     = $errors;                                 // 错误信息数组
    echo $twig->render('login.html', $data);                       // 渲染模板
```

注意：当用户提供的电子邮件地址正确但密码错误时，不应告诉用户仅存在密码错误，因为这会泄露该电子邮件地址已经在网站注册使用的信息。

试一试：一旦在第620~621页上使用了Session对象，请在步骤②和步骤③之间添加if语句，以验证会员是否已登录。如果已登录，将用户重定向到其会员页面。

登录(第2部分)

第一个代码框中包含显示登录表单的Twig模板。下载的代码有更多HTML元素和属性来控制表示，但其中一些元素和属性已被删除，这样可让你专注于这部分代码的功能，同时删减后的代码也更容易在书中展示。

① 模板扩展了layout.html，并为title和description代码块提供了新内容。

② 在content代码块中放入了登录表单。

③ 将表单提交到相同的PHP页面。

④ 如果success有值(非空)，则表示新用户已经注册，并显示成功消息。

⑤ 如果errors数组包含值，则显示warning键的值。

⑥ 表单中有电子邮件地址和密码输入控件。如果 $errors数组中有错误消息，它们将显示在相应的表单控件之后(密码错误消息使用Twig的原始筛选器，使用HTML标记；请参阅上一页的步骤⑦)。

第二个代码框显示了Member类中的新login()方法。它会验证电子邮件和密码是否正确。如果正确，则返回该会员的详细信息。否则返回false。

⑦ login()需要传入电子邮件地址和密码。

⑧ $sql变量中保存一个sql查询，以使用电子邮件地址获取会员的数据。

⑨ 运行SQL并将数据保存在$member中。

⑩ 如果没有找到会员的详细信息，login()方法返回false。

⑪ 如果方法中的代码仍在运行，则表示已找到该会员。接下来调用PHP的password_verify()函数根据用户登录时提供的密码创建一个哈希值，并检查它是否与数据库中的哈希值匹配。如果匹配则返回true，不匹配则返回false。并将结果保存在名为$authenticated的变量中。

⑫ 使用三元操作符检查$authenticated值是否为true。如果是，则该方法返回$member数组。否则返回false。

最后一个代码框显示了bootstrap.php页面，其中包含设置每个页面的代码。如前所述，当会员登录时，他们的id、名字、姓氏和角色都保存在会话中，因为每个页面都需要访问会话数据才能创建导航栏。正如第9章介绍的，当网站使用会话时，网站中的每个页面都必须：

- 调用PHP的session_start()函数。
- 在访问页面之前，验证$_SESSION超全局数组中是否有页面试图访问的数据(如果没有这样做，可能导致Undefined index错误)。

bootstrap.php文件(在每个页面中引入)使用新的Session类创建一个Session对象(如下所示)，这样就不用每次都在页面中写入重复代码。这部分代码位于类的__construct()方法中，以便在创建对象时运行。如果用户已登录，Session类将从$_SESSION超全局数组中获取用户的数据，并将其保存在Session对象的属性中。

⑬ 在bootstrap.php中创建Session对象。

⑭ Session对象的属性保存在Twig的全局变量中，以便任何模板都可以访问它们。

```
  ┌ {% extends 'layout.html' %}
① ┤ {% block title %}Log In{% endblock %}
  └ {% block description %}Log in to your Creative Folk account{% endblock %}
② {% block content %}
   <main class="container" id="content">
③    <form method="post" action="login.php" class="form-membership">
       <section class="header"><h1>Log in:</h1></section>
④      {% if success %}<div class="alert alert-success">{{ success }}</div>{% endif %}
⑤      {% if errors %}<div class="alert alert-danger">{{ errors.message }}</div>{% endif %}

     ┌ <label for="email">Email: </label>
     │ <input type="text" name="email" id="email" value="{{ email }}" class="form-control">
     │ <div class="errors">{{ errors.email }}</div>
⑥ ──┤ <label for="password">Password: </label>
     │ <input type="password" name="password" id="password" class="form-control">
     │ <div class="errors">{{ errors.password|raw }}</div>
     │ <input type="submit" class="btn btn-primary" value="Log in"><br>
     └ <p><a href="password-lost.php">Lost password?</a></p>
   </form>
 </main>
 {% endblock %}
```

```
⑦ public function login(string $email, string $password)
  {
    ┌ $sql = "SELECT id, forename, surname, joined, email, password, picture, role
⑧ ──┤          FROM member
    └          WHERE email = :email;";                       // 获取会员数据的SQL
⑨    $member = $this->db->runSQL($sql, [$email])->fetch();   // 运行SQL
     ┌ if (!$member) {                                        // 判断是否未找到会员
⑩ ──┤    return false;                                        // 返回false
     └ }
⑪    $authenticated = password_verify($password, $member['password']); // 密码是否匹配?
⑫    return ($authenticated ? $member : false);              // 返回会员或false
  }
```

```
   $loader = new Twig\Loader\FilesystemLoader(APP_ROOT . '/templates');
   $twig   = new Twig\Environment($loader, $twig_options);
   $twig->addGlobal('doc_root', DOC_ROOT);                   // 文档根目录
⑬ $session = $cms->getSession();                             // 创建会话
⑭ $twig->addGlobal('session', $session);
```

使用会话保存用户数据

在网站的每个页面中，页面头部需要知道用户是否登录：

- 若已登录，则页面头部包含跳转到其会员页面的链接，使用会员名作为链接文本，并在查询字符串中使用会员的id。
- 若未登录，则头部将包含跳转到login.php和register.php页面的链接。

如果用户已登录，并且他们是管理员，则页面头部还将显示跳转到管理页面的链接。

要创建这些链接，每个页面都需要知道会员的id、名称和角色。因此，这些信息将保存在会话中。

如上一页所示，bootstrap.php(引入到每个页面中)使用用户定义的Session类创建了一个对象。使用Session类将创建、访问、更新和删除会话的代码进行集中管理。该类有三个属性：

- id 保存会员的id。
- forename保存会员的名称。
- role保存会员的角色。

当创建对象时，Session类中的__construct()方法将：

- 调用session_start()方法。
- 验证会话是否包含会员的详细信息。如果包含，则将这些值保存在对象的属性中。如果没有，则为属性分配默认值。

① 声明类的命名空间。

② 类名是Session。

③ 声明3个属性。分别用于保存会员的id、名字和角色。

④ 使用该类创建Session对象时，__construct()方法将自动运行。

⑤ PHP的session_start()函数将启用会话并更新现有会话。

⑥ 如果$_SESSION超全局数组中存在id、forename和role键，它们的值将保存在Session对象的属性中。否则，这些属性将使用默认值。

⑦ 在用户登录时将调用create()方法。该方法需要传入保存会员数据的数组。

⑧ PHP的session_regenerate_id()函数(第340页)将更新会话文件和cookie中使用的会话ID。

⑨ 将会员的id、forename和role值分别赋给$_SESSION 超全局数组。

⑩ 声明update()方法，以调用create()方法。因为创建或更新会话使用相同的代码，所以将该段代码写入函数中以避免重复。update()方法可视作create()方法的别名，因为可用该方法作为create()方法的替代项。

⑪ 当用户单击导航中的注销链接时，将调用delete()方法，以结束会话。

```php
<?php
namespace PhpBook\CMS;                          // 声明命名空间

class Session
{                                               // 定义Session类
    public $id;                                 // 保存会员id
    public $forename;                           // 保存会员名称
    public $role;                               // 保存会员角色

    public function __construct()
    {                                           // 创建对象时自动运行
        session_start();                        // 启动或重新启动会话
        $this->id       = $_SESSION['id'] ?? 0;         // 设置该对象的id属性
        $this->forename = $_SESSION['forename'] ?? '';  // 设置名字属性
        $this->role     = $_SESSION['role'] ?? 'public'; // 设置角色属性
    }

    // 创建新会话——也可用于更新现有会话
    public function create($member)
    {
        session_regenerate_id(true);            // 更新会话id
        $_SESSION['id']       = $member['id'];         // 向会话添加会员id
        $_SESSION['forename'] = $member['forename'];   // 向会话添加会员名
        $_SESSION['role']     = $member['role'];       // 向会话添加角色
    }

    // 更新现有会话——create()的别名
    public function update($member)
    {
        $this->create($member);
    }

    // 删除现有会话
    public function delete()
    {
        $_SESSION = [ ];                        // 将$_SESSION初始化为空数组
        $param    = session_get_cookie_params(); // 获取会话cookie参数
        setcookie(session_name(), '', time() - 2400, $param['path'], $param['domain'],
            $param['secure'], $param['httponly']); // 清除会话cookie
        session_destroy();                      // 销毁会话
    }
}
```

个性化展示
导航栏

在bootstrap.php中创建的Session对象保存在Twig 的全局变量中，这样每个模板都可以访问它的属性。在如下的layout.html文件中：

① if语句验证Session对象的id属性是否为0(表示用户未登录)。

② 如果是，模板将显示登录和注册链接。

③ 否则表示该会员已登录。

④ 创建跳转到会员个人资料页面的链接，会员名将显示在链接文本中。

⑤ 使用if语句验证Session对象的role属性值是否为admin。如果是，则显示跳转到管理区域的链接。

⑥ 该链接用于跳转到logout.php页面，该页面用于会员注销登录。

代码下载中提供了login.php文件；该文件中只是调用Session对象的delete()方法，然后将用户重定向到主页。

---

c16/templates/layout.html   **Twig**

```
① {% if session.id == 0 %}
②   <a href="login.php" class="nav-item nav-link">Log in</a> /
    <a href="register.php" class="nav-item nav-link">Register</a>
③ {% else %}
④   <a href="member.php?id={{ session.id }}">{{ session.forename }}</a> /
⑤   {% if session.role == 'admin' %}
      <a href="admin/index.php">Admin</a> /
    {% endif %}
⑥   <a href="logout.php">Logout</a>
  {% endif %}
```

结果

Log in / Register

Print / **Digital** / **Illustration** / **Photography** Q

Ivy / Admin / Logout

Print / **Digital** / **Illustration** / **Photography** Q

在会员的个人资料页中
添加选项

member.php文件显示网站会员的概要和他们的作品摘要。如果一个会员登录并查看其个人资料，页面中就会显示更新他们个人资料和添加新作品的链接。

① 在member.html中，Twig模板中的if语句验证会员id(保存在会话中)是否与当前页面中作品的作者id相同。如果相同，则在个人资料下显示新的链接。

② 在article-summaries.html中，另一个Twig if语句验证当前访问页面的会员id是否与文章作者的id相同。如果是，则添加一个编辑该文章的链接。

work.php文件允许用户上传其作品，该文件位于下载包中。文件中的代码与article.php的管理部分类似；区别在于work.php文件中额外展示一张图片(其作者即为当前访问的会员)，且页面中没有发布选项。

Twig　　　　　　　　　　　　　　c16/templates/member.html

```
{% if session.id == member.id %}
<nav class="member-options">
  <a href="work.php" class="btn btn-primary">Add work</a>
  <a href="member-edit-profile.php" class="btn btn-primary">Edit profile</a>
  <a href="member-edit-picture.php" class="btn btn-primary">Profile picture</a>
</nav>
{% endif %}
```
①

PHP　　　　　　　　　　　c16/templates/article-summaries.html

```
{% if session.id == article.member_id %}
  <a href="work.php?id={{ article.id }}" class="btn btn-primary">Edit</a>
{% endif %}
```
②

结果

编辑、上传或删除个人资料的页面文件都在下载包中。当然，你也可以试着编写这些页面代码来测试个人技能：

- 编辑概要文件的页面与编辑类别的代码类似。
- 添加/删除头像的代码类似于在文章中添加或删除图片的代码。

限制访问管理页面

在上一章中，任何人都可以访问网站的管理页面。但在本章中，只有角色为admin的会员可访问这些页面。

① 引入bootstrap.php文件后，每个管理页面都会调用名为is_admin()的新函数。该函数需要将访问会员的角色作为实参(当会员未登录时，Session对象将该角色设置为public)。

② 在functions.php文件中添加is_admin()函数定义。

③ if语句检查访问者角色是否为admin。

④ 如果不是，则访问者跳转到主页(访问者跳转到主页而不是登录页，这样可防止非管理员推测出管理页面的URL)。

⑤ exit命令将停止运行页面中调用该函数的任何其余代码(如果用户是管理员，则运行页面的其余部分)。

c16/public/admin/article.php `PHP`

```php
<?php
// Part A: Setup
declare(strict_types = 1);             // 使用严格类型
use PhpBook\Validate;                  // 导入Validate命名空间

include '../../src/bootstrap.php';     // 引入设置文件
is_admin($session->role);              // 验证角色是否为admin
```
① (指向 `is_admin($session->role);` 行)

c16/src/functions.php `PHP`

```php
function is_admin($role)
{
    if ($role !== 'admin') {           // 检查角色是不是admin
        header('Location: ' . DOC_ROOT); // 跳转到主页
        exit;                          // 阻止其余代码运行
    }
}
```
② (指向 `function is_admin($role)` 行)
③ (指向 `if ($role !== 'admin') {` 行)
④ (指向 `header('Location: ' . DOC_ROOT);` 行)
⑤ (指向 `exit;` 行)

通常情况下，都应该要求用户必须先登录才能执行更新数据库的任务。在本章已介绍的内容中，都要求用户必须登录才能执行此操作。

极少数情况下，你可能让用户在不登录的情况下更新数据库，但这需要额外的措施来确保安全，接下来将介绍这些措施。

使用电子邮件链接
更新数据库和令牌

网站有时允许用户不必登录即可更新数据库。
这通常是当用户收到一封包含链接的电子邮件时，例如密码重置链接。
链接使用令牌(token)来识别目标用户。

当用户忘记密码时，他们就无法登录网站重置密码，所以网站需要为他们提供其他安全更新密码的方式。

其中一种解决方案是通过电子邮件向用户发送一个页面链接，用户可以使用该页面更新密码。因为链接发送到该用户的电子邮箱中，他们就应该是唯一能使用该链接的人。

该链接不应该使用会员的电子邮件地址或member表id列中的id来识别用户，因为黑客可通过该页面的链接推测出其他会员的电子邮件地址或id(这将允许黑客重置这些用户的密码，然后登录到他们的账户)。

取而代之的是，当用户要求重置密码时，需要创建一个令牌来识别用户。令牌是一组随机字符，是唯一且不易猜到的，例如：

0d9781153ed42ea7d72b4a4963dbd4f7fbc1d09bca10
a8faae55d5dd66441521881a4e51eb17cd62596b156f
11218d31436e5ae3381bcb50acbf31dd2c5cd197

该令牌：

● 保存在数据库中一个名为token的新表中。
● 作为用户的唯一身份标识。

当用户单击包含令牌的链接时，网站将在数据库的token表中查找(参见第626页)，以确定令牌所属的会员。

接下来的几页将展示当会员想要重置密码时如何使用令牌。

首先，用户在password-lost.php页面中输入他们的电子邮件地址。

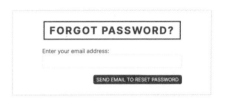

当提交此表单时，网站将检查数据库中是否存在所提交的电子邮件地址。如果存在，网站会向数据库的令牌表中添加一个新的令牌，并通过电子邮件向用户发送跳转到password-reset.php页面的链接，允许他们更新密码。

然后，在链接中使用令牌来识别试图更新密码的会员身份。

当用户更新密码时，将使用Member类的新方法passwordUpdate()来更新密码。

在数据库中保存令牌

这里将介绍新的Token类，它用于创建一个Token对象，该对象可以生成令牌。然后将这些令牌保存在数据库的新令牌表中，并返回令牌所对应会员的id。

考虑到最低安全要求，为用户创建令牌时，token表中至少要保存该会员的token和id。如果为了额外的安全性，每个令牌还需要保存：

- **过期时间(expires)** 防止令牌在预期使用期限后仍有效。对于当前网站，过期时间是创建令牌后4个小时。
- **用途(purpose)** 同一个网站可以在多个任务中使用令牌；保存令牌可以让网站检查令牌的使用是否符合预期用途。

令牌的另一个流行原因是当用户注册网站时；可通过电子邮件向用户发送一个链接，用户需要在登录之前单击这个链接。这样也就证实了用户所提供的电子邮件地址是正确的。

使用名为Token的类来创建一个Token对象，该类有两个方法：

- create()创建一个新的令牌并将该令牌保存在数据库中。
- getMemberId()检查令牌是否过期，以及使用是否正确；如果是，该方法将返回令牌所属会员的id。

Token对象是使用CMS对象的名为getToken()的新方法创建的。它保存在CMS对象的一个名为token的属性中(这也反映了Article、Category和Member对象的创建方式)。

token			
token	member_id	expires	purpose
a730730065407fa0a0508cc7f06930ed962...	4	2021-03-08 14:04:01	password_reset
4fbb47d3ebd4c0f3269ef669e4123cc8a2d...	12	2021-03-08 14:05:09	password_reset
ba5fde0992dfc85b39397bf4df89ecaa25d...	9	2021-03-08 14:05:38	password_reset

令牌由64个随机字符组成。

令牌是由PHP的两个内置方法生成的：

- random_bytes()创建一个随机字符串；该方法的形参是所要返回的字符长度(以字节为单位)。
- bin2hex()将二进制数据转换为十六进制。

生成64字节随机字符

```
bin2hex(random_bytes(64));
```

将二进制转换为十六进制

```php
<?php
namespace PhpBook\CMS;                          // 声明命名空间
class Token
{
    protected $db;                              // 保存对数据库对象的引用

    public function __construct(Database $db)
    {
        $this->db = $db;                        // 在db属性中保存$db
    }
    public function create(int $id, string $purpose): string
    {
        $arguments['token']     = bin2hex(random_bytes(64));     // 令牌
        $arguments['expires']   = date('Y-m-d H:i:s', strtotime('+4 hours'));
                                                                 // 过期时间
        $arguments['member_id'] = $id;                           // 会员id
        $arguments['purpose']   = $purpose;                      // 用途
        $sql = "INSERT INTO token (token, member_id, expires, purpose)
                VALUES (:token, :member_id, :expires, :purpose);";  // SQL
        $this->db->runSQL($sql, $arguments);                     // 运行SQL
        return $arguments['token'];                              // 返回令牌
    }
    public function getMemberId(string $token, string $purpose)
    {
        $arguments = ['token' => $token, 'purpose' => $purpose,];  // 令牌和用途
        $sql = "SELECT member_id FROM token WHERE token = :token
                AND purpose = :purpose AND expires > NOW();";    // 获取id的SQL
        return $this->db->runSQL($sql, $arguments)->fetchColumn();  // 返回id 或 false
    }
}
```

① 该对象需要与数据库一起运行，因此__construct()方法在$db属性中保存了对Database对象的引用。

② create()方法创建一个新令牌并将其保存在数据库的token表中。

③ 创建令牌并保存到$arguments数组中，这样就可将其添加到SQL语句中。

④ 在$arguments数组中添加令牌的过期时间(创建后4小时)。

⑤ 将会员id和令牌用途添加到数组中。

⑥ 在$sql变量中保存sql语句，用于向数据库添加令牌。

⑦ 运行SQL语句。

⑧ 在当前方法中返回令牌。

⑨ getMemberId()检查令牌是否有效。若有效则返回会员id，否则返回false。

⑩ 在数组中保存令牌及其用途。

⑪ SQL查询尝试在token表中查找数据行，该行包含了指定的令牌、用途以及过期时间。如果找到匹配的数据行，则收集其会员id。

⑫ 执行SQL语句。如果找到匹配行，则返回会员的id；否则返回false。

重置密码

password-lost.php页面中显示了一个表单，允许用户输入电子邮件地址并请求更新密码。当表单提交时，网站将：

- 验证用户是不是网站会员并获取他们的id。
- 为用户创建一个令牌以重置密码，并将令牌保存在数据库中。
- 创建并发送带有重置密码页面链接的电子邮件。

① 启用了严格类型，导入Validate类，引入bootstrap.php文件，并初始化Twig页面需要使用的两个变量。

② if语句检查表单是否已发送。

③ 如果已发送，则收集并验证电子邮件地址。如果地址有效，那么$error变量保存空字符串。否则保存错误消息。

④ if语句检查$error是否为空字符串。

⑤ 如果是空字符串，则将电子邮件地址传递给Member类的getIdByEmail()方法作为实参(如下所示)。该方法用于在数据库中查找电子邮件地址。如果找到匹配的电子邮件，就返回该会员id。否则返回false。

⑥ 使用另一个if语句检查是否找到id。

⑦ 如果是，则调用Token对象的create()方法为会员创建新令牌。将令牌的用途设置为password_reset。然后将返回的新令牌保存在$token中。

⑧ 创建跳转到password-reset.php页面的链接。链接中的查询字符串中保存了新令牌。要创建此链接，需要知道网站的域名。域名保存在名为DOMAIN的新常量中，该常量在config.php文件中声明。如果你尚未声明该常量，请打开该文件并将你的主机名(参见第190页)添加到这个常量中。

⑨ 创建邮件的主题和正文。

⑩ 使用Email类创建新的Email对象(见第598~599页)；然后发送邮件。如果邮件发送成功，$sent变量将保存为true。

⑪ 将Twig需要的信息保存在$data数组中，然后调用Twig的render()方法。

⑫ 使用password-lost.html创建表单。Twig if语句用于检查发送的变量的值是否为false。如果是，将向用户显示一个用于重置密码的表单。否则，系统会向用户显示一条信息，告知用户将收到电子邮件来指示他们如何重置密码。

c16/src/classes/CMS/Member.php

PHP

```php
public function getIdByEmail(string $email)
{
    $sql = "SELECT id FROM member
            WHERE email = :email;";                    // 用于获取会员id的SQL查询语句
    return $this->db->runSQL($sql, [$email])->fetchColumn(); // 运行SQL并返回会员id
}
```

PHP

c16/public/password-lost.php

```php
<?php
declare(strict_types = 1);                            // 使用严格类型
use PhpBook\Validate\Validate;                        // 导入Validate命名空间
include '../src/bootstrap.php';                       // 设置文件
$error = false;                                       // 错误信息
$sent  = false;

if ($_SERVER['REQUEST_METHOD'] == 'POST') {           // 检查表单是否已提交
    $email = $_POST['email'];                         // 获取邮件地址
    $error = Validate::isEmail($email) ? '' : 'Please enter your email'; // 验证邮件地址
    if ($error === '') {
        $id = $cms->getMember()->getIdByEmail($email);        // 获取会员id
        if ($id) {
            $token = $cms->getToken()->create($id, 'password_reset');   // 令牌
            $link  = DOMAIN . DOC_ROOT . 'password-reset.php?token=' . $token; // 链接
            $subject = 'Reset Password Link';                 // 邮件主题
            $body = 'To reset password click: <a href="' . $link . '">' . $link . '</a>';
            $mail  = new \PhpBook\Email\Email($email_config);   // 邮件对象
            $sent  = $mail->sendEmail($mail_config['admin_email'], $email,
                $subject, $body);                              // 发送邮件
        }
    }
}
$data['navigation'] = $cms->getCategory()->getAll();   // 获取导航类别
$data['error']      = $error;                          // 验证错误信息
$data['sent']       = $sent;

echo $twig->render('password-lost.html', $data);       // 渲染模板
```

Twig

c16/templates/password-lost.html

```twig
{% extends 'layout.html' %}
{% block title %}Password Reset{% endblock %}
{% block content %}...
  {% if sent == false %}
  <form method="post" action="password-lost.php" class="form-membership"> ...
    <label for="email">Enter your email address: </label>
    <input type="text" name="email" id="email" class="form-control"><br>
    <input type="submit" name="submit" value="Send email to reset password" class="btn">
    <span class="errors">{{ error }}</span><br>
  </form>
  {% else %}
  <p>If your address is registered, we will email instructions to reset your password.</p>
  {% endif %}...
{% endblock %}
```

重置密码

当用户单击电子邮件中的找回密码链接时，页面将跳转到password-reset.php(见下一页)。如果查询字符串中存在有效令牌，页面就向用户显示一个表单，通过表单可以更新用户的密码。

① Member类的新方法passwordUpdate()需要会员id和新密码作为实参。

② 创建密码的哈希值。

③ SQL语句将用户的密码更新为步骤②中的哈希值，然后函数返回true。

④ 如果查询字符串中存在有效令牌，则将其保存在$token中。否则，页面跳转到login.php。

⑤ 调用Token对象的getMemberId()方法尝试获取会员的id。如果找到id，则将其保存在$id中。

⑥ 如果没有返回id，则用户跳转到login.php页面。如果返回id，则可以显示或继续处理表单。

⑦ if语句验证表单是否已提交。

⑧ 若已提交，则获取密码(和确认密码)。

⑨ 验证这些值以确保它们满足密码要求，并且用户提供的密码与确认密码需要一致。如果出现任何错误，将其保存在$errors中。

⑩ 将出现的错误拼接并保存在$invalid中。

⑪ 若果发现任何错误，则将消息保存在$errors 数组的message键中。

⑫ 若未发现错误，则调用Member类的新方法passwordUpdate()来更新会员的密码。

⑬ 收集会员数据。

⑭ 会员的数据用于创建并发送电子邮件，邮件中会告知他们密码已更新。

⑮ 然后，页面将重定向到登录页面，并显示密码已更新的成功消息。

⑯ 将Twig需要的信息保存在$data中。

⑰ 使用password-reset.html模板创建表单，该文件可以在下载代码中找到。

c16/src/classes/CMS/Member.php
`PHP`

```
① public function passwordUpdate(int $id, string $password): bool
   {
②     $hash = password_hash($password, PASSWORD_DEFAULT);        // 将密码加密
      $sql = 'UPDATE member
                  SET password = :password
③             WHERE id = :id;';                                  // 用于更新密码的SQL
      $this->db->runSQL($sql, ['id' => $id, 'password' => $hash,]); // 运行SQL
      return true;                                               // 返回true
   }
```

```php
<?php
declare(strict_types = 1);                                    // 使用严格类型
use PhpBook\Validate\Validate;                                // 导入类
include '../src/bootstrap.php';                               // 设置文件
$errors = [];                                                 // 初始化数组

$token = $_GET['token'] ?? '';                                // 获取令牌
if (!$token) {                                                // 检查是否未返回id
    redirect('login.php');                                    // 重定向
}
$id = $cms->getToken()->getMemberId($token, 'password_reset'); // 获取会员id
if (!$id) {                                                   // 检索是否不匹配id
    redirect('login.php', ['warning' => 'Link expired, try again.',]); // 重定向
}


if ($_SERVER['REQUEST_METHOD'] == 'POST') {                   // 检查表单是否已提交
    $password = $_POST['password'];                           // 获取新密码
    $confirm  = $_POST['confirm'];                            // 获取密码确认
    // Validate passwords and check they match
    $errors['password'] = Validate::isPassword($password)
        ? '' : 'Passwords must be at least 8 characters and have:<br>
            A lowercase letter<br>An uppercase letter<br>A number
            <br>And a special character';                     // 无效秘密
    $errors['confirm']  = ($password === $confirm)
        ? '' : 'Passwords do not match';                      // 密码不匹配
    $invalid = implode($errors);                              // 拼接错误信息

    if ($invalid) {                                           // 检查密码是否无效
        $errors['message'] = 'Please enter a valid password.'; // 保存错误信息
    } else {
        $cms->getMember()->passwordUpdate($id, $password);    // 更新密码
        $member  = $cms->getMember()->get($id);               // 获取会员详细信息
        $subject = 'Password Updated';                        // 创建邮件主题
        $body    = 'Your password was updated on ' . date('Y-m-d H:i:s') .
            ' - if you did not reset the password, email ' . $email_config['admin_email'];
        $email   = new \PhpBook\Email\Email($email_config);   // 创建邮件对象
        $email->sendEmail($email_config['admin_email'], $member['email'], $subject, $body);
        redirect('login.php, ['success' => 'Password updated')); // 重定向到登录页
    }
}

$data['navigation'] = $cms->getCategory()->getAll();          // 获取导航所需类别
$data['errors']     = $errors;                                // 错误信息数组
$data['token']      = $token;                                 // 令牌
echo $twig->render('password-reset.html', $data);             // 渲染模板
```

小结
会员

❯ 要在网站注册，会员必须提供唯一的标识符(如电子邮件地址)和密码，以识别会员的身份。

❯ 在会员访问网站期间，他们的信息可以保存在数据库中。

❯ 当一个会员再次访问网站并登录时，会话可以记住他们之前的登录信息，并在访问期间保存会员的数据。

❯ 数据库中保存的是密码的哈希值，而非直接保存未加密的密码。

❯ 会员的角色决定了他们能在页面中看到的内容以及执行的操作。

❯ 通过令牌，可在不使用电子邮件或id等个人数据的情况下识别用户。

❯ 当允许用户无须登录即可更新数据库时，应该使用令牌。

第17章

添加功能

本章演示如何向网站添加新功能。可对网站中的URL进行
更改，使它们对SEO友好。此外，还将增加用户对文章的
点赞和评论功能。

　　对SEO友好的URL有助于网站的搜索引擎优化(Search Engine
Optimisation，简写SEO)，因为这样的URL中添加了易于搜索的关键字，
如文章标题或类别名称。例如，将文章页面的URL从https://eg.link/article.
php?id=24更改为包含文章标题的形式https://eg.link/article/24/travel-guide。
　　在学习了如何将示例网站的URL改为这种新结构后，本章第二部分
在网站中添加了两个新功能，允许已登录的会员：
　　● 点赞作品(就像Facebook、Instagram和Twitter允许会员点赞其他会
员写的帖子一样)。
　　● 评论作品(对某件作品添加意见和反馈)。

　　向网站添加新功能时需要：
　　● 列出用户使用该功能做什么。
　　● 确定需要在数据库中保存哪些数据。
　　● 在PHP代码和模板中实现该功能。
　　在本章最后一节中学到的技能也可应用于新网站的开发。

对SEO友好的URL

在URL中插入描述页面内容的单词有助于搜索引擎优化(SEO)，使这些页面在搜索引擎中更容易被搜到。此外，这样做还使URL更容易阅读。

在本书前面介绍的示例网站里，每个页面的URL都包含了所要运行的PHP文件的路径。如果页面需要从数据库中获取数据，则在查询字符串中指定数据的id。

许多网站会使用更具描述性且对SEO友好的URL，而不是直接包含文件路径。当用户请求这些描述性的URL时，网站会将URL转换为文件路径，并告诉该文件应该显示哪些数据。这种技术称为URL重写(rewriting)。

有多种方法可以编写对SEO友好的URL。如下所示，在前几章曾使用过的旧URL旁，可以看到本章将使用的对SEO友好的新格式。

新的对SEO友好的URL将包含多达三个部分，每个部分由正斜杠字符分隔：

① 新的URL和旧的开头部分相同，都使用文件路径，但删除了.php文件扩展名。现有的文件名(省去了扩展名)仍然存在于对SEO友好的URL中，因为它们描述了页面的用途。

② 接下来，如果旧URL带有查询字符串，并且其中包含用于从数据库中获取数据的id，那么id后面会有一个正斜杠。

③ 为帮助搜索引擎更容易找到文章和分类页面，这些页面的URL添加了对SEO友好的字段名：

- 文章页面使用文章标题
- 类别页面使用类别名称

旧的URL	新的URL
https://localhost/register.php	https://localhost/register
https://localhost/login.php	https://localhost/login
https://localhost/category.php?id=2	https://localhost/category/2/digital
https://localhost/category.php?id=4	https://localhost/category/4/photography
https://localhost/article.php?id=19	https://localhost/article/19/forecast
https://localhost/article.php?id=24	https://localhost/article/24/travel-guide
https://localhost/member.php?id=2	https://localhost/member/2
https://localhost/admin/article.php?id=24	https://localhost/admin/article/24

因为新的URL不再包含文件路径，所以对PHP页面的每个请求都将发送到名为index.php的文件。将获取对SEO友好的URL，在每个正斜杠处拆分URL，然后将每个部分作为单独的元素保存在数组中。对于公用的请求页面，数组中将保存：

① 应该处理请求的文件

② 数据库中数据的ID(如果id在使用中)

③ 对SEO友好的字段(如果添加了字段)

接下来，index.php从数组中获取第一个元素的值，并将.php文件扩展名添加到该数组中。例如，如果第一个元素是register，那么将得到register.php。

该步骤实际上是复制了旧URL中使用的文件名。然后index.php页面将引入数组中第一个元素所匹配的文件来处理请求。下表显示了：

● 路径(主机域名之后的URL部分)

● 拆分路径时创建的数组

● 每个部分用途的描述

路径	数组部分	
register	`$parts[0] = 'register';`	创建只有一个元素的数组。它表示index.php文件应该引入register.php页面来注册新用户

category/2/digital	`$parts[0] = 'category';`
	`$parts[1] = '2';`
	`$parts[2] = 'digital';`
		创建含有3个元素的数组，这3个元素分别表示：
		● 应引入category.php文件
		● 类别id为2
		● 字段名是digital(这将有助于SEO)

article/15/seascape	`$parts[0] = 'article';`
	`$parts[1] = '15';`
	`$parts[2] = 'seascape';`
		创建含有三个元素的数组，元素分别表示：
		● 应引入article.php文件
		● 类别id为15
		● 标题是seascape(这将有助于SEO)

搜索引擎不应该搜索到管理页面，所以该页面的URL不会以对SEO友好的字段名结尾。

当管理页面的URL在每一个正斜杠上拆分并转换为数组时，数组中的元素分别表示：

① 这是管理页面

② 该由哪个文件来处理请求

③ 保存页面所需数据的id(如果需要id的话)

一旦index.php创建了数组，它就会检查第一个元素的值是否为admin。如果是，则请求管理页面。

这里使用了不同的方式，通过将以下值拼接在一起来创建文件路径：

● 第一个元素的值

● 正斜杠

● 第二个元素的值

● .php文件扩展名

路径	数组部分	

admin/article/15	`$parts[0] = 'admin';`
	`$parts[1] = 'article';`
	`$parts[2] = '15';`
		该数组指定了：
		● PHP引入admin/article.php文件
		● 要使用的文章id是15

admin/category/1	`$parts[0] = 'admin';`
	`$parts[1] = 'category';`
	`$parts[2] = '1';`
		该数组指定了：
		● PHP引入admin/category.php文件
		● 要使用的类别id是1

注意： URL中不能包含空格，其中的一些字符也具有特殊含义，例如：

`/ ? : ; @ = & " < > # % { } | \ ^ ~ [ ] `` `

在URL中使用这些字符之前，必须从文章标题或类别名称中删除这些字符，并将这个新值保存在数据库中。

更新文件结构

在文档根目录中，index.php文件是唯一保留的PHP文件。而在 index.php文件中，它引用的其他PHP页面都移到文档根目录之外的 src/pages目录中。

在下图中，可以看到本章将使用的新文件结构。

所有PHP页面都已从public目录(即文档根目录) 移到src/pages目录。

有如下两个新文件：

- .htaccess包含将所有请求定向到 index.php的规则(它是Apache的配置文件)
- index.php将处理URL并引入src/ pages文件夹中的相关PHP页面

```
▼ 📁 c17                          ←— 本章的应用根目录
    📄 .htaccess                  ←— URL重写规则
  ▶ 📁 config                     ←— 文档根目录
  ▼ 📁 public
    ▶ 📁 css
    ▶ 📁 font
    ▶ 📁 img
    ▶ 📁 js
    ▶ 📁 uploads
      📄 index.php                ←— 处理URL并引入相关页面
  ▼ 📁 src
    ▶ 📁 classes
    ▶ 📁 pages                    ←— PHP 页面
      📄 bootstrap.php
      📄 functions.php
  ▶ 📁 templates
  ▶ 📁 var
  ▶ 📁 vendor
    📄 composer.lock
    📄 composer.json
```

图例：
- ● 文档根目录
- ● 文档根目录内
- ● 文档根目录外

实现对SEO
友好的URL

在添加新功能时，需要考虑要保存哪些数据、如何在代码中实现功能以及如何更新接口。下面以添加对SEO友好的URL为例，演示如何解决这些问题。

要保存哪些数据以及如何保存

当创建或更新文章或类别时，将为该文章或类别创建一个对SEO友好的名称并将其保存在数据库中。

名称保存在article表的seo_title列和category表的seo_name列中。在下表中，可以看到更新后的category表。

category				
id	name	description	navigation	seo_name
1	Print	Inspiring graphic design	1	print
2	Digital	Powerful pixels	1	digital
3	Illustration	Hand-drawn visual storytelling	1	illustration

如何在代码中实现新功能

由于对SEO友好的URL中没有用到PHP文件的路径，因此在文档根目录中新出现的.htaccess文件内，会有相应的规则告诉Web服务器将所有对 PHP 页面的请求发送到index.php。

然后，index.php会处理请求的URL：

- 获取数据库所需数据的id，并将该id保存在变量中。
- 引入正确的PHP文件来处理相应的请求。

在Twig模板中，需要更新所有链接。如果存在对 SEO友好的标题，就会添加一个链接。

当添加或编辑文章或类别时：

- 名为create_seo_name()的新函数将创建对SEO友好的名称。
- Article和Category类的现有方法会将这些新名称保存到数据库中。

当从数据库中收集文章和类别数据时，将返回对SEO友好的名称并传递给Twig模板以创建新的链接。

下面是一个指向文章页面的链接。它使用了文章id，以及对SEO友好的标题。

```
<a href="article/{{ article.id }}/{{ article.seo_title }}">
```

URL重写

Apache 网络服务器有一个内置的URL重写引擎。
它使用一些规则来确定对某个URL的请求何时被转换为对另一个URL
的请求。

对SEO友好的URL只用于用户请求的页面,如文章、类别和会员页面。另外一些不需要对SEO友好的文件,如图片、CSS、JavaScript或字体文件,它们的URL则保持不变。因此,需要告知Apache Web服务器的URL重写引擎:

- 像以前一样提供图片、CSS、JavaScript和字体文件,因为它们的URL没有改变。
- 将所有其他请求发送到index.php文件。index.php文件将处理URL,然后引入适当的文件。

如第196~199页所述,.htaccess文件用于控制Apache Web服务器的设置(包括URL重写引擎)。c17文件夹中有一个.htaccess文件(其中有字符编码和文件上传大小的设置)。该文件中添加了用于控制URL重写引擎的规则。

① 打开URL重写引擎。

重写引擎的指令在单行指令上由两部分组成:

- 指定规则何时执行的条件。
- 用于指明条件满足时会如何处理的规则。

② 该判断条件指明:如果请求的文件在服务器上不存在,则继续处理后续规则。

- 用于引入图片、CSS、JavaScript和字体文件的URL指出了这些文件在服务器上的位置(因此不再执行后续规则)。
- 而对SEO友好的URL没有指向服务器中的文件(因此继续执行后续规则)。

③ 该规则指出:请求应该由位于文档根目录中的index.php文件处理。

```
c17/public/.htaccess                                    PHP

     ...
①   RewriteEngine On
②   RewriteCond %{REQUEST_FILENAME} !-f
③   RewriteRule . public/index.php
```

.htaccess文件可以包含多个条件,每个条件后面都有满足条件时需要执行的规则。

此外,它还为重写URL提供了其他强大的工具,但由于本书篇幅所限,故不做介绍。

更新URL

当使用对SEO友好的URL时，如果需要指向其他页面以及图片、CSS、JavaScript和字体文件，指向路径应该是相对于文档根目录的相对路径。通常相对路径以一个正斜杠开始，但示例网站中必须使用常量。

在前面的章节中，指向网站其他页面的链接，以及指向图片、CSS、JavaScript和字体文件的链接都使用了相对于当前PHP页面的URL。而新的对SEO友好的URL使页面看起来像位于不同的文件夹中。例如，下面这两个URL看起来指向不存在的文件夹：

/category/1/print
/article/22/polite-society-posters

因此，必须更新所有相对链接，使路径相对于网站的文档根目录，而非当前页面。

通常情况下，网站使用正斜杠作为文档根目录的路径。但是，因为下载代码中有若干个版本的示例网站，所以从第14章开始，将每章代码中的public文件夹都视为文档根目录。public文件夹的路径将用于网站中所有相对链接的开头。

该路径保存在config.php文件的一个常量中。然后bootstrap.php将该常量添加到名为doc_root的Twig全局变量中，这样就可以在所有模板中使用。如下所示，可在页面链接的开头看到doc_root(现在存在对SEO友好的标题)和图片文件。

Twig　　　　　　　　　　　　　　　c17/templates/article-summaries.html

```twig
{% for article in articles %}
<article class="summary">
<a href="{{ doc_root }}article/{{ article.id }}/{{ article.seo_title }}">
  {% if article.image_file %}
  <img src="{{ doc_root }}uploads/{{ article.image_file }}" alt="{{ article.image_alt }}">
  {% else %}
  <img src="{{ doc_root }}uploads/blank.png" alt="">
  {% endif %}

...

  {% if session.id == article.member_id %}
    <a href="{{ doc_root }}work/{{ article.id }}" class="btn btn-primary">Edit</a>
  {% endif %}</article>
{% endfor %}
```

处理请求

任何对非图片、CSS、JavaScript或字体文件的请求都将发送到index.php文件。该文件将对URL进行处理，将其转给数组；数组中包含处理该请求的正确文件。

① 在index.php文件中引入bootstrap.php文件，以避免所有PHP页面都重复写入bootstrap.php文件中的语句。

接下来，将请求的URL转换为一个数组。

② 所请求的路径(主机域名后面的部分)取自PHP的$_SERVER超全局变量。将路径转换成小写字母，并保存在$path中。

③ 指向本章中public文件夹的那部分路径(即文档根目录)将从变量中移除。这段代码将删除的部分路径为：phpbook/section_d/c17/public/(该步骤是必需的，因为下载代码中包含多个版本的网站代码)。

④ 调用PHP的explode()函数用于在每个正斜杠处拆分路径，并将每个数据块作为一个单独元素保存在名为$parts的数组中。

如第637页所述，如果请求一个公共页面，那么数组中的第一个元素表示要使用的文件。如果是管理页面，那么第一个元素的值为admin，第二个元素表示要使用的文件。例如：

路径	数组部分
article/15/seascape	$parts[0] = 'article';
	$parts[1] = '15';
	$parts[2] = 'seascape';
admin/article/15	$parts[0] = 'admin';
	$parts[1] = 'article';
	$parts[2] = '15';

⑤ 文件通过检查$parts数组中第一个元素的值来确定所请求的是公共页面还是管理页面。如果数组的第一个元素不是admin，则意味着请求的是公共页面。

⑥ $parts数组的第一个元素决定了处理请求时应该包含的文件名。例如，如果用户正在请求文章页面，则第一个元素的值将是article(如左下角的表中所示)。

如果用户正在请求主页，则第一个元素将没有值，这样$page的值将保存为index。

为了保存该值，这里使用了三元操作符的新简写版本(又称为Elvis操作符)。

旧版本如下：

$page = $parts[0] ? $parts[0] : 'index';

新简写版本如下：

$page = $parts[0] ?: 'index';

以上两个版本都表示：如果$parts[0]有值，则保存在$page变量中；否则$page的值为index。

⑦ 如果数组的第二个元素有值，该值表示页面正在处理的数据id。如果数组的第二个元素中存在id，那么$id将保存该值；否则，$id保存null。

```php
    <?php
①  include '../src/bootstrap.php';                        // 设置文件

②  $path  = mb_strtolower($_SERVER['REQUEST_URI']);       // 将路径转换为小写
③  $path  = substr($path, strlen(DOC_ROOT));              // 删除DOC_ROOT中保存的路径
④  $parts = explode('/', $path);                          // 在/位置处拆分数组

⑤  if ($parts[0] != 'admin') {                            // 检查是否为管理页面
⑥      $page = $parts[0] ?: 'index';                      // 页面名称 (或使用index)
⑦      $id   = $parts[1] ?? null;                         // 获取ID (或使用null)
⑧  } else {
⑨      $page = 'admin/' . ($parts[1] ?? '');              // 页面名称
⑩      $id   = $parts[2] ?? null;                         // 获取ID
    }
⑪  $id = filter_var($id, FILTER_VALIDATE_INT);            // 验证ID

⑫  $php_page = APP_ROOT . '/src/pages/' . $page . '.php'; // 指向PHP页面的路径
⑬  if (!file_exists($php_page)) {                         // 检查数组中是否不存在页面路径
⑭      $php_page = APP_ROOT . '/src/pages/page-not-found.php';  // 引入page not found页面
    }
⑮  include $php_page;                                     // 引入PHP文件
```

⑧　如果用户正在请求管理页面，$parts数组中的第一个元素的值为admin；第二个元素将保存页面的名称。

⑨　使用$page变量构建处理请求的文件的路径。它的结构为：admin/页面名称。

　　如果URL的结尾是admin/(没有指定页面)，则表示parts[1]没有值，因此空合并操作符将该值替换为空字符串。

⑩　如果URL中有id，则保存在$id中；否则$id保存null。

⑪　PHP的filter_var()函数用于验证保存在$id中的值是否为整数。这样可以避免每个需要使用id的页面都重复校验$id的值是否为整数。到目前为止，页面中有三个变量。

- $parts：URL拆分后，各部分所在的数组。
- $page：页面的名称(如果是管理页面，则名称前缀是admin/)。
- $id：id，如果在URL中存在的话。

⑫　处理请求的页面路径保存在$php_page中。它由以下部分拼接而成：

- APP_ROOT中的值 (在bootstrap.php中创建)。
- PHP页面路径/src/pages/。
- $page中的值。
- .php 文件扩展名。

⑬　PHP的file_exists()函数用于验证在第⑫步中创建的PHP文件路径是否与服务器上的真实文件匹配。

⑭　如果找不到匹配项，则使用page-not-found.php文件的路径更新$php_page中的值。然后以exit命令结束其余代码的运行。

⑮　如果PHP页面仍在运行，则将$php_page中的PHP文件引入页面中。运行引入的PHP页面与在URL中请求这些页面时一样(就像代码被复制和粘贴到PHP的include指令所在位置一样)。

创建SEO名称

当创建或更新文章或类别时，将使用一个名为create_seo_name()的新函数为文章或类别创建对SEO友好的名称。

因为URL中不能包含空格或某些具有特殊含义的字符(如/ ? = & #)，所以在function.php文件中添加了create_seo_name()函数，用于从文章标题和类别名称中创建对SEO友好的名称，其中名称中只包含字母A~z、数字0~9和破折号。

PHP的transliterator_transliterate()函数还将尝试用最接近的ASCII等值字符来替换非ASCII字符(基于语音相似性)。例如，将Über替换为Uber，以及将École替换为Ecole。Apache需要安装扩展包进行音译，因此在使用transliterator_transliterate()函数之前，需要使用PHP的function_exists()方法验证该函数是否可用，仅在该函数可用时才能继续执行任务。更多信息请参见http://notes.re/php/transliteration。

① create_seo_name()接收一个字符串作为形参，并返回该文本的对SEO友好的版本。

② 将文本转换为小写字母。

③ 删除首尾处的空格符。

④ PHP的内置函数function_exists()检查transliterator_transliterate()函数是否可用。如果可用，则调用它来尝试使用ASCII等值字符替换非ASCII 字符。

⑤ preg_replace()用破折号替换空格。

⑥ 删除-、A~z或0~9以外的字符。

⑦ 返回更新后的文章或类别名称。

c17/src/functions.php

PHP

```php
① function create_seo_name(string $text): string
   {
②     $text = strtolower($text);                    // 将文本转换为小写
③     $text = trim($text);                          // 删除首尾处的空格
④     if (function_exists('transliterator_transliterate')) { // 检查transliterator是否已安装
           $text = transliterator_transliterate('Latin-ASCII', $text);
       }
⑤     $text = preg_replace('/ /', '-', $text);      // 用破折号替换空格
⑥     $text = preg_replace('/[^-A-z0-9]+/', '', $text); // 删除-、A~z或0~9之外的字符
⑦     return $text;                                 // 返回SEO名称
   }
```

保存SEO名称

在创建或更新文章或类别时调用create_seo_name()函数。然后将返回的名称传递给更新数据库的方法。

① 当更新或创建类别时,category.php (位于src/ pages/admin)将调用create_seo_name()方法,并传入类别名称作为参数。

该函数返回的对SEO友好的名称保存在类别数据组中。然后将该数组传递给Category对象的create()或update()方法。

PHP   *c17/src/pages/admin/category.php*

```php
    $category['name']        = $_POST['name'];                     // 获取名称
    $category['description'] = $_POST['description'];              // 获取描述
    $category['navigation']  = (isset($_POST['navigation'])) ? 1 : 0; // 获取导航
①  $category['seo_name']    = create_seo_name($category['name']); // 对SEO友好的名称
```

② 当调用Category对象的create()或update()方法时,$category数组中的新元素会保存对SEO友好的名称。

③ 更新SQL语句的INSERT和UPDATE子句,以保存对SEO友好的新名称。

处理文章的过程与类别一样:
- 在admin/article.php和work.php中的$article数组中添加名为seo_title的键。
- 调用Article类的create()或update()方法时,将对SEO友好的标题保存到数据库中。

PHP   *c17/src/classes/CMS/Category.php*

```php
②  public function create(array $category): bool
    {
        try {                                                      // 尝试创建
③          $sql = "INSERT INTO category (name, description, navigation, seo_name)
                    VALUES (:name, :description, :navigation, :seo_name);"; // SQL
    ...
```

注意: 数据库中的seo_name和seo_title列具有唯一性约束(如名称和标题列),以确保SEO名称是唯一的。

第16章中也有保存SEO友好名称的代码,以确保在运行的代码发生更改时数据库会保存它们。

显示包含SEO
友好名称的页面

文章和类别页面在URL中使用对SEO友好的名称。这些页面在显示之前将验证对SEO友好的名称是否正确。

首先，更新Article和Category类的get()和getAll()方法，这是为了从数据库收集它们的对SEO友好的名称。

① 定义Category类的get()方法，其中的SQL用于从seo_name列请求数据。

接下来，从所有移到src/pages文件夹的PHP文件中删除如下两个任务，因为这些任务将改为在index.php中执行：

- 引入bootstrap.php文件
- 从查询字符串中获取id并验证

然后，在article.php和category.php文件中添加新任务。该任务用于检查URL中的对SEO友好的名称是否正确，因为多个链接可能指向使用不同标题的同一篇文章，例如：

✓ http://eg.link/article/24/travel-guide
✗ http://eg.link/article/24/japan-guide
✗ http://eg.link/article/24/guide-book

每个URL中都有网站获取页面数据所需的信息(包含要引入的页面的类型和id)。然而，搜索引擎可能认为这些不同的页面有重复的内容，这将导致搜索引擎对这些页面降低搜索权重作为惩罚。如果网站拼错了该页面的链接，或者在链接创建后文章标题发生了变化，就可能受到惩罚。

因此，article.php和category.php页面需要验证URL的对SEO友好的部分(由index.php文件保存在$parts数组中)是否与数据库中的对SEO友好的名称相匹配。如果不匹配，则将用户重定向到正确的URL。

② if语句验证URL中的对SEO友好的名称(index.php中创建的$parts数组的第三个元素值)是否与数据库中的对SEO友好的名称相匹配 (两个值在比较之前都被转换为小写)。

③ 如果它们不匹配，则redirect()函数使用URL中对SEO友好的正确名称将用户发送到相同的页面。

最终，如果要使用对SEO友好的URL，就需要对每个模板中的链接进行更新。

④ 路径由以下部分组成：

- 指向文档根目录的路径(通常该路径是/，但由于下载包中有多个版本的网站，因此这里是本章public文件夹的路径)。
- 删去.php扩展名后，剩余的PHP页面名。
- 项目或类别的id。
- 如果链接指向文章或类别，则是对SEO友好的名称。

⑤ 图片文件的路径同样需要引入文档根目录的路径(参见第641页)。

```php
① public function get(int $id)
   {
       $sql = "SELECT id, name, description, navigation, seo_name
                FROM category
                WHERE id = :id;";                    // 获取类别的SQL
       return $this->db->runSQL($sql, [$id])->fetch(); // 返回类别数据
   }
```

```php
<?php
declare(strict_types = 1);                          // 使用严格类型

if (!$id) {
    include APP_ROOT . '/src/pages/page-not-found.php';
}

$category = $cms->getCategory()->get($id);          // 获取类别数据
if (!$category) {                                   // 检查类别是否为空
    include APP_ROOT . '/src/pages/page-not-found.php'; // 页面未找到
}

② if (mb_strtolower($parts[2]) != mb_strtolower($category['seo_name'])) { // SEO名称错误
③     redirect('category/' . $id . '/' . $category['seo_name'], [ ], 301); // 重定向
   }

$data['navigation'] = $cms->getCategory()->getAll();      // 获取导航数据
$data['category']   = $category;                          // 当前类别
$data['articles']   = $cms->getArticle()->getAll(true, $id); // 获取文章
$data['section']    = $category['id'];                    // 用于导航的类别id
```

```twig
④ <a href="{{ doc_root }}article/{{ article.id }}/{{ article.seo_title }}">
   {% if article.image_file %}
⑤   <img src="{{ doc_root }}uploads/{{ article.image_file }}"
        alt="{{ article.image_alt }}">
   {% else %}
    <img src="{{ doc_root }}uploads/blank.png" alt="">
   {% endif %}
   ...
```

规划新功能

当添加新功能时，首先要想清楚它能让用户做什么。这样更便于编写实现该功能的代码。

为网站编写新功能之前，应该清楚地定义通过该功能，用户能够做什么。这将让开发任务变得明晰。

例如在本章中，要在所有页面的摘要中都显示每篇文章的点赞数和评论数。

文章页面显示一篇文章标题下有多少点赞和评论，完整的评论出现在图片下面。此外，如果一个会员已登录，那么他可以：

- 单击心形图标上的链接，以点赞/取消点赞该文章。
- 对显示的文章进行评论(如果用户未登录，则告知用户登录后再进行评论)。

在告知用户新功能后，需要：

① 确定在数据库中保存哪些数据。

② 编写或更新用于从数据库获取数据或向数据库保存数据的方法。

③ 创建或更新PHP页面，以便在需要时执行新任务，并确保传入模板所需的数据。

④ 创建或更新模板，使用户能够使用这些新功能。

确定要保存什么数据以及如何保存这些数据

首先要确定用户需要查看哪些数据，以及数据库是否必须保存新数据。

为了显示点赞数，数据库必须保存：

- 点赞文章的用户(在member表中)
- 他们所点赞的文章

要显示评论，数据库必须保存：

- 发表评论的用户(在member表中)
- 评论内容 (新数据)
- 发表评论的日期和时间(新数据)

接下来，需要决定如何在数据库中保存新数据。

创建类和方法来收集数据

确定了需要在数据库中保存哪些数据后，接下来需要编写获取、创建、更新和删除数据所需的任何类和方法。

定义如下两个新类来实现点赞和评论功能：

- Like类用于获取、添加和删除点赞记录。
- Comment类用于获取并添加用户评论。

此外，对现有的Article类也进行了更新，以便 get()和getAll()方法能返回每篇文章的总点赞数和总评论数。

更新PHP页面

接下来，需要确定是否更新现有PHP文件或创建新文件来实现新功能。

例如，当用户点赞或取消点赞某篇文章时，将使用一个新文件保存该数据。

更新模板文件

最后，可更新模板文件，该模板用于生成发回给浏览器的HTML。

article-summaries.html 模板将显示每篇文章的点赞数和评论数。

A. 如果新增数据是现存表中某些信息的相关数据(如文章或会员)，则将其添加到该表中。

B. 如果新数据表示一个全新的概念或对象，则创建一个新表来表示它。例如，评论将保存在一个新的comment表中。

C. 如果新数据描述了数据库中现存概念之间的关系，则使用链接表。在实现点赞功能时，数据库已经有关于会员和文章的数据了，因此链接表将保存会员id和他们点赞的文章id。

Like类

方法	描述
get()	验证用户是否点赞文章
create()	在数据库中添加点赞记录
delete()	从数据库中删除点赞记录

COMMENT类

方法	描述
getAll()	获取文章的评论
create()	在数据库中添加评论

同样，现有的article.php页面将确定用户是否：

- 已登录，如果已登录，则验证他们是否点赞过该文章。
- 已提交评论。如果已提交，则验证提交的评论，然后将其保存在数据库中。

article.html 模板用于显示总点赞数和总评论数，以及完整的评论内容。

如果用户已登录，页面将添加一个链接，通过该链接可以点赞或取消点赞这篇文章，并显示一个允许用户提交评论的表单。

保存评论

在名为comment的新表中，保存每条评论和写下评论的会员的id。

在新的comment表中 (如下所示):

- id 是使用MySQL的自增功能创建的。
- comment是关于文章的评论。
- posted是保存评论的日期和时间 (这是由数据库添加到表中的)。
- article_id是所评论的文章的id。
- member_id是写下评论的会员的id。

article_id和member_id列使用外键约束(参见第431页)，以确保文章id和会员id有效。

注意: 在修改数据库前，必须事先创建数据库备份(参见第427页)。这一点很重要，因为添加新功能可能意外覆盖或删除数据。

comment				
id	comment	posted	article_id	member_id
1	Love this, totally makes me want to...	2019-03-14 17:45:13	24	1
2	I bought one of these guides for NYC...	2019-03-14 17:45:15	24	6
3	Another great piece of work Ivy,...	2019-03-14 17:53:52	3	4

在右边，可以看到两条SQL查询，它们用于统计某篇文章的评论和点赞数。

在显示文章摘要和单独的文章时，将使用这两个查询。

下一页中显示了保存点赞记录的新表。

总评论数:

```
SELECT COUNT(id)
  FROM comments
 WHERE comments.article_id = article.id
```

总点赞数:

```
SELECT COUNT(article_id)
  FROM likes
 WHERE likes.article_id = article.id
```

保存点赞记录

数据库已经拥有表示文章和会员的表。现在创建名为likes的新表，用于记录每个会员点赞的每篇文章。

为记录每个会员所点赞的每篇文章，数据库只需要保存单个会员和他们点赞的文章之间的关系(因为数据库已经保存了关于会员和文章的数据)。这种关系是用一个链接表(它链接了两个表的数据)来描述的。likes表所包含的列如下。

- article_id：会员点赞的文章的id
- member_id：点赞文章的会员的id

链接表的名称是likes(如下所示)。

表的名称使用复数形式的likes而不是like，是因为SQL有一个叫作like的关键字(参见404页)。

article_id和member_id列都使用外键约束(参见431页)，以确保它们的文章id和会员id有效。

因为单个会员只能对同一篇文章点赞一次，所以使用phpMyAdmin添加了复合主键(composite primary key)。这将阻止表中的任意两行保存相同的article_id和member_id组合。这类似于member表中不允许任意两个会员拥有相同的电子邮件地址。

参见http://notes.re/php/composite-key 可了解如何创建复合主键。

likes

article_id	member_id
1	1
2	1
1	2

member

id	forename	surname	email	password	joined	picture
1	Ivy	Stone	ivy@eg.link	0086...	2019-01-01...	ivy.jpg
2	Luke	Wood	luke@eg.link	DFCD...	2019-01-02...	NULL
3	Emiko	Ito	emi@eg.link	G4A8...	2019-01-02...	emi.jpg

article

id	title	summary	content	created	category_id	member_id	image_id	published	seo_title
1	PS Poster	Poster	Parts...	2019	2	2	1	1	ps-poster
2	Systemic	Leaflet	Design...	2019	2	1	2	1	systemic
3	AQ Website	New site	A new...	2019	1	1	3	1	aq-web

显示带有点赞数和
评论数的摘要

更新收集文章数据的SQL查询，以收集每篇文章的点赞数和评论数。
为了计算总点赞数和总评论数，额外在主查询中添加了两个子查询。

Article类的getAll()方法使用SQL查询来获取关于一组文章的摘要数据。在主页、类别、会员和搜索页面中都使用了该方法。

为了收集每篇文章的点赞数和评论数，在getAll()方法使用的现有SQL查询中添加了两个子查询。

子查询指的是在另一个查询中运行的附加查询。下一页中突出显示了对原始查询的更改。

每当主查询选择一篇文章摘要并添加到结果集时，就会运行两个子查询：

● 第一个统计该文章的点赞数
● 第二个统计该文章的评论数

子查询的语法与其他SQL查询的语法相同，但它们需要置于圆括号内。每个子查询都将返回一个值。语句中圆括号之后写明了别名，用于指定结果集中存放查询结果的列名。

在Article类的get()方法中添加了同样的两个子查询，你可在下载代码中找到它们。

注意： 为使这段代码的显示适配页面的尺寸，这里使用简写方式创建了$arguments数组。这样就能在一条语句中为两个键分配相同的值。

① 第一个子查询从likes表中获取点赞数。因为这些子查询用于从每篇文章获取额外数据，所以将它们放在SELECT命令之后。

在右括号之后，使用别名表示结果集将在名为likes的列中保存点赞数。

② 第二个子查询用于收集文章的评论数。与第一个子查询一样，它也放在圆括号中。别名指定将文章的评论数添加到名为comments的列中。

③ 到目前为止，article-summaries.html模板用于在主页、类别、会员和搜索页面上显示文章摘要。而在此处，该模板被更新为显示点赞数和评论数。在文章标题之前显示这两个新数据。

尽管src/pages中用于主页、类别、会员和搜索页面的PHP文件都需要获取文章摘要数据，但这些文件不需要更新，因为已经更新了在类中用于获取数据的SQL。然后将获取的数据添加到结果集数组中，并将该数组传递给Twig模板。

```php
public function getAll($published = true, $category = null, $member = null,
                       $limit = 1000): array
    {
    $arguments['category'] = $arguments['category1'] = $category;  // 类别 id
    $arguments['member']   = $arguments['member1']   = $member;    // 作者 id
    $arguments['limit']    = $limit;                               // 最大文章数

    $sql = "SELECT a.id, a.title, a.summary, a.created, a.category_id,
              a.member_id, a.published, a.seo_title,
              c.name     AS category,
              c.seo_name AS seo_category,
              m.forename, m.surname,
              CONCAT(m.forename, ' ', m.surname) AS author,
              i.file     AS image_file,
              i.alt      AS image_alt,
              (SELECT COUNT(article_id)
                 FROM likes
                WHERE likes.article_id = a.id) AS likes,
              (SELECT COUNT(article_id)
                 FROM comment
                WHERE comment.article_id = a.id) AS comments

              FROM article      AS a
              JOIN category     AS c    ON a.category_id = c.id
              JOIN member       AS m    ON a.member_id   = m.id
              LEFT JOIN image   AS i    ON a.image_id    = i.id

             WHERE (a.category_id = :category OR :category1 is null)
               AND (a.member_id   = :member   OR :member1   is null) "; // SQL
    if ($published == true) {                          // 检查$published参数值是否为true
       $sql .= "AND a.published = 1 ";                 // 只获取已发表的文章
    }
    $sql .= "ORDER BY a.id DESC
             LIMIT :limit;";                                       // 添加更多子句

       return $this->db->runSQL($sql, $arguments)->fetchAll(); // 返回数据
 }
```

① `(SELECT COUNT(article_id) FROM likes WHERE likes.article_id = a.id) AS likes,`

② `(SELECT COUNT(article_id) FROM comment WHERE comment.article_id = a.id) AS comments`

```html
<div class="social">
<div class="like-count"><span class="icon-heart-empty"></span> {{ article.likes }}</div>
<div class="comment-count"><span class="icon-comment"></span> {{ article.comments }}</div>
</div>
<h2>{{ article.title }}</h2>
```

③ 指向上述 `<div class="social">` 代码块

添加和移除点赞

如果用户已登录，文章页面上的点赞图标就变成可单击的链接。该链接所关联的文件将验证用户是否点赞过文章；如果没有点赞过，则添加一条链接；否则，移除该链接。该逻辑可以通过Like类来实现。

如果用户已登录，文章页面上的心形图标将放置在如下链接中：

```
<a href="/like/24"> ... </a>
```

链接的URL以like开头，然后是文章id。当单击链接时，index.php将引入名为like.php的新文件。

① if条件语句将检查是否：
- 没有文章id
- 用户没有登录(如果没有登录，Session对象的id属性值将为0)

② 如果上面的任意一个条件成立，那么用户不应访问该页面，他们将跳转到未找到的页面。

③ 新的Like对象的get()方法验证会员是否点赞过这篇文章。这需要知道文章id和会员id，它们以索引数组的方式被传递给get()方法。将返回的结果(0表示no，1表示yes)保存在$ likes中。

④ 如果该用户已经点赞了该文章，则调用Like对象的delete()方法从数据库的likes表中删除该条目。

⑤ 如果该用户尚未点赞过该文章，调用Like类的create()方法添加一条点赞记录。

⑥ 然后返回原文章页面。

当会员点赞/取消点赞某篇文章时，Like类将更新数据库。该类有3个方法：
- get()验证用户是否点赞了某篇文章
- create()在数据库中添加点赞记录
- delete()从数据库中移除点赞记录

每个方法都需要传入两段数据，它们以索引数组的形式传递给方法：
- 文章id
- 会员id

Like类与Article、Category和Member类似。该类是使用CMS对象的新方法getLike()创建的，将Database对象的位置保存在$db属性中。

⑦ get()方法调用SQL的COUNT()方法，以查询likes表中有多少行数据具有指定的文章id和会员id。然后get()方法将返回该数字。

因为表中使用了复合主键，所以当用户点赞文章时，get()方法将返回1，否则返回0。

⑧ create()方法将使用文章id和会员id向likes表添加新行。

⑨ delete()方法根据指定的文章id和会员id从点赞表中删除行。

```php
<?php
declare(strict_types = 1);                                    // 使用严格类型

① if (!$id or $session->id == 0) {                            // 检查id是否无效
②     include APP_ROOT . '/src/pages/page-not-found.php';     // 页面未找到
   }

③ $liked = $cms->getLike()->get([$id, $session->id]);         // 确认会员是否已点赞
④ if ($liked) {
       $cms->getLike()->delete([$id, $session->id]);          // 移除点赞记录
⑤ } else {
       $cms->getLike()->create([$id, $session->id]);          // 添加点赞记录
   }
⑥ redirect('article/' . $id . '/' . $parts[2] . '/');         // 重定向到文章页
```

```php
...
public function get(array $like): bool
{
⑦     $sql = "SELECT COUNT(*)
                FROM likes
                WHERE article_id = :id
                  AND member_id = :member_id;";               // SQL
       return $this->db->runSQL($sql, $like)->fetchColumn();  // 运行并返回1或0
}

⑧ public function create(array $like): bool
{
       $sql = "INSERT INTO likes (article_id, member_id)
               VALUES (:article_id, :member_id);";            // SQL
       $this->db->runSQL($sql, $like);                        // 运行SQL
       return true;                                           // 返回true
}

⑨ public function delete(array $like): bool
{
       $sql = "DELETE FROM likes
                WHERE article_id = :article_id
                  AND member_id = :member_id;";               // SQL
       $this->db->runSQL($sql, $like);                        // 运行SQL
       return true;                                           // 返回true
}
```

为文章添加评论

如果用户已登录，在图片和现有评论的下方将显示提交评论的表单。新类Comment中的方法可从数据库的comment表中获取评论或将评论添加到该表中。

新类Comment中包含以下两个方法：

- getAll() 获取某篇文章的所有评论
- create() 向comment表中添加评论

① getAll()用于获取某篇文章的所有评论，以及发表每条评论的会员的姓名和头像。

该方法有一个形参：评论所属的文章id。

为获得写下评论的会员的姓名和头像，这里的SQL 将如下两个字段拼接在一起：

- comment表中的member_id列
- member表中的id列

② create()方法可将新的评论添加到数据库的comment表中。该方法需要传入一个索引数组作为参数，数组中包含如下3段数据：

- 评论内容
- 文章id
- 写下评论的会员的id

数据库使用自增特性在评论表中创建id列，该列位于表中的第一列。数据库还将保存评论的日期和时间添加到表的post列中。

更新article.php页面，以显示当前文章的所有评论，并且保存新的评论。

③ if语句检查该请求是否为POST请求。如果是，则表明表单已提交。

④ 当表单已提交时，收集评论的文本内容。

⑤ 创建新的HTMLPurifier对象，以从评论文本中删除不需要的标签。

⑥ 将可选项配置为允许 `<br>`、`<b>`、`<i>`和`<a>`标签。

⑦ purify()方法从评论文本中删除所有不允许出现的HTML标签。

⑧ 如果评论文本长度在1~2000个字符之间，则 $error的值保存为空字符串。否则，$error保存错误消息。

⑨ 如果没有错误，那么评论、文章id和会员id都将保存在名为$arguments的数组中。

⑩ 然后调用Comment对象的create()方法将评论保存到数据库中。

⑪ 刷新文章页面，重新加载以便显示评论。

⑫ 调用Comment对象的getAll()方法获取文章的所有评论。并将获取的评论添加到$data数组中，以便在Twig模板中使用。

```php
public function getAll(int $id): array
{
    $sql = "SELECT c.id, c.comment, c.posted,
            CONCAT(m.forename, ' ', m.surname) AS author, m.picture
             FROM comment AS c
             JOIN member   AS m ON c.member_id = m.id
             WHERE c.article_id = :id;";                    // SQL语句
    return $this->db->runSQL($sql, ['id' => $id])->fetchAll(); // 执行查询
}
```
①

```php
public function create(array $comment): bool
{
    $sql = "INSERT INTO comment (comment, article_id, member_id)
            VALUES (:comment, :article_id, :member_id);";   // SQL语句
    $this->db->runSQL($sql, $comment);                      // 执行查询
    return true;
}
```
②

```php
<?php ...
if ($_SERVER['REQUEST_METHOD'] == 'POST') {               // 检查表单是否已提交
    $comment  = $_POST['comment'];                        // 获取评论
    $purifier = new HTMLPurifier();                       // 创建HTMLPurifier对象
    $purifier->config->set('HTML.Allowed', 'br,b,i,a[href]'); // 设置允许的标签
    $comment  = $purifier->purify($comment);              // 清理评论内容

    $error    = Validate::isText($comment, 1, 2000)
        ? '' : 'Your comment must be between 1 and 2000 characters.
                It can contain <b>, <i>, <a>, and <br> tags.'; // 验证评论
    if ($error === '') {                                  // 如果没有错误，则保存
        $arguments = [$comment, $article['id'], $cms->getSession()->id,];
        $cms->getComment()->create($arguments);           // 创建评论
        redirect($path);                                  // 重新加载页面
    }
}

$data['navigation'] = $cms->getCategory()->getAll();      // 获取类别
$data['article']    = $article;                           // 文章
$data['section']    = $article['category_id'];            // 当前类别
$data['comments']   = $cms->getComment()->getAll($id);    // 获取评论
if ($cms->getSession()->id > 0) {                         // 检查用户是否已登录
    $data['liked']  = $cms->getLike()->get([$id, $cms->getSession()->id]); // 确认用户是否点赞
    $data['error']  = $error ?? null;                     // 错误信息
}
```
③ ④ ⑤ ⑥ ⑦ ⑧ ⑨ ⑩ ⑪ ⑫

更新文章页面模板

article.html模板需要更新，以便显示article.php页面收集的新数据。如果会员已登录，页面中还会显示"点赞"文章的链接以及用于评论文章的表单。

在下一页中，可以看到用于显示文章的article.html模板已经更新。首先，这里更新了一个用于点赞文章的图标选项。

① if语句检查session对象的id属性值是否为0，0表示用户没有登录。

② 如果用户未登录，则显示一个空的心形图标，该图标包裹在一个可跳转到登录页的<a>标签中。

③ 如果id值不为0(说明用户已登录)，那么页面会创建一个指向点赞页面的链接(包含文章id)。单击此链接时，点赞页面为该会员添加或删除点赞记录。

④ 另一个if语句检查likes变量的值，以确定用户是否点赞了该文章。

⑤ 如果用户已点赞，则显示一个填充的心形图标。

⑥ 否则，仅显示一个心形图标的轮廓。

⑦ 步骤④的if语句块的结束符。

⑧ 步骤①的if语句块的结束符。

⑨ 在心形图标旁边显示文章点赞次数。

接下来，将显示评论。

⑩ 显示文章的评论数。

⑪ 创建循环来处理保存在comments数组中评论项 (在上一页的步骤⑫中创建)。

⑫ 如果数组中存在评论，则显示文章评论者的头像，并将评论者的姓名作为alt文本。

⑬ 在会员头像旁显示他们的名字。

⑭ 显示保存评论的日期和时间。使用Twig的date()筛选器，将其格式化为与网站上其他日期相同的格式。

⑮ 使用Twig的raw筛选器防止评论中的部分内容被转义，因为评论内容在保存之前已使用HTMLPurifier清理过。此后显示筛选后的文本内容。

⑯ 遍历数组中的每条评论，Twig的{% endfor %}标签结束循环。

⑰ 如果用户已登录，session对象的id属性值将大于0。

⑱ 如果用户已登录，将显示一个表单，供他们提交新评论。

⑲ 否则，用户会看到一条消息，告知他们只有登录后才能发表评论。

```
      ...
      <div class="social">
        <div class="like-count">
①       {% if session.id == 0 %}
②         <a href="{{ doc_root }}login/"><span class="icon-heart-empty"></span></a>
③       {% else %}
          <a href="{{ doc_root }}like/{{ article.id }}">
④         {% if liked %}
⑤           <span class="icon-heart"></span></a>
⑥         {% else %}
            <span class="icon-heart-empty"></span>
⑦         {% endif %}
          </a>
⑧       {% endif %}
⑨       {{ article.likes }}
        </div>
⑩       <div class="comment-count">
          <span class="icon-comment"></span> {{ article.comments }}
        </div>
      </div>
    </div>

      ...

      <section class="comments">
        <h2>Comments</h2>
⑪       {% for comment in comments %}
          <div class="comment">
⑫           <img src="{{ doc_root }}uploads/{{ comment.picture }}" alt="{{ comment.author }}" />
⑬           <b>{{ comment.author }}</b><br>
⑭           {{ comment.posted|date('H:i a - F d, Y') }}<br>
⑮           <p>{{ comment.comment|raw }}</p>
          </div>
⑯       {% endfor %}

⑰       {% if session.id > 0 %}
          <form action="" method="post">
            <label for="comment">Add comment: </label>
            <textarea name="comment" id="comment" class="form-control"></textarea>
⑱           {% if error == true %}<div class="error">{{ error }}</div>{% endif %}
            <br><input type="submit" value="Save comment" class="btn btn-primary">
          </form>
⑲       {% else %}
          <p>You must <a href="{{ doc_root }}login">log in to make a comment</a>.</p>
        {% endif %}
      </section>
```

小结
添加功能

❯ 对SEO友好的URL有助于搜索引擎更好地检索、阅读和描述页面。

❯ Apache的URL重写引擎可以检查所有请求，并按照设置好的规则将其中一些请求发送到其他页面。

❯ 给网站添加新功能时，需要在编写代码之前就想清楚用户可通过该功能做些什么。

❯ 要弄清楚如何保存任何新数据。如果要添加新概念，则需要使用新表；而对于现有概念的附加数据，则将其放在现有表中；可用链接表来建立两个概念之间的关系。

❯ 在另一个SQL查询中嵌套的查询称为子查询。

❯ 在测试新功能时，应该在测试服务器(而非运行服务器)上进行。

❯ 在测试时，应使用测试服务器的数据库副本，并在发布新特性前对运行数据库进行备份。

美亚读者书评

★★★★★ 优秀学习资源，一场视觉盛宴！

——Mike Jovanovich

我目前在大学讲授一门后端Web开发课程，并选择本书作为教材。

本书优点如下。

◆ 浓缩呈现：本书包含代码"解剖"图，表格布局合理，视觉层次分明，布局严谨；原本需要大量篇幅才能解释的内容，本书只用几页就能讲清楚。另外，我年龄偏大，眼睛老花，而本书使用了大号字体——这极大地提高了我的阅读舒适度。

◆ 编排合理：本书既可作为参考书使用，也可供完整阅读。在阅读时，新内容对前文的依赖程度很小。章节介绍中清晰地呈现了上下文信息。

◆ 内容丰富：本书涵盖我希望在后端PHP编程入门书籍中看到的所有主要用例，提供了足够丰富的数据库连接和SQL知识，以允许进行数据库练习。高级内容单独放在书的后面。

◆ 示例代码：提供一个很棒的代码库，供学习和练习。

本书缺点如下。

◆ 我尝试想出一些建设性的批评意见，但实在想不出来。这是一本很棒的书，我很高兴选它作为教材。

★★★★★ 最出色的编程语言指导书籍！

——Toyeeb Godo

Jon，非常感谢你撰写了这本将改变我生活的书。我为本书的出版等了三年，我要尽情享受书中的每一个字。我非常喜欢已读过的前言部分，马上又给我的学生买了两本。我在2016年购买并阅读了Jon同系列的前两本优秀书籍，即《HTML & CSS 设计与构建网站》和《JavaScript & jQuery交互式Web前端开发》。我迫不及待地想用这本PHP书开创历史。我已经读到第170页了；可以肯定地说，与亚马逊网站在过去三年销售的其他PHP畅销书相比，本书以更详细的方式涵盖相关主题。Jon明智而勇敢地写了将近700页。我在Udemy上购买并学习了七门最好的PHP课程，我知道本书比这些课程加起来都好。这是全球最好的PHP和MySQL书籍。过去6年，我花费数千美元，试图寻找一本符合教育理念，由内行编写的教程；本书让我如愿。我是根据自己的经历做出上述评价。

爱因斯坦曾说："如果你讲的内容不够通俗，不能向一个六岁孩子解释清楚，那么你自己也未真正理解。"99%的编程语言训练营、书籍、培训手册和网站都做不到这一点，不符合KISS(保持简单和浅显)规范。一个六岁孩子就能理解Jon在本书中所讲的内容。我在约翰·霍普金斯大学巴尔的摩校区的学费超过十万美元，我感到收获不如从本书得到的多。这是我读过的最佳教科书。编程领域缺乏教育家，讲授编程知识的老师很少有拥有教育学位，所讲的内容不够规范。Jon的PHP书经过深入研究，简单得难以置信，设计精美。读一读这位深居简出，但在写作上一丝不苟的作者的作品吧。

★★★★★ **我读过的最棒的计算机书籍！**

——Steve

我从20世纪80年代开始从事IT行业，写过多本技术手册，涵盖航天飞机、军用教练机和寻呼终端等多个领域。我从90年代开始做程序员。每次为客户工作前，我都必须学一些新知识，可能是一门计算机语言，也可能是数据库等。我通常会在全身心投入项目之前，买一本计算机书籍。我读了两遍《图解PHP & MySQL服务器端Web开发》，下载了程序，并完成了所有练习。毫无疑问，这是我读过的最棒的计算机书籍！我希望所有计算机书籍都能像本书一样，以专业和为读者考虑的方式来撰写！我无法表达本书对学习PHP和MySQL的帮助有多大！它还提供了丰富的资源来扩展我的知识，远超普通作者应当提供的内容！

★★★★★ **这将是未来几年内最火的PHP书籍！**

——Dusk

当我第一次学习网络开发时，就通过Jon的《HTML & CSS 设计与构建网站》扎实掌握了相关知识。

现在，我在PHP开发领域工作了一年多。到目前为止，我读完了本书的四分之一。可以说，Jon再次为PHP开发编写了一本绝对可靠的书。本书有美观的视觉效果，采用全彩的设计形式，文字醒目。

本书还包括与后端开发相关的一些高级主题，如Twig、对SEO友好的内容、动态Web等。如果你想开始后端开发，强烈推荐你阅读本书。

★★★★★ **开发人员的必备书籍。**

——Ray Doucet

如果你想使用最新的PHP和MySQL进行Web开发，本书将是你的理想读物。到目前为止，我读了本书的一半，但已对PHP的要点以及更新的MySQL要点有了更好的理解。

★★★★★ **编排新颖，内容直击要害。**

——Dr. Seuss

对本书的等待是非常值得的。此前，我买过3本其他PHP书籍，我给它们的评分是4~6不等。我给本书的评分是9.5。

代码简洁，没有不断重复，建立在前面的例子之上。

太多的书都过时了，没有提出最现代、最恰当的建议。本书言出必行，确实从PHP8中构建了代码库(而非复制/粘贴PHP5的示例)，关于如何从PDO加载记录的示例和建议非常好。

我扔掉了其他PHP书籍，这是我的新参考资料。